Elektromagnetische Felder

und Wellen

Einführung in die
Elektrotechnik höherer Frequenzen

Von

H. H. Meinke

o. Prof. Dr. habil. nat.
Direktor des Instituts für Hochfrequenztechnik
der Technischen Hochschule München

Zweite verbesserte Auflage

Zweiter Band

Elektromagnetische Felder und Wellen

Mit 212 Abbildungen

Springer-Verlag
Berlin / Heidelberg / New York
1966

ISBN-13:978-3-540-03356-1   e-ISBN-13:978-3-642-92904-5
DOI: 10.1007/978-3-642-92904-5

Vorwort zum zweiten Band

Nachdem im 1. Band diejenigen Vorgänge behandelt wurden, die sich mit Hilfe konzentrierter oder stetig verteilter Schaltungselemente beschreiben lassen, werden im 2. Band solche Vorgänge dargestellt, die auf der Wirkung elektromagnetischer Wellenfelder beruhen; die Grundgedanken der Darstellungsweise sind die gleichen, die schon im Vorwort zum 1. Band erläutert wurden. Aus der Fülle der vorhandenen Erkenntnisse wurden diejenigen Bereiche ausgewählt, die besondere technische Bedeutung erlangt haben. Die mathematische Darstellung wurde möglichst vereinfacht und durch physikalische Betrachtungen ergänzt. Ich hoffe, so den Wünschen und der persönlichen Veranlagung eines großen Interessentenkreises, wie er in der Industrie und in den Labors experimentell und ingenieurmäßig arbeitend angetroffen wird, zu entsprechen. So habe ich beispielsweise die Hohlleiterwellen nicht zuerst in allgemeinster Form abgeleitet und daraus die fast ausschließlich interessierende H_{10}-Welle als Sonderfall erhalten, sondern zuerst die H_{10}-Welle in einfachster Form abgeleitet und auch in technischer Hinsicht ausführlich behandelt. Dagegen sind die übrigen Wellenformen, die bisher ja kaum eine praktische Bedeutung haben, nur angedeutet. Man gewinnt dadurch erheblich an Übersichtlichkeit und spart mathematischen Aufwand. Nachdem ich seit 28 Jahren auf diesem Gebiet tätig bin, seit 18 Jahren darüber Vorlesungen halte und mehrere tausend Studenten geprüft habe, glaube ich, die Fähigkeiten und Bedürfnisse dieses Kreises etwas zu kennen. Einen besonderen Platz nimmt die Anwendung der konformen Abbildung auf Wellenfelder ein, die sehr vielseitige Ergebnisse zeigt und deren Anfänge auf BUCHHOLZ zurückgehen. Die einfachsten Fälle der konformen Abbildung findet man bereits in dem vorliegenden Buch. Dies Verfahren erweist sich gerade für die numerischen Rechnungen der Praxis im Zeitalter der elektronischen Rechenmaschinen als sehr erfolgreich.

So hoffe ich, durch dieses Buch, das aus meiner persönlichen Erfahrungswelt heraus für die Bedürfnisse einer Praxis mit gehobenem Niveau entstanden ist, einen nützlichen Beitrag geleistet zu haben.

München, den 1. September 1966

H. Meinke

Inhaltsübersicht

Wichtige Anmerkung: Hinweise auf Abbildungen und Formeln des ersten Bandes erfolgen in eckigen Klammern. Allgemeine Literaturhinweise in Fußnoten auf den betreffenden Seiten.

Allgemeine Feldgesetze im freien Raum
und im Nichtleiter

In zeitabhängigen Feldern sind die Feldstärken von Ort zu Ort verschieden. Die Feldgrößen sind dann durch Bd. I [Gl. (17) bis (31)] definiert. Es werden im folgenden nur Felder in solchen Medien, die keine Leitfähigkeit besitzen, betrachtet. In diesen Medien fließen also keine Ströme, und die Eigenschaften der Medien sind durch die Dielektrizitätskonstante ε und die Permeabilität μ festgelegt, die gegebenenfalls komplex sein können; vgl. Bd. I [Gl. (26) und (51)]. Es ist üblich, die Felder mit Hilfe der elektrischen Feldstärke E und der magnetischen Feldstärke H zu beschreiben. Zwischen E und H bestehen die von MAXWELL im Jahre 1864 aufgestellten Feldgleichungen. Die Maxwellschen Gleichungen wurden erstmalig 1886 von HERTZ und später in zahllosen weiteren Versuchen experimentell nachgeprüft, so daß es heute als eine gesicherte Tatsache angesehen werden muß, daß die Maxwellschen Gleichungen das elektromagnetische Geschehen richtig beschreiben, solange man nicht atomare Vorgänge betrachtet, sondern in makroskopischen Räumen bleibt. Es gibt 2 Feldgleichungen, das Induktionsgesetz und das Durchflutungsgesetz.

Induktionsgesetz. Im nichtleitenden Raum kann die induzierte Spannung nicht mehr wie in Bd. I [Abb. 5] mit Hilfe einer Leiterschleife definiert werden. Rund um ein sich änderndes magnetisches Feld H bilden sich elektrische Feldlinien nach dem in Abb. 1a gezeichneten Schema, wobei die elektrischen Feld-

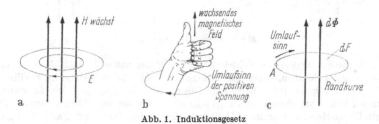

Abb. 1. Induktionsgesetz

linien bei wachsendem H die in Abb. 1a gezeichnete Richtung haben. Diese Richtung ist wieder durch die bereits in Bd. I [Abb. 5b] gezeichnete Linke-Hand-Regel gegeben; vgl. Abb. 1b. Quantitativ wird das Induktionsgesetz ähnlich Bd. I [Gl. (33)] durch Abb. 1c definiert, wobei für diese inhomogenen Felder die infinitesimalen Definitionen nach Bd. I [Gl. (19), (30) und (31)] verwendet werden. In Abb. 1c tritt durch eine infinitesimale Fläche $\mathrm{d}F$ beliebiger Form der infinitesimale magnetische Fluß

$$\mathrm{d}\Phi = B_n \cdot \mathrm{d}F = \mu H_n \cdot \mathrm{d}F = \mu_0 \mu_r H_n \cdot \mathrm{d}F. \tag{1}$$

μ_r ist die relative Permeabilität des Mediums, und im freien Raum $\mu_r = 1$. $\mu_0 = 4\pi$ nH/cm ist die absolute Permeabilität des freien Raumes. H_n ist die zur Fläche $\mathrm{d}F$ senkrecht stehende Komponente des magnetischen Feldes. Wächst $\mathrm{d}\Phi$

mit der Zeit, so entsteht längs des Randes der Fläche $\mathrm{d}F$ eine elektrische Spannung

$$U = \oint E_a \cdot \mathrm{d}a = \frac{\mathrm{d}}{\mathrm{d}t}(\mathrm{d}\Phi) = \mu_0 \mu_r \frac{\mathrm{d}H_n}{\mathrm{d}t} \cdot \mathrm{d}F. \tag{2}$$

$\mathrm{d}a$ ist nach Bd. I [Abb. 2] ein Element der Randkurve und E_a nach Bd. I [Abb. 3 und Gl. (30)] die Komponente der elektrischen Feldstärke längs des Elements $\mathrm{d}a$. Das Spannungsintegral ist wie in Bd. I [Abb. 5c und Gl. (33)] längs des gesamten Flächenrandes in dem vorgeschriebenen Umlaufsinn um die Fläche herum zu berechnen, beginnend in irgendeinem Punkt A und um die Fläche herum zum Punkt A zurück (Abb. 1c). In komplexer Schreibweise lautet das Induktionsgesetz wie in Bd. I [Gl. (44)]

$$\underline{U} = \oint \underline{E}_a \cdot \mathrm{d}a = \mathrm{j}\omega \cdot \mathrm{d}\underline{\Phi} = \mathrm{j}\omega\mu_0\mu_r\underline{H}_n \cdot \mathrm{d}F. \tag{3}$$

Durchflutungsgesetz. In einem nichtleitenden Raum ist ein Durchflutungsgesetz wie in Bd. I [Abb. 4] grundsätzlich unmöglich, weil keine Ströme fließen können. MAXWELL hat jedoch erkannt, daß man die elektromagnetischen Erscheinungen nur dann richtig beschreiben kann, wenn man ein dem Durchflutungsgesetz nach Bd. I [Abb. 4 und Gl. (32)] sehr ähnliches Gesetz als existent annimmt, das aus Abb. 1 und (3) durch Vertauschen von E und H entsteht; vgl. Abb. 2.

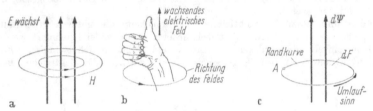

Abb. 2. Durchflutungsgesetz

Ein sich zeitlich änderndes elektrisches Feld E umgibt sich nach Abb. 2a mit magnetischen Feldlinien. Wenn das elektrische Feld wächst, haben die Feldlinien die in Abb. 2a gezeichnete Richtung. Diese Feldrichtungen des Durchflutungsgesetzes kann man ähnlich Bd. I [Abb. 4b] durch die in Abb. 2b dargestellte Rechte-Hand-Regel beschreiben. Ballt man die rechte Hand zur Faust und hält den ausgestreckten Daumen in die Richtung des wachsenden elektrischen Feldes, so gibt die Richtung der gekrümmten Finger die Umlaufrichtung der magnetischen Feldlinien an. Quantitativ läßt sich das Durchflutungsgesetz mit Hilfe der Abb. 2c durch Vertauschen von E und H aus den Gln. (1) bis (3) gewinnen. Durch eine Fläche $\mathrm{d}F$ tritt nach Bd. I [Gl. (19)] ein infinitesimaler elektrischer Fluß

$$\mathrm{d}\Psi = D_n \cdot \mathrm{d}F = \varepsilon E_n \cdot \mathrm{d}F = \varepsilon_0 \varepsilon_r E_n \cdot \mathrm{d}F. \tag{4}$$

ε_r ist die relative Dielektrizitätskonstante des Mediums, und im freien Raum ist $\varepsilon_r = 1$. $\varepsilon_0 = 0{,}089$ pF/cm ist die absolute Dielektrizitätskonstante des freien Raumes. E_n ist die zur Fläche $\mathrm{d}F$ senkrecht stehende Komponente des elektrischen Feldes. Wächst $\mathrm{d}\Psi$ mit der Zeit, so entsteht längs des Randes der Fläche $\mathrm{d}F$ eine magnetische Spannung:

$$U_m = \oint H_a \cdot \mathrm{d}a = \frac{\mathrm{d}}{\mathrm{d}t}(\mathrm{d}\Psi) = \varepsilon_0 \varepsilon_r \cdot \frac{\mathrm{d}E_n}{\mathrm{d}t} \cdot \mathrm{d}F. \tag{5}$$

da ist nach Bd. I [Abb. 2] ein Element der Randkurve und H_a nach Bd. I [Gl. (30) und Abb. 3] die Komponente des magnetischen Feldes längs des Elements da. Das Spannungsintegral ist nach Abb. 2c und Bd. I [Gl. (31)] längs des Randes der Fläche dF, beginnend in irgendeinem Punkt A, in dem vorgeschriebenen Umlaufsinn um die Fläche herum bis zum Punkt A zurück zu berechnen. In komplexen Amplituden lautet dieses Gesetz nach Bd. I [Gl. (37)]

$$\underline{U}_m = \oint \underline{H}_a \cdot \mathrm{d}a = \mathrm{j}\omega \cdot \mathrm{d}\underline{\Psi} = \mathrm{j}\omega\varepsilon_0\varepsilon_r\underline{E}_n \cdot \mathrm{d}F. \tag{6}$$

Energiewandlung. Es ist verschiedentlich versucht worden, diese Gleichungen mit anschaulichen Vorstellungen zu verbinden. Vom rein mathematischen Standpunkt ist dies nicht erforderlich, wenn man nur daran interessiert ist, richtige Lösungen dieser Gleichungen zu finden. Es besteht jedoch ein weit verbreitetes Bedürfnis nach gewisser Anschaulichkeit als rein psychologischer Hilfe, und es ist völlig sicher, daß bei schöpferischer Ingenieurtätigkeit, beim Eindringen in technisches Neuland, gewisse anschauliche Vorstellungen eine große Hilfe waren und auch immer wieder sein werden. Dies gilt insbesondere für das Arbeitsgebiet der elektromagnetischen Wellen, in dem wir immer noch am Anfang der theoretischen Durchdringung stehen und laufend Neuland zu erobern ist.

Eine sehr brauchbare Vorstellungshilfe geben Betrachtungen über den Energieumsatz in solchen Feldern. Elektrische und magnetische Felder enthalten Feldenergie; vgl. Bd. I [Gl. (23), (24), (89) und (109)]. Wenn zeitlich veränderliche Felder vorliegen, wird das Feld bei wachsender Feldstärke Energie aufnehmen, bei abnehmender Feldstärke Energie abgeben. In einem verlustfreien und nichtleitenden Raum gibt es nur elektrische und magnetische Energie, und wegen des Gesetzes der Erhaltung der Energie kann daher ein wachsendes magnetisches Feld seinen Energiebedarf nur aus der Energie elektrischer Felder seiner Umgebung, die dabei kleiner werden, entnehmen. Ebenso wird ein abnehmendes magnetisches Feld seine Energie an elektrische Felder seiner Umgebung abgeben und diese Felder vergrößern. Wie in Abb. 1a besteht eine Wechselwirkung des magnetischen Feldes jedoch nur mit solchen elektrischen Feldern, die senkrecht auf dem magnetischen Feld stehen und dieses ringförmig umgeben. Dies sind dann die bekannten Induktionserscheinungen.

Es ist selbstverständlich, daß elektrische und magnetische Felder gleichartiges energetisches Verhalten zeigen, daß also ein elektrisches Feld beim Anwachsen seinen Energiebedarf aus umgebenden magnetischen Feldern entnimmt, die dabei schwächer werden. Ein abnehmendes elektrisches Feld überträgt seine Energie an umgebende magnetische Felder, die dabei anwachsen. Auch hier besteht die Wechselwirkung wie in Abb. 2a nur zwischen Feldern, die aufeinander senkrecht stehen. Es ist also physikalisch völlig verständlich, daß es nach Vertauschung von E und H neben dem Gesetz (2) bzw. (3) ein völlig analoges Gesetz (5) bzw. (6) gibt.

In zeitlich veränderlichen Feldern treten demnach elektrische und magnetische Felder stets gemeinsam und in gegenseitiger Verknüpfung auf. Beide Felder sind unbeständig und tauschen ihre Energie untereinander laufend aus. Der Zerfall eines Feldes erfolgt jedoch nicht beliebig schnell, da der Zerfall gebremst wird, wie folgende Überlegungen zeigen. In Abb. 3a soll in einem kleinen Raumbereich ein (primäres) elektrisches Feld E_1 bestehen. Dies tendiert zum Zerfall, und die elektrische Feldstärke E_1 beginnt abzunehmen. Das elektrische Feld umgibt sich nach den Regeln der Abb. 2 mit einem Ring magnetischer Feldlinien H in dem in Abb. 3a gezeichneten Umlaufsinn. Das magnetische Feld wird durch Energieaufnahme größer und umgibt sich daher wegen der Induktion nach Abb. 1 wieder

ringförmig mit einem (sekundären) elektrischen Feld E_2 in dem in Abb. 3b gezeichneten Umlaufsinn. Durch Vergleich mit Abb. 3a sieht man, daß im Innern
des H-Ringes das entstehende Feld E_2 gleiche Richtung wie E_1 hat. Wenn ein

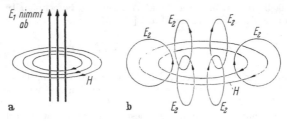

Abb. 3. Feldzerfall

elektrisches Feld zerfällt, entstehen also durch Induktion unterstützende Felder E_2,
die gegen den Zerfall wirken und den Zerfall bremsen. Dies ist dem bekannten
Selbstinduktionsvorgang in einem stromdurchflossenen Draht sehr ähnlich, bei
dem ja auch nach dem Abschalten der den Strom verursachenden elektrischen
Spannung durch Induktion eine neue Spannung entsteht, die das Aufhören des
Stromes verzögert. Die sekundären Felder E_2 in Abb. 3b können allerdings den
Zerfall nicht insgesamt verhindern, da in Abb. 3b nur ein Teil des Feldes E_2 am
Ort des E_1 liegt und die passende Richtung hat. Ähnliches geschieht natürlich auch
beim Zerfall magnetischer Felder. Der Feldzerfall hat also eine gewisse Trägheit.

Ferner kann man aus Abb. 3 gut erkennen, daß sich die Energie beim Feldzerfall in den umgebenden Raum hinein ausbreitet, also nach allen Seiten hin zer-
fließt. Die Trägheit des Feldzerfalls führt dazu, daß das Zerfließen der Energie in
den umgebenden Raum hinein mit endlicher Geschwindigkeit (Lichtgeschwindig-
keit) erfolgt. Da in (3) und (6) der Zerfall durch die Größen ε und μ bestimmt wird,
ist daraus der Zusammenhang zwischen ε, μ und der Lichtgeschwindigkeit verständlich; vgl. (36) und (44). Bei wirklichen Wellenvorgängen, wie sie im folgenden
beschrieben werden, finden in jedem Moment sehr viele solcher Energieumwandlungen statt. Die Endgleichungen zeigen dann nur die Summe aller Umwand-
lungen, so daß der in Abb. 3 dargestellte Elementarprozeß meist nicht mehr auf
einfache Weise erkennbar ist. Die Zerlegung eines großen Summenprozesses in
elementare Zerfallsprozesse nach Abb. 3 ist in der Physik als Huygenssches Prinzip
bekannt und in vielen Fällen als Denkhilfe gut brauchbar.

Verschiebungsstrom. Während die obige Erklärung der elektromagnetischen
Vorgänge durch Energieumwandlungsprozesse plausibel ist, hat Maxwell eine
erhebliche Verwirrung in der Fachwelt dadurch erzeugt, daß er den Begriff des
,,Verschiebungsstroms" einführte. Da diese Verwirrung auch heute noch nach-
klingt, erscheint es zweckmäßig, diesen an sich recht nützlichen Begriff näher zu
erläutern. Der Maxwellsche Verschiebungsstrom ist keine physikalische Realität,
und es lohnt sich daher auch nicht die immer wieder gestellte Frage, was der Verschiebungsstrom eigentlich sei. Es gibt ihn nicht. Der Verschiebungsstrom ist eine
reine Gedankenkonstruktion, die sich nur deshalb in der Praxis so lange halten
konnte, weil sie in manchen Fällen als formale Beschreibungsmöglichkeit recht
brauchbar ist. Dies wird später an Beispielen erläutert werden. Wenn das Medium
in Abb. 2c leitend wäre, würde in ihm auf Grund der elektrischen Felder ein
infinitesimaler Strom $dI = S_n \cdot dF$ nach Bd. I [Gl. (21)] durch die Fläche dF
fließen, wobei S_n die Komponente der Stromdichte senkrecht zur Fläche dF ist.

Für diesen Strom gilt nach Bd. I [Abb. 4c und Gl. (32)] das Durchflutungsgesetz

$$U_m = \oint H_a \cdot \mathrm{d}a = \mathrm{d}I = S_n \cdot \mathrm{d}F. \tag{7}$$

Vergleicht man (7) mit (5), so bestehen formale Analogien

$$\mathrm{d}I = \frac{\mathrm{d}}{\mathrm{d}t}(\mathrm{d}\Psi); \quad S_n = \varepsilon_0 \varepsilon_r \cdot \frac{\mathrm{d}E_n}{\mathrm{d}t} = S_v. \tag{8}$$

Die zeitliche Änderungsgeschwindigkeit des elektrischen Flusses $\mathrm{d}\Psi$ hat die Dimension eines Stromes und wird daher von MAXWELL als „Verschiebungsstrom" (displacement current) durch die Fläche $\mathrm{d}F$ bezeichnet. Die Größe $\varepsilon \cdot \mathrm{d}E_n/\mathrm{d}t$ hat die Dimension einer Stromdichte und wird als „Verschiebungsstromdichte" S_v bezeichnet. In komplexer Darstellung ist nach Bd. I [Gl. (37)] die zeitliche Differentiation eine Multiplikation mit $\mathrm{j}\omega$. Bei Darstellung durch komplexe Amplituden wird daher aus (8)

$$\mathrm{d}\underline{I} = \mathrm{j}\omega \cdot \mathrm{d}\underline{\Psi}; \quad \underline{S}_v = \mathrm{j}\omega \varepsilon_0 \varepsilon_r \underline{E}_n. \tag{9}$$

Wenn man die Entstehung dieses Namens historisch verfolgt, dann weiß man, daß MAXWELL gezwungen war, den damals noch rein anschaulich denkenden Physikern seine neuen und sehr abstrakten Ideen über das elektromagnetische Feld aus rein psychologischen Gründen durch „vorstellbare" und damals bereits bekannte Begriffe näher zu bringen. Hierzu dient der in Abb. 4 beschriebene Versuch. Ein Plattenkondensator mit der Fläche F und dem Plattenabstand a wird durch einen Strom i geladen. Auf den Platten sammeln sich Ladungen $\pm q$. Es entstehen nach Bd. I [Abb. 1a und Gl. (2)] elektrische Felder mit der Feldstärke E.

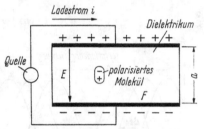

Abb. 4. Verschiebungsstrom im Dielektrikum

$$q = DF = \varepsilon_0 \varepsilon_r EF; \quad i = \frac{\mathrm{d}q}{\mathrm{d}t} = \varepsilon_0 \varepsilon_r \cdot \frac{\mathrm{d}E}{\mathrm{d}t} \cdot F. \tag{10}$$

Der Ladestrom i ist gleich der Änderungsgeschwindigkeit der Ladung und nach (8) gleich dem Verschiebungsstrom durch die Fläche F. Der Verschiebungsstrom bildet mit dem Ladestrom einen geschlossenen Stromkreis durch das isolierende Dielektrikum hindurch. Hierin liegt bei manchen Aufgaben ein gewisser Vorteil rein formaler Art, daß es nun nur geschlossene Stromkreise gibt und daß der Verschiebungsstrom die Fortsetzung des Leiterstromes i in das nichtleitende Dielektrikum hinein ist. Durch die elektrische Feldstärke werden die Moleküle des Dielektrikums polarisiert, wie es in Abb. 4 angedeutet ist. Wächst die Feldstärke E, so nimmt die Polarisation zu, und es verschieben sich Ladungen in Richtung der Feldlinien. Es fließt also im Dielektrikum ein echter Verschiebungsstrom, dessen Stromstärke nach (10) wie in (8) proportional zum $\mathrm{d}E/\mathrm{d}t$ ist. Die eigentliche psychologische Schwierigkeit beginnt erst dann, wenn man das Dielektrikum entfernt und den Kondensator im freien Raum betreibt. Dann besteht nach (10) immer noch ein Verschiebungsstrom

$$i = \varepsilon_0 \cdot \frac{\mathrm{d}E}{\mathrm{d}t} \cdot F, \tag{11}$$

obwohl nun keine Materie mehr vorhanden ist, in der sich Ladungen verschieben
können. MAXWELL hielt es für möglich, daß es im freien Raum einen materie- und
ladungsfreien „Weltäther" gibt, in dem sich etwas verschiebt, was er selbst nicht
genauer beschreiben konnte. Durch zahlreiche Experimente (zuerst MICHELSON
1881) wurde die Nichtexistenz des Äthers bewiesen. Wir können daher den Verschiebungsstrom im Vakuum nach (11) nicht als eine physikalische Realität ansehen, sondern nur als eine in manchen Fällen durchaus nützliche, aber rein formale
Beschreibungsform der Gl. (6). Man kann alle elektromagnetischen Vorgänge berechnen, ohne den Begriff des Verschiebungsstroms zu benutzen, wenn man lediglich die durch (3) und (6) beschriebenen Energieumwandlungen betrachtet. Dies
soll im folgenden stets geschehen. Es wird lediglich in einigen Fällen abschließend
gezeigt, wie mancher Vorgang formal auch durch Verschiebungsströme beschrieben
werden kann.

Komplexe Darstellung von Wellenvorgängen. Es ist üblich, die Fortpflanzungsrichtung einer Welle in die z-Richtung des Koordinatensystems (Abb. 7) zu legen.
Eine Welle, die sich längs der z-Achse mit der Amplitude A und der Phasengeschwindigkeit v_p bewegt, hat den reellen Momentanwert

$$a = A \cdot \cos \left[\omega \left(t \pm \frac{z}{v_p} \right) + \varphi_0 \right] \tag{12}$$

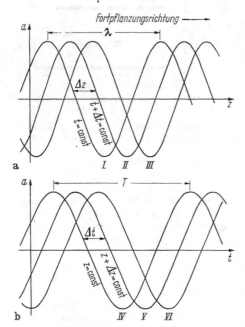

a

b

Abb. 5. Darstellung von Wellen

mit beliebigem Anfangsphasen-
winkel φ_0. Das positive Vorzeichen
in der Klammer gilt für eine Welle,
die sich in Richtung abnehmender
z ausbreitet, das negative Vorzeichen für eine Welle, die sich in
Richtung wachsender z ausbreitet.

a ist eine Funktion von 2 Variablen t und z, und für die Darstellung des a in Kurvenform gibt es
daher die beiden in Abb. 5 gezeichneten Möglichkeiten. Abb. 5a ist
die Darstellung als „Momentanbild": In der Funktion a hat dann
t einen festen Wert, während z variabel ist. Die Abhängigkeit des a
von t stellt man hier durch eine
Kurvenschaar mit t als Parameter
dar. Kurve I zeigt den Verlauf des
a längs der z-Achse für einen bestimmten Zeitpunkt $t = $ const.
Kurve II gibt für eine in positiver z-Richtung laufende Welle das
Momentanbild für einen späteren
Zeitpunkt $t + \Delta t$, Kurve III für
einen noch späteren Zeitpunkt.

Die Strecke Δz, um die sich die Kurve während des Zeitraums Δt verschoben hat,
ergibt die Phasengeschwindigkeit

$$v_p = \frac{\Delta z}{\Delta t} \tag{13}$$

Die Wellenlänge λ ist im Momentanbild der räumliche Abstand gleichartiger Wellenzustände.

In Abb. 5b ist a als Funktion von t für jeweils konstantes z gezeichnet, also der zeitliche Verlauf der Welle an einem festen Beobachtungsort der z-Achse. Die Abhängigkeit von z wird durch eine Kurvenschar mit dem Parameter z gegeben. Man sieht in Abb. 5b wieder Δz und Δt, um v_p nach (13) zu berechnen. Der Abstand gleichartiger Wellenzustände am gleichen Beobachtungsort $z = \mathrm{const}$ ist die Schwingungsdauer T. Während die Momentanbilddarstellung nach Abb. 5a meist physikalisch sehr anschaulich ist und deshalb im folgenden oft verwendet wird, sind solche Momentanbilder bei sehr schnellen Vorgängen im allgemeinen nicht direkt beobachtbar. Die experimentelle Beobachtung solcher Wellen geschieht dann mit Kurven nach Abb. 5b, d. h. durch Beobachtung des zeitlichen Schwingungsverlaufs an einem festen Ort z. Um die Existenz der Welle nachzuweisen, muß man jedoch an mehreren verschiedenen Orten gleichzeitig oder nacheinander beobachten, d. h. eine Kurvenschar wie in Abb. 5b aufnehmen. Man stellt dann wegen (13) zwischen den beobachteten Kurven eine zeitliche Verschiebung $\Delta t = \Delta z/v_p$ fest.

Unter Benutzung der Phasenkonstante β wie in Bd. I [Gl. (378) und (409) bis (411)] bringt man den Momentanwert (12) in die sehr gebräuchliche Form

$$a(t) = A \cdot \cos(\omega t \pm \beta z + \varphi_0). \tag{14}$$

Die Größen v_p und β haben wie in Bd. I [Gl. (377) und (378)] folgenden Zusammenhang, der sich auch durch Vergleich von (12) und (14) ergibt:

$$\beta = \frac{\omega}{v_p}; \qquad v_p = \frac{\omega}{\beta}. \tag{15}$$

Zeichnet man in Abb. 5a bei gegebener Frequenz f einen Kurvenzug mit f Schwingungen hintereinander, so hat der Kurvenzug die Länge v_p. Es ist also

$$v_p = f\lambda; \qquad \lambda = \frac{v_p}{f}; \qquad \beta = \frac{2\pi}{\lambda}. \tag{16}$$

In Abb. 5b ist die Phasendifferenz der Schwingungen an zwei um Δz verschobenen Orten (Zeitabstand Δt) nach (13) und (15)

$$\Delta\varphi = \omega \cdot \Delta t = \frac{\omega}{v_p} \cdot \Delta z = \beta \cdot \Delta z = 2\pi \frac{\Delta z}{\lambda}. \tag{17}$$

Bei einer in Richtung wachsender z fortschreitenden Welle entsteht in Richtung wachsender z eine immer mehr nacheilende Phase; vgl. Bd. I [Gl. (366), (367) und (402)].

Den komplexen Momentanwert der Welle gewinnt man nach Bd. I [Gl. (35)] durch Hinzufügen eines Imaginärteils als

$$\underline{a} = A \cdot e^{j(\omega t \pm \beta z + \varphi_0)} = \underline{A}(z) \cdot e^{j\omega t} \tag{18}$$

und die komplexe Amplitude nach Bd. I [Gl. (36)] als

$$\underline{A}(z) = A \cdot e^{j(\pm \beta z + \varphi_0)} = \underline{A}(0) \cdot e^{\pm j\beta z}. \tag{19}$$

$\underline{A}(0) = A \cdot e^{j\varphi_0}$ ist die komplexe Amplitude der Welle am Ort $z = 0$.

Zur komplexen Darstellung von Feldgrößen vgl. Bd. I [Tabelle auf S. 9]. Kleine Buchstaben e und h bedeuten demnach Momentanwerte der elektrischen bzw. magnetischen Feldstärke; große Buchstaben E und H bedeuten reelle Scheitel-werte, große unterstrichene Buch-

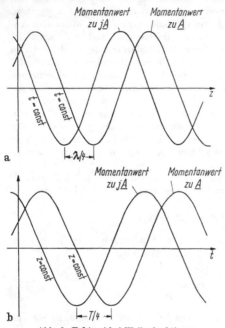

staben $\underline{E}$ und $\underline{H}$ komplexe Am-plituden. Viele Gleichungen bei den folgenden Betrachtungen kann man sowohl an Hand der Momen-tanwerte wie auch an Hand der Scheitelwerte und an Hand kom-plexer Amplituden wahlweise er-läutern; vgl. z. B. Gl. (45). Die einfachen großen Buchstaben E und H sind daher im Text und in den Abbildungen manchmal auch als sehr allgemeine Bezeichnung verwendet und können dann, den jeweiligen Gegebenheiten entspre-chend, als Momentanwerte oder Scheitelwerte oder komplexe Am-plituden gedeutet werden.

Oftmals kommt in einer Welle neben einer komplexen Amplitude $\underline{A}(z)$ auch die mit j multiplizierte Amplitude j $\underline{A}(z)$ vor, z. B. bei der zeitlichen Differentiation, die nach Bd. I [Gl. (37)] einen Faktor jω ergibt, insbesondere bei der Bil-dung des Verschiebungsstroms aus der elektrischen Feldstärke nach (9). Ein Faktor j vor dem kom-plexen Momentanwert oder vor der komplexen Amplitude bedeutet im reellen Momentanwert (14) den Übergang von der Funktion cos zur Funktion ($-$sin). Denn es ist

$$\mathrm{e}^{\mathrm{j}\omega t} = \cos \omega t + \mathrm{j} \sin \omega t; \qquad \mathrm{j} \cdot \mathrm{e}^{\mathrm{j}\omega t} = -\sin \omega t + \mathrm{j} \cos \omega t. \qquad (19\,\mathrm{a})$$

Durch einen Faktor j geht also der reelle Momentanwert (14) über in

$$-A \cdot \sin (\omega t \pm \beta z + \varphi_0).$$

Im Momentanbild $t =$ const der Abb. 6a bedeutet dies einen Abstand $\lambda/4$ zwischen den beiden Wellenkurven $\underline{A}$ und j $\underline{A}$, in der Darstellung $z =$ const der Abb. 6b einen zeitlichen Abstand $T/4$ bzw. nach (17) einen Phasenunterschied $\pi/2$.

Bei der Aufstellung von Wellengleichungen kommen auch sehr oft Differen-tiationen nach der Variablen z vor. Differenziert man (19) nach z

$$\frac{\mathrm{d}\underline{A}}{\mathrm{d}z} = \underline{A}(0) \cdot \mathrm{e}^{\pm \mathrm{j}\beta z} \cdot (\pm \mathrm{j}\beta) = \underline{A}(z) \cdot (\pm \mathrm{j}\beta), \qquad (20)$$

so ist bei komplexer Darstellung eine solche Differentiation ein Multiplizieren mit dem Faktor ($\pm$ jβ); negatives Vorzeichen für Wellen, die in Richtung wachsender z laufen.

I. Ebene Wellen

In einer ebenen Welle ist die Fortpflanzungsrichtung der Welle in allen Punkten des Raumes die gleiche. Senkrecht zur Fortpflanzungsrichtung stehen die ebenen Wellenfronten, die sich mit der Phasengeschwindigkeit v_p in der Fortpflanzungsrichtung verschieben. Im Koordinatensystem der Abb. 7 gibt die z-Achse die Fortpflanzungsrichtung an, während die Wellenfronten parallel zur (xy)-Ebene liegen.

Wenn man einerseits ein für alle Wellen einheitliches Koordinatensystem verwenden und sich andererseits den heute bei Hohlleitern weitgehend gebräuchlichen Darstellungen anpassen will, ist es zweckmäßig, ein „linkshändiges" Koordinatensystem zu verwenden, bei dem wie in Abb. 7 der abgewinkelte Daumen der linken Hand in Richtung der x-Achse, der ausgestreckte Zeigefinger längs der

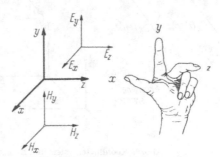

Abb. 7. Linkshändiges Koordinatensystem

y-Achse und der eingewinkelte Mittelfinger längs der z-Achse zeigt. Im allgemeinsten Fall hat die Welle ein elektrisches Feld in allen drei Raumrichtungen, also Komponenten E_x, E_y und E_z. Ebenso hat dann auch das magnetische Feld die drei Komponenten H_x, H_y und H_z. Alle 6 Feldkomponenten können ortsabhängig, also von den Koordinaten x, y und z abhängig sein. Eine solche allgemeine Welle ist sehr kompliziert. In der Praxis dominieren glücklicherweise einige einfachere Wellentypen, so daß die im folgenden beschriebenen, einfachen Fälle einen wesentlichen Teil der in der Technik bedeutsamen Fälle ausmachen.

1. Die einfachste ebene Welle

Im einfachsten Fall gibt es magnetische Felder nur in einer einzigen Richtung senkrecht zur Fortpflanzungsrichtung. Man legt dann zweckmäßig die x-Richtung wie in Abb. 8 unten parallel zur magnetischen Feldrichtung, so daß nur eine Komponente H_x entsteht. Nach Abb. 2 liegt die elektrische Feldstärke senkrecht zur magnetischen Feldstärke, und daher ist in Abb. 8 die Richtung der y-Achse in die Richtung der

elektrischen Feldstärke gelegt worden (Komponente E_y). Weitere Feldstärkekomponenten sollen in diesem Fall nicht existieren, und es muß
natürlich noch bewiesen werden, daß eine solche Annahme über das Feld

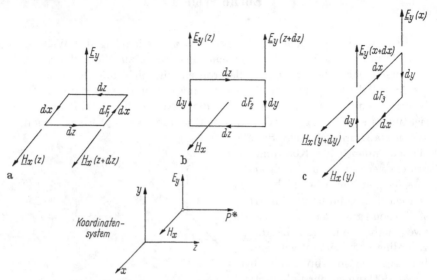

Abb. 8. Koordinatensystem und Komponenten der einfachsten ebenen Welle

nicht zu einem Widerspruch führt, daß es also eine solche Welle wirklich
gibt. Alles Folgende wird in komplexer Darstellung gerechnet. Die
magnetische Feldstärke hat die komplexe Amplitude $\underline{H}_x$, die elektrische
Feldstärke die komplexe Amplitude $\underline{E}_y$. Mit Hilfe der Gesetze (3) und
(6) müssen nun die Eigenschaften einer solchen Welle berechnet werden,
wobei diese Gesetze auf die drei Raumrichtungen nach dem folgenden
Schema angewendet werden.

1. Raumrichtung: Betrachtet wird in Abb. 8a eine Fläche dF_1 senkrecht zur y-Achse mit den Kanten dx und dz parallel zur x-Achse bzw.
z-Achse. Die Gl. (3) lautet für dieses dF_1

$$0 = 0,$$

weil weder ein magnetischer Fluß durch die Fläche tritt, noch längs der
Ränder Komponenten E_a bestehen. Diese Gleichung zeigt, daß obige
Annahmen über die Feldkomponenten dieser Feldgleichung nicht wider-
sprechen. Die Gl. (6) hat für das dF_1 der Abb. 8a die Form

$$-\underline{H}_x(z + dz) \cdot dx + \underline{H}_x(z) \cdot dx = j\omega\varepsilon_0\varepsilon_r \underline{E}_y \cdot dx \cdot dz. \qquad (21)$$

Dies soll hier ausführlich erläutert werden, weil ähnliche Berechnungen sich im folgenden häufig wiederholen. Die Fläche dF_1 hat 4 Kanten. Die magnetische Spannung längs des Flächenrandes hat daher 4 Bestandteile, die jeder das Produkt der Feldstärke $\underline{H}_a$ längs der Kante und der Länge da der Kante sind. Im vorliegenden Fall ergeben die Kanten dz keinen Beitrag zur Spannung, weil es keine Komponente $\underline{H}_z$ längs dieser Kanten gibt. Die Kanten dx ergeben Beiträge $\underline{H}_x \cdot dx$ zur magnetischen Spannung, weil es eine Komponente $\underline{H}_x$ längs dieser Kanten gibt. Das Vorzeichen des Spannungsbetrags ist durch den in Abb. 2 erläuterten Umlaufsinn des Integrals gegeben, der in Abb. 8a durch Pfeile angedeutet ist. Nach Bd. I [Abb. 3 und Gl. (30)] ist der Spannungsbeitrag positiv zu nehmen, wenn die Pfeilrichtung der Kante und die Pfeilrichtung der Feldstärke (identisch mit Pfeilrichtung der Koordinatenachse in Abb. 8) gleich sind. Die Spannung ist negativ, wenn Pfeilrichtung der Kante und Pfeilrichtung der Feldstärke entgegengesetzt sind. Da die Feldstärken in zeitlich veränderlichen Feldern ortsabhängig sind, wird das $\underline{H}_x$ längs der beiden Kanten dx verschieden sein. Längs der linken Kante dx (Ortskoordinate z) wird daher die Feldstärke als $\underline{H}_x(z)$ und längs der rechten Kante dx (Ortskoordinate $z + dz$) die Feldstärke als $\underline{H}_x(z + dz)$ bezeichnet. $\underline{E}_y$ ist in (21) die elektrische Feldstärke $\underline{E}_n$ aus (6) senkrecht zu dF_1 und $dF_1 = dx \cdot dz$. In inhomogenen Feldern benötigt man Differentialgleichungen, die dadurch entstehen, daß man die Kanten des dF_1 zum Grenzwert Null zusammenschrumpfen läßt. Um zu verhindern, daß Gl. (21) dabei wegen $dx \to 0$ und $dz \to 0$ die nichtssagende Form $0 = 0$ erhält, dividiert man (21) vor dem Grenzübergang durch die beiden Differentiale, wobei im vorliegenden Fall dx verschwindet. Es bleibt dann

$$- \frac{\underline{H}_x(z + dz) - \underline{H}_x(z)}{dz} = j\,\omega\,\varepsilon_0\varepsilon_r\underline{E}_y. \tag{22}$$

Beim Grenzübergang $dz \to 0$ wird dann die linke Gleichungsseite ein Differentialquotient

$$\lim_{dz \to 0} \frac{\underline{H}_x(z + dz) - \underline{H}_x(z)}{dz} = \frac{\partial \underline{H}_x}{\partial z}, \tag{23}$$

und man erhält die erste Differentialgleichung des Feldes als

$$- \frac{\partial \underline{H}_x}{\partial z} = j\,\omega\,\varepsilon_0\varepsilon_r\underline{E}_y. \tag{24}$$

2. Raumrichtung: Man betrachtet in Abb. 8b eine Fläche dF_2 senkrecht zur y-Achse mit den Kanten dy und dz parallel zur y-Achse bzw. z-Achse. Die Gl. (6) lautet für dieses $\mathrm{d}F_2$

$$0 = 0,$$

weil weder ein elektrischer Fluß durch die Fläche fließt noch längs des Flächenrandes Komponenten $\underline{H}_a$ bestehen. Es entsteht also auch hier kein Widerspruch. Die Gl. (3) hat für $\mathrm{d}F_2 = \mathrm{d}y \cdot \mathrm{d}z$ die Form

$$-\underline{E}_y(z + \mathrm{d}z) \cdot \mathrm{d}y + \underline{E}_y(z) \cdot \mathrm{d}y = \mathrm{j}\,\omega\mu_0\mu_r\underline{H}_x \cdot \mathrm{d}y \cdot \mathrm{d}z. \qquad (25)$$

Bei sinngemäßer Anwendung der Erläuterungen zur Gl. (21) ist dies leicht verständlich, wenn man die Umlaufsrichtung des Spannungsintegrals nach Abb. 1 wählt (Pfeilspitzen in Abb. 8b). Beim Grenzübergang $\mathrm{d}y \to 0$, $\mathrm{d}z \to 0$ wird aus (25) nach vorheriger Division durch $\mathrm{d}y$ und $\mathrm{d}z$ ähnlich (22) bis (24)

$$-\frac{\partial \underline{E}_y}{\partial z} = \mathrm{j}\,\omega\mu_0\mu_r\underline{H}_x. \qquad (26)$$

3. Raumrichtung: Man betrachtet die Fläche $\mathrm{d}F_3$ der Abb. 8c mit den Kanten $\mathrm{d}x$ und $\mathrm{d}y$ parallel zur x-Achse bzw. y-Achse. Der elektrische Fluß $\mathrm{d}\Psi$ und der magnetische Fluß $\mathrm{d}\Phi$ durch die Fläche ist Null, weil es laut Voraussetzung keine zur Fläche senkrechten Komponenten gibt. Demnach sind auch die Spannungen längs des Flächenrandes Null, wobei hier wegen der Null der Umlaufsinn längs des Randes beliebig wählbar ist. Aus (3) wird mit den in Abb. 8c gezeichneten Pfeilrichtungen

$$\underline{E}_y(x + \mathrm{d}x) \cdot \mathrm{d}y - \underline{E}_y(x) \cdot \mathrm{d}y = 0, \qquad (27)$$

wobei $\underline{E}_y(x)$ und $\underline{E}_y(x + \mathrm{d}x)$ die Feldstärken längs der mit den Koordinaten x bzw. $x + \mathrm{d}x$ behafteten Kanten $\mathrm{d}y$ sind. Aus (6) wird für die Fläche $\mathrm{d}F_3$

$$-\underline{H}_x(y + \mathrm{d}y) \cdot \mathrm{d}x + \underline{H}_x(y) \cdot \mathrm{d}x = 0, \qquad (28)$$

wobei $\underline{H}_x(y)$ und $\underline{H}_x(y + \mathrm{d}y)$ die Feldstärken längs der mit den Koordinaten y bzw. $(y + \mathrm{d}y)$ behafteten Kanten $\mathrm{d}x$ sind. Dividiert man (27) und (28) durch $\mathrm{d}F_3 = \mathrm{d}x \cdot \mathrm{d}y$ und macht den Grenzübergang $\mathrm{d}x \to 0$ und $\mathrm{d}y \to 0$, so wird ähnlich wie in (23)

$$\frac{\partial \underline{E}_y}{\partial x} = 0; \qquad -\frac{\partial \underline{H}_x}{\partial y} = 0. \qquad (29)$$

Die Komponente $\underline{E}_y$ ist nicht abhängig von x und die Komponente $\underline{H}_x$ nicht abhängig von y.

Wenn das elektrische Feld nach Abb. 8 nur eine Komponente $\underline{E}_y$ hat, sind die elektrischen Feldlinien Geraden parallel zur y-Achse, deren

Abstand voneinander längs der Feldlinien konstant ist. Dann ist die Feldstärke $\underline{E}_y$ längs jeder Feldlinie konstant, d. h. unabhängig von y. Wenn das magnetische Feld nur eine Komponente $\underline{H}_x$ hat, sind die magnetischen Feldlinien Geraden parallel zur x-Achse mit konstantem Abstand längs der Feldlinie. Die Feldstärke $\underline{H}_x$ ist dann längs jeder Feldlinie konstant, d. h. unabhängig von x. Es ist eine auch später noch verwendete Regel, daß ein Feld, das nur eine x-Komponente hat, eine von x unabhängige Feldstärke besitzt. Ebenso hat ein Feld, das nur eine y-Komponente besitzt, eine von y unabhängige Feldstärke. Insgesamt sind also $\underline{E}_y$ und $\underline{H}_x$ unabhängig von x und y und in jeder Wellenfront überall gleich groß. Die Gleichungen werden in diesem Fall sehr einfach, weil die gesuchten Funktionen $\underline{E}_y$ und $\underline{H}_x$ nur noch Funktionen einer einzigen Veränderlichen z sind.

$\underline{E}_y$ und $\underline{H}_x$ müssen aus den Gln. (24) und (26) berechnet werden. Diese Gleichungen entsprechen den Differentialgleichungen einer homogenen Leitung nach Bd. I [Gl. (370) und (371)], wenn man dort $\underline{U}$ durch $\underline{E}_y$ und $\underline{I}$ durch $\underline{H}_x$ ersetzt. Man wird hier daher ähnliche Lösungen erhalten wie für die Leitung in Bd. I [Gl. (368)]. Wenn man lediglich daran interessiert ist, eine in Richtung wachsender z fortschreitende Welle zu suchen, haben die Feldkomponenten nach (19) den Faktor $e^{-j\beta z}$, und das Differenzieren nach z ist wegen (20) ein Multiplizieren mit $(-j\beta)$. Dann wird aus (24) und (26) .

$$j\beta \underline{H}_x = j\omega\varepsilon_0\varepsilon_r \underline{E}_y, \tag{30}$$

$$j\beta \underline{E}_y = j\omega\mu_0\mu_r \underline{H}_x. \tag{31}$$

Ebene Welle im freien Raum. Es ist $\varepsilon_r = 1$ und $\mu_r = 1$. Multipliziert man die Gln. (30) und (31) und dividiert durch $\underline{H}_x \cdot \underline{E}_y$, so erhält man

$$\beta = \beta_0 = \pm \, \omega \sqrt{\varepsilon_0\mu_0}. \tag{32}$$

β_0 ist die Fortpflanzungskonstante der ebenen Welle im freien Raum. Die beiden Vorzeichen besagen, daß hier wie in Gl. (14) längs der z-Achse Wellen in beiden Richtungen möglich sind. Dividiert man die Gln. (30) und (31) durcheinander, so erhält man

$$\frac{\underline{E}_y}{\underline{H}_x} = \sqrt{\frac{\mu_0}{\varepsilon_0}} = 120\pi\,\Omega = Z_{F0}. \tag{33}$$

Z_{F0} ist eine reelle und für alle Punkte des Raumes gleiche Zahl mit der Dimension eines Widerstandes und wird der Feldwellenwiderstand des freien Raumes genannt. $\underline{E}_y$ und $\underline{H}_x$ sind überall gleichphasig und stehen in einem konstanten Verhältnis, weil Z_{F0} reell ist. Eine Welle, die sich in Richtung wachsender z bewegt, hat dann nach (19) die komplexe Darstellung

$$\underline{E}_y = \underline{E} \cdot \mathrm{e}^{-\mathrm{j}\beta_0 z} = \underline{H} Z_{F0} \cdot \mathrm{e}^{-\mathrm{j}\beta_0 z}, \tag{34a}$$

$$\underline{H}_x = \underline{H} \cdot \mathrm{e}^{-\mathrm{j}\beta_0 z} = \frac{\underline{E}}{Z_{F0}} \cdot \mathrm{e}^{-\mathrm{j}\beta_0 z}. \tag{34b}$$

$\underline{E}$ und $\underline{H}$ sind komplexe Konstanten und stellen die Werte von $\underline{E}_y$ und $\underline{H}_x$ am Ort $z = 0$ dar. Nach (33) ist auch $\underline{E}/\underline{H} = Z_{F0}$. $\underline{E}$ und $\underline{H}$ sind gleichphasig: $\underline{E} = E \cdot \mathrm{e}^{\mathrm{j}\varphi_0}$; $\underline{H} = H \cdot \mathrm{e}^{\mathrm{j}\varphi_0}$; $E/H = Z_{F0}$. Es kann entweder $\underline{E}$ oder $\underline{H}$ frei gewählt werden. Nach (15), (16) und (32) ist

$$\lambda_0 = \frac{2\pi}{\beta_0} = \frac{1}{f\sqrt{\varepsilon_0\mu_0}} = \frac{c_0}{f} \tag{35}$$

die Wellenlänge im freien Raum und

$$v_p = \frac{\omega}{\beta_0} = \frac{1}{\sqrt{\varepsilon_0\mu_0}} = c_0 = 3 \cdot 10^{10}\ \frac{\mathrm{cm}}{\mathrm{s}} \tag{36}$$

die Phasengeschwindigkeit, die gleich der Lichtgeschwindigkeit c_0 ist (MAXWELL 1864). Die bei der Freiraumwelle auftretenden Größen β_0, λ_0, Z_{F0} und c_0 erhalten den Index 0, um sie von den entsprechenden Größen bei anderen Wellen zu unterscheiden. Nach (14), (19), (34a und b) sind die Momentanwerte für eine in Richtung wachsender z wandernde Welle

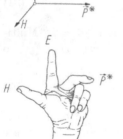

$$e_y = E \cdot \cos\left(\omega t - \frac{2\pi z}{\lambda_0} + \varphi_0\right); \tag{37a}$$

$$h_x = H \cdot \cos\left(\omega t - \frac{2\pi z}{\lambda_0} + \varphi_0\right); \tag{37b}$$

$$\frac{e_y}{h_x} = Z_{F0} = \sqrt{\frac{\mu_0}{\varepsilon_0}}. \tag{37c}$$

Abb. 9.   Zusammenhang zwischen elektrischer Feldstärke E, magnetischer Feldstärke H und Leistungsdichte P^*

Ein solches Wellenfeld im Momentanbild zeigt Abb. 11. Dort ist die Feldstärke durch die Länge der Pfeile und das Vorzeichen der cos-Funktion durch die Richtung der Pfeile dargestellt. Wenn P^* in Abb. 9 die Fortpflanzungsrichtung der Welle (Richtung des Energietransports) darstellt, so folgt aus dem positiven Vorzeichen des Quotienten (33), daß der Vektor $\boldsymbol{H}$ der magnetischen Feldstärke, der Vektor $\boldsymbol{E}$ der elektrischen

Feldstärke und die Richtung des Energietransports alle drei senkrecht aufeinanderstehen und in der hier angegebenen Reihenfolge ein links-händiges System bilden (Daumen ist H, Zeigefinger ist E und Mittel-finger ist P^*). Wenn man die Eigenschaften einer solchen ebenen Welle vollständig beschreiben will, so gibt man die Richtung der Fortpflanzung an und die Amplitude und die Raumrichtung der elektrischen Feldstärke. Die magnetische Feldstärke ist dann durch (33) und Abb. 9 vollständig bestimmt. Die Richtung der elektrischen Feldstärke wird als die Polari-sationsrichtung der Welle bezeichnet.

Energiewanderung. Nach Bd. I [Gln. (15), (16), (23) und (24)] ent-hält ein Volumelement dV des freien Raumes die elektrische Feldenergie $dW_e = \dfrac{1}{2}\,\varepsilon_0 e_y^2\,dV$ und die magnetische Feldenergie $dW_m = \dfrac{1}{2}\,\mu_0 h_x^2\,dV$. Nach (37 c) ist

$$e_y = h_x \cdot \sqrt{\mu_0/\varepsilon_0} \quad \text{und} \quad h_x = e_y \cdot \sqrt{\varepsilon_0/\mu_0},$$

also

$$dW_e = dW_m = \frac{1}{2}\,\sqrt{\varepsilon_0\mu_0}\; e_y h_x \cdot dV = \frac{1}{2c_0}\,e_y h_x \cdot dV \qquad (38)$$

mit c_0 aus (36). In einer solchen Welle verteilt sich die Gesamtenergie zu gleichen Teilen auf elektrische und magnetische Energie. Dies ist auf Grund der zur Abb. 3 beschriebenen laufenden Umwandlung zwischen beiden Energiearten durchaus plausibel. Die Gesamtenergie dW in einem Volumelement dV ist nach (38)

$$dW = dW_e + dW_m = \frac{1}{c_0}\,EH \cdot \cos^2\!\left(\omega t - \frac{2\pi z}{\lambda_0} + \varphi_0\right) \cdot dV, \qquad (39)$$

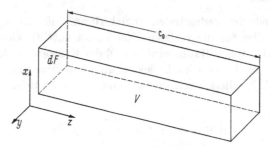

Abb. 10. Zur Energiewanderung

wenn man e_y und h_x nach (37a und b) einsetzt. Die Energie dW jedes Volumelements dV wandert mit der Geschwindigkeit c_0 in z-Richtung durch den Raum. Berechnet wird nach Abb. 10 die Energie, die pro Sekunde durch eine Fläche dF, die senkrecht zur z-Richtung liegt, hindurchtritt. Dies ist der Energieinhalt eines Raumes V mit dem Querschnitt dF und der Länge c_0. Nach (39) ist der Energieinhalt dP dieses Raumes

$$dP = \int\limits_{V} dW = dF \cdot \int\limits_{z=0}^{c_0} \frac{1}{c_0} EH \cdot \cos^2\left(\omega t - \frac{2\pi z}{\lambda_0} + \varphi_0\right) \cdot dz$$

$$= \frac{1}{2} EH \cdot dF = P^* \cdot dF. \tag{40}$$

E und H sind in dieser Formel die reellen Scheitelwerte; vgl. (37a und b). Das Integral der $\cos^2$-Funktion, genommen über sehr viele Perioden, ist gleich $c_0/2$ (Berechnung des Effektivwerts).

$$P^* = \frac{dP}{dF} = \frac{1}{2} EH \tag{41}$$

nennt man die Leistungsdichte des Wellenfeldes dieser ebenen Welle im freien Raum. Ein Vektor $\boldsymbol{P^*}$, der die Größe P^* hat und dessen Richtung wie in Abb. 9 die Fortpflanzungsrichtung der Welle ist, wird auch als Poyntingscher Vektor bezeichnet.

Um zu zeigen, welche sehr erheblichen Leistungen man mit Hilfe einer elektromagnetischen Welle transportieren kann, sei ein Beispiel angegeben. Die zulässige elektrische Feldstärke in normaler, trockener Luft ist 30 kV/cm; vgl. Bd. I [Abb. 19]. Eine Welle mit dieser höchsten Feldstärkenamplitude $E = 30$ kV/cm hat nach (33) eine magnetische Feldstärkenamplitude $H = 80$ A/cm. Dies bedeutet nach (41) ein höchstmögliches $P^*_{max} = 1200$ kW/cm², also eine außerordentlich hohe Leistungsdichte.

Ebene Welle im verlustfreien Dielektrikum. Es sei $\varepsilon_r > 1$, aber $\mu_r = 1$, wie dies für die meisten Dielektrika zutrifft. Gegenüber den Formeln für den freien Raum wird in (30) der Faktor ε_r wirksam. Kennzeichnet man die Größen im Dielektrikum durch den Index ε, so wird nach (30) und (31) die Phasenkonstante im Dielektrikum in Abwandlung von (32)

$$\beta = \beta_\varepsilon = \pm\, \omega\, \sqrt{\varepsilon_0 \varepsilon_r \mu_0} = \beta_0\, \sqrt{\varepsilon_r} \tag{42}$$

um den Faktor $\sqrt{\varepsilon_r}$ größer als im freien Raum, in Abänderung von (35) die Wellenlänge im Dielektrikum

$$\lambda = \lambda_\varepsilon = \frac{2\pi}{\beta_\varepsilon} = \frac{1}{f\, \sqrt{\varepsilon_0 \varepsilon_r \mu_0}} = \frac{\lambda_0}{\sqrt{\varepsilon_r}} \tag{43}$$

durch den Faktor $1/\sqrt{\varepsilon_r}$ kleiner als im freien Raum, in Abwandlung von (36) die Phasengeschwindigkeit im Dielektrikum

$$v_p = v_{p\varepsilon} = f\lambda_\varepsilon = \frac{1}{\sqrt{\varepsilon_0\varepsilon_r\mu_0}} = \frac{c_0}{\sqrt{\varepsilon_r}} \qquad (44)$$

durch den Faktor $1/\sqrt{\varepsilon_r}$ kleiner als im freien Raum, in Abwandlung von (33) der Feldwellenwiderstand im Dielektrikum

$$Z_{F\varepsilon} = \frac{E_y}{H_x} = \frac{E}{H} = \frac{e_y}{h_x} = \sqrt{\frac{\mu_0}{\varepsilon_0\varepsilon_r}} = \frac{Z_{F0}}{\sqrt{\varepsilon_r}} \qquad (45)$$

durch den Faktor $1/\sqrt{\varepsilon_r}$ kleiner als im freien Raum. Die Momentanwerte sind weiterhin durch (37a und b) gegeben, wobei λ_0 durch λ_ε zu ersetzen ist. Bei gegebenem E wird H nach (45) um den Faktor $\sqrt{\varepsilon_r}$ größer als im freien Raum. Die elektrische Feldenergie nach Bd. I [Gl. (15) und (23)] in Abwandlung von (38) lautet

$$\mathrm{d}W_e = \frac{1}{2}\varepsilon_0\varepsilon_r e_y^2 \cdot \mathrm{d}V = \frac{1}{2}\sqrt{\varepsilon_0\varepsilon_r\mu_0}\, e_y h_x \cdot \mathrm{d}V = \frac{1}{2v_{p\varepsilon}} e_y h_x \cdot \mathrm{d}V,$$

weil nach (45) $e_y = h_x\sqrt{\mu_0/\varepsilon_0\varepsilon_r}$ ist; $v_{p\varepsilon}$ aus (44). Ebenso ist

$$\mathrm{d}W_m = \frac{1}{2}\mu_0 h_x^2 \cdot \mathrm{d}V = \frac{1}{2}\sqrt{\varepsilon_0\varepsilon_r\mu_0}\, e_y h_x \cdot \mathrm{d}V = \frac{1}{2v_{p\varepsilon}} e_y h_x \cdot \mathrm{d}V,$$

weil $h_x = e_y\sqrt{\varepsilon_0\varepsilon_r/\mu_0}$ ist. Es ist $\mathrm{d}W_e = \mathrm{d}W_m$ wie in (38).

$$\mathrm{d}W = \mathrm{d}W_e + \mathrm{d}W_m = \frac{1}{v_{p\varepsilon}} e_y h_x \cdot \mathrm{d}V$$

$$= \frac{1}{v_{p\varepsilon}} E H \cdot \cos^2\left(\omega t - \frac{2\pi z}{\lambda_\varepsilon} + \varphi_0\right) \cdot \mathrm{d}V.$$

Bei der Berechnung der transportierten Leistung $\mathrm{d}P$ in Analogie zu (40) hat hier das Volumen der Abb. 10 nur die Länge $v_{p\varepsilon} = c_0/\sqrt{\varepsilon_r}$ nach (44).

$$\mathrm{d}P = \int_V \mathrm{d}W = \mathrm{d}F \cdot \int_{z=0}^{v_{p\varepsilon}} \frac{1}{v_{p\varepsilon}} E H \cdot \cos^2\left(\omega t - \frac{2\pi z}{\lambda_\varepsilon} + \varphi_0\right) \cdot \mathrm{d}z$$

$$= \frac{1}{2} E H \cdot \mathrm{d}F = P^* \cdot \mathrm{d}F. \qquad (46)$$

Gl. (41) besteht also auch im Dielektrikum.

Der Einfluß eines μ_r auf die ebene Welle hat vorwiegend theoretisches Interesse, da es bei höheren Frequenzen keine hinreichend verlustarmen Dielektrika mit nennenswerter Permeabilität gibt; vgl. Bd. I [S. 38—40]. Die Formeln lauten dann

$$\lambda_\varepsilon = \frac{\lambda_0}{\sqrt{\varepsilon_r \mu_r}}; \quad v_{p\varepsilon} = \frac{c_0}{\sqrt{\varepsilon_r \mu_r}}; \quad Z_{F\varepsilon} = Z_{F0} \cdot \sqrt{\frac{\mu_r}{\varepsilon_r}}. \tag{47}$$

Im λ_ε und $v_{p\varepsilon}$ verstärkt das μ_r die Wirkung des ε_r, im $Z_{F\varepsilon}$ wirken μ_r und ε_r gegeneinander. Theoretisch kann für $\varepsilon_r = \mu_r$ ein Dielektrikum gefunden werden, das gleichen Feldwellenwiderstand wie der freie Raum hat. Ein solcher Stoff ist jedoch bisher nicht gefunden worden. Es ist bei höheren Frequenzen stets $\mu_r < \varepsilon_r$.

Verluste des Dielektrikums. Diese kann man dadurch berücksichtigen, daß man eine komplexe Dielektrizitätskonstante ε nach Bd. I [Gl. (91)] und eine komplexe Permeabilität $\underline{\mu}$ nach Bd. I [Gl. (103)] einführt. Solange die Verluste klein sind, bleibt die Form der Welle mit Feldkomponenten wie in Abb. 8 unten erhalten. Wellenlänge, Phasengeschwindigkeit und Feldwellenwiderstand werden durch kleine Verluste gegenüber den verlustfreien Werten nicht merklich geändert; vgl. Bd. I [Gl. (390) bis (392)]. E_x und H_y nehmen beim Fortschreiten der Welle ab und man kann eine Dämpfungskonstante α definieren, wie dies in Bd. I [Gl. (387)] für eine Welle auf einer Leitung definiert ist. Man kann ähnliche Formeln wie in Bd. I [Gl. (379) bis (389)] ableiten, wobei P durch P^*, $\tan \delta_L$ durch $\tan \delta_\mu$, $\tan \delta_c$ durch $\tan \delta_\varepsilon$ ersetzt wird. Die Dämpfungskonstante α der Welle im Dielektrikum mit kleinen Verlusten ist entsprechend Bd. I [Gl. (386)]

$$\alpha = \frac{1}{2} \, \omega \, \sqrt{\varepsilon_0 \mu_0} \, (\tan \delta_\mu + \tan \delta_\varepsilon). \tag{48}$$

Von praktischer Bedeutung ist an dieser Formel der Faktor ω. Die Dämpfung der Welle wächst bei gegebenen Verlustwinkeln proportional zur Frequenz. Dies verhindert die technische Anwendung der Dielektrika bei sehr hohen Frequenzen in vielen Fällen. Andererseits wird dadurch auch bei sehr hohen Frequenzen die Möglichkeit energieabsorbierender Stoffe geschaffen[1]. Ein Dielektrikum mit hohen magnetischen Verlusten hat Formeln wie Bd. I [Gl. (390) bis (392)].

---

[1] MEINKE, H.: Nachrichtentechn. Z. 10 (1957) S. 551—558; MEYER, E., u. H. SEVERIN: Z. angew. Phys. 8 (1956) S. 257—263.

2. Reflexion an leitenden Ebenen

Die hier betrachtete Welle soll im freien Raum verlaufen. Sie trifft auf eine leitende Wand, die hinreichend dick sein und sehr gute Leitfähigkeit haben soll. Eine solche Wand erzwingt gewisse Feldzustände an ihrer Oberfläche: Alle elektrischen Feldlinien müssen auf dieser Wand senkrecht landen. Es gibt auf der Oberfläche keine tangentialen elektrischen Feldstärkekomponenten

$$e_{\text{tang}} = 0; \quad E_{\text{tang}} = 0; \quad \underline{E}_{\text{tang}} = 0. \tag{49}$$

Wenn es sich um zeitabhängige Vorgänge handelt und die Leitfähigkeit der Wand sehr hoch ist, besteht extremer Skineffekt und verschwindend kleine Eindringtiefe aller Felder; vgl. Bd. I [Gl. (65) bis (70)]. An der Wand können dann nur magnetische Komponenten parallel zur Wand bestehen; vgl. Bd. I [Abb. 8]. Es gibt keine magnetischen Komponenten senkrecht zur Wand.

$$h_{\text{senkr}} = 0; \quad H_{\text{senkr}} = 0; \quad \underline{H}_{\text{senkr}} = 0. \tag{50}$$

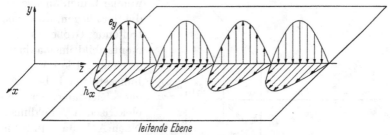

Abb. 11. Ebene Welle längs einer leitenden Ebene

Außerdem fließen in der Wand Ströme, senkrecht zu der dort bestehenden magnetischen Tangentialkomponente; vgl. Abb. 62 und Bd. I [Gl. (71) und (79)].

$$H_{\text{tang}} = S^*. \tag{51}$$

Die Flächenstromdichte S^* ist gleich der tangentialen magnetischen Feldstärke, die senkrecht auf ihr steht.

Eine ebene Welle nach Abschn. I.1, die wie in Abb. 11 so liegt, daß ihre elektrische Komponente e_y aus (37a) senkrecht zur Wand steht, hat automatisch nach Abb. 9 magnetische Felder h_x aus (37b) parallel zur Wand und erfüllt dadurch die Bedingungen (49) und (50). Eine solche Welle, die längs der Wand in z-Richtung läuft, ist physikalisch möglich und wird in ihrer Form, in ihrer Geschwindigkeit und in ihrem Feldwiderstand durch die Anwesenheit der leitenden Wand nicht verändert.

2*

Die magnetischen Felder parallel zur leitenden Ebene erzeugen Ströme in der Wand in z-Richtung; die Flächenstromdichte wird daher als S_z^* bezeichnet. Abb. 12 zeigt ein schematisches Momentanbild eines solchen Feldes mit den Strömen S_z^* in der leitenden Wand, die sich als Verschiebungsströme I_v in den Raum fortsetzen. Alle Felder und Ströme

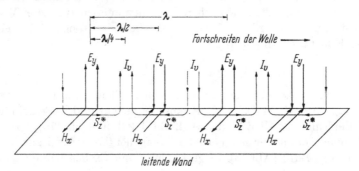

Abb. 12. Ströme einer Welle längs einer leitenden Ebene

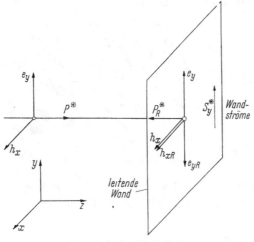

Abb. 13. Senkrechte Reflexion

sind in Abb. 12 nur durch wenige Linien angegeben, die dort liegen, wo die betreffende Größe im Momentanbild ihr Maximum erreicht. Die Verschiebungsströme haben gleiche Richtung wie die elektrischen Feldlinien. Nach Abb. 6a und (9) ist wegen des Faktors j das Maximum des Verschiebungsstroms gegenüber dem Maximum der elektrischen Feldstärke im Momentanbild um $\lambda_0/4$ verschoben.

Senkrechte Reflexion. Trifft eine Welle wie in Abb. 13 so auf eine Wand, daß beide Feldkomponenten e_y und h_x parallel zur leitenden Wand liegen, so wird die Welle vollständig reflektiert. Die Existenz einer Feldstärke e_y parallel zur Wand ist nach (49) nicht zulässig. Die Wand bildet daher eine Gegenfeldstärke e_{yR} gleicher Größe, aber entgegengesetzter Richtung, so daß $e_y + e_{yR} = 0$ ist. Die reflektierte Welle hat eine Leistungsdichte $P_R^* = P^*$ wie die ankommende Welle, jedoch in umgekehrter Richtung. Da die Wand selbst keine Energie verbraucht, muß die ankommende Energie vollständig zurücktransportiert werden. Die Scheitelwerte der Feldstärken der reflektierten Welle sind gleich den Scheitelwerten E und H der ankommenden Welle aus (37a und b). Auch die reflektierte Welle hat eine linkshändige Konfiguration zwischen h_{xR}, e_{yR} und P_R^* wie in Abb. 9. Das h_{xR} der reflektierten Welle hat also gleiche Richtung wie das h_x der ankommenden Welle (Abb. 13), weil e_{yR} entgegengesetzte Richtung wie e_y hat. Längs der Wand gibt es also magnetische Feldstärken, und es fließen in der Wand nach (51) und Abb. 62 Ströme in der y-Richtung. Im Raum vor der Wand bilden sich stehende Wellen wie auf einer am Ende kurzgeschlossenen Leitung nach Bd. I [Abb. 178 und Gl. (466)], wobei $\underline{E}_y$ statt $\underline{U}$ und $\underline{H}_x$ statt $\underline{I}$ zu setzen ist.

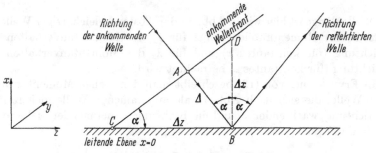

Abb. 14. Reflexion bei schrägem Einfall

Schräge Reflexion. Zunächst sollen einige allgemeine Gesetzmäßigkeiten der schrägen Reflexion abgeleitet werden. In Abb. 14 liegt die Koordinate z entlang der reflektierenden Ebene. Die Fortpflanzungsrichtung der Welle und die Wellenfronten liegen schräg zur reflektierenden Ebene, charakterisiert durch den Einfallswinkel α. Wandert die Wellenfront von A nach B um das Stück Δ, so wandert der Schnittpunkt C nach B um das Stück $\Delta z = \Delta/\sin \alpha$ und der Punkt D längs der in Abb. 14 gestrichelten Flächennormalen nach B um das Stück $\Delta x = \Delta/\cos \alpha$. Das Wandern der Wellenfront ist ein Wandern von Punkten konstanter Phase. Will man die Wanderungsgeschwindigkeit phasenkonstanter Punkte, d. h. die Phasengeschwindigkeit in den verschiedenen Richtungen kennenlernen, so setzt man $\Delta = c_0 \cdot \Delta t$, wobei c_0 die Phasengeschwindigkeit der Welle in ihrer Fortpflanzungsrichtung nach (36) ist und Δt die Zeitdauer, in der die Wellenfront den Weg Δ zurücklegt. Betrachtet man lediglich die Wellenbewegung in z-Richtung von C nach B, so bewegen sich die Punkte gleicher Phase (Wellenfront) in z-Richtung mit der höheren Phasengeschwindigkeit

$$v_{pz} = \frac{\Delta z}{\Delta t} = \frac{c_0}{\sin \alpha}. \tag{52}$$

Betrachtet man lediglich die Wellenbewegung in x-Richtung von D nach B längs der Flächennormalen und verfolgt einen Punkt konstanter Phase, so hat dieser die Phasengeschwindigkeit

$$v_{px} = \frac{\Delta x}{\Delta t} = \frac{c_0}{\cos \alpha}. \tag{52a}$$

Nach (16) kann man mit Hilfe der Phasengeschwindigkeit und der Wellenlänge λ_0 aus (35) eine Wellenlänge λ_x in der x-Richtung und eine Wellenlänge λ_z in der z-Richtung definieren.

$$\lambda_x = \frac{v_{px}}{f} = \frac{\lambda_0}{\cos \alpha}; \quad \lambda_z = \frac{v_{pz}}{f} = \frac{\lambda_0}{\sin \alpha}. \tag{53}$$

Die Wellenlänge ist hier wie in Abb. 5a der Abstand gleichartiger Wellenzustände im Momentanbild, wobei für λ_z das Momentanverhalten in z-Richtung (für konstantes x) und für λ_x das Momentanverhalten in x-Richtung (für konstantes z) betrachtet wird.

In Erweiterung von (12) beschreibt man den reellen Momentanwert einer Welle, die sich nach Abb. 14 als ankommende Welle gleichzeitig in Richtung wachsender z und in Richtung abnehmender x bewegt, durch die Formel

$$\begin{aligned} a &= A \cdot \cos \left[\omega \left(t + \frac{x}{v_{px}} - \frac{z}{v_{pz}} \right) + \varphi_0 \right] \\ &= A \cdot \cos \left(\omega t + \frac{2\pi x}{\lambda_x} - \frac{2\pi z}{\lambda_z} + \varphi_0 \right). \end{aligned} \tag{54}$$

Dies sieht man leicht ein, wenn man $x = \text{const}$ wählt und dann eine Welle wie in (12) erhält, die sich nur in Richtung wachsender z bewegt und die Wellenlänge λ_z hat. Wenn man $z = \text{const}$ wählt, ist dies eine Welle, die sich in Richtung abnehmender x bewegt und die Wellenlänge λ_x hat. Die an der leitenden Ebene reflektierte Welle (Abb. 14) bewegt sich in Richtung wachsender z und wachsender x. Sie hat den Momentanwert

$$a_R = A \cdot \cos \left(\omega t - \frac{2\pi x}{\lambda_x} - \frac{2\pi z}{\lambda_z} + \varphi_R \right) \tag{55}$$

mit geändertem Vorzeichen der x-Bewegung. Sie hat die gleiche Amplitude A wie die ankommende Welle in (54), da sie die gleiche Energie transportiert. Die sehr gut leitende Wand verbraucht keine Energie bei der Reflexion.

Die Gesamtwelle als Summe von (54) und (55) muß die Grenzbedingungen (49) und (50) an der leitenden Ebene $x = 0$ für alle Werte von y und z gleichzeitig erfüllen. Da die hier betrachteten ebenen Wellen unabhängig von y sind, ist dies für alle y stets erfüllt. Die Wellen sind jedoch von z abhängig, und daher sind die Grenzbedingungen für $x = 0$ und alle z nur dann erfüllbar, wenn in (54) und (55) $\varphi_0 = \varphi_R$ und λ_z für beide Wellen gleich ist, wenn also an der Wand für $x = 0$ beide Wellen die gleiche z-Abhängigkeit

$$A \cdot \cos\left(\omega t - \frac{2\pi z}{\lambda_z} + \varphi_0\right)$$

haben. Gleiches λ_z bedeutet nach (53) gleiches α. Die bekannte Bedingung, daß eine Welle unter gleichem Winkel α wie in Abb. 14 reflektiert wird, ist also eine unmittelbare Folge der Grenzbedingungen.

Betrachtet man die Wanderung der Energie an Hand von Abb. 15, so wandert die Energie in der Richtung der ankommenden Welle zur leitenden Wand und dann mit der reflektierten Welle weiter. In einem Punkt P des Raumes trifft man Energie einer ankommenden Welle, die im Zeitraum Δt um das Stück Δ nach P_1 gewandert ist, und Energie einer re-

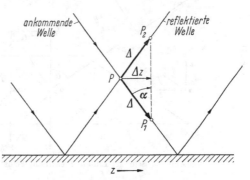

Abb. 15. Energietransport bei schrägem Einfall

flektierten Welle, die im Zeitraum Δt um das Stück Δ nach P_2 gewandert ist. Die Energie wandert also gleichzeitig in x-Richtung und in z-Richtung. Während jedoch jede Energiewanderung in Richtung wachsender x (nach P_2) stets einer gleich großen Energiewanderung in Richtung abnehmender x (nach P_1) entspricht, also insgesamt in x-Richtung keine resultierende Energiebewegung stattfindet, wandern beide Energieteile in Richtung wachsender z, so daß resultierend eine Energiebewegung parallel zur leitenden Wand entsteht. Im Zeitraum Δt bewegt sich die Energie um das in Abb. 15 gezeichnete Stück $\Delta z = \Delta \cdot \sin \alpha$. Mit $\Delta = c_0 \cdot \Delta t$ ist die Geschwindigkeit der Energiebewegung

$$v_E = \frac{\Delta z}{\Delta t} = c_0 \cdot \sin \alpha \qquad (56)$$

kleiner als die Lichtgeschwindigkeit und von v_{pz} aus (52) verschieden. v_E nennt man die Energiegeschwindigkeit. Es ist

$$v_{pz} \cdot v_E = c_0^2. \qquad (57)$$

Das schräge Auftreffen einer Welle auf einer leitenden Ebene kann in sehr verschiedener Art erfolgen je nachdem, wie die Polarisationsrichtung der Welle zur reflektierenden Ebene liegt. Der Fall beliebiger Lage der Polarisationsrichtung läßt sich stets als Summe der beiden im folgenden betrachteten Sonderfälle darstellen.

1. Sonderfall: Elektrische Feldstärke parallel zur leitenden Ebene; Abb. 16. P^* gibt die Richtung der einfallenden Welle mit den Feldstärkeamplituden E_y und H in der Kombination der Abb. 9. Gezeichnet sind diese Vektoren im Auftreffpunkt A auf der leitenden Ebene; Ko-

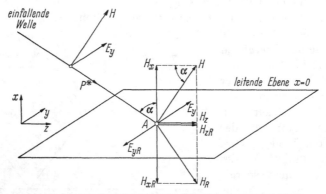

Abb. 16. Schräger Einfall: Elektrische Feldstärke parallel zur Ebene

ordinate $x = 0$. E_y liegt in der leitenden Ebene. H hat eine Komponente $H_z = H \cdot \cos \alpha$ tangential zur Ebene und eine Komponente $H_x = H \cdot \sin \alpha$ senkrecht zur Ebene. Um in der Ebene $x = 0$ die Bedingung (49) zu erfüllen, muß die reflektierte Welle für $x = 0$ eine elektrische Feldstärke E_{yR} besitzen, die gleich groß wie E_y ist, aber entgegengesetzte Richtung hat; vgl. Abb. 13. Um die Bedingung (50) zu erfüllen, muß die reflektierte Welle für $x = 0$ eine senkrechte Komponente H_{xR} des magnetischen Feldes besitzen, die gleich groß wie H_x ist, aber entgegengesetzte Richtung hat. Da die reflektierte Welle nach Abb. 14 unter dem gleichen Winkel α fortläuft, muß die tangentiale Komponente H_{zR} der reflektierten Welle gleiche Größe und gleiche Richtung haben wie H_z; vgl. auch Abb. 13. Es entsteht dann ein magnetischer Feldstärkevektor H_R der reflektierten Welle, der bezüglich der Ebene $x = 0$ das Spiegelbild des Vektors H ist.

In der reflektierenden Ebene, d. h. für $x = 0$ und für alle Werte von y und z unterliegen die Momentanwerte der Feldstärkekomponenten folgenden Bedingungen:

$$e_{yR} = -e_y; \quad h_{xR} = -h_x = -h \cdot \sin \alpha; \quad h_{zR} = h_z = h \cdot \cos \alpha. \quad (58)$$

Man verwendet für die beiden Wellen die Momentanwertdarstellungen (54) und (55) mit $\varphi_0 = \varphi_R = 0$. Die Momentanwerte des Gesamtfeldes sind die Summen der Momentanwerte beider Wellen und erhalten den Index s. Jede Teilwelle hat wie in (37a und b) die Scheitelwerte E und H, wobei $E/H = Z_{F0}$. Das in den folgenden Formeln als frei wählbare Konstante bleibende H ist also der Scheitelwert der magnetischen Feldstärke der ankommenden Welle.

$$
\begin{aligned}
e_{ys} = e_y + e_{yR} &= H Z_{F0} \left[\cos \left(\omega t + \frac{2\pi x}{\lambda_x} - \frac{2\pi z}{\lambda_z} \right) \right. \\
&\left. - \cos \left(\omega t - \frac{2\pi x}{\lambda_x} - \frac{2\pi z}{\lambda_z} \right) \right] \\
&= -2 H Z_{F0} \cdot \sin \frac{2\pi x}{\lambda_x} \cdot \sin \left(\omega t - \frac{2\pi z}{\lambda_z} \right)
\end{aligned} \tag{59}
$$

Hierbei verwendet man die bekannte Formel

$$
\cos \alpha - \cos \beta = -2 \cdot \sin \frac{\alpha + \beta}{2} \cdot \sin \frac{\alpha - \beta}{2}. \tag{60}
$$

Die senkrechte Summenkomponente der magnetischen Feldstärke hat nach (58) und (60) den Momentanwert

$$
\begin{aligned}
h_{xs} = h_x + h_{xR} &= H \cdot \sin \alpha \cdot \left[\cos \left(\omega t + \frac{2\pi x}{\lambda_x} - \frac{2\pi z}{\lambda_z} \right) \right. \\
&\left. - \cos \left(\omega t - \frac{2\pi x}{\lambda_x} - \frac{2\pi z}{\lambda_z} \right) \right] \\
&= -2 H \cdot \sin \alpha \cdot \sin \frac{2\pi x}{\lambda_x} \cdot \sin \left(\omega t - \frac{2\pi z}{\lambda_z} \right).
\end{aligned} \tag{61}
$$

Die tangentiale magnetische Komponente:

$$
\begin{aligned}
h_{zs} = h_z + h_{zR} &= H \cdot \cos \alpha \cdot \left[\cos \left(\omega t + \frac{2\pi x}{\lambda_x} - \frac{2\pi z}{\lambda_z} \right) \right. \\
&\left. + \cos \left(\omega t - \frac{2\pi x}{\lambda_x} - \frac{2\pi z}{\lambda_z} \right) \right] \\
&= 2 H \cdot \cos \alpha \cdot \cos \frac{2\pi x}{\lambda_x} \cdot \cos \left(\omega t - \frac{2\pi z}{\lambda_z} \right).
\end{aligned} \tag{62}
$$

Hierbei verwendet man die Formel

$$
\cos \alpha + \cos \beta = 2 \cos \frac{\alpha + \beta}{2} \cdot \cos \frac{\alpha - \beta}{2}. \tag{63}
$$

Die Feldstärkeformeln zeigen, daß die Zeitabhängigkeit nur noch in der Form $(\omega t - 2\pi z/\lambda_z)$ vorkommt. Die Summenwelle hat daher die Form (12) und ist nur noch eine in z-Richtung fortschreitende Welle mit der Phasengeschwindigkeit v_{pz} aus (52) und der Wellenlänge λ_z aus (53). Die x-Abhängigkeit hat nur noch die Form $\sin 2\pi x/\lambda_x$ oder $\cos 2\pi x/\lambda_x$ und ist frei von t; vgl. auch die Erläuterungen zur Abb. 15. In x-Richtung hat daher die Summenwelle die Eigenschaften einer stehenden Welle mit der Wellenlänge λ_x aus (53); es besteht eine Analogie zu einer stehenden Welle auf einer am Ende kurzgeschlossenen Leitung nach Bd. I [Gl. (466) und Abb. 178]. Die x-Komponente der Wellenbewegung wird an der leitenden Ebene vollständig reflektiert.

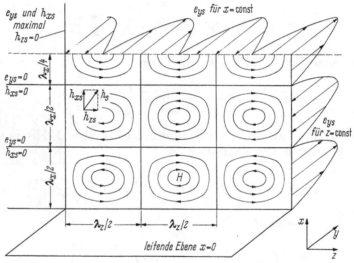

Abb. 17. Summenwelle bei schrägem Einfall; H-Welle

Wenn nach Abb. 9 der Energietransport senkrecht zu E und H erfolgt, so ergibt sich senkrecht zu den Komponenten E_{ys} und H_{xs} ein Energietransport in z-Richtung. Da E_{ys} und H_{xs} die gleiche Zeitabhängigkeit besitzen, also phasengleich sind, kann man hier ein Integral ähnlich (40) aufstellen und erhält ein Integral über die Funktion $\cos^2$, das stets positive Werte hat. Die Leistungsdichte P^* ist weiterhin durch (41) gegeben und $\mathrm{d}P = P^* \cdot \mathrm{d}F$ wie in (40) die Leistung, die wie in Abb. 10 durch eine Fläche $\mathrm{d}F$ senkrecht zur z-Richtung durchtritt. P^* als Produkt von E_y und H_x ist nach (59) und (61) abhängig von x, weil diese Feldstärken nach Abb. 17 längs der x-Richtung wie $\sin 2\pi x/\lambda_x$ schwanken. P^* ist dort am größten, wo $\sin 2\pi x/\lambda_x$ seine Maxima hat, also bei $x = \lambda_x/4 + \mathrm{n} \cdot \lambda_x/2$. P^* ist Null, wo $\sin 2\pi x/\lambda_x$ seine Nullstellen hat, also bei $x = \mathrm{n} \cdot \lambda_x/2$. Es gibt auch einen Energietransport in

x-Richtung senkrecht zu E_y und H_z. Da diese beiden Komponenten nach (59) und (62) eine Phasendifferenz $\pi/2$ besitzen, ergibt dieser Energietransport Blindleistung, und die Leistungsdichte P^* hat in x-Richtung den zeitlichen Mittelwert Null.

Die phasengleichen Komponenten e_{ys} und h_{xs} haben für alle Punkte des Raumes und für alle Zeiten t den reellen Quotienten

$$Z_{FH} = \frac{e_{ys}}{h_{xs}} = \frac{Z_{F0}}{\sin \alpha}, \qquad (64)$$

wobei Z_{F0} der Feldwellenwiderstand des freien Raumes nach (33) ist. Z_{FH} nennt man sinngemäß den Feldwellenwiderstand der Summenwelle. Es ist $Z_{FH} > Z_{F0}$ und Z_{FH} um so größer, je steiler die ursprüngliche Welle auf die reflektierende Ebene auftrifft.

Abb. 17 zeigt das Momentanbild einer solchen Welle in schematischer Darstellung mit den Komponenten e_{ys} aus (59), h_{xs} aus (61) und h_{zs} aus (62). Wie bei jeder Welle gibt es im Momentanbild Maxima des e_{ys} längs Ebenen $z = \text{const}$, die die Abstände $\lambda_z/2$ haben. In diesen Ebenen ist nach (62) $h_{zs} = 0$. Diese Ebenen sind als senkrechte Geraden in Abb. 17 angedeutet, und rechts ist der Verlauf des e_{ys} längs einer solchen Linie gezeichnet. Es gibt Nullstellen des e_{ys} und des h_{xs} auf Ebenen $x = \text{const}$, die parallel zur leitenden Ebene liegen und von ihr den Abstand $\lambda_x/2$ bzw. $\text{n} \cdot \lambda_x/2$ haben. Diese sind in Abb. 17 durch waagerechte Geraden angedeutet. Dazwischen gibt es Ebenen $x = \text{const}$ mit maximalen e_{ys} und h_{xs}. Eine solche Ebene ist in Abb. 17 oben als gestrichelte Gerade angedeutet und längs ihr die Momentanverteilung des e_{ys} schematisch gezeichnet. Bei der Konstruktion der magnetischen Feldlinien ist zu beachten, daß h_{xs} nach (61) von sin-Funktionen und h_{zs} nach (62) von cos-Funktionen abhängt. Die Größe und Richtung der magnetischen Summenfeldstärke h_s ist für jeden Punkt aus den Komponenten h_{xs} und h_{zs} zu konstruieren (Abb. 17, linkes oberes Rechteck). Dies ergibt dann die in Abb. 17 in einer senkrechten Ebene $y = \text{const}$ gezeichneten ringförmigen magnetischen Feldlinien, die in Rechtecken liegen, die durch Geraden begrenzt werden, auf denen $h_{xs} = 0$ oder $h_{zs} = 0$ ist. In benachbarten Rechtecken ist der Umlaufsinn der Feldlinienringe entgegengesetzt, da sin und cos ihr Vorzeichen jeweils nach einer halben Wellenlänge ändern. Dadurch ergibt sich überall dort, wo die Rechtecke aneinanderstoßen, gleiche Richtung benachbarter Feldlinien.

2. *Sonderfall:* Magnetische Feldstärke parallel zur leitenden Ebene; vgl. Abb. 18. P^* gibt die Richtung der einfallenden Welle mit den Feldstärkeamplituden entsprechend Abb. 9. E ist die Amplitude der elektrischen Feldstärke der einfallenden Welle (senkrecht zur Wellen-

richtung). Im Auftreffpunkt A auf der leitenden Ebene gibt es eine elektrische Komponente $E_y = E \cdot \sin \alpha$ senkrecht zur Ebene, eine Komponente $E_z = E \cdot \cos \alpha$ tangential zur Ebene und eine magnetische Feldstärke H_x tangential zur Ebene. E_y und H_x sind erlaubt, so daß

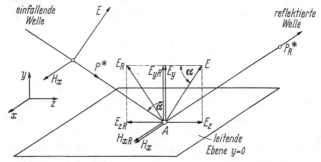

Abb. 18. Schräger Einfall: Magnetische Feldstärke parallel zur Ebene

nach (49) bei der Reflexion nur E_z durch eine gleich große Gegenfeldstärke E_{zR} zu beseitigen ist. Da die reflektierte Welle die Ebene wieder unter dem gleichen Winkel α verläßt, setzt sich ihre elektrische Feldstärke E_R aus diesem E_{zR} und einem E_{yR} parallel zu E_y zusammen. Ebenso hat die reflektierte Welle ein H_{xR} parallel zu H_x; vgl. Abb. 18. E_R und H_{xR} bestimmen das P_R^* der reflektierten Welle nach Abb. 9. Da die Ebene bei der Reflexion keine Leistung verbraucht, ist das reflektierte P_R^* gleich groß wie das ankommende P^*.

Für die Momentanwerte gelten in der reflektierenden Ebene für $y = 0$ und für alle Werte von x und z die Bedingungen

$$e_{yR} = e_y; \quad e_{zR} = -e_z; \quad h_{xR} = h_x. \tag{65}$$

Die beiden Wellen haben die Scheitelwerte E und H wie in (37a und b); $E/H = Z_{F0}$. Die in den folgenden Gleichungen auftretende, frei wählbare Konstante E ist der Scheitelwert des elektrischen Feldes der ankommenden Welle. In Abb. 18 ist gegenüber Abb. 16 das Koordinatensystem um 90° gedreht, so daß jetzt die Koordinate y senkrecht zur leitenden Ebene steht. In Abwandlung von (53) ist daher hier

$$\lambda_y = \frac{\lambda_0}{\cos \alpha}; \quad \lambda_z = \frac{\lambda_0}{\sin \alpha}, \tag{66}$$

wegen $\cos \alpha = \sqrt{1 - \sin^2 \alpha}$ ist auch

$$\lambda_y = \frac{\lambda_0}{\sqrt{1 - \left(\frac{\lambda_0}{\lambda_z}\right)^2}}; \quad \frac{1}{\lambda_y^2} + \frac{1}{\lambda_z^2} = \frac{1}{\lambda_0^2}. \tag{67}$$

In Analogie zu (59) bis (62) lauten dann die Momentanwerte der Summenwelle (Index s)

$$e_{ys} = e_y + e_{yR} = E \cdot \sin \alpha \cdot \left[\cos \left(\omega t + \frac{2\pi y}{\lambda_y} - \frac{2\pi z}{\lambda_z} \right) \right.$$
$$\left. + \cos \left(\omega t - \frac{2\pi y}{\lambda_y} - \frac{2\pi z}{\lambda_z} \right) \right]$$
$$= 2E \cdot \sin \alpha \cdot \cos \frac{2\pi y}{\lambda_y} \cdot \cos \left(\omega t - \frac{2\pi z}{\lambda_z} \right), \tag{68a}$$

$$e_{zs} = e_z + e_{zR} = E \cdot \cos \alpha \left[\cos \left(\omega t + \frac{2\pi y}{\lambda_y} - \frac{2\pi z}{\lambda_z} \right) \right.$$
$$\left. - \cos \left(\omega t - \frac{2\pi y}{\lambda_y} - \frac{2\pi z}{\lambda_z} \right) \right]$$
$$= -2E \cdot \cos \alpha \cdot \sin \frac{2\pi y}{\lambda_y} \cdot \sin \left(\omega t - \frac{2\pi z}{\lambda_z} \right), \tag{68b}$$

$$h_{xs} = h_x + h_{xR} = \frac{E}{Z_{F0}} \left[\cos \left(\omega t + \frac{2\pi y}{\lambda_y} - \frac{2\pi z}{\lambda_z} \right) \right.$$
$$\left. + \cos \left(\omega t - \frac{2\pi y}{\lambda_y} - \frac{2\pi z}{\lambda_z} \right) \right]$$
$$= 2 \frac{E}{Z_{F0}} \cdot \cos \frac{2\pi y}{\lambda_y} \cdot \cos \left(\omega t - \frac{2\pi z}{\lambda_z} \right). \tag{68c}$$

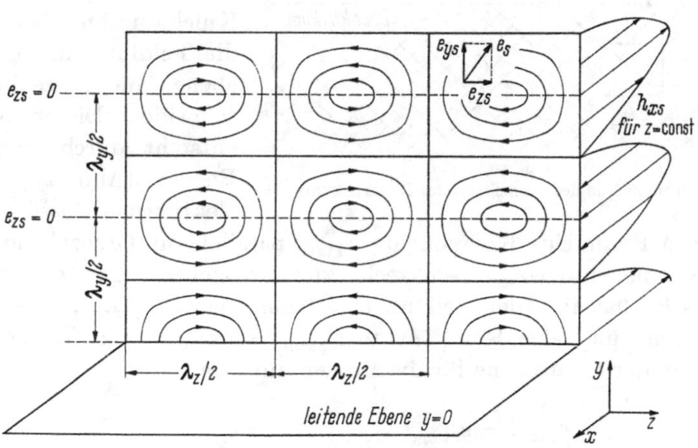

Abb. 19. Summenwelle bei schrägem Einfall; E-Welle

Dies ist wieder eine Welle in Richtung wachsender z; vgl. die analogen Erläuterungen auf S. 26. Die phasengleichen Komponenten $e_{y,}$

und h_{xs} haben für alle Punkte des Raumes den reellen Quotienten

$$Z_{FE} = \frac{e_{ys}}{h_{xs}} = Z_{F0} \cdot \sin\alpha,\qquad(69)$$

der als Feldwellenwiderstand dieses Wellentyps bezeichnet wird.

Abb. 19 zeigt das Momentanbild dieser Welle, das der Abb. 17 recht ähnlich ist. Jedoch sind die ringförmigen Feldlinien in der senkrechten Ebene elektrische Feldlinien, die jetzt wegen der geänderten Grenzbedingungen senkrecht auf die leitende Ebene auftreffen. Weiteres über diesen Wellenvorgang auf S. 47.

3. Reflexion an dielektrischen Grenzflächen

Wenn der freie Raum mit einer ebenen Grenzfläche wie in Abb. 20 an einem dielektrischen Raum mit der relativen Dielektrizitätskonstanten ε_r stößt, dann läuft im ganzen Raum eine zusammenhängende Welle, die allerdings in den beiden Raumteilen verschiedene Eigenschaften hat und deren elektrische Feldlinien beim Durchschreiten der Grenzebene einen Knick durchmachen, falls die Feldlinie die Grenzebene nicht senkrecht schneidet. Dieser Knick entsteht durch folgende Regeln (Abb. 20): Die elektrische Feldstärke hat

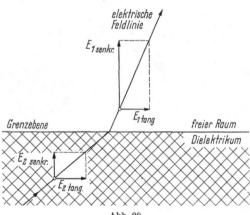

Abb. 20.
Feldlinienknick in der Grenzfläche des Dielektrikums

im freien Raum eine Komponente $E_{1\,tang}$ parallel zur Grenzebene und eine Komponente $E_{1\,senkr}$ senkrecht zur Grenzebene. Die elektrische Feldstärke hat im Dielektrikum eine Komponente $E_{2\,tang}$ parallel zur Grenzebene und eine Komponente $E_{2\,senkr}$ senkrecht zur Grenzebene. Es gilt in der Grenzebene für die Momentanwerte

$$e_{1\,tang} = e_{2\,tang};\qquad e_{1\,senkr} = \varepsilon_r e_{2\,senkr}.\qquad(70)$$

Die tangentialen Feldstärkekomponenten gehen unverändert durch die Grenzebene hindurch. Die senkrechten Feldstärkekomponenten erleiden beim Durchgang durch die Grenzebene einen Sprung; vgl. Bd. I [Gl. (80)].

Wenn das Dielektrikum keine magnetischen Wirkungen hat ($\mu_r = 1$), gehen die magnetischen Felder unverändert durch die Grenzebene hindurch. In der Grenzebene gilt für die Momentanwerte

$$h_{1\,\text{tang}} = h_{2\,\text{tang}}; \qquad h_{1\,\text{senkr}} = h_{2\,\text{senkr}}. \tag{71}$$

Senkrechte Reflexion. Wenn eine ebene Welle W mit Komponenten E_y und H_x auf eine bei $z = 0$ liegende dielektrische Grenze nach Abb. 21 trifft, so entsteht eine an dieser Ebene reflektierte Welle W_R mit den Komponenten E_{yR} und H_{xR} (vgl. Abb. 13) und eine in das Dielektrikum eindringende Welle W_ε mit den Komponenten $E_{y\varepsilon}$ und $H_{x\varepsilon}$. Nach (33) und (45) ist

$$\frac{E_y}{H_x} = Z_{F0}; \qquad \frac{E_{yR}}{H_{xR}} = -Z_{F0}; \qquad \frac{E_{y\varepsilon}}{H_{x\varepsilon}} = \frac{Z_{F0}}{\sqrt{\varepsilon_{r'}}}. \tag{72}$$

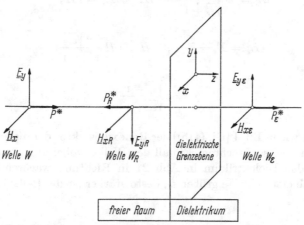

Abb. 21. Senkrechte Reflexion an dielektrischer Grenzfläche

Das Minuszeichen des Quotienten E_{yR}/H_{xR} beruht darauf, daß in Abb. 21 die Kombination H_{xR}, E_{yR} und P_R^* wie in Abb. 9 gezeichnet ist und daß dann der Pfeil des H_{xR} in der Richtung der x-Achse und der Pfeil des E_{yR} gegen die Richtung der y-Achse liegt; s. auch (74). In komplexer Darstellung haben die drei Wellen nach (34a und b) mit $\varphi_0 = 0$ folgende komplexen Amplituden

$$\underline{E}_y = E \cdot e^{-j\frac{2\pi z}{\lambda_0}}; \qquad \underline{H}_x = H \cdot e^{-j\frac{2\pi z}{\lambda_0}} = \frac{E}{Z_{F0}} \cdot e^{-j\frac{2\pi z}{\lambda_0}}; \tag{73}$$

$$\underline{E}_{yR} = -E_R \cdot e^{j\frac{2\pi z}{\lambda_0}}; \qquad \underline{H}_{xR} = H_R \cdot e^{j\frac{2\pi z}{\lambda_0}} = \frac{E_R}{Z_{F0}} \cdot e^{j\frac{2\pi z}{\lambda_0}}; \tag{74}$$

$$\underline{E}_{y\varepsilon} = E_\varepsilon \cdot e^{-j\frac{2\pi z}{\lambda_\varepsilon}}; \qquad \underline{H}_{x\varepsilon} = H_\varepsilon \cdot e^{-j\frac{2\pi z}{\lambda_\varepsilon}} = \frac{E_\varepsilon}{Z_{F0}} \cdot \sqrt{\varepsilon_r} \cdot e^{-j\frac{2\pi z}{\lambda_\varepsilon}}, \tag{75}$$

mit λ_ε aus (43). Der Scheitelwert E ist eine frei wählbare Konstante, während die Scheitelwerte E_R und E_ε aus den Bedingungen (70) und (71) in der dielektrischen Grenzebene $z = 0$ zu berechnen sind. Nach (70) ist für $z = 0$

$$\underline{E}_y + \underline{E}_{yR} = \underline{E}_{y\varepsilon} \quad \text{oder} \quad E - E_R = E_\varepsilon. \tag{76}$$

Nach (71) ist für $z = 0$ mit (33) und (45)

$$\underline{H}_x + \underline{H}_{xR} = \underline{H}_{x\varepsilon} \quad \text{oder} \quad E + E_R = E_\varepsilon \cdot \sqrt{\varepsilon_r}. \tag{77}$$

Hieraus folgt für die Scheitelwerte

$$E_R = E \frac{\sqrt{\varepsilon_r} - 1}{\sqrt{\varepsilon_r} + 1} = r E; \quad H_R = r H; \tag{78}$$

$$E_\varepsilon = E \frac{2}{\sqrt{\varepsilon_r} + 1}; \quad H_\varepsilon = H \frac{2\sqrt{\varepsilon_r}}{\sqrt{\varepsilon_r} + 1}; \tag{79}$$

$$r = \frac{\sqrt{\varepsilon_r} - 1}{\sqrt{\varepsilon_r} + 1} \tag{80}$$

ist ähnlich wie in Bd. I [Gl. (415)] der Reflexionsfaktor der dielektrischen Grenzfläche bei senkrechtem Einfall der Welle, wobei angenommen ist, daß sich das Dielektrikum in Abb. 21 in Richtung wachsender z ins Unendliche erstreckt. Je größer ε_r, desto stärker ist die Reflexion.

Beispiele:

$\varepsilon_r = 1,5$	2	3	4	9	16
$r = 0,1$	0,17	0,27	0,33	0,5	0,6

Die Leistungsdichte P_R^* der reflektierten Welle ist bei den in der Tabelle genannten Werten von ε_r noch nicht sehr groß, weil nach (41) und (78) das P_R^* den Faktor r^2 enthält. Im Dielektrikum ist nach (79) $E_\varepsilon < E$ und $H_\varepsilon > H$. Dies liegt daran, daß nach (72) der Quotient $E_\varepsilon/H_\varepsilon$ im Dielektrikum kleiner ist als der Quotient E/H im freien Raum.

Falls das Dielektrikum magnetische Eigenschaften hat ($\mu_r > 1$), tritt in der Grenzebene auch ein Knick der magnetischen Feldlinien auf. Gl. (70) bleibt bestehen. Anstelle von (71) tritt dann in der Grenzebene die Regel

$$h_{1\,\text{tang}} = h_{2\,\text{tang}}; \quad h_{1\,\text{senkr}} = \mu_R h_{2\,\text{senkr}}. \tag{81}$$

Dies entspricht völlig der Gl. (70). Mit dem Feldwellenwiderstand (47) tritt in den Formeln (72) bis (80) an die Stelle von $\sqrt{\varepsilon_r}$ die Größe $\sqrt{\varepsilon_r/\mu_r}$, und der Reflexionsfaktor der Grenzfläche wird analog zu (80)

$$r = \frac{\sqrt{\dfrac{\varepsilon_r}{\mu_r}} - 1}{\sqrt{\dfrac{\varepsilon_r}{\mu_r}} + 1}. \tag{82}$$

Eine Permeabilität μ_r vermindert daher die Reflexion. Der reflexionsfreie Fall mit $\varepsilon_r = \mu_r$ ist bisher nicht realisiert worden und zumindest bei höheren Frequenzen nicht realisierbar, weil sich μ_r nach Bd. I [Gl. (104) und Abb. 34] mit wachsender Frequenz dem Wert 1 nähert, während das ε_r aller bekannten Stoffe auch bei höchsten Frequenzen noch nennenswert größer als 1 bleibt.

Schräge Reflexion. Das Dielektrikum sei unmagnetisch ($\mu_r = 1$). Die Welle W fällt wie in Abb. 22 schräg auf die dielektrische Grenzfläche. Es entsteht eine reflektierte Welle W_R und eine in das Dielektrikum eindringende Welle W_ε. W hat nach (54) den Momentanwert

$$a = A \cdot \cos\left(\omega t + \frac{2\pi x}{\lambda_x} - \frac{2\pi z}{\lambda_z} + \varphi_0\right). \tag{83}$$

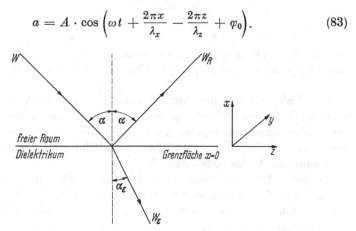

Abb. 22. Schräge Reflexion an dielektrischer Grenzfläche

W_R hat nach (55) den Momentanwert

$$a_R = A_R \cdot \cos\left(\omega t - \frac{2\pi x}{\lambda_x} - \frac{2\pi z}{\lambda_z} + \varphi_R\right). \tag{84}$$

A_R ist kleiner als A, weil ein Teil der Energie der ankommenden Welle W mit der Welle W_ε ins Dielektrikum abwandert. W_ε hat den Momentanwert ähnlich (54)

$$a_\varepsilon = A_\varepsilon \cdot \cos\left(\omega t + \frac{2\pi x}{\lambda_{x\varepsilon}} - \frac{2\pi z}{\lambda_{z\varepsilon}} + \varphi_\varepsilon\right). \tag{85}$$

Die Wellenlängen $\lambda_{x\varepsilon}$ und $\lambda_{z\varepsilon}$ sind im allgemeinen verschieden von λ_x und λ_z, da bei der Berechnung nach (53) im Dielektrikum das λ_0 durch λ_ε aus (43) und α durch α_ε aus Abb. 22 zu ersetzen ist.

$$\lambda_{x\varepsilon} = \frac{\lambda_0}{\sqrt{\varepsilon_r} \cdot \cos\alpha_\varepsilon}; \quad \lambda_{z\varepsilon} = \frac{\lambda_0}{\sqrt{\varepsilon_r} \cdot \sin\alpha_\varepsilon}. \tag{86}$$

Um die Grenzbedingungen (70) und (71) zu erfüllen, müssen in der Grenzebene $x = 0$ (Abb. 22) diese Bedingungen für alle Zeiten t, für alle Werte von y und alle Werte von z erfüllt sein. Wenn man sich auf ebene Wellen beschränkt, bei denen das Feld unabhängig von y ist, so ist lediglich zu fordern, daß die Grenzbedingungen bei $x = 0$ für alle z gleichzeitig erfüllt werden. Dies erreicht man, wenn man in (83), (84) und (85) die Phasenwinkel $\varphi_0 = \varphi_R = \varphi_\varepsilon = 0$ setzt und fordert, daß $\lambda_{z\varepsilon} = \lambda_z$ ist. Dies bedeutet nach (53) und (86)

$$\frac{\sin\alpha}{\sin\alpha_\varepsilon} = \sqrt{\varepsilon_r}; \quad \alpha > \alpha_\varepsilon. \tag{87}$$

Dies ist das bekannte Brechungsgesetz, das also aus der Forderung gleicher Phasengeschwindigkeit v_{pz} aller 3 Wellen in der z-Richtung entsteht.

Der Wellenzustand der Abb. 22 kann sehr verschiedenartig sein je nach der Lage der Polarisationsrichtung der ankommenden Welle W zur dielektrischen Grenzebene. Als Beispiel wird hier nur der Sonderfall berechnet, der dem auf S. 24 berechneten Sonderfall der Reflexion an einer leitenden Ebene entspricht.

Beispiel: Die elektrische Feldstärke aller beteiligten Wellen liegt parallel zur dielektrischen Grenzebene. Feldstärken schematisch in Abb. 23. Für die Momentanwerte gilt mit $\mu_r = 1$ nach (70) und (71) in der Grenzebene $x = 0$:

$$e_y + e_{yR} = e_{y\varepsilon}; \quad h_x + h_{xR} = h_{x\varepsilon}; \quad h_z + h_{zR} = h_{z\varepsilon}. \tag{88}$$

Da durch die vorhergehenden Überlegungen und das Gesetz (87) in (83) bis (85) die Gleichheit der cos-Funktionen bereits hergestellt ist, wird aus (88) eine Beziehung zwischen den Scheitelwerten, wobei die Scheitelwerte E_{yR} und H_{xR} ein negatives Vorzeichen erhalten, weil sie in Abb. 23 gegen die Richtung der zugehörigen Koordinatenachsen gezeichnet sind.

Dies entspricht dem analogen Vorgang in Abb. 16 und wird auch bei dielektrischen Grenzschichten zweckmäßig so gewählt. Auf jeden Fall müssen die Feldstärkerichtungen jeder beteiligten Welle der Abb. 9 entsprechen. Für die Scheitelwerte gilt dann nach (88)

$$E_y - E_{yR} = E_{y\varepsilon}; \quad H_x - H_{xR} = H_{x\varepsilon}; \quad H_z + H_{zR} = H_{z\varepsilon}. \quad (89)$$

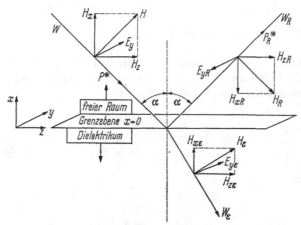

Abb. 23. Schräge Reflexion an dielektrischer Grenzfläche

Bezeichnet man mit E und H wie in (37a und b) die Scheitelwerte der ankommenden Welle W, mit E_R und H_R die Scheitelwerte der reflektierten Welle W_R und mit E_ε und H_ε die Scheitelwerte der eindringenden Welle W_ε, so gilt nach (33) und (45)

$$\frac{E}{H} = \frac{E_R}{H_R} = Z_{F0}; \qquad \frac{E_\varepsilon}{H_\varepsilon} = \frac{Z_{F0}}{\sqrt{\varepsilon_r}}.$$

Nach Abb. 23 ist dann wie auf S. 24 und 25

$$E_y = E; \qquad E_{yR} = E_R; \qquad E_{y\varepsilon} = E_\varepsilon.$$

$$H_x = H \cdot \sin \alpha = \frac{E}{Z_{F0}} \cdot \sin \alpha.$$

$$H_z = H \cdot \cos \alpha = \frac{E}{Z_{F0}} \cdot \cos \alpha.$$

$$H_{xR} = H_R \cdot \sin \alpha = \frac{E_R}{Z_{F0}} \cdot \sin \alpha.$$

$$H_{zR} = H_R \cdot \cos \alpha = \frac{E_R}{Z_{F0}} \cdot \cos \alpha.$$

$$H_{x\varepsilon} = H_\varepsilon \cdot \sin \alpha_\varepsilon = \frac{E_\varepsilon}{Z_{F0}} \cdot \sqrt{\varepsilon_r} \cdot \sin \alpha_\varepsilon.$$

$$H_{z\varepsilon} = H_\varepsilon \cdot \cos \alpha_\varepsilon = \frac{E_\varepsilon}{Z_{F0}} \cdot \sqrt{\varepsilon_r} \cdot \cos \alpha_\varepsilon.$$

Aus (89) wird dann

$$E - E_R = E_\varepsilon; \quad (E - E_R) \cdot \sin \alpha = E_\varepsilon \sqrt{\varepsilon_r} \cdot \sin \alpha_\varepsilon;$$

$$(E + E_R) \cdot \cos \alpha = E_\varepsilon \cdot \sqrt{\varepsilon_r} \cdot \cos \alpha_\varepsilon. \tag{90}$$

Hiervon sind die beiden ersten Gleichungen wegen des Brechungsgesetzes (87) identisch. E ist eine frei wählbare Größe, und aus (90) folgt in Erweiterung von (78) und (79)

$$E_R = E \, \frac{\sqrt{\varepsilon_r} \, \dfrac{\cos \alpha_\varepsilon}{\cos \alpha} - 1}{\sqrt{\varepsilon_r} \, \dfrac{\cos \alpha_\varepsilon}{\cos \alpha} + 1} ; \tag{91}$$

$$E_\varepsilon = E \, \frac{2}{\sqrt{\varepsilon_r} \, \dfrac{\cos \alpha_\varepsilon}{\cos \alpha} + 1}. \tag{92}$$

Der Reflexionsfaktor in Erweiterung von (80) lautet

$$r = \frac{E_R}{E} = \frac{\sqrt{\varepsilon_r} \, \dfrac{\cos \alpha_\varepsilon}{\cos \alpha} - 1}{\sqrt{\varepsilon_r} \, \dfrac{\cos \alpha_\varepsilon}{\cos \alpha} + 1}. \tag{93}$$

Der Reflexionsfaktor ist abhängig vom Auftreffwinkel α. Weil nach (87) $\alpha > \alpha_\varepsilon$ ist, wird $\cos \alpha < \cos \alpha_\varepsilon$. Die Reflexion ist also größer als bei senkrechtem Auftreffen nach (82) und wächst mit wachsendem α. Für $\alpha = 90°$ ist $r = 1$ (Streifende Inzidenz).

4. Ebene Wellen mit elektrischer Längskomponente

Eine ebene, fortschreitende Welle in allgemeinster Form wurde bereits am Anfang von Abschn. I definiert. Unter den unendlich vielen möglichen Wellenformen soll eine besonders einfache, aber für die Praxis sehr wichtige Gruppe als Beispiel behandelt werden. Dies sind diejenigen Wellen, die neben den in Abb. 8 bereits auftretenden Komponenten E_y und H_x noch eine Komponente E_z in der Fortpflanzungsrichtung besitzen; vgl. Abb. 24. Die Wellen sollen für den freien Raum berechnet

werden, also $\varepsilon_r = 1$ und $\mu_r = 1$. An dem durch Abb. 8a und die
Gl. (21) bis (24) gegebenen Tatbeständen ändert sich nichts, weil E_z
hierbei nicht auftritt. Es bleibt also die Gl. (24) für $\varepsilon_r = 1$ bestehen.

$$-\frac{\partial H_x}{\partial z} = j\,\omega\,\varepsilon_0 \underline{E}_y. \tag{94}$$

Durch das Auftreten einer Kompo-
nente $\underline{E}_z$ wird dagegen Abb. 8b in
Abb. 25a geändert, und die elektrische
Spannung in (25) erhält Zusatzglieder.
Der magnetische Fluß bleibt wie
in (25), jedoch laut Voraussetzung
mit $\mu_r = 1$. Längs der Kanten der
Fläche dF_2 bestehen elektrische Spannungen

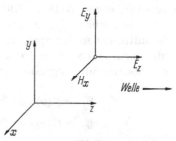

Abb. 24.
Koordinatensystem und Feldkomponenten

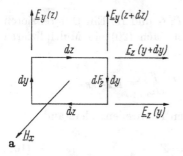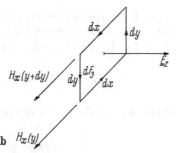

Abb. 25. Induktionsgesetz und Durchflutungsgesetz

$$\underline{E}_z(y + dy) \cdot dz - \underline{E}_z(y) \cdot dz -$$
$$\underline{E}_y(z + dz) \cdot dy + \underline{E}_y(z) \cdot dy = j\omega\mu_0\underline{H}_x \cdot dy \cdot dz. \tag{95}$$

Dividiert man durch dy und dz, so erhält man

$$\frac{\underline{E}_z(y + dy) - \underline{E}_z(y)}{dy} - \frac{\underline{E}_y(z + dz) - \underline{E}_y(z)}{dz} = j\omega\mu_0\underline{H}_x. \tag{96}$$

In sinngemäßer Anwendung von (23) wird hieraus beim Grenzübergang
$dy \to 0$ und $dz \to 0$

$$\frac{\partial \underline{E}_z}{\partial y} - \frac{\partial \underline{E}_y}{\partial z} = j\omega\mu_0\underline{H}_x. \tag{97}$$

Abb. 8c ändert sich in Abb. 25b, und Gl. (28) ist durch den Fluß des $\underline{E}_z$
zu ergänzen. Aus (28) wird mit $\varepsilon_r = 1$ nach (6)

$$\underline{H}_x(y + dy) \cdot dx - \underline{H}_x(y) \cdot dx = j\omega\varepsilon_0\underline{E}_z \cdot dx \cdot dy. \tag{98}$$

Nach Division durch dx und dy wird daraus in sinngemäßer Anwendung von (23)

$$\frac{\partial \underline{H}_x}{\partial y} = j\,\omega\,\varepsilon_0\underline{E}_z. \tag{99}$$

Die drei Gleichungen (94), (97) und (99) bestimmen das Feld. Wenn eine solche ebene Welle in Richtung wachsender z überhaupt existiert, kann ihre z-Abhängigkeit nach (19) nur als Faktor $e^{-j\beta z}$ vorkommen. Alle auftretenden Komponenten sind unabhängig von x; vgl. die Erläuterungen aus S. 12 und die unveränderte Gl. (27). Daher können die Komponenten nur folgende mathematische Form haben:

$$\underline{E}_y = F(y) \cdot e^{-j\beta z};$$

$$\underline{E}_z = G(y) \cdot e^{-j\beta z};$$

$$\underline{H}_x = H(y) \cdot e^{-j\beta z}; \qquad \beta = \frac{2\pi}{\lambda_z} \tag{100}$$

mit noch zu bestimmenden Funktionen F, G und H. Ein Differenzieren dieser komplexen Amplituden nach z ist nach (20) ein Multiplizieren mit $(-j\beta)$. Demnach wird aus (94)

$$j\beta\underline{H}_x = j\,\omega\,\varepsilon_0\underline{E}_y; \qquad \underline{E}_y = \underline{H}_x\frac{\beta}{\omega\,\varepsilon_0} = \underline{H}_x Z_{FE}. \tag{101}$$

Es gibt also in Erweiterung von (33) einen Feldwellenwiderstand

$$Z_{FE} = \frac{\underline{E}_y}{\underline{H}_x} = \frac{\beta}{\omega\,\varepsilon_0} = Z_{F0}\cdot\frac{\beta}{\beta_0}. \tag{102}$$

Hierbei ist $Z_{F0} = \sqrt{\mu_0/\varepsilon_0}$ der Feldwellenwiderstand des freien Raumes nach (33) und $\beta_0 = \omega\sqrt{\varepsilon_0\mu_0}$ die Phasenkonstante des freien Raumes nach (32). Z_{FE} hat für alle Punkte des Raumes den gleichen Wert.

Ersetzt man in (97) das $\underline{E}_y$ nach (101) durch $\underline{H}_x$ und die Differentiation nach z durch Multiplikation mit $(-j\beta)$ wie in (20), so wird aus (97)

$$\frac{\partial\underline{E}_z}{\partial y} = j\left(\omega\,\mu_0 - \frac{\beta^2}{\omega\,\varepsilon_0}\right)\underline{H}_x, \tag{103}$$

$$\underline{H}_x = -j\,\frac{\omega\,\varepsilon_0}{\beta_0^2 - \beta^2}\cdot\frac{\partial\underline{E}_z}{\partial y} \tag{104}$$

mit $\beta_0 = \omega\sqrt{\varepsilon_0\mu_0}$. Differenziert man (103) nach y und setzt das entstehende $\partial\underline{H}_x/\partial y$ aus (99) ein, so erhält man eine Gleichung für $\underline{E}_z$:

$$\frac{\partial^2\underline{E}_z}{\partial y^2} = (\beta^2 - \beta_0^2)\underline{E}_z. \tag{105}$$

Es ergeben sich aus (105) drei wesentlich verschiedene Wellentypen:

1. Fall: $\beta < \beta_0$. Nach (15) und (36) ist dann die Phasengeschwindigkeit v_{pz} dieser Welle größer als die Lichtgeschwindigkeit c_0. Der Faktor $(\beta^2 - \beta_0^2)$ in (105) ist negativ. Dies ist die in Abb. 19 und Gl. (68a bis c) dargestellte Welle. Mit $\beta = 2\pi/\lambda_z$ und $\beta_0 = 2\pi/\lambda_0$ ist nach (66) und (67)

$$\beta^2 - \beta_0^2 = \left(\frac{2\pi}{\lambda_z}\right)^2 - \left(\frac{2\pi}{\lambda_0}\right)^2 = -\left(\frac{2\pi}{\lambda_y}\right)^2. \tag{106}$$

Gl. (68b) lautet in komplexer Schreibweise

$$\underline{E}_z = \mathrm{j}\,2\,E \cdot \cos\alpha \cdot \sin\frac{2\pi y}{\lambda_y} \cdot \mathrm{e}^{-\mathrm{j}\beta z}. \tag{107}$$

Setzt man dies in (105) ein und verwendet (106), so ist (105) erfüllt. Sucht man bei gegebener Frequenz eine Welle mit vorgeschriebenem $v_{pz} > c_0$, so wird nach (16) $\beta = \omega/v_{pz}$ und in (106) mit $\beta_0 = \omega/c_0$

$$\beta^2 - \beta_0^2 = -\beta_0^2\left[1 - \left(\frac{c_0}{v_{pz}}\right)^2\right] = -\left(\frac{2\pi}{\lambda_y}\right)^2. \tag{108}$$

In (68a bis c) ist nach (16), (66) und (108)

$$\sin\alpha = \frac{\lambda_0}{\lambda_z} = \frac{c_0}{v_{pz}}; \quad \cos\alpha = \frac{\lambda_0}{\lambda_y} = \sqrt{1 - \left(\frac{c_0}{v_{pz}}\right)^2}. \tag{109}$$

2. Fall: $\beta = \beta_0$. Die Phasengeschwindigkeit der Welle ist gleich der Lichtgeschwindigkeit. Dies ist die einfache ebene Welle aus Abschnitt I.1; Es gelten Gl. (37a bis c).

3. Fall: $\beta > \beta_0$. Die Phasengeschwindigkeit v_{pz} der Welle ist nach (16) kleiner als die Lichtgeschwindigkeit. In (105) ist $\beta^2 - \beta_0^2$ positiv. Es gibt zwei Lösungen, weil die reelle Wurzel $\sqrt{\beta^2 - \beta_0^2}$ positives und negatives Vorzeichen haben kann. Im folgenden Beispiel erhält die Wurzel das negative Vorzeichen. Nach (100), (101), (104) und (105) ist das Wellenfeld in komplexer Schreibweise

$$\underline{E}_z = \mathrm{j}\,E \cdot \mathrm{e}^{-\sqrt{\beta^2 - \beta_0^2}\,y} \cdot \mathrm{e}^{-\mathrm{j}\beta z}; \tag{110a}$$

$$\underline{H}_x = E\,\frac{\omega\varepsilon_0}{\sqrt{\beta^2 - \beta_0^2}} \cdot \mathrm{e}^{-\sqrt{\beta^2 - \beta_0^2}\,y} \cdot \mathrm{e}^{-\mathrm{j}\beta z}; \tag{110b}$$

$$\underline{E}_y = E\,\frac{\beta}{\sqrt{\beta^2 - \beta_0^2}} \cdot \mathrm{e}^{-\sqrt{\beta^2 - \beta_0^2}\,y} \cdot \mathrm{e}^{-\mathrm{j}\beta z}. \tag{110c}$$

E ist eine frei wählbare Konstante und stellt den Scheitelwert der elektrischen Längsfeldstärke $\underline{E}_z$ bei $y = 0$ dar. Alle Feldstärken sinken mit wachsendem y exponentiell ab. Bei vorgeschriebenem v_{pz} ist wegen $\beta = \omega/v_{pz}$ und $\beta_0 = \omega/c_0$ der Exponent des Absinkens

$$\sqrt{\beta^2 - \beta_0^2} = \frac{\omega}{v_{pz}} \sqrt{1 - \left(\frac{v_{pz}}{c_0}\right)^2}. \tag{111}$$

Je höher die Frequenz und je kleiner v_{pz} ist, desto schneller sinken die Felder exponentiell in y-Richtung ab.

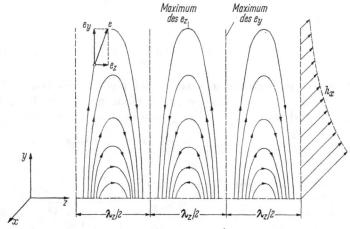

Abb. 26. Momentanbild einer Oberflächenwelle

Abb. 26 gibt das Momentanbild einer solchen Welle, bei der die Feldstärken in Richtung wachsender y exponentiell absinken. Die Momentanwerte e_y und e_z ergeben die jeweilige Richtung der elektrischen Feldstärke e im Momentanbild. Die gezeichneten elektrischen Feldlinien liegen in Ebenen $y = \text{const}$, weil die elektrische Feldstärke keine x-Komponente hat. Der Faktor j im $\underline{E}_z$ aus (110a) bedeutet, daß, wie in Abb. 6a, die Maxima des e_y und die Maxima des e_z im Momentanbild um $\lambda_z/4$ gegeneinander verschoben sind. Nach (110a bis c) haben die Momentanwerte den Verlauf

$$e_z = -E \cdot e^{-\sqrt{\beta^2 - \beta_0^2}\,y} \cdot \sin(\omega t - \beta z); \tag{112a}$$

$$h_x = E \frac{\omega \varepsilon_0}{\sqrt{\beta^2 - \beta_0^2}} \cdot e^{-\sqrt{\beta^2 - \beta_0^2}\,y} \cdot \cos(\omega t - \beta z); \tag{112b}$$

$$e_y = E \frac{\beta}{\sqrt{\beta^2 - \beta_0^2}} \cdot e^{-\sqrt{\beta^2 - \beta_0^2}\,y} \cdot \cos(\omega t - \beta z); \tag{112c}$$

vgl. die Erläuterungen auf S. 29. Die Maxima des h_x liegen beim gleichen z-Wert wie die Maxima des e_y. Der in Abb. 26 gezeichnete

Verlauf des h_x in y-Richtung zeigt das exponentielle Absinken der Feldstärken. Die Feldlinien in benachbarten Bezirken der Länge $\lambda_z/2$ haben wegen des Vorzeichenwechsels der trigonometrischen Funktionen entgegengesetzte Richtung.

Das einfachste Beispiel, an dem man das Auftreten dieses Wellentyps demonstrieren kann, zeigt Abb. 27. Die Ebene $y = 0$ ist die Grenze zwischen dem freien Raum und einem dielektrischen Halbraum. Es soll eine Welle in z-Richtung, also parallel zur dielektrischen Grenz-

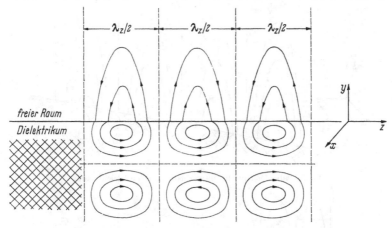

Abb. 27. Oberflächenwelle längs einer dielektrischen Grenzfläche

ebene durch den Raum laufen, wobei ähnlich wie in Abb. 11 elektrische Feldstärken $\underline{E}_y$ und $\underline{H}_x$ existieren sollen. Wenn oberhalb der Grenzebene im freien Raum eine solche Welle läuft, so muß eine entsprechende Welle wegen der Grenzbedingungen (70) und (71) auch unterhalb der Grenzebene im Dielektrikum mitlaufen. Beispielsweise müssen die zur Grenzfläche tangentialen elektrischen Komponenten $\underline{E}_z$ und magnetischen Komponenten $\underline{H}_x$ in der Grenzfläche $y = 0$ für den freien Raum und für das Dielektrikum gleich groß sein. Diese Forderung muß für $y = 0$ und alle Werte von x und z erfüllt sein. Es wurde schon auf S. 34 gezeigt, daß in diesem Fall beide Wellen in der z-Richtung gleiche Phasengeschwindigkeit haben müssen. Nun ist aber nach (36) die Phasengeschwindigkeit einer einfachen ebenen Welle im freien Raum gleich der Lichtgeschwindigkeit, dagegen im Dielektrikum nach (44) um den Faktor $1/\sqrt{\varepsilon_r}$ kleiner. Mit einfachen ebenen Wellen nach Abschn. I.1 kann man also das vorliegende Problem nicht lösen. Man muß Wellen mit E_z-Komponenten verwenden, bei denen man alle Werte der Phasengeschwindigkeit erreichen kann.

Es wird sich in Abb. 27 eine beiden Wellen gemeinsame Phasengeschwindigkeit v_p^* einstellen, die kleiner als die Lichtgeschwindigkeit c_0, aber größer als $c_0/\sqrt{\varepsilon_r}$ ist. Im Dielektrikum wird daher eine Welle laufen, deren Phasengeschwindigkeit v_p^* größer als die Lichtgeschwindigkeit $c_0/\sqrt{\varepsilon_r}$ im Dielektrikum ist und die daher dem in Abb. 19 dargestellten Wellentyp entspricht. Im freien Raum wird eine Welle laufen, deren Phasengeschwindigkeit v_p^* kleiner als die Lichtgeschwindigkeit c_0 im freien Raum ist und die daher dem in Abb. 26 gezeichneten Wellentyp entspricht. Beide Wellen setzen sich in der Grenzebene wie in Abb. 27

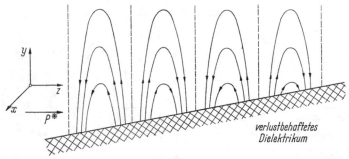

Abb. 28. Oberflächenwelle am verlustbehafteten Dielektrikum

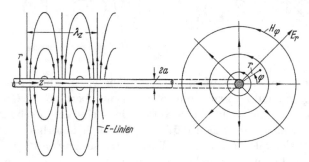

Abb. 29. Feldbild einer Drahtwelle

zusammen, wobei die elektrischen Feldlinien beim Durchschreiten der Grenzebene einen Knick wie in Abb. 20 aufweisen. Das anschließende Dielektrikum verzögert also das Wandern der Welle im freien Raum. Da allgemein Wellen mit exponentiellem Feldstärkeabfall in der Form der Abb. 26 im wesentlichen längs der Oberfläche verzögernder Medien laufen, nennt man sie auch Oberflächenwellen. Je mehr das anschließende Medium die Phasengeschwindigkeit v_p^* verringert, desto schneller sinken nach (110a bis c) und (111) die Feldstärken mit wachsendem y ab.

Wenn das verzögernde Medium Verluste hat, verbraucht die im Medium laufende Teilwelle Leistung. Dann stellt die im freien Raum

laufende Welle bei gleichbleibenden Formeln (110a bis c) ihre Fortpflanzungsrichtung z wie in Abb. 28 schräg zur Grenzfläche, so daß der
Vektor P^* des Leistungstransports (senkrecht zu E_y und H_x wie in Abb. 9)
schräg in die Grenzschicht zeigt und der im freien Raum laufende
Wellenteil seine Energie stetig in das leistungsverbrauchende Medium
hineinschickt. Mit wachsendem z werden die Feldstärken derjenigen
Feldlinienteile, die noch aus dem verlustbehafteten Dielektrikum in den
freien Raum hineinragen, kleiner. Derartige Wellenvorgänge entstehen
zum Beispiel, wenn Wellen längs der Erdoberfläche laufen. Die Erde
ist ein stark verlustbehaftetes Dielektrikum. Aber auch schon dann,
wenn die Wellen wie in Abb. 11 längs einer leitenden Ebene laufen, die
keine unendliche Leitfähigkeit besitzt, entsteht eine geringe Verzögerung
der Phasengeschwindigkeit und ein Leistungsverbrauch, also eine Welle,
die die in Abb. 28 dargestellten Erscheinungen in schwach ausgeprägter
Form zeigt.

Wellen mit nach außen abnehmenden Feldstärken ähnlich Abb. 26
bis 28 findet man auch längs eines Drahtes, wenn dieser Draht verzögernde Eigenschaften hat (Drahtwellenleiter). Eine solche verzögernde
Wirkung kann man z. B. dadurch erreichen, daß man einen leitenden
Draht mit einer dielektrischen Schicht überzieht[1]. Abb. 29 zeigt das
Wellenfeld eines solchen Drahtes (Durchmesser $2a$, radiale Koordinate r
statt y) im Längsschnitt und Querschnitt (Komponenten E_r, E_z und H_φ;
vgl. Abb. 48).

II. Wellenleiter

Nach DIN 47301 ist ein Wellenleiter ein Gebilde aus dielektrischen
Substanzen oder Leitern, das in axialer Richtung überall gleichen Querschnitt hat und in der Lage ist, eine fortschreitende elektromagnetische
Welle in dieser axialen Richtung zu führen. Ein Hohlleiter ist ein Wellenleiter, der nach außen durch ein Rohr mit leitenden Wänden vollständig
begrenzt ist und im Innern des Rohres keine weiteren Leiter enthält;
z. B. Abb. 39. Eine Doppelleitung ist ein Wellenleiter aus zwei getrennten
Leitern; Beispiele sind die Koaxialleitung aus Bd. I [Abb. 163] und die
Zweidrahtleitung aus Bd. I [Abb. 162].

Bei Wellen in Wellenleitern unterscheidet man nach DIN 47301
verschiedene Wellentypen (englisch: modes). Die wichtigsten Wellentypen gliedern sich in 3 Gruppen: L-Wellen, E-Wellen und H-Wellen.
Die L-Welle, auch Leitungswelle genannt, hat keine Feldkomponenten
in der z-Richtung, sondern nur elektrische und magnetische Felder quer

---

[1] GOUBAU, G.: Proc. Inst. Radio Engrs. 39 (1951), S. 619—624.

zur Fortpflanzungsrichtung. Sie wird daher auch als transversal-elektro-
magnetische Welle, abgekürzt TEM-Welle, bezeichnet. Eine L-Welle
gibt es nur in Leitungen mit mehr als einem Leiter, und dies ist die in
Bd. I [Abschn. IV.1] beschriebene Leitungswelle. E-Wellen haben eine
elektrische Komponente E_z in der Fortpflanzungsrichtung wie in Abb. 19.
Ihre magnetischen Felder haben nur Komponenten quer zur Fortpflanzungsrichtung. Eine solche Welle wird daher auch als transversal-
magnetische Welle, abgekürzt TM-Welle, bezeichnet. H-Wellen haben
eine magnetische Komponente H_z in der Fortpflanzungsrichtung wie
in Abb. 17. Ihre elektrischen Felder haben nur Komponenten quer zur
Fortpflanzungsrichtung. Eine solche Welle wird daher auch als trans-
versal-elektrische Welle, abgekürzt TE-Welle, bezeichnet. Es ist eine
bedauerliche Tatsache, daß es zwei Bezeichnungsarten für diese Wellentypen gibt, aber beide Bezeichnungsweisen sind international weit ver-
breitet.

1. Wellen zwischen parallelen Ebenen

Der einfachste Wellenleiter besteht aus zwei parallelen, leitenden
Ebenen. Im Raum zwischen den Ebenen gibt es L-Wellen, H-Wellen
und E-Wellen.

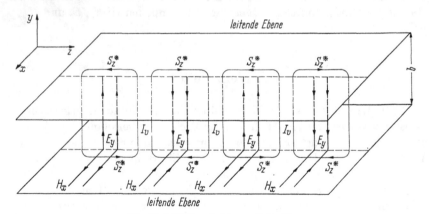

Abb. 30. L-Welle zwischen parallelen Ebenen

L-Welle (TEM-Welle). Die in den Abb. 11 und 12 gezeichnete
Welle kann wie in Abb. 30 auch zwischen zwei parallelen Ebenen laufen.
Die Grenzbedingungen (49) und (50) sind dann auch für die zweite Ebene
erfüllt, da es nur die Komponenten E_y und H_x gibt. An der Form der
Welle wird auch durch die zweite Ebene nichts geändert. Insbesondere
bleibt die Phasengeschwindigkeit c_0 aus (36) und der Feldwellenwiderstand Z_{F0} aus (33) erhalten. Auch in der zweiten Ebene fließen Ströme

mit der Flächenstromdichte $S_z^* = H_x$ nach (51) in z-Richtung. Sie bilden zusammen mit den schon auf S. 20 erläuterten Verschiebungsströmen I_v geschlossene Stromkreise. Der Abstand b zwischen den begrenzenden, leitenden Ebenen kann beliebig gewählt werden.

H-Welle in Luft. Es sei $\varepsilon_r = 1$ und $\mu_r = 1$. Man kann die in Abb. 17 dargestellte Welle an jeder der gezeichneten Geraden $x = $ const ($e_{ys} = 0$ und $h_{xs} = 0$), d. h. im Abstand $n \cdot \lambda_x/2$ von der unteren leitenden Ebene, nochmals durch eine leitende Ebene begrenzen, ohne

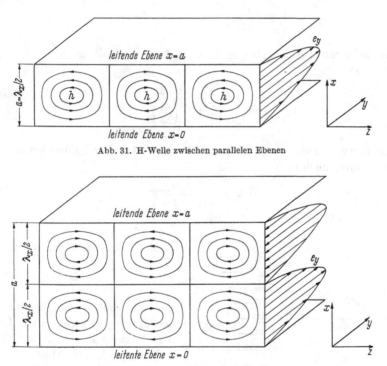

Abb. 31. H-Welle zwischen parallelen Ebenen

Abb. 32. H-Welle zwischen parallelen Ebenen

daß dadurch das Feld der Welle verändert wird. Abb. 31 zeigt diese Anordnung mit 2 begrenzenden Ebenen im Abstand $a = \lambda_x/2$, Abb. 32 diese Anordnung mit Ebenen im Abstand $a = \lambda_x$. Am Ort dieser Ebenen sind die Grenzbedingungen (49) und (50) erfüllt, weil dort die tangentiale elektrische Komponente e_{ys} aus (59) und die senkrechte magnetische Komponente h_{xs} aus (61) gleich Null sind; $\sin 2\pi x/\lambda_x = 0$. Die Felder werden durch (59), (61) und (62) beschrieben.

Wenn in Abb. 31 der Abstand a der beiden Ebenen gegeben ist, liegt dadurch $\lambda_x = 2a$ fest. Wenn dann noch die Frequenz des Vorgangs gegeben ist, liegt λ_0 nach (35) fest. Hieraus folgt nach (53)

$$\cos \alpha = \frac{\lambda_0}{\lambda_x} = \frac{\lambda_0}{2a}; \quad \sin \alpha = \sqrt{1 - \cos^2 \alpha} = \sqrt{1 - \left(\frac{\lambda_0}{2a}\right)^2}. \quad (113)$$

Dann kann man aus diesem α die Phasengeschwindigkeit v_{pz} in z-Richtung nach (52) und die Gruppengeschwindigkeit v_E nach (56) berechnen.

$$v_{pz} = \frac{c_0}{\sqrt{1 - \left(\frac{\lambda_0}{2a}\right)^2}}; \quad v_E = c_0 \sqrt{1 - \left(\frac{\lambda_0}{2a}\right)^2}; \quad (114)$$

Kurven hierzu in Abb. 41 b. Man berechnet die Wellenlänge in z-Richtung nach (53)

$$\lambda_z = \frac{\lambda_0}{\sqrt{1 - \left(\frac{\lambda_0}{2a}\right)^2}}. \quad (115)$$

Eine Kurve für dieses λ_z findet man in Abb. 41 a. Der Feldwellenwiderstand lautet nach (64)

$$Z_{FH} = \frac{Z_{F0}}{\sqrt{1 - \left(\frac{\lambda_0}{2a}\right)^2}}. \quad (116)$$

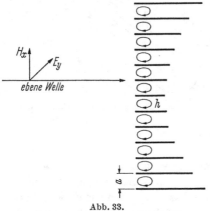

Da stets $\cos \alpha \leqq 1$ ist, muß

$$\lambda_0 \leqq 2a \quad (117)$$

sein. Bei gegebenem a gibt es also eine untere Frequenzgrenze. Unterhalb dieser Frequenz ist keine Welle möglich; vgl. Abschn. II.7.

Eine sehr instruktive Anwendung dieser H-Welle zwischen parallelen Ebenen zeigt Abb. 33. Von links kommend fällt eine ebene Welle nach Abschn. I.1 auf eine Serie paralleler Platten. Liegt die magnetische Feldstärke H_x

Abb. 33.
Beschleunigungslinse aus parallelen Platten

in der gezeichneten Richtung, so wird die Welle beim Auftreffen auf die Platten teilweise reflektiert, teilweise läuft sie unter Änderung der Wellenform bei gleichbleibender Richtung des elektrischen Feldes in die Platten hinein, wenn der Plattenabstand a nach (117) hin-

reichend groß ist $(a > \lambda_0/2)$. Es bilden sich zwischen den Platten ringförmige magnetische Feldlinien h wie in Abb. 31. Ein solches Plattensystem ist ein Hochpaß, weil es bei niedrigen Frequenzen $(\lambda_0 > 2a)$ die
Welle nicht durchlassen kann. Die in das Plattensystem eintretende Welle
läuft mit einer Phasengeschwindigkeit v_{pz} nach (114) zwischen den
Platten weiter, wobei v_{pz} größer als die Lichtgeschwindigkeit ist. Wenn
man eine Analogie zur Optik herstellen will, so hat das Medium zwischen
den Platten wegen des hohen v_{pz} einen Brechungsindex kleiner als 1 im
Vergleich zum freien Raum. Gibt man dem Plattensystem eine konkave
Begrenzung wie in Abb. 33, so ist dies eine Sammellinse. Sie entspricht
einer konvexen Glaslinse, da die dielektrischen Linsen der Optik nach (44)
mit $v_p < c_0$ arbeiten. Die üblichen optischen Linsen kann man als
Verzögerungslinsen bezeichnen, während das Plattensystem der Abb. 33
eine Beschleunigungslinse ist. Die längeren Platten an der Außenseite
der Linse der Abb. 33 führen dazu, daß die aus den äußeren Platten
wieder austretenden Wellenteile eine voreilende Phase gegenüber den
Wellenteilen, die durch die kürzeren Platten der Linsenmitte gelaufen
sind, erhalten. Dies führt nach den Regeln der Optik zur Brennpunkts-
bildung hinter der Linse.

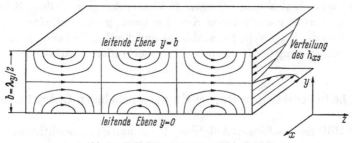

Abb. 34. E-Welle zwischen parallelen Ebenen

E-Welle in Luft. Man kann in Abb. 19 eine weitere leitende Ebene
dort anbringen, wo $e_{zs} = 0$ ist, d. h. bei $y = n \cdot \lambda_y/2$. In diesen Ebenen
sind die Grenzbedingungen (49) und (50) ebenfalls erfüllt. Liegt die
zweite Ebene im Abstand $b = \lambda_y/2$, so entsteht die Welle der Abb. 34.
Man findet dort das Momentanbild der elektrischen Felder im Längsschnitt und rechts die Verteilung des h_{xs} in y-Richtung. Die Felder
werden durch (68a bis c) beschrieben. Wenn in Abb. 34 der Abstand b
gegeben ist, liegt dadurch $\lambda_y = 2b$ fest. Wenn dann noch die Frequenz
des Vorgangs gegeben ist, liegt λ_0 nach (35) fest. In Analogie zu (113) ist
hier nach (66)

$$\cos \alpha = \frac{\lambda_0}{\lambda_y} = \frac{\lambda_0}{2b}; \quad \sin \alpha = \sqrt{1 - \cos^2 \alpha} = \sqrt{1 - \left(\frac{\lambda_0}{2b}\right)^2}. \quad (118)$$

Ähnlich wie in (114) und (115) ist hier

$$v_{pz} = \frac{c_0}{\sqrt{1 - \left(\frac{\lambda_0}{2b}\right)^2}}; \quad v_E = c_0 \sqrt{1 - \left(\frac{\lambda_0}{2b}\right)^2}; \tag{119}$$

$$\lambda_z = \frac{\lambda_0}{\sqrt{1 - \left(\frac{\lambda_0}{2b}\right)^2}}. \tag{120}$$

Nach (69) und (118) ist der Feldwellenwiderstand

$$Z_{FE} = Z_{F0} \sqrt{1 - \left(\frac{\lambda_0}{2b}\right)^2}. \tag{121}$$

Der Feldwellenwiderstand der E-Wellen unterscheidet sich also in seiner Frequenzabhängigkeit grundsätzlich vom Feldwellenwiderstand der H-Wellen nach (116).

Es gibt Wellen zwischen parallelen Ebenen, bei denen alle Komponenten E_x, E_y und E_z des elektrischen Feldes und alle Komponenten H_x, H_y und H_z des magnetischen Feldes vorkommen. Diese Komponenten sind dann von allen drei Koordinaten x, y und z abhängig. Diese Wellen sind die H_{mn}-Wellen aus Abb. 44 und die E_{mn}-Wellen aus Abb. 47, die sich in Richtung der Kante a beliebig aneinandersetzen lassen.

2. Leitungswellen in Doppelleitungen beliebigen Querschnitts

Mit Hilfe der konformen Abbildung kann man einige wichtige und sehr allgemeine Gesetzmäßigkeiten über L-Wellen im beliebigen Leitungsquerschnitt gewinnen. Im folgenden werden die Beweise auf Doppelleitungen, d. h. Leitungen mit nur zwei Leitern beschränkt.

Konforme Abbildung des Leitungsquerschnitts. In Abb. 35a ist ein allgemeineres Beispiel einer Doppelleitung gezeichnet. Innenleiter und Außenleiter sind die beiden Leiter der Leitung, die eine Abart der koaxialen Leitung aus Bd. I [Abb. 163] mit bandförmigem Innenleiter darstellt. Man benötigt für die folgenden Beweise die elektrostatischen Feldlinien des Querschnitts (in Abb. 35a durch Pfeilspitzen gekennzeichnet) und die Linien konstanten Potentials. Beide Kurvenscharen schneiden sich überall senkrecht. Es ist üblich und auch zweckmäßig, die Linien konstanten Potentials in solchem Abstand zu zeichnen, daß zwischen benachbarten Potentiallinien überall gleiche Potentialdifferenz besteht. Man zeichnet die elektrostatischen Feldlinien in solchen Abständen, daß auf den begrenzenden Leitern zwischen benachbarten Feldlinien gleich große Ladungen $\pm q$ sitzen. Dies bedeutet nach Bd. I [Gl. (2)], daß dann zwischen benachbarten Feldlinien überall gleicher elektrischer Fluß Ψ besteht. Durch konforme Abbildung kann man dieses Feld auf ein Feld

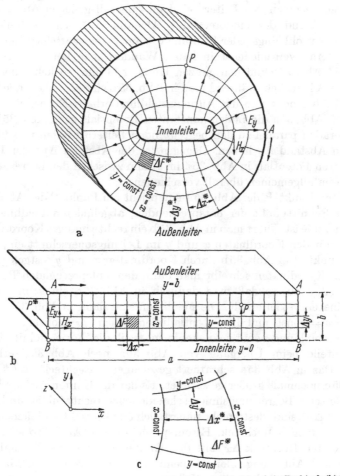

Abb. 35. Konforme Abbildung des Leitungsquerschnitts (a) auf ein Rechteck (b); Elementarfläche (c)

zwischen parallelen Platten nach Abb. 35b abbilden. Im Hinblick auf die Bedeutung, die die konforme Abbildung allgemein zur Berechnung komplizierterer Wellenfelder hat, soll diese hier ausführlicher erläutert werden.

Der Innenleiter der Abb. 35a wird durch die konforme Abbildung in Abb. 35b ein Stück einer Geraden, der Außenleiter ein gleich langes

Stück einer parallelen Geraden. Die Länge a dieser Geraden ist frei wählbar. Man überträgt zunächst eine Feldlinie aus Abb. 35a nach Abb. 35b;
im Beispiel die Feldlinie zwischen den Punkten A und B. Man wandert
in der gezeichneten Pfeilrichtung auf dem Außenleiter weiter und überträgt der Reihe nach alle Feldlinien, die dann in Abb. 35b parallele Geraden senkrecht zu den Leitern sind und überall gleichen Abstand Δx
haben, während der entsprechende Abstand Δx^* der Feldlinien in
Abb. 35a sowohl längs jeder Feldlinie wie auch längs verschiedener Feldlinien überall verschieden sein kann. Wandert man längs des Außenleiters in Abb. 35a um den ganzen Umfang herum, so kehrt man zur
Feldlinie AB zurück, während man in Abb. 35b eine abschließende Feldlinie im Abstand a von der Ausgangsfeldlinie erhält. Ebenso überträgt
man von Abb. 35a die Linien konstanten Potentials nach Abb. 35b, die
dort Geraden parallel zu den begrenzenden Leitern werden und überall
gleichen Abstand Δy haben. Dagegen ist der Abstand Δy^* der Linien
konstanten Potentials in Abb. 35a im Raum zwischen den begrenzenden
Leitern im allgemeinen überall verschieden.

Jedem Punkt P der Abb. 35a entspricht ein Punkt P der Abb. 35b,
der der Schnittpunkt der entsprechenden, abgebildeten Feldlinie und
Potentiallinie ist. Führt man in Abb. 35b ein rechtwinkliges Koordinatensystem mit den Koordinaten x und y im Leitungsquerschnitt ein, so ist
jeder Punkt P in Abb. 35b durch Koordinaten x und y festgelegt. Die
gleichen Koordinaten schreibt man dann dem entsprechenden Punkt P
in Abb. 35a zu, so daß man dadurch in Abb. 35a ein krummliniges
Koordinatensystem erhält. Die Feldlinien sind dann in Abb. 35a und b
Linien $x = $ const und die Potentiallinien Linien $y = $ const.

Die Abbildung nennt man konform, weil die Form infinitesimaler
Flächenteile beim Übergang von Abb. 35a nach Abb. 35b erhalten
bleibt. Das in Abb. 35a schraffiert gezeichnete „Rechteck" ΔF^* ist in
Abb. 35c nochmals größer gezeichnet. Es hat die Kanten Δx^* und Δy^*,
und alle seine Begrenzungslinien schneiden sich rechtwinklig. Je kleiner
Δx^* und Δy^* sind, desto mehr nähert sich das betrachtete Flächenstück
einem wirklichen Rechteck. Es entspricht dem in Abb. 35b schraffiert
gezeichneten Rechteck ΔF mit den Kanten Δx und Δy. Im Falle der
konformen Abbildung bleiben beim Übergang von Abb. 35a nach
Abb. 35b alle Winkel erhalten. Kurven, die sich in Abb. 35a rechtwinklig
schneiden, schneiden sich auch in Abb. 35b rechtwinklig, so daß bei
der Abbildung aus einem kleinen Rechteck ΔF^* immer wieder ein
Rechteck ΔF wird. Im Falle der konformen Abbildung bleiben auch die
Seitenverhältnisse der Rechtecke erhalten. Es ist also

$$\frac{\Delta x^*}{\Delta y^*} = \frac{\Delta x}{\Delta y}$$

oder

$$\Delta x^* = K(x, y) \cdot \Delta x; \qquad \Delta y^* = K(x, y) \cdot \Delta y; \qquad (122)$$

beide mit der gleichen ortsabhängigen Funktion

$$K(x, y) = \frac{\Delta x^*}{\Delta x} = \frac{\Delta y^*}{\Delta y}, \qquad (123)$$

die man durch Division der aus den Feldlinienbildern entnommenen Abstände Δx^*, Δy^*, Δx und Δy erhalten kann. Jedes Rechteck wird also in gleichbleibender Form von Abb. 35a nach Abb. 35b übertragen, jedoch ändert sich dabei die Größe des Rechtecks, weil beide Kanten bei der Abbildung mit dem gleichen $K(xy)$ multipliziert werden. Die längenändernde Funktion K ist im allgemeinen für alle Teilrechtecke des Leitungsquerschnitts der Abb. 35a verschieden groß.

Es wurde bereits an Hand von Abb. 30 gezeigt, daß es zwischen parallelen Ebenen die einfache ebene Welle mit den Feldstärken E_y und H_x gibt. In Abb. 35b gibt es also diese Welle mit E_y, H_x und P^* wie in Abb. 8. Es soll nun bewiesen werden, daß auch in der Leitung der Abb. 35a eine solche Welle möglich ist, bei der die elektrische Feldstärke E_y entlang den statischen Feldlinien $x = \text{const}$ und die magnetische Feldstärke H_x längs der Potentiallinien $y = \text{const}$ liegt. E_y und H_x stehen dann stets senkrecht aufeinander, und der Transport der Energie erfolgt in z-Richtung längs der Achse der Leitung wie in Bd. I [Abschnitt IV].

Es sind dann auch die Grenzbedingungen (49) und (50) erfüllt; denn die elektrische Feldstärke E_y trifft überall senkrecht auf die begrenzenden Leiter auf, und die magnetische Feldstärke H_x liegt tangential zu den Leiteroberflächen, wie dies nach Bd. I [Abb. 8] bei extremem Skineffekt sein muß. Es sei betont, daß es demnach die hier untersuchte Welle in der Leitung nur dann gibt, wenn extremer Skineffekt besteht. Bei sehr niedrigen Frequenzen und schwachem Skineffekt dringen die Felder der Welle in die Leiter ein, und es entstehen wesentlich kompliziertere Wellen, die sich einer Berechnung im allgemeinen entziehen.

Bei Beschränkung auf Komponenten E_y und H_x entsteht eine unmittelbare Analogie zum Abschn. I.1. In Analogie zur Abb. 8 entsteht hier Abb. 36. In Abb. 36a tritt im Vergleich zur Abb. 8a dx^* an die Stelle von dx, wobei dx^* und die Fläche $dF_1 = dx^* \cdot dz$ entsprechend Abb. 35a etwas gekrümmt gezeichnet ist. Das Durchflutungsgesetz (6) lautet hier in Analogie zu (21)

$$-\underline{H}_x(z + dz) \cdot dx^* + \underline{H}_x(z) \cdot dx^* = j\omega\varepsilon_0\varepsilon_r\underline{E}_y \cdot dx^* \cdot dz. \qquad (124)$$

Man vergleiche die ausführliche Beschreibung zur Gl. (21), die hier sinngemäß anzuwenden ist. Man teilt (124) durch dx^* und dz und macht

4*

den Grenzübergang $dx^* \to 0$, $dz \to 0$. Man erhält auf dem Umweg über (22) und (23) die Analogie zu (24) oder (30):

$$-\frac{\partial \underline{H}_x}{\partial z} = j\omega\varepsilon_0\varepsilon_r\underline{E}_y; \quad j\beta\underline{H}_x = j\omega\varepsilon_0\varepsilon_r\underline{E}_y. \tag{125}$$

Die Analogie zur Abb. 8b ist Abb. 36b mit dy^* anstelle von dy. Aus Abb. 36b ergibt sich in Analogie zu (25)

$$-\underline{E}_y(z+dz) \cdot dy^* + \underline{E}_y(z) \cdot dy^* = j\omega\mu_0\mu_r\underline{H}_x \cdot dy^* \cdot dz.$$

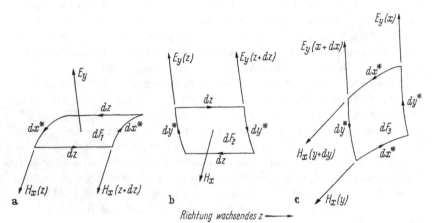

Abb. 36. Induktionsgesetz und Durchflutungsgesetz

Nach Division durch dy^* und dz und nach Grenzübergang $dy^* \to 0$, $dz \to 0$ wird daraus in Analogie zu (26) oder (31)

$$-\frac{\partial \underline{E}_y}{\partial z} = j\omega\mu_0\mu_r\underline{H}_x; \quad j\beta\underline{E}_y = j\omega\mu_0\mu_r\underline{H}_x. \tag{126}$$

Die formale Gleichheit des Gleichungspaares (24), (26) und des Gleichungspaares (125), (126) ergibt, daß für $\underline{E}_y$ und $\underline{H}_x$ hier die gleiche Lösung besteht wie für $\underline{E}_y$ und $\underline{H}_x$ in Abschn. I.1. Insbesondere gilt für eine Leitung mit beliebigem Querschnitt bei höheren Frequenzen (extremer Skineffekt), daß mit Luft als Dielektrikum ($\varepsilon_r = 1$) die Phasengeschwindigkeit nach (36) gleich der Lichtgeschwindigkeit c_0 ist und daß bei vollständiger Füllung mit Dielektrikum die Phasengeschwindigkeit nach (44) gleich $c_0/\sqrt{\varepsilon_r}$ ist. Ferner ist für Leitungen mit Luftfüllung wie in (33) immer der Quotient

$$\frac{\underline{E}_y}{\underline{H}_x} = \sqrt{\frac{\mu_0}{\varepsilon_0}} = Z_{F0} \tag{127}$$

und bei Füllung mit Dielektrikum nach (45) gleich $Z_{F0}/\sqrt{\varepsilon_r}$.

Abb. 36c ist das Analogon zu Abb. 8c und bezieht sich auf eine Fläche mit den Kanten dx^* und dy^*, wie sie schon in Abb. 35c dargestellt wurde. Da durch die Fläche dF_3 weder elektrischer noch magnetischer Fluß besteht, ist längs des Randes der Fläche weder elektrische noch magnetische Spannung vorhanden. In Analogie zu (28) gilt hier für die magnetische Spannung

$$\underline{H}_x(y + dy) \cdot dx^*(y + dy) - \underline{H}_x(y) \cdot dx^*(y) = 0 \qquad (128)$$

mit dx^* aus (122). Das dx^* am Ort $(y + dy)$ kann verschieden sein vom dx^* am Ort y. Die beiden dx^* werden daher als

$$dx^*(y + dy) = K(x, y + dy) \cdot dx, \qquad dx^*(y) = K(x, y) \cdot dx$$

unterschieden. Dividiert man (128) durch dx und dy, so erhält man

$$\frac{\underline{H}_x(y + dy) \cdot K(y + dy) - \underline{H}_x(y) \cdot K(y)}{dy} = 0$$

oder ähnlich wie in (23) nach dem Grenzübergang $dx \to 0$, $dy \to 0$ in Abwandlung von (29)

$$\frac{\partial}{\partial y} (\underline{H}_x \cdot K) = 0. \qquad (129)$$

Das Fehlen einer elektrischen Spannung längs des Randes der Fläche in Abb. 36c ergibt in Analogie zu (27)

$$-\underline{E}_y(x + dx) \cdot dy^*(x + dx) + \underline{E}_y(x) \cdot dy^*(x) = 0 \qquad (130)$$

mit dy^* aus (122). Das dy^* am Ort $(x + dx)$ kann verschieden sein vom dy^* am Ort x. Man unterscheidet daher

$$dy^*(x + dx) = K(x + dx, y) \cdot dy; \qquad dy^*(x) = K(x, y) \cdot dy.$$

Setzt man dies in (130) ein und dividiert durch dx und dy, so wird nach dem Grenzübergang $dx \to 0$, $dy \to 0$ in Analogie zu (29)

$$-\frac{\partial}{\partial x} (\underline{E}_y K) = 0. \qquad (131)$$

In Abänderung der Betrachtungen von S. 12 und 13 ergibt sich für den allgemeinen Leitungsquerschnitt, daß die Produkte $\underline{H}_x K$ und $\underline{E}_y K$ unabhängig von x und y sind. Anstelle von (34a und b) erhält man daher hier als Welle in Luft

$$\underline{E}_y = \frac{E}{K} \cdot e^{j(-\beta_0 z + \varphi_0)}; \qquad \underline{H}_x = \frac{H}{K} \cdot e^{j(-\beta_0 z + \varphi_0)}. \qquad (132)$$

E und H sind Konstanten, deren Quotient der Feldwellenwiderstand Z_{F0} aus (127) bzw. $Z_{F0}/\sqrt{\varepsilon_r}$ ist. Der wesentliche Unterschied gegenüber der einfachen ebenen Welle ist, daß hier beide Feldstärken umgekehrt pro-

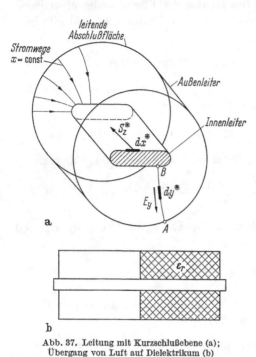

portional zu K aus (123) sind. Die Feldstärken sind umgekehrt proportional zum örtlichen Abstand Δx^* benachbarter Feldlinien im Querschnitt der Abb. 35a. Dies ist die gleiche Regel, wie sie für statische Felder allgemeiner Form bekannt ist.

Um direkte Beziehungen zu den Leitungsgleichungen aus Bd. I [Abschn. IV] zu erhalten, sollen Zusammenhänge zwischen der Spannung und dem Strom der Leitung der Abb. 35a und den Feldstärken (132) hergestellt werden. In Abb. 37a ist eine elektrische Feldlinie zwischen Innenleiter und Außenleiter gezeichnet (Punkte A und B). Ein Element $\mathrm{d}y^* = K \cdot \mathrm{d}y$

Abb. 37. Leitung mit Kurzschlußebene (a); Übergang von Luft auf Dielektrikum (b)

dieser Linie besitzt die Feldstärke $\underline{E}_y$ in gleicher Richtung und nach Bd. I [Gl. (17)] die Teilspannung $\underline{E}_y \cdot \mathrm{d}y^*$. Nach Bd. I [Gl. (28)] ist dann die Spannung $\underline{U}$ zwischen den Punkten A und B

$$\underline{U} = \int\limits_A^B \underline{E}_y \cdot \mathrm{d}y^* = \int\limits_{y=0}^b \underline{E}_y \cdot K \cdot \mathrm{d}y = \int\limits_{y=0}^b E \cdot \mathrm{d}y = E\,b \qquad (133)$$

mit $\underline{E}_y$ aus (132) und $\mathrm{d}y^*$ aus (122). Nach (51) ist bei Vorliegen extremen Skineffekts die Oberflächenstromdichte S^* gleich der magnetischen Feldstärke an der Oberfläche. Der Strom fließt in z-Richtung, die Flächenstromdichte ist $\underline{S}_z^*$ (Abb. 37a), und für den Innenleiter $y = 0$ (Abb. 35b) gilt $\underline{S}_z^* = \underline{H}_x(0)$. Durch ein Oberflächenstück der Breite $\mathrm{d}x^*$ (Abb. 37a) fließt der Strom

$$\mathrm{d}\underline{I} = \underline{S}_z^* \cdot \mathrm{d}x^* = \underline{H}_x(0) \cdot \mathrm{d}x^* = \underline{H}_x(0) \cdot K \cdot \mathrm{d}x = H \cdot \mathrm{d}x$$

mit $\underline{H}_x$ aus (132) und dx^* aus (122). Die Stromdichte $\underline{S}_z^*$ ist ebenso wie $\underline{H}_x$ umgekehrt proportional zum Wert des K an der betreffenden Stelle der Oberfläche, d. h. in Abb. 35a umgekehrt proportional zu den gezeichneten Abständen dx^* benachbarter elektrischer Feldlinien. Der Strom häuft sich dort, wo die Feldlinien mit kleinem Abstand Δx^* auf den Leitern landen. Der Gesamtstrom auf dem Innenleiter ist

$$\underline{I} = \int d\underline{I} = \int\limits_{x=0}^{a} H \cdot dx = Ha, \tag{134}$$

wobei das Integral über die gesamte Leiteroberfläche (von $x = 0$ bis $x = a$ in Abb. 35b) erstreckt wurde. Der Leitungswellenwiderstand Z_L nach Bd. I [Gl. (369)] ist nach (133) und (134)

$$Z_L = \frac{U}{I} = \frac{E}{H} \cdot \frac{b}{a} = \frac{Z_{F0}}{\sqrt{\varepsilon_r}} \cdot \frac{b}{a} \tag{135}$$

und leicht zu berechnen, sobald die Längen a und b aus Abb. 35b durch die konforme Abbildung bekannt sind. Zur Gewinnung der konformen Abbildung gibt es mathematische Methoden, graphische Methoden und experimentelle Methoden, insbesondere den elektrolytischen Trog. Ein besonders einfacher und direkt berechenbarer Fall ist die koaxiale Leitung mit dem Querschnitt nach Abb. 63 und Feldkomponenten nach (291).

Schließt man die Leitung wie in Abb. 37a hinten mit einer leitenden ebenen Fläche ab (Kurzschlußebene), so findet an dieser Ebene eine vollständige Reflexion der Welle statt, die wegen der Ähnlichkeit dieser Welle mit der ebenen Welle des Abschn. I.1 durch die in Abb. 13 dargestellten Gesetzmäßigkeiten in jedem Punkt der Abschlußebene beschrieben wird. In diesem allgemeinen Leitungsquerschnitt ist in jedem Punkt die Richtung des H_x durch die Linien $y = $ const der Abb. 35a auf der Abschlußebene gegeben. Es fließen also Wandströme auf der leitenden Abschlußebene senkrecht zu H_x in Richtung der Linien $x = $ const der Abb. 35a. Einige dieser Stromwege sind in Abb. 37a auf der Abschlußfläche gezeichnet.

Wenn die Leitung wie in Abb. 37b in einer Grenzebene von Luft auf Dielektrikum übergeht, ist der Wellenwiderstand in dem mit Dielektrikum gefüllten Teil nach (135) um den Faktor $1/\sqrt{\varepsilon_r}$ kleiner als in Luft. Beim Übertritt der Welle ins Dielektrikum findet eine Reflexion wie in Abb. 21 mit dem Reflexionsfaktor r aus (80) statt.

3. Wellen in Hohlleitern mit Rechteckquerschnitt

Hier werden nur luftgefüllte Hohlleiter betrachtet: $\varepsilon_r = 1$; $\mu_r = 1$. Hohlleiter mit Dielektrikum findet man auf S. 114.

H_{10}-Welle. Man kann die Welle der Abb. 31 zusätzlich durch senkrechte Wände begrenzen, wie dies in Abb. 38 gezeichnet ist. Die y-Ko-

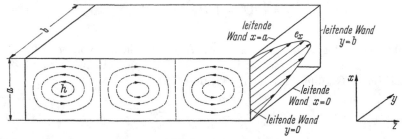

Abb. 38. H-Welle zwischen vier Ebenen

ordinate dieser Wände und ihr Abstand b ist beliebig wählbar, weil diese Welle nur elektrische Komponenten in y-Richtung besitzt und dadurch die Bedingung (49) für alle Wände senkrecht zur y-Richtung erfüllt, aber auch keine magnetischen Komponenten in y-Richtung hat und da-

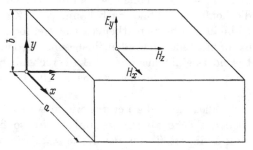

Abb. 39. Hohlleiter mit Rechteckquerschnitt

durch die Bedingung (50) für alle solchen Wände erfüllt. In Abb. 38 ist die Welle dann durch ein leitendes Rohr mit Rechteckquerschnitt vollständig umschlossen.

In Hinblick auf die Wichtigkeit dieser Welle im Rechteckquerschnitt sollen die an sich schon durch (59) bis (62) gegebenen Formeln hier nochmals in einfacherer und zusammenhängender Form abgeleitet werden. Hierbei ist entsprechend den in der Praxis üblichen Regeln in Abb. 39 die größere Rechteckseite mit a bezeichnet und in x-Richtung gelegt, die kleinere Rechteckseite mit b bezeichnet und in y-Richtung gelegt. In Abb. 39 ist gegenüber Abb. 38 das Koordinatensystem und der Hohlleiter um 90° gedreht, so daß die y-Achse nach oben zeigt. An der Gesamtkonfiguration ändert sich dadurch nichts. Es soll in diesem Hohlleiter eine Welle berechnet werden, die nur die Feldkomponenten E_y, H_x und H_z besitzt.

Um die Grenzbedingungen (49) und (50) zu erfüllen, muß

$$\text{für } x = 0 \text{ und } x = a: \quad \underline{E}_y = 0 \quad \text{und} \quad \underline{H}_x = 0 \qquad (136)$$

sein. Die 3 Gleichungen für die unbekannten Funktionen gewinnt man aus Abb. 40. Wendet man das Durchflutungsgesetz (6) auf die Fläche $\mathrm{d}F_1$ der Abb. 40a an, so erhält man in Erweiterung von (21) für $\varepsilon_r = 1$

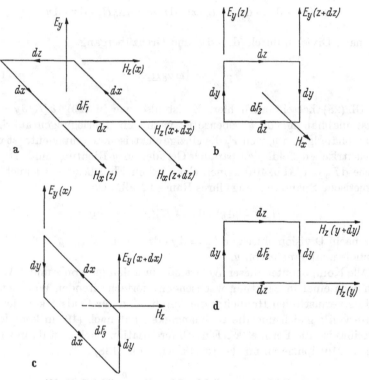

Abb. 40. Induktionsgesetze und Durchflutungsgesetze der H_{10}-Welle

$$\underline{H}_z(x + \mathrm{d}x) \cdot \mathrm{d}z - \underline{H}_z(x) \cdot \mathrm{d}z - \underline{H}_x(z + \mathrm{d}z) \cdot \mathrm{d}x + \underline{H}_x(z) \cdot \mathrm{d}x$$
$$= \mathrm{j}\,\omega\,\varepsilon_0 \underline{E}_y \cdot \mathrm{d}x \cdot \mathrm{d}z.$$

Dividiert man dies durch $\mathrm{d}x \cdot \mathrm{d}z$, so erhält man nach dem Grenzübergang $\mathrm{d}x \to 0$, $\mathrm{d}z \to 0$ wie in (22) und (23)

$$\frac{\partial \underline{H}_z}{\partial x} - \frac{\partial \underline{H}_x}{\partial z} = \mathrm{j}\,\omega\,\varepsilon_0 \underline{E}_y. \qquad (137)$$

Wendet man das Induktionsgesetz (3) auf die Fläche dF_2 der Abb. 40 b an, so erhält man mit $\mu_r = 1$ wie in (25) und (26)

$$-\frac{\partial E_y}{\partial z} = j\omega\mu_0 H_x. \tag{138}$$

Wendet man das Induktionsgesetz (3) auf die Fläche dF_3 der Abb. 40 c an, so wird in Erweiterung von (27)

$$\underline{E}_y(x + dx)\cdot dy - \underline{E}_y(x)\cdot dy = j\omega\mu_0\underline{H}_z\cdot dx\cdot dy$$

oder nach Division durch $dx \cdot dy$ und Grenzübergang

$$\frac{\partial \underline{E}_y}{\partial x} = j\omega\mu_0\underline{H}_z. \tag{139}$$

Die Gl. (28) besteht auch hier. Es ist also wie in (29) $\partial \underline{H}_x/\partial y = 0$; $\underline{H}_x$ ist unabhängig von y. Ebenso ist nach den Überlegungen auf S. 13 $\underline{E}_y$ unabhängig von y, weil $\underline{E}_y$ die einzige elektrische Komponente ist und die elektrischen Feldlinien parallele Geraden in y-Richtung sind. Da die Fläche dF_2 der Abb. 40 d keinen elektrischen Fluß besitzt, ist auch die magnetische Spannung längs ihres Randes Null, also

$$\underline{H}_z(y + dy)\cdot dz - \underline{H}_z(y)\cdot dz = 0$$

oder nach Division durch $dF_2 = dy\cdot dz$ auch $\partial \underline{H}_z/\partial y = 0$. $\underline{H}_z$ ist ebenfalls unabhängig von y.

Alle Komponenten dieser Welle sind nur abhängig von x und z. Wenn man nach einer in Richtung wachsender z fortschreitenden Welle sucht, sind im verlustfreien Hohlleiter die Amplituden der Feldstärken für alle Werte von z gleich und die z-Abhängigkeit hat nach (19) in komplexer Schreibweise die Form $e^{-j\beta z}$. Eine Differentiation nach z ist dann wie in (20) ein Multiplizieren mit $(-j\beta)$. So wird aus (138)

$$j\beta\underline{E}_y = j\omega\mu_0\underline{H}_x; \quad \underline{H}_x = \underline{E}_y\frac{\beta}{\omega\mu_0} = \frac{\underline{E}_y}{Z_{FH}}. \tag{140}$$

Man definiert einen Feldwellenwiderstand, der für alle Punkte des Raumes gleich groß ist

$$Z_{FH} = \frac{\underline{E}_y}{\underline{H}_x} = \frac{\omega\mu_0}{\beta} = Z_{F0}\cdot\frac{\beta_0}{\beta}, \tag{141}$$

wobei $Z_{F0} = \sqrt{\mu_0/\varepsilon_0}$ der Feldwellenwiderstand des freien Raumes aus (33) und $\beta_0 = \omega\sqrt{\varepsilon_0\mu_0}$ die Phasenkonstante des freien Raumes aus (32) sind.

Nach (20) und (140) ist

$$\frac{\partial \underline{H}_x}{\partial z} = (-\mathrm{j}\,\beta)\,\underline{H}_x = -\mathrm{j}\,\frac{\beta^2}{\omega\,\mu_0}\,\underline{E}_y.$$

Setzt man dies in (137) ein, so erhält man mit β_0 aus (32)

$$\frac{\partial \underline{H}_z}{\partial x} = \mathrm{j}\left(\omega\,\varepsilon_0 - \frac{\beta^2}{\omega\,\mu_0}\right)\underline{E}_y$$

$$\underline{E}_y = -\mathrm{j}\,\frac{\omega\,\mu_0}{\beta_0^2 - \beta^2}\cdot\frac{\partial \underline{H}_z}{\partial x}. \qquad (142)$$

Differenziert man (142) nach x und setzt $\partial \underline{E}_y/\partial x$ aus (139) ein, so erhält man eine Gleichung für $\underline{H}_z$. Diese hat die Form

$$\frac{\partial^2 \underline{H}_z}{\partial x^2} = -(\beta_0^2 - \beta^2)\,\underline{H}_z = -\beta_c^2\underline{H}_z \qquad (143)$$

mit

$$\beta_c = \sqrt{\beta_0^2 - \beta^2}. \qquad (144)$$

Da Gleichungen solcher Art in allen Hohlleitern der Abschn. II.3 bis 7 auftreten, soll die Lösung dieser Gleichungen hier näher analysiert werden.

1. Schritt: Zunächst wird aus der Gl. (143) die z-Abhängigkeit beseitigt, indem man

$$\underline{H}_z = H(\omega, x)\cdot\mathrm{e}^{-\mathrm{j}\beta z} \qquad (145)$$

einsetzt. Man teilt (143) durch $\mathrm{e}^{-\mathrm{j}\beta z}$ und erhält eine Gleichung, die nur noch von ω und x abhängt:

$$\frac{\partial^2 H}{\partial x^2} = -\beta_c^2\underline{H}. \qquad (146)$$

$\underline{H}$ ist eine Hilfsfunktion, die die Verteilung des $\underline{H}_z$ über den Rohrquerschnitt beschreibt.

2. Schritt: Man beseitigt die Abhängigkeit von ω. Wenn das Feld durch ein Rohr mit leitenden Wänden nach außen hin vollständig begrenzt ist, sind an den Wänden die Grenzbedingungen (49) und (50) zu erfüllen. Diese sind nach (142) und (145) gleichbedeutend mit:

$$\text{Für } x = 0 \text{ und } x = a: \quad \frac{\partial \underline{H}_z}{\partial x} = 0 \quad \text{oder} \quad \frac{\partial H}{\partial x} = 0. \qquad (147)$$

Da diese Grenzbedingung unabhängig von der Frequenz ist, kann man sie für alle Frequenzen gleichzeitig erfüllen, wenn in $\underline{H}$ die Frequenzabhängigkeit nur als Faktor auftritt, wenn also $\underline{H}$ folgende Form hat:

$$\underline{H}(\omega, x) = \underline{H}_0(\omega) \cdot H_1(x) \tag{148}$$

mit der Grenzbedingung (147) in der neuen Form:

$$\text{Für} \quad x = 0 \quad \text{und} \quad x = a: \quad \frac{dH_1}{dx} = 0.$$

Das $\underline{H}$ aus (148) erfüllt die Grenzbedingung (147) für alle Frequenzen, wenn H_1 die Grenzbedingung erfüllt. Setzt man $\underline{H}$ aus (148) in (146) ein, so steht $\underline{H}_0(\omega)$ auf beiden Seiten der Gleichung, und es bleibt nach Division durch $\underline{H}_0$

$$\frac{d^2 H_1}{dx^2} = -\beta_c^2 H_1. \tag{148a}$$

Über die Funktion $H_0(\omega)$ sagt die Differentialgleichung nichts aus. Sie ist zunächst frei wählbar und in einer Hohlleiterschaltung durch den Generator festgelegt, der die betreffende Welle in dem Hohlleiter erzeugt (Abschn. II.8).

Die Gl. (148a) enthält nur die Variable x und ist frei von ω. β_c aus (144) ist daher eine Konstante. So erhält man das für alle Hohlleiterwellen wichtige Ergebnis, daß der in der Wellengleichung der z-Komponente auftretende Faktor β_c eine frequenzunabhängige Konstante ist. Die Phasenkonstante β der Welle berechnet sich aus der Phasenkonstante β_0 des freien Raumes und der charakteristischen Konstanten β_c des Wellentyps aus (144) als

$$\beta = \sqrt{\beta_0^2 - \beta_c^2}. \tag{149}$$

β ist dann nur reell, d. h., es existiert nur dann eine Welle im Rohr, wenn $\beta_0 > \beta_c$ ist. Der Fall $\beta_0 < \beta_c$ wird in Abschn. II.7 behandelt.

Der Fall $\beta = 0$ ist die Grenze zwischen dem Bereich, in dem Wellen möglich sind, und dem Bereich, in dem eine aperiodische Ausbreitung nach Abschn. II.7 stattfindet. Durch $\beta = 0$ ist eine kritische Frequenz f_c definiert. Nach (32) und (144) ist für diese Frequenz

$$\beta_0 = \beta_c = 2\pi f_c \sqrt{\varepsilon_0 \mu_0}$$

$$f_c = \frac{\beta_c}{2\pi \sqrt{\varepsilon_0 \mu_0}} = \frac{\beta_c c_0}{2\pi} = \frac{c_0}{\lambda_c} \tag{150}$$

mit c_0 aus (36). Durch (150) ist eine kritische Wellenlänge λ_c definiert:

$$\lambda_c = \frac{c_0}{f_c} = \frac{2\pi}{\beta_c}; \quad \beta_c = \frac{2\pi}{\lambda_c}; \quad f_c \lambda_c = c_0. \tag{151}$$

λ_c ist die Wellenlänge, die eine ebene Welle im freien Raum nach Abschn. I.1 bei der Frequenz f_c haben würde.

Die allgemeinste Lösung von (148), die auch die Grenzbedingung (147) erfüllt, ist

$$\underline{H}(\omega, x) = \underline{H}_0(\omega) \cdot \cos \frac{m\pi x}{a}. \tag{152}$$

Setzt man dies in (146) ein, so wird

$$\beta_c = \frac{m\pi}{a}; \quad f_c = \frac{mc_0}{2a}; \quad \lambda_c = \frac{2a}{m}; \tag{153}$$

m kann dabei eine beliebige ganze Zahl sein.

Die einfachste und technisch wichtigste Lösung von (152) verwendet $m = 1$. Nach (153) ist in diesem Sonderfall

$$\beta_c = \frac{\pi}{a}; \quad f_c = \frac{c_0}{2a}; \quad \lambda_c = 2a. \tag{154}$$

Die Feldkomponenten lauten nach (140), (142), (152) und (154)

$$\underline{H}_z = \underline{H}_0 \cdot \cos \frac{\pi x}{a} \cdot e^{-j\beta z}, \tag{155a}$$

$$\underline{H}_x = j\underline{H}_0 \frac{\beta}{\beta_c} \cdot \sin \frac{\pi x}{a} \cdot e^{-j\beta z}, \tag{155b}$$

$$\underline{E}_y = j\underline{H}_0 \frac{\omega\mu_0}{\beta_c} \cdot \sin \frac{\pi x}{a} \cdot e^{-j\beta z} = j\underline{E}_{\max} \cdot \sin \frac{\pi x}{a} \cdot e^{-j\beta z}. \tag{155c}$$

H_0 ist der Scheitelwert der magnetischen Feldstärke H_z am Ort $x = 0$, $z = 0$, $E_{\max}$ der Scheitelwert der maximalen elektrischen Feldstärke bei $x = a/2$. Da die Wellen der Abb. 17 und der Abb. 37 identisch sind, ist (155a bis c) die komplexe Darstellung der Gl. (59), (61) und (62), wobei nach (62) $\underline{H}_0 = 2H \cdot \cos \alpha$ ist. Aus dem Vergleich von (64) und (141) folgt

$$\sin \alpha = \frac{\beta}{\beta_0} = \frac{\lambda_0}{\lambda_z}; \quad \cos \alpha = \sqrt{1 - \sin^2\alpha} = \sqrt{1 - \left(\frac{\lambda_0}{\lambda_z}\right)^2}. \tag{156}$$

Nach Abb. 38 ist $a = \lambda_y/2$. Aus (149) folgt mit β_c aus (154) und $\beta_0 = 2\pi/\lambda_0$

$$\beta = \frac{2\pi}{\lambda_z} = \beta_0 \sqrt{1 - \left(\frac{\lambda_0}{2a}\right)^2} \tag{157}$$

und die Wellenlänge

$$\lambda_z = \frac{\lambda_0}{\sqrt{1 - \left(\frac{\lambda_0}{2a}\right)^2}} \tag{158}$$

und der Feldwellenwiderstand Z_{FH} aus (141)

$$Z_{FH} = \frac{Z_{F0}}{\sqrt{1 - \left(\frac{\lambda_0}{2a}\right)^2}}. \tag{159}$$

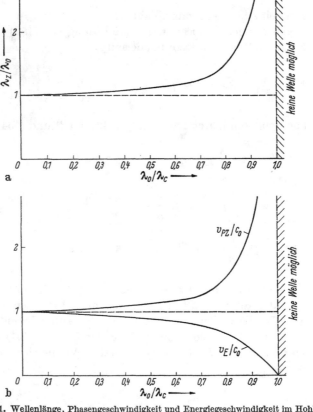

Abb. 41. Wellenlänge, Phasengeschwindigkeit und Energiegeschwindigkeit im Hohlleiter

Den Zusammenhang zwischen der Betriebsfrequenz (gegeben durch λ_0) und der Wellenlänge λ_z im Hohlleiter zeigt Abb. 41a. Für $\lambda_0/a > 2$ ist die Wurzel nicht mehr reell und keine Welle möglich. Es ist stets $\lambda_z > \lambda_0$, und das Verhältnis λ_z/λ_0 wächst mit abnehmender Frequenz (wachsendem λ_0). λ_z wird unendlich groß bei der kritischen Frequenz f_c, die durch die Bedingung $\lambda_0/a = 2$ festgelegt ist. Bei der kritischen Frequenz ist $\beta = 0$.

Bei gegebener Betriebsfrequenz (gegebenem λ_0) muß $\lambda_0 < \lambda_c$ sein, damit in dem Hohlleiter eine Welle existieren kann. Hierzu benötigt man eine Breite a, für die nach (154) $\lambda_0 < 2a$, also $a > \lambda_0/2$ sein muß. Die Höhe b ist ohne Einfluß auf die kritische Frequenz.

Nach (158) ist mit $c_0 = f\lambda_0$ die Phasengeschwindigkeit

$$v_{pz} = f\lambda_z = \frac{c_0}{\sqrt{1 - \left(\dfrac{\lambda_0}{2a}\right)^2}}. \tag{160}$$

v_{pz} nach dieser Formel ist wegen (156) und (157) identisch mit (52); v_{pz} ist stets größer als c_0; vgl. Abb. 41b. Nach (56) ist die Energiegeschwindigkeit

$$v_E = c_0 \sqrt{1 - \left(\frac{\lambda_0}{2a}\right)^2}; \tag{160a}$$

vgl. die Kurve in Abb. 41b. Die Transportgeschwindigkeit der Energie ist stets kleiner als die Lichtgeschwindigkeit. Bei Annäherung an die kritische Frequenz wird die Energiegeschwindigkeit kleiner und bei der kritischen Frequenz gleich Null; bei der Frequenz f_c hört also der Energietransport auf. In Abb. 15 ist dann $\alpha = 0$ und in (56) $\sin\alpha = 0$, also senkrechter Einfall der Welle wie in Abb. 13.

Die Leistungsdichte des Wellenfeldes ist nach (41) $P^* = \frac{1}{2} E_y H_x$, wobei E_y und H_x die reellen Scheitelwerte der Feldstärken aus (155b und c) sind. Durch das Flächenelement $dF_3 = dx \cdot dy$ der Abb. 40c tritt die Leistung $dP = \frac{1}{2} E_y H_x \cdot dx \cdot dy$ und insgesamt durch den Querschnitt $a \cdot b$ des Hohlleiters der Abb. 39 die Leistung

$$P = \int\limits_{x=0}^{a} \int\limits_{y=0}^{b} \frac{1}{2} E_y H_x \cdot dx \cdot dy = \frac{1}{2} H_0^2 \frac{\omega\mu_0\beta}{\beta_c^2} \int\limits_0^a \int\limits_0^b \sin^2\frac{\pi x}{a} \cdot dx \cdot dy$$

$$= \frac{1}{4} H_0^2 \frac{\omega\mu_0\beta}{\beta_c^2} ab = \frac{1}{4} \frac{E_{max}^2}{Z_{FH}} ab = \frac{1}{4} \frac{E_{max}^2}{Z_{F0}} ab \cdot \frac{v_E}{c_0}. \tag{161}$$

E_{max} aus (155c). E_{max} ist die größte elektrische Feldstärke des Hohlleiters. Wenn wegen der Spannungsfestigkeit ein bestimmtes E_{max} vorgeschrieben ist, ist die übertragbare Leistung (161) der Energiegeschwindigkeit v_E aus (160a) proportional. Wenn man Betriebsfrequenzen in der Nähe der kritischen Frequenz vermeidet und nach Bd. I [Abb. 19] in normaler Luft $E_{max} = 30$ kV/cm zuläßt, so kann der Hohlleiter nach (161) etwa $500\,ab$ kW transportieren, d. h. etwa 500 kW pro cm² seiner Querschnittsfläche $a\,b$.

Weitere für die praktische Anwendung wichtige Eigenschaften dieser Welle in Abschn. II.6 und II.8.

Bezeichnung der H-Wellen im Rechteckrohr. Wenn wie in Abb. 39 und Abb. 42 die Seite a die größere der beiden Rechteckseiten ist, wird nach DIN 47301 die soeben berechnete Welle als H_{10}-Welle bezeichnet.

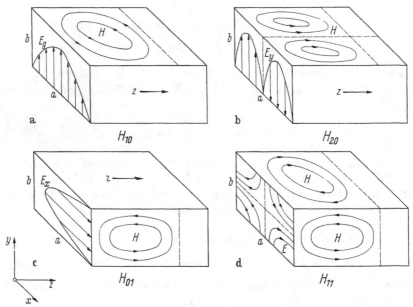

Abb. 42. H-Wellen im Hohlleiter mit Rechteckquerschnitt

Diese Wellenform ist in Abb. 42a schematisch dargestellt, und zwar die Verteilung der elektrischen Feldstärke E_y über den Querschnitt und die Form der magnetischen Feldlinien H im Momentanbild. Abb. 42a entspricht Abb. 38, wobei der Hohlleiter und das Koordinatensystem wie in Abb. 39 um 90° gedreht worden sind. Wenn man in (152) $m = 2$ wählt, erhält man eine Welle wie in Abb. 32, die man als H_{20}-Welle bezeichnet. Eine solche Welle ist in Abb. 42b schematisch gezeichnet. Eine H_{20}-Welle besteht aus zwei H_{10}-Wellen im gleichen Rohr nebeneinander, wobei die beiden Teilwellen entgegengesetzte Feldlinienrichtungen haben. Die kritische Wellenlänge erhält man aus (153) für $m = 2$:

$$\lambda_c = a; \quad f_c = \frac{c_0}{a}; \quad \beta_c = \frac{2\pi}{a} \tag{162}$$

und das $\underline{H}_z$ lautet in Abwandlung von (155a)

$$\underline{H}_z = \underline{H}_0 \cdot \cos \frac{2\pi x}{a} \cdot e^{-j\beta z}. \tag{162a}$$

Eine H_{m0}-Welle erhält man, wenn man in (152) dem m einen allgemeinen Wert gibt. Die H_{m0}-Welle besteht aus m H_{10}-Wellen nebeneinander im gleichen Rohr, wobei benachbarte H_{10}-Teilwellen entgegengesetzte Feldlinienrichtungen haben. Die kritische Wellenlänge λ_c findet man in (153).

In jedem Rohr mit Rechteckquerschnitt ist auch eine um 90° im Querschnitt gedrehte Welle gleicher Art möglich. Wenn a immer die größere der beiden Rechteckseiten ist, so zeigt Abb. 42c die H_{01}-Welle, die der Form nach eine im Querschnitt um 90° gedrehte H_{10}-Welle ist. In den Formeln (154) bis (161) ist dann x und y zu vertauschen und a und b zu vertauschen. Insbesondere ist dann die kritische Wellenlänge

$$\lambda_c = 2b. \tag{162b}$$

Ebenso gibt es allgemein eine H_{0m}-Welle, die eine im Querschnitt um 90° gedrehte H_{m0}-Welle ist.

Allgemeine Feldgleichungen. Es wird angenommen, daß die allgemeine Welle im Rohr mit Rechteckquerschnitt alle Feldkomponenten besitzt, also E_x, E_y, E_z, H_x, H_y und H_z; vgl. Abb. 7. Dies ergibt 6 Feldgleichungen. Nach (6) folgt aus Abb. 43a mit der Fläche $dF_1 = dy \cdot dz$ und $\varepsilon_r = 1$ für die magnetische Spannung

$$\underline{H}_y(z + dz) \cdot dy - \underline{H}_y(z) \cdot dy - \underline{H}_z(y + dy) \cdot dz + \underline{H}_z(y) \cdot dz$$
$$= j\omega\varepsilon_0\underline{E}_x \cdot dy \cdot dz.$$

Nach Division durch $dy \cdot dz$ und Grenzübergang $dy \to 0$, $dz \to 0$ ergibt sich

$$\frac{\partial \underline{H}_y}{\partial z} - \frac{\partial \underline{H}_z}{\partial y} = j\omega\varepsilon_0\underline{E}_x. \tag{163}$$

Nach (6) folgt aus Abb. 43b mit der Fläche $dF_2 = dx \cdot dz$ und $\varepsilon_r = 1$ für die magnetische Spannung

$$\underline{H}_z(x + dx) \cdot dz - \underline{H}_z(x) \cdot dz - \underline{H}_x(z + dz) \cdot dx + \underline{H}_x(z) \cdot dx$$
$$= j\omega\varepsilon_0\underline{E}_y \cdot dx \cdot dz.$$

Nach Division durch $\mathrm{d}x \cdot \mathrm{d}z$ und Grenzübergang $\mathrm{d}x \to 0$, $\mathrm{d}z \to 0$ ergibt sich ähnlich (24) die Differentialgleichung

$$\frac{\partial \underline{H}_z}{\partial x} - \frac{\partial \underline{H}_x}{\partial z} = \mathrm{j}\,\omega\,\varepsilon_0 \underline{E}_y.\tag{164}$$

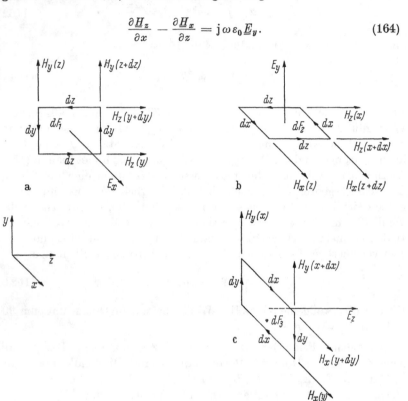

Abb. 43. Durchflutungsgesetze im rechtwinkligen Koordinatensystem

Nach (6) folgt aus Abb. 43c mit der Fläche $\mathrm{d}F_3 = \mathrm{d}x \cdot \mathrm{d}y$ und $\varepsilon_r = 1$ die magnetische Spannung

$$\underline{H}_x(y + \mathrm{d}y) \cdot \mathrm{d}x - \underline{H}_x(y) \cdot \mathrm{d}x - \underline{H}_y(x + \mathrm{d}x) \cdot \mathrm{d}y + \underline{H}_y(x) \cdot \mathrm{d}y$$
$$= \mathrm{j}\,\omega\,\varepsilon_0 \underline{E}_z \cdot \mathrm{d}x \cdot \mathrm{d}y.$$

Nach Division durch $\mathrm{d}x \cdot \mathrm{d}y$ und Grenzübergang $\mathrm{d}x \to 0$, $\mathrm{d}y \to 0$ ergibt dies die Gleichung

$$\frac{\partial \underline{H}_x}{\partial y} - \frac{\partial \underline{H}_y}{\partial x} = \mathrm{j}\,\omega\,\varepsilon_0 \underline{E}_z.\tag{165}$$

Vertauscht man in Abb. 43 E und H und beachtet, daß das Induktionsgesetz nach Abb. 1 einen anderen Umlaufsinn der Spannung gegenüber dem Durchflutungsgesetz nach Abb. 2 hat, so ergeben sich in Analogie zu (163) bis (165) die Induktionsgesetze (3) der drei magnetischen Komponenten in folgender Form für $\mu_r = 1$

$$\frac{\partial \underline{E}_z}{\partial y} - \frac{\partial \underline{E}_y}{\partial z} = j\,\omega\,\mu_0\underline{H}_x, \tag{166}$$

$$\frac{\partial \underline{E}_x}{\partial z} - \frac{\partial \underline{E}_z}{\partial x} = j\,\omega\,\mu_0\underline{H}_y, \tag{167}$$

$$\frac{\partial \underline{E}_y}{\partial x} - \frac{\partial \underline{E}_x}{\partial y} = j\,\omega\,\mu_0\underline{H}_z. \tag{168}$$

Neben diesen Gleichungen müssen die Grenzbedingungen (49) und (50) auf den begrenzenden leitenden Ebenen erfüllt sein. Es gibt außerordentlich viele Lösungen dieser Gleichungen. Die bekanntesten sind die H_{mn}-Wellen und E_{mn}-Wellen.

H_{mn}-Welle. Es ist für alle H-Wellen, der Definition entsprechend, $E_z = 0$. Alle übrigen Feldkomponenten sind vorhanden. Die Feldgleichungen sind durch (163) bis (168) gegeben, wenn man dort $\underline{E}_z = 0$ setzt. Sucht man eine Welle mit der z-Abhängigkeit $e^{-j\beta z}$, so ist das Differenzieren nach z bei komplexer Darstellung nach (20) eine Multiplikation mit $(-j\beta)$. Dann lauten die Feldgleichungen (163) bis (168)

$$\frac{\partial \underline{H}_z}{\partial y} + j\,\beta\,\underline{H}_y = -j\,\omega\,\varepsilon_0\underline{E}_x, \tag{163a}$$

$$\frac{\partial \underline{H}_z}{\partial x} + j\,\beta\,\underline{H}_x = j\,\omega\,\varepsilon_0\underline{E}_y, \tag{164a}$$

$$\frac{\partial \underline{H}_x}{\partial y} - \frac{\partial \underline{H}_y}{\partial x} = 0, \tag{165a}$$

$$j\,\beta\,\underline{E}_y = j\,\omega\,\mu_0\underline{H}_x, \tag{166a}$$

$$-j\,\beta\,\underline{E}_x = j\,\omega\,\mu_0\underline{H}_y, \tag{167a}$$

$$\frac{\partial \underline{E}_y}{\partial x} - \frac{\partial \underline{E}_x}{\partial y} = j\,\omega\,\mu_0\underline{H}_z. \tag{168a}$$

Da das Lösungsverfahren für solche Gleichungen im folgenden noch mehrfach auftritt, soll es hier ausführlicher erläutert werden. Aus (166a) und (167a) folgt

$$\underline{H}_x = \underline{E}_y\,\frac{\beta}{\omega\mu_0} = \frac{\underline{E}_y}{Z_{FH}}; \quad \underline{H}_y = -\underline{E}_x\,\frac{\beta}{\omega\mu_0} = -\frac{\underline{E}_x}{Z_{FH}}. \tag{169}$$

Es gibt einen für alle Raumpunkte gleich großen Feldwellenwiderstand

$$Z_{FH} = \frac{\underline{E}_y}{\underline{H}_x} = -\frac{\underline{E}_x}{\underline{H}_y} = \frac{\omega\mu_0}{\beta} = Z_{F0}\frac{\beta_0}{\beta} \tag{170}$$

mit $Z_{F0} = \sqrt{\mu_0/\varepsilon_0}$ aus (33) und $\beta_0 = \omega\sqrt{\varepsilon_0\mu_0}$ aus (32). E_y und H_x aus Abb. 7 bilden eine Kombination der Abb. 9, die Energie in Richtung wachsender z transportiert; E_x und H_y dagegen nicht. Nur eine im negativer x-Richtung liegenden E-Komponente kann zusammen mit H_y eine energietransportierende Kombination wie in Abb. 9 bilden. Daher tritt in (170) beim Quotienten $\underline{E}_x/\underline{H}_y$ ein negatives Vorzeichen auf. Ersetzt man in (163a) und (164a) das $\underline{H}_x$ bzw. $\underline{H}_y$ nach (169), so erhält man

$$\frac{\partial \underline{H}_z}{\partial y} = -\mathrm{j}\,\frac{\beta_0^2 - \beta^2}{\omega\mu_0}\,\underline{E}_x; \quad \underline{E}_x = \mathrm{j}\,\frac{\omega\mu_0}{\beta_0^2 - \beta^2}\cdot\frac{\partial \underline{H}_z}{\partial y}, \tag{171}$$

$$\frac{\partial \underline{H}_z}{\partial x} = \mathrm{j}\,\frac{\beta_0^2 - \beta^2}{\omega\mu_0}\,\underline{E}_y; \quad \underline{E}_y = -\mathrm{j}\,\frac{\omega\mu_0}{\beta_0^2 - \beta^2}\cdot\frac{\partial \underline{H}_z}{\partial x}. \tag{172}$$

Setzt man (169) in (165a) ein, so wird

$$\frac{\partial \underline{E}_y}{\partial y} + \frac{\partial \underline{E}_x}{\partial x} = 0. \tag{173}$$

Setzt man hier $\underline{E}_x$ und $\underline{E}_y$ aus (171) und (172) ein, so ist (173) erfüllt. (173) bietet also keine neue Erkenntnis. Setzt man $\underline{E}_x$ aus (171) und $\underline{E}_y$ aus (172) in (168a) ein, dividiert durch $\mathrm{j}\omega\mu_0$ und multipliziert mit $(\beta_0^2 - \beta^2)$, so wird

$$\frac{\partial^2 \underline{H}_z}{\partial x^2} + \frac{\partial^2 \underline{H}_z}{\partial y^2} = -(\beta_0^2 - \beta^2)\,\underline{H}_z = -\beta_c^2\,\underline{H}_z. \tag{174}$$

Diese Gleichung für $\underline{H}_z$ ist die Grundgleichung der H-Wellen. Ist $\underline{H}_z$ bekannt, so erhält man $\underline{E}_x$ aus (171), $\underline{E}_y$ aus (172), $\underline{H}_x$ und $\underline{H}_y$ aus (169).

    An den leitenden Wänden des Hohlleiters der Abb. 39 müssen die Grenzbedingungen (49) und (50) erfüllt sein:

$$\text{Für } x = 0 \text{ und } x = a: \quad \underline{E}_y = 0 \text{ und } \underline{H}_x = 0,$$
$$\text{für } y = 0 \text{ und } y = b: \quad \underline{E}_x = 0 \text{ und } \underline{H}_y = 0. \tag{175}$$

Nach (171) und (172) bedeutet dies, daß auf den leitenden Wänden

$$\text{für } x = 0 \text{ und } x = a: \quad \frac{\partial \underline{H}_z}{\partial x} = 0,$$

$$\text{für } y = 0 \text{ und } y = b: \quad \frac{\partial \underline{H}_z}{\partial y} = 0. \tag{176}$$

Die Funktion $\underline{H}_z$ hat also auf den leitenden Wänden jeweils einen Extremwert.

Gl. (174) ist eine unmittelbare Erweiterung von (143), und es gelten daher auch in diesem allgemeineren Fall die Überlegungen von S. 60. Insbesondere ist β_c in (174) eine für den Querschnitt des Hohlleiters charakteristische Konstante. Es gilt (150) und (151) zur Definition einer kritischen Frequenz f_c und einer kritischen Wellenlänge λ_c. Nach (151) und (174) ist allgemein

$$\beta_c = \sqrt{\beta_0^2 - \beta^2} = \frac{2\pi}{\lambda_c}, \tag{177}$$

$$\beta = \beta_0 \sqrt{1 - \left(\frac{\lambda_0}{\lambda_c}\right)^2}. \tag{178}$$

Mit $\beta = 2\pi/\lambda_z$ und $\beta_0 = 2\pi/\lambda_0$ folgt für die Wellenlänge im Hohlleiter

$$\lambda_z = \frac{\lambda_0}{\sqrt{1 - \left(\frac{\lambda_0}{\lambda_c}\right)^2}}. \tag{179}$$

Frequenzabhängigkeit des λ_z wie in Abb. 41 a. Nach (170) und (178) wird der Feldwellenwiderstand

$$Z_{FH} = \frac{Z_{F0}}{\sqrt{1 - \left(\frac{\lambda_0}{\lambda_c}\right)^2}}. \tag{180}$$

Nach (15) und (36) ist die Phasengeschwindigkeit

$$v_{pz} = \frac{c_0}{\sqrt{1 - \left(\frac{\lambda_0}{\lambda_c}\right)^2}}. \tag{181}$$

Nach (57) ist die Wanderungsgeschwindigkeit der Energie

$$v_E = c_0 \sqrt{1 - \left(\frac{\lambda_0}{\lambda_c}\right)^2}. \tag{182}$$

v_{pz} und v_E findet man in Abb. 41 b.

H_{11}-Welle. Alle H_{mn}-Wellen sind aus H_{11}-Wellen zusammengesetzt, wie dies noch in Abb. 44 erläutert wird. Es wird daher zunächst die H_{11}-Welle als Lösung der Feldgleichungen (163 a) bis (168 a) angegeben. Die folgende Lösung prüft man durch Einsetzen der Komponenten

(183a bis e) in die Feldgleichungen und in die Grenzbedingungen (175) bzw. (176).

$$\underline{E}_y = j\,\frac{\omega\mu_0}{\beta_c^2}\,\underline{H}_0\,\frac{\pi}{a}\,\sin\frac{\pi x}{a}\cdot\cos\frac{\pi y}{b}\cdot e^{-j\beta z}, \tag{183a}$$

$$\underline{E}_x = -j\,\frac{\omega\mu_0}{\beta_c^2}\,\underline{H}_0\cdot\frac{\pi}{b}\cdot\cos\frac{\pi x}{a}\cdot\sin\frac{\pi y}{b}\cdot e^{-j\beta z}, \tag{183b}$$

$$\underline{H}_y = j\,\frac{\beta}{\beta_c^2}\,\underline{H}_0\,\frac{\pi}{b}\cos\frac{\pi x}{a}\cdot\sin\frac{\pi y}{b}\cdot e^{-j\beta z}, \tag{183c}$$

$$\underline{H}_x = j\,\frac{\beta}{\beta_c^2}\,\underline{H}_0\,\frac{\pi}{a}\,\sin\frac{\pi x}{a}\cdot\cos\frac{\pi y}{b}\cdot e^{-j\beta z}, \tag{183d}$$

$$\underline{H}_z = \underline{H}_0\cdot\cos\frac{\pi x}{a}\cdot\cos\frac{\pi y}{b}\cdot e^{-j\beta z}. \tag{183e}$$

$\underline{H}_0$ ist eine frei wählbare komplexe Konstante. Sie ist gleich dem Maximum der magnetischen Längskomponente $\underline{H}_z$ bei $x = 0$, $y = 0$ und $z = 0$.

$$\lambda_c = \frac{2}{\sqrt{\left(\dfrac{1}{a}\right)^2 + \left(\dfrac{1}{b}\right)^2}} = \frac{2ab}{\sqrt{a^2 + b^2}} \tag{184}$$

ist die kritische Wellenlänge der H_{11}-Welle. Die wichtige Größe β_c aus (177) lautet

$$\beta_c = \pi\,\sqrt{\left(\frac{1}{a}\right)^2 + \left(\frac{1}{b}\right)^2}. \tag{184a}$$

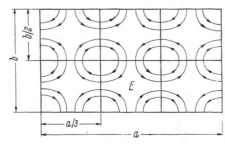

Abb. 44. Elektrische Feldlinien im Querschnitt der H_{32}-Welle

Abb. 42d zeigt im Querschnitt des Rohres die elektrischen Feldlinien E, zusammengesetzt aus den Komponenten E_x und E_y und für ein Momentanbild $t = $ const die magnetischen Feldlinien H an den Leiteroberflächen.

Wenn man eine H_{mn}-Welle aufbauen will, teilt man die Kante a des Querschnitts in m Teile und die Kante b in n Teile. Dies ist in Abb. 44 für eine H_{32}-Welle als Beispiel gekennzeichnet. Jedes der $m\cdot n$ Teilrechtecke füllt man mit einer H_{11}-Welle, wobei diese Welle in benachbarten Teilrechtecken entgegengesetzte Feldlinienrichtung hat. In Abb. 44

sind im Querschnitt die elektrischen Feldlinien wie in Abb. 42d gezeichnet. In den Formeln (183a bis e) und (184) ersetzt man a durch a/m und b durch b/n, d. h. durch die Kanten der Teilrechtecke. Es ist dann

$$\lambda_c = \frac{2}{\sqrt{\left(\dfrac{m}{a}\right)^2 + \left(\dfrac{n}{b}\right)^2}}. \tag{185}$$

E_{mn}-Wellen. Während es möglich war, die H-Welle der Abb. 31 durch senkrechte leitende Wände abzugrenzen und sie unverändert als H_{10}-Welle im Hohlleiter nach Abb. 38 zu verwenden, ist dies bei der E-Welle der Abb. 34 nicht möglich, da ihre elektrischen Feldlinien parallel zu den zugefügten senkrechten Wänden $x =$ const liegen würden. Im Hohlleiter mit Rechteckquerschnitt nach Abb. 39 gibt es jedoch kompliziertere E-Wellen, die eine Komponente E_z und keine Komponente H_z in der

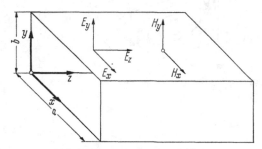

Abb. 45. Komponenten einer E-Welle im Rechteckquerschnitt

Ausbreitungsrichtung der Welle besitzen. Man nennt diese Wellen E_{mn}-Wellen. Abb. 45 zeigt die Lage des Koordinatensystems und der Feldkomponenten. Die Feldgleichungen sind wieder durch (163) bis (168) gegeben, wenn man dort $\underline{H}_z = 0$ setzt. Das Lösungsverfahren ist demjenigen der H_{mn}-Welle völlig analog, wenn man elektrische und magnetische Feldstärke und einige Vorzeichen vertauscht. Näheres ist aus den Rechnungen für den allgemeinen Querschnitt auf S. 95 bis 101 zu entnehmen, wenn man dort $K = 1$ setzt. In Analogie zu (174) entsteht hier eine Gleichung für $\underline{E}_z$ in der Form

$$\frac{\partial^2 \underline{E}_z}{\partial x^2} + \frac{\partial^2 \underline{E}_z}{\partial y^2} = -(\beta_0^2 - \beta^2)\,\underline{E}_z = -\beta_c^2\,\underline{E}_z; \tag{186}$$

vgl. (269) mit $K = 1$. Außerdem sind an den leitenden Wänden der Abb. 45 nach (49) und (50) folgende Grenzbedingungen zu erfüllen:

$$\left.\begin{array}{l} \text{Für } x = 0 \text{ und } x = a\text{: } \underline{E}_y = 0;\ \underline{E}_z = 0;\ \underline{H}_x = 0, \\[2mm] \text{für } y = 0 \text{ und } y = b\text{: } \underline{E}_x = 0;\ \underline{E}_z = 0;\ \underline{H}_y = 0. \end{array}\right\} \tag{187}$$

E_{11}-Welle. Alle E_{mn}-Wellen sind aus E_{11}-Wellen zusammengesetzt, wie dies noch in Abb. 47 erläutert wird. Es wird daher die E_{11}-Welle als

Lösung der Feldgleichungen angegeben. Durch Einsetzen der im folgenden angegebenen Feldkomponenten der E_{11}-Welle in die Gl. (163) bis (168) mit $\underline{E}_z = 0$ und in die Grenzbedingungen (187) kann man die Richtigkeit der Formeln prüfen.

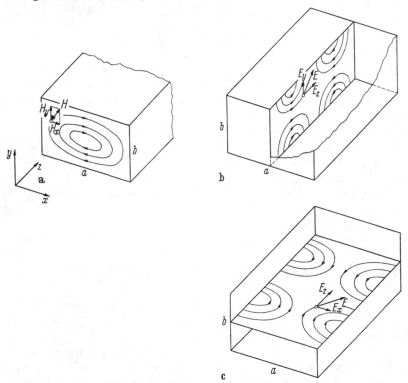

Abb. 46. E_{11}-Welle: Magnetische Feldlinien im Querschnitt (a);
Momentanbild der elektrischen Feldlinien im Längsschnitt (b und c)

$$\underline{E}_z = \underline{E}_0 \cdot \sin \frac{\pi x}{a} \cdot \sin \frac{\pi y}{b} \cdot e^{-j\beta z}, \tag{188a}$$

$$\underline{E}_x = -j \frac{\beta}{\beta_c^2} \cdot \frac{\pi}{a} \, \underline{E}_0 \cdot \cos \frac{\pi x}{a} \cdot \sin \frac{\pi y}{b} \cdot e^{-j\beta z}, \tag{188b}$$

$$\underline{E}_y = -j \frac{\beta}{\beta_c^2} \frac{\pi}{b} \, \underline{E}_0 \cdot \sin \frac{\pi x}{a} \cdot \cos \frac{\pi y}{b} \cdot e^{-j\beta z}, \tag{188c}$$

$$\underline{H}_x = -j \frac{\omega \varepsilon_0}{\beta_c^2} \frac{\pi}{b} \, \underline{E}_0 \cdot \sin \frac{\pi x}{a} \cdot \cos \frac{\pi y}{b} \cdot e^{-j\beta z}, \tag{188d}$$

$$\underline{H}_y = j \frac{\omega \varepsilon_0}{\beta_c^2} \frac{\pi}{a} \, \underline{E}_0 \cdot \cos \frac{\pi x}{a} \cdot \sin \frac{\pi y}{b} \cdot e^{-j\beta z}. \tag{188e}$$

$\underline{E}_0$ ist eine frei wählbare Konstante. β_c erhält man aus (184a) und λ_c aus (184). Der Feldwellenwiderstand

$$Z_{FE} = \frac{\underline{E}_y}{\underline{H}_x} = -\frac{\underline{E}_x}{\underline{H}_y} = Z_{F0}\sqrt{1 - \left(\frac{\lambda_0}{\lambda_c}\right)^2} \qquad (189)$$

hat eine andere Frequenzabhängigkeit als der Feldwellenwiderstand einer H-Welle nach (180); vgl. (121). Die übrigen Leitungsgrößen haben gleiche Formeln wie bei der H_{mn}-Welle nach (177) bis (179), (181) und (182). Abb. 46a zeigt im Leitungsquerschnitt die magnetischen Feldlinien mit den Komponenten $\underline{H}_x$ und $\underline{H}_y$. Alle elektrischen Feldlinien haben ähnliche Form wie in Abb. 34. Sie beginnen auf einer der Wände und enden auf der gleichen Wand. In Abb. 46b wird gezeigt, daß in einer senkrechten Mittelebene $x = a/2$ gleiche Feldlinien wie im Längsschnitt der Abb. 34 angetroffen werden. Gleiches gilt für die in Abb. 46c gezeichnete Mittelebene $y = b/2$. Diese Feldlinien bewegen sich mit Phasengeschwindigkeit in Richtung wachsender z.

Eine E_{mn}-Welle entsteht nach Abb. 47 dadurch, daß man die größere Kante a in m Teile und die kleinere Kante b in n Teile teilt. Dadurch entstehen $m \cdot n$ Teilrechtecke, und in jedem Teilrechteck läuft eine E_{11}-Welle. E_{11}-Wellen benachbarter Teilrechtecke haben entgegengesetzte Feldlinienrichtung. In Abb. 47

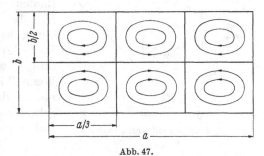

Abb. 47.
Magnetische Feldlinien im Querschnitt einer E_{32}-Welle

sind für das Beispiel der E_{32}-Welle die magnetischen Feldlinien des Querschnitts gezeichnet. Man erhält die Formeln für die E_{mn}-Welle, wenn man in den Formeln (188a bis e) für die E_{11}-Welle statt a die Länge a/m und statt b die Länge b/n, also die Kanten der Teilrechtecke, einsetzt. λ_c lautet wie in (185).

4. Hohlleiter mit Kreisquerschnitt

Es werden nur luftgefüllte Hohlleiter betrachtet. Hohlleiter mit Dielektrikum findet man auf S. 114. Im Hohlleiter mit Kreisquerschnitt gibt es unendlich viele Wellentypen, die in physikalischer Hinsicht mit denen des Rechteckhohlleiters identisch sind und sich lediglich der geänderten Querschnittsform anpassen. Daneben gibt es im Kreisquerschnitt die H_{0n}-Wellen, die eine Besonderheit dieses Querschnitts sind und in keinem anderen Querschnitt vorkommen. Im folgenden werden nur diejenigen drei Wellentypen behandelt, die in der Praxis eine gewisse Bedeutung erlangt haben. Zunächst werden die H_{01}-Welle und die E_{01}-Welle berechnet, die wegen der Zylindersymmetrie eine besonders einfache Form haben. Dann folgt die H_{11}-Welle als Beispiel einer nicht zylindersymmetrischen Welle.

Im Hohlleiter mit Kreisquerschnitt verwendet man Zylinderkoordinaten nach Abb. 48. Innerhalb des Querschnitts wird ein Punkt P festgelegt durch den Abstand r vom Querschnittsmittelpunkt M und durch den Winkel φ zwischen der Strecke PM und einer frei wählbaren Bezugsrichtung $\varphi = 0$. In Richtung der Rohrachse liegt die Koordinate z. Im allgemeinsten Fall gibt es Komponenten E_z und H_z in Richtung der Hohlleiterachse. Es gibt Komponenten E_r und H_r in Richtung der Radien und Komponenten E_φ und H_φ, die in der Querschnittsebene senkrecht zum Radius liegen. Die Pfeile des E_φ und H_φ liegen in Richtung wachsender φ; vgl. Abb. 48. Wenn D in Abb. 48 der Innendurchmesser des äußeren Rohres ist, so gelten nach (49) und (50) an der Rohrwand die Grenzbedingungen:

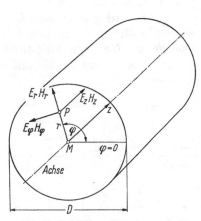

Abb. 48. Hohlleiter mit Kreisquerschnitt

$$\text{für} \quad r = \frac{D}{2} \quad \text{ist} \quad E_\varphi = 0, \; E_z = 0 \; \text{und} \; H_r = 0. \tag{190}$$

Zur Berechnung der Feldkomponenten verwendet man das Induktionsgesetz und das Durchflutungsgesetz. Man benötigt infinitesimale Flächen, die senkrecht auf den Komponenten stehen. Abb. 49 zeigt eine Fläche dF_1 senkrecht zu E_φ. Sie liegt in einer Ebene durch die Achse. Die eine Kante dz parallel zur Achse liegt im Abstand r von der Achse, die zweite Kante dz im Abstand $(r + dr)$ von der Achse. Die beiden radialen Kanten dr der Fläche dF_1 liegen am Ort z bzw. am Ort $(z + dz)$. Der Umlaufsinn für das Durchflutungsgesetz (6) ist durch Abb. 2 gegeben und auf dem Rand des dF_1 durch Pfeile angegeben. Nach Abb. 48 gibt es längs des Randes von dF_1 magnetische Komponenten, 2 radiale Komponenten H_r längs der Kanten dr und 2 axiale Komponenten H_z längs der Kanten dz. Die beiden Komponenten H_r können (und werden normalerweise) verschieden groß sein, so daß sie in Abb. 49 entsprechend ihren verschiedenen z-Koordinaten mit $H_r(z)$ und $H_r(z + dz)$ bezeichnet werden. Auch die beiden Komponenten H_z können verschieden groß sein und werden daher mit $H_z(r)$ und $H_z(r + dr)$ bezeichnet. Entsprechend den 4 magnetischen Komponenten gibt es 4 Anteile der magne-

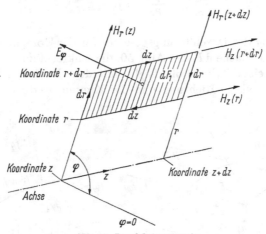

Abb. 49. Durchflutungsgesetz

tischen Spannung längs des Randes der Fläche dF_1, wobei nach Bd. I [Abb. 3d] diejenigen Spannungen negativ zu wählen sind, bei denen die durch das Durchflutungsgesetz bestimmte Kantenrichtung und die durch Abb. 48 definierte Feldstärkenrichtung entgegengesetzt sind.

Jeder Spannungsanteil ist nach Bd. I [Gl. (29)] das Produkt der Komponente längs der Kante und der Kantenlänge. Das Durchflutungsgesetz (6) ergibt dann in komplexer Schreibweise für $\varepsilon_r = 1$ mit der Fläche $dF_1 = dr \cdot dz$

$$\underline{H}_z(r + dr) \cdot dz - \underline{H}_z(r) \cdot dz - \underline{H}_r(z + dz) \cdot dr + \underline{H}_r(z) \cdot dr$$

$$= j \omega \varepsilon_0 \underline{E}_\varphi \cdot dr \cdot dz. \tag{191}$$

Man dividiert durch dr und dz und macht den Grenzübergang $dr \to 0$, $dz \to 0$. Es ist nach dem Grenzübergang

$$\frac{\underline{H}_z(r + dr) - \underline{H}_z(r)}{dr} = \frac{\partial \underline{H}_z}{\partial r} \tag{192}$$

die Definition für einen partiellen Differentialquotienten. $\underline{H}_z$ ist zwar auch abhängig von φ und z, jedoch haben die beiden in (192) auftretenden Komponenten $\underline{H}_z$ nach Abb. 49 gleiche φ und gleiche z-Koordinaten, so daß bei den in (192) genannten Komponenten nur die r-Koordinate verschieden ist und die φ- und z-Koordinaten zur Vereinfachung der Schreibweise nicht angegeben sind. Aus (191) folgt nach dem Grenzübergang $\mathrm{d}r \to 0$, $\mathrm{d}z \to 0$

$$\frac{\partial \underline{H}_z}{\partial r} - \frac{\partial \underline{H}_r}{\partial z} = \mathrm{j}\,\omega\,\varepsilon_0\,\underline{E}_\varphi. \tag{193}$$

Zur Aufstellung des Durchflutungsgesetzes für die Komponente E_r verwendet man die Fläche $\mathrm{d}F_2$ der Abb. 50, die senkrecht zu E_r steht. Diese ist ein Stück einer Zylinderoberfläche mit dem Radius r. Sie hat die Kanten $\mathrm{d}z$ in axialer Richtung und die Kanten $r \cdot \mathrm{d}\varphi$, die dem ge-

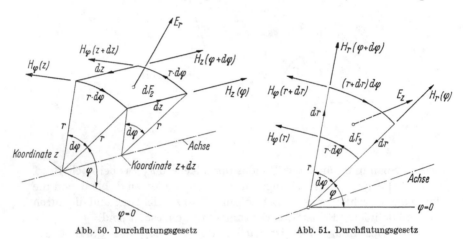

Abb. 50. Durchflutungsgesetz   Abb. 51. Durchflutungsgesetz

zeichneten Winkel $\mathrm{d}\varphi$ entsprechen. Magnetische Feldstärkekomponenten gibt es längs der Kanten $r \cdot \mathrm{d}\varphi$, genannt $H_\varphi(z)$ und $H_\varphi(z + \mathrm{d}z)$, und längs der Kanten $\mathrm{d}z$, genannt $H_z(\varphi)$ und $H_z(\varphi + \mathrm{d}\varphi)$. Der Umlaufsinn der magnetischen Spannung längs der Kanten von $\mathrm{d}F_2$ ist durch Abb. 2 gegeben und in Abb. 50 durch Pfeilspitzen gekennzeichnet. Das Durchflutungsgesetz (6) in komplexer Schreibweise für die Fläche $\mathrm{d}F_2 = r \cdot \mathrm{d}\varphi \cdot \mathrm{d}z$ lautet mit $\varepsilon_r = 1$

$$\underline{H}_\varphi(z + \mathrm{d}z) \cdot r \cdot \mathrm{d}\varphi - \underline{H}_\varphi(z) \cdot r \cdot \mathrm{d}\varphi - \underline{H}_z(\varphi + \mathrm{d}\varphi) \cdot \mathrm{d}z + \underline{H}_z(\varphi) \cdot \mathrm{d}z$$
$$= \mathrm{j}\,\omega\,\varepsilon_0\,\underline{E}_r r \cdot \mathrm{d}\varphi \cdot \mathrm{d}z. \tag{194}$$

Teilt man dies durch $r \cdot \mathrm{d}\varphi \cdot \mathrm{d}z$ und macht den Grenzübergang $\mathrm{d}r \to 0$, $\mathrm{d}\varphi \to 0$, so entsteht die Differentialgleichung

$$\frac{\partial \underline{H}_\varphi}{\partial z} - \frac{1}{r}\frac{\partial \underline{H}_z}{\partial \varphi} = \mathrm{j}\,\omega\,\varepsilon_0\,\underline{E}_r. \tag{195}$$

Das Durchflutungsgesetz für E_z erhält man mit der Fläche $\mathrm{d}F_3$ der Abb. 51, die senkrecht zu E_z steht und in der Querschnittsebene liegt. Die Ränder der Fläche sind: Stücke $\mathrm{d}r$ der Radien, ein Kreisbogen mit dem Radius r und der Länge $r \cdot \mathrm{d}\varphi$ und ein Kreisbogen mit dem Radius $(r + \mathrm{d}r)$ und der Länge $(r + \mathrm{d}r) \cdot \mathrm{d}\varphi$ entsprechend dem Winkel $\mathrm{d}\varphi$. Es ist die Fläche $\mathrm{d}F_3 = \mathrm{d}r \cdot r^* \cdot \mathrm{d}\varphi$, wobei r^* ein Wert des Radius ist, der zwischen r und $(r + \mathrm{d}r)$ liegt. r^* braucht für die folgende Rechnung nicht bekannt zu sein. Der Umlaufsinn der magnetischen Spannung längs der Kanten von $\mathrm{d}F_3$ ist in Abb. 51 durch Pfeilspitzen gekennzeichnet. Das Durchflutungsgesetz (6) für die Fläche $\mathrm{d}F_3$ lautet für $\varepsilon_r = 1$

$$\underline{H}_r(\varphi + \mathrm{d}\varphi) \cdot \mathrm{d}r - \underline{H}_r(\varphi) \cdot \mathrm{d}r - \underline{H}_\varphi(r + \mathrm{d}r) \cdot (r + \mathrm{d}r) \cdot \mathrm{d}\varphi$$
$$+ \underline{H}_\varphi(r) \cdot r \cdot \mathrm{d}\varphi = \mathrm{j}\,\omega\varepsilon_0 \underline{E}_z \cdot \mathrm{d}r \cdot r^* \cdot \mathrm{d}\varphi. \tag{196}$$

Man teilt dies durch $\mathrm{d}r$ und $\mathrm{d}\varphi$ und macht den Grenzübergang $\mathrm{d}r \to 0$, $\mathrm{d}\varphi \to 0$. Dann wird der Spannungsanteil

$$\frac{\underline{H}_\varphi(r + \mathrm{d}r) \cdot (r + \mathrm{d}r) - \underline{H}_\varphi(r) \cdot r}{\mathrm{d}r} = \frac{\partial}{\partial r}(\underline{H}_\varphi r) \tag{197}$$

der partielle Differentialquotient des Produktes $(\underline{H}_\varphi r)$. Der Radius r^* aus (196) wird beim Grenzübergang $\mathrm{d}r \to 0$ gleich r, und es wird insgesamt aus (196)

$$\frac{\partial \underline{H}_r}{\partial \varphi} - \frac{\partial}{\partial r}(\underline{H}_\varphi r) = \mathrm{j}\,\omega\varepsilon_0 \underline{E}_z r. \tag{198}$$

Die entsprechenden Induktionsgesetze (3) für die Komponenten H_r, H_φ und H_z gewinnt man aus den Abb. 49 bis 51, wenn man überall E und H vertauscht und die Pfeilrichtungen der Flächenkanten bei der Spannungsbildung umkehrt, weil der Umlaufsinn der Spannung in Abb. 1 und Abb. 2 verschieden ist. So erhält man in Analogie zu den Gl. (193), (195) und (198) nach Vertauschen von E und H und Vorzeichenwechsel

$$\frac{\partial \underline{E}_r}{\partial z} - \frac{\partial \underline{E}_z}{\partial r} = \mathrm{j}\,\omega\mu_0 \underline{H}_\varphi, \tag{199}$$

$$\frac{1}{r}\frac{\partial \underline{E}_z}{\partial \varphi} - \frac{\partial \underline{E}_\varphi}{\partial z} = \mathrm{j}\,\omega\mu_0 \underline{H}_r, \tag{200}$$

$$\frac{\partial}{\partial r}(\underline{E}_\varphi r) - \frac{\partial \underline{E}_r}{\partial \varphi} = \mathrm{j}\,\omega\mu_0 \underline{H}_z r. \tag{201}$$

H_{01}**-Welle.** Dies ist eine zylindersymmetrische Welle, bei der alle Komponenten unabhängig von φ sind. In den Feldgleichungen fallen daher alle Differentiationen nach φ fort. Es ist $\underline{E}_z = 0$, weil eine H-Welle gesucht wird. Die Komponenten $\underline{H}_\varphi$ und $\underline{E}_r$ können dann fehlen, ohne daß ein Widerspruch in den Feldgleichungen entsteht. Es gibt also in der

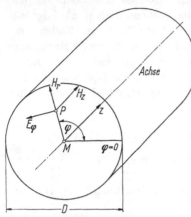

H_{01}-Welle nur die in Abb. 52 gezeichneten Komponenten $\underline{E}_\varphi$, $\underline{H}_r$ und $\underline{H}_z$. Von den Feldgleichungen (193), (195) und (198) bis (201) bleiben die Gleichungen

$$\frac{\partial \underline{H}_z}{\partial r} - \frac{\partial \underline{H}_r}{\partial z} = \mathrm{j}\,\omega\,\varepsilon_0 \underline{E}_\varphi, \quad (193)$$

$$-\frac{\partial \underline{E}_\varphi}{\partial z} = \mathrm{j}\,\omega\,\mu_0 \underline{H}_r, \quad (200\,\mathrm{a})$$

$$\frac{\partial}{\partial r}\,(\underline{E}_\varphi r) = \mathrm{j}\,\omega\,\mu_0 \underline{H}_z r. \quad (201\,\mathrm{a})$$

Abb. 52. Komponenten der H_{01}-Welle

Wenn man untersuchen will, welche fortschreitende Welle konstanter Amplitude durch diesen Hohlleiter läuft, so hat diese nach (19) in komplexer Darstellung eine z-Abhängigkeit mit dem Faktor $\mathrm{e}^{-\mathrm{j}\beta z}$. Dann wäre

$$\underline{E}_\varphi = F(r) \cdot \mathrm{e}^{-\mathrm{j}\beta z}; \quad \underline{H}_r = G(r) \cdot \mathrm{e}^{-\mathrm{j}\beta z}; \quad \underline{H}_z = H(r) \cdot \mathrm{e}^{-\mathrm{j}\beta z} \quad (202)$$

mit noch unbekannten Funktionen F, G und H. Das Differenzieren nach z ist für Komponenten mit dem Ansatz (202) ein Multiplizieren mit $(-\mathrm{j}\beta)$; vgl. Gl. (20). Aus (200a) folgt dann

$$\mathrm{j}\beta \underline{E}_\varphi = \mathrm{j}\,\omega\,\mu_0 \underline{H}_r; \quad \underline{E}_\varphi = \frac{\omega\,\mu_0}{\beta}\,\underline{H}_r. \quad (203)$$

Es existiert also ein für alle Orte im Hohlleiter gleich großer Feldwellenwiderstand

$$Z_{FH} = \frac{\underline{E}_\varphi}{\underline{H}_r} = \frac{\omega\,\mu_0}{\beta} = Z_{F0} \cdot \frac{\beta_0}{\beta} \quad (204)$$

wie in (141).

Setzt man $\underline{E}_\varphi$ aus (203) in (193) ein und ersetzt dort das Differenzieren nach z durch Multiplizieren mit $(-\mathrm{j}\beta)$, so erhält man

$$\frac{\partial \underline{H}_z}{\partial r} + \mathrm{j}\beta \underline{H}_r = \mathrm{j}\,\frac{\omega^2 \varepsilon_0 \mu_0}{\beta}\,\underline{H}_r = \mathrm{j}\,\frac{\beta_0^2}{\beta}\,\underline{H}_r$$

mit β_0 aus (32). Aus dieser Gleichung folgt

$$\underline{H}_r = -\mathrm{j}\,\frac{\beta}{\beta_0^2 - \beta^2} \cdot \frac{\partial \underline{H}_z}{\partial r} \tag{205}$$

Schreibt man nach (203) das Produkt

$$\underline{E}_\varphi r = \frac{\omega\mu_0}{\beta}\,\underline{H}_r r = -\mathrm{j}\,\frac{\omega\mu_0}{\beta_0^2 - \beta^2}\,r \cdot \frac{\partial \underline{H}_z}{\partial r} \tag{206}$$

mit $\underline{H}_r$ aus (205), so wird aus (201a)

$$\frac{1}{r}\frac{\partial}{\partial r}\left(r \cdot \frac{\partial \underline{H}_z}{\partial r}\right) = -(\beta_0^2 - \beta^2)\,\underline{H}_z = -\beta_c^2 \underline{H}_z \tag{207}$$

mit β_c wie in (177). Durch Differenzieren wird daraus

$$\frac{\partial^2 \underline{H}_z}{\partial r^2} + \frac{1}{r}\frac{\partial \underline{H}_z}{\partial r} = -\beta_c^2 \underline{H}_z. \tag{207a}$$

Gleichungen solcher Art treten in Abwandlung von (143) bei Aufgaben in zylindersymmetrischen Systemen häufig auf. Man kann diese Gleichung auf eine sehr bekannte Differentialgleichung zurückführen. Ersetzt man $\underline{H}_z$ nach (202) durch $H(r) \cdot \mathrm{e}^{-\mathrm{j}\beta z}$, so kann man Gl. (207a) durch $\mathrm{e}^{-\mathrm{j}\beta z}$ teilen und erhält die gleiche Gleichung für die Funktion $H(r)$. Man führt dann eine genormte dimensionslose Variable

$$x = \beta_c r; \qquad \frac{\mathrm{d}x}{\mathrm{d}r} = \beta_c \tag{208}$$

ein. Es ist

$$\frac{\mathrm{d}H}{\mathrm{d}r} = \frac{\mathrm{d}H}{\mathrm{d}x} \cdot \frac{\mathrm{d}x}{\mathrm{d}r} = \beta_c \cdot \frac{\mathrm{d}H}{\mathrm{d}x}, \tag{209}$$

$$\frac{\mathrm{d}^2H}{\mathrm{d}r^2} = \frac{\mathrm{d}}{\mathrm{d}x}\left(\beta_c \cdot \frac{\mathrm{d}H}{\mathrm{d}x}\right) \cdot \frac{\mathrm{d}x}{\mathrm{d}r} = \beta_c^2 \cdot \frac{\mathrm{d}^2H}{\mathrm{d}x^2}. \tag{210}$$

So wird aus (207a) nach Division durch β_c^2

$$\frac{\mathrm{d}^2H}{\mathrm{d}x^2} + \frac{1}{x}\frac{\mathrm{d}H}{\mathrm{d}x} + H = 0, \tag{211}$$

eine Gleichung für $H(x)$ mit x aus (208). Dies ist die bekannte Besselsche Differentialgleichung nullter Ordnung. Ihre Lösungsfunktionen sind die Zylinderfunktionen mit dem Index Null[1]. Da die meisten Zylinder-

---

[1] REHWALD, A.: Elementare Einführung in die Bessel-, Neumann- und Hankel-Funktionen. Stuttgart: 1959.

funktionen für $x = 0$ unendlich groß werden, es andererseits im Hohlleiter aus physikalischen Gründen keine unendlich großen Feldstärken
geben kann, bleibt als Lösung für den vorliegenden Fall unter den
Zylinderfunktionen nur die Besselsche Funktion $J_0(x)$, deren Zahlen-

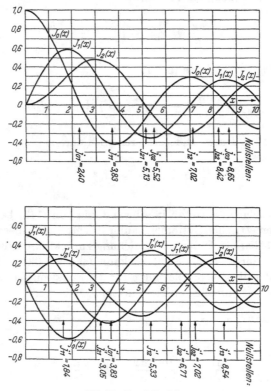

Abb. 53. Bessel-Funktionen

werte in vielen Tabellenwerken zu finden sind. Die Einführung der
genormten Variablen x hatte den Sinn, daß man dadurch die verfügbaren
Tabellen, die sich auf dieses neutrale x beziehen, unmittelbar anwenden
kann. Abb. 53a zeigt den Verlauf der Funktion $J_0(x)$ im hier inter-
essierenden Bereich von x. Es ist also

$$H(x) = \underline{H}_0 \cdot J_0(x); \quad \underline{H}_z = \underline{H}_0 \cdot J_0(x) \cdot e^{-j\beta z} \tag{212}$$

mit einer frei wählbaren, komplexen Konstanten $\underline{H}_0$ und x aus (208). $\underline{H}_0$
ist der Wert des $\underline{H}_z$ auf der Rohrachse ($r = 0$; $x = 0$) bei $z = 0$. Die

Komponente $\underline{H}_r$ gewinnt man aus (205) mit Hilfe von (209) und (212) und $\beta_0^2 - \beta^2 = \beta_c^2$ als

$$\underline{H}_r = -\mathrm{j}\,\frac{\beta}{\beta_c^2} \cdot \frac{\mathrm{d}H}{\mathrm{d}r} \cdot \mathrm{e}^{-\mathrm{j}\beta z}$$

$$= -\mathrm{j}\,\frac{\beta}{\beta_c} \cdot \frac{\mathrm{d}H}{\mathrm{d}x} \cdot \mathrm{e}^{-\mathrm{j}\beta z} = -\mathrm{j}\,\frac{\beta}{\beta_c}\,\underline{H}_0 \cdot \mathrm{J}_0'(x) \cdot \mathrm{e}^{-\mathrm{j}\beta z}. \quad (213)$$

$\mathrm{J}_0' = \mathrm{d}\mathrm{J}_0/\mathrm{d}x$ ist der Differentialquotient der Funktion J_0 nach der neutralen Koordinate x und in Abb. 53b zu finden. Die Komponente $\underline{E}_\varphi$ ist dann nach (203) dem $\underline{H}_r$ direkt proportional. Es muß nun noch die Grenzbedingung (190) erfüllt sein, d. h. $\underline{E}_\varphi = 0$ und $\underline{H}_r = 0$ für $r = D/2$. $\underline{E}_z = 0$ ist für H-Wellen stets erfüllt. $\underline{H}_r = 0$ bedeutet nach (208) und (213)

$$\mathrm{J}_0' = 0 \quad \text{für} \quad r = \frac{D}{2} \quad \text{bzw. für} \quad x = \beta_c \cdot \frac{D}{2}. \quad (214)$$

Um (214) zu erfüllen, muß man die Nullstellen der Funktion J_0' suchen. Diese liegen nach Abb. 53b bei

$$x = \mathrm{j}_{01}' = 3{,}83$$
$$x = \mathrm{j}_{02}' = 7{,}02 \quad \text{usw.} \quad (215)$$

Es gibt unendlich viele Nullstellen, weil die Bessel-Funktionen mit wachsendem x laufend um den Nullwert herumpendeln, wobei die Extremwerte mit wachsendem x kleiner werden. Wählt man für die weiteren Rechnungen die n-te Nullstelle von J_0', so erhält man eine H_{0n}-Welle. Für die H_{01}-Welle, die die erste Nullstelle des J_0' verwendet, ist mit $x = 3{,}83$ aus (215) die Grenzbedingung (214) an der Rohrwand erfüllt. Die Bedingung heißt nach (208) mit $r = D/2$ und $x = 3{,}83$

$$3{,}83 = \beta_c \cdot \frac{D}{2};$$

$$\beta_c = \frac{7{,}66}{D}; \quad \beta = \sqrt{\beta_0^2 - \beta_c^2} = \sqrt{\left(\frac{2\pi}{\lambda_0}\right)^2 - \left(\frac{7{,}66}{D}\right)^2}; \quad (216)$$

β aus (149); λ_0 ist nach (35) die Freiraumwellenlänge.

Die kritische Frequenz erhält man aus (150) und die kritische Wellenlänge λ_c aus (151) als

$$\lambda_c = \frac{2\pi}{\beta_c} = 0{,}82D. \quad (217)$$

Bei gegebener Betriebsfrequenz (gegebenem λ_0) muß $\lambda_0 < \lambda_c$ sein, damit eine H_{01}-Welle im Rohr existieren kann. Hierzu benötigt man einen

Rohrdurchmesser D, für den nach (217) $\lambda_0 < 0{,}82\,D$, also $D > 1{,}22\,\lambda_0$ ist. Die genormte Variable x aus (208) hat für die H_{01}-Welle die Form

$$x = \beta_c r = 7{,}66\,\frac{r}{D}. \qquad (218)$$

Aus (203), (205) und (212) bis (218) folgt für die Komponenten der H_{01}-Welle

$$\underline{H}_z = \underline{H}_0 \cdot J_0\left(7{,}66\,\frac{r}{D}\right) \cdot e^{-j\beta z}, \qquad (219\,a)$$

$$\underline{H}_r = j\,\frac{\lambda_c}{\lambda_z}\,\underline{H}_0 \cdot J_0'\left(7{,}66\,\frac{r}{D}\right) \cdot e^{-j\beta z}, \qquad (219\,b)$$

$$\underline{E}_\varphi = j\,\frac{\lambda_c}{\lambda_0}\,Z_{F0}\underline{H}_0 \cdot J_0'\left(7{,}66\,\frac{r}{D}\right) \cdot e^{-j\beta z} \qquad (219\,c)$$

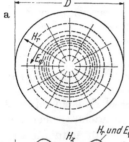

mit $\beta_0 = 2\pi/\lambda_0$ und $\beta = 2\pi/\lambda_z$. Für alle H-Wellen gilt (177) bis (182) mit dem jeweiligen λ_c aus (217).

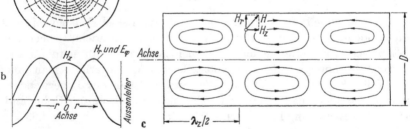

Abb. 54. Felder der H_{01}-Welle

Abb. 54a zeigt die kreisförmigen elektrischen Feldlinien im Querschnitt, darunter in Abb. 54b die Verteilung der Feldstärken E_φ und H_r längs des Radius proportional zur Funktion J_0' aus Abb. 53b, wobei auf der Achse ($x = 0$) und auf der Rohrwand ($x = 3{,}83$) $J_0' = 0$ ist. Nennenswerte elektrische Felder gibt es also nur auf der Mitte der Radien dort, wo die Feldlinien in Abb. 54a in gehäufter Anzahl gezeichnet sind. Abb. 54c zeigt das Momentanbild der magnetischen Feldlinien in einem Längsschnitt. Alle Schnittebenen durch die Hohlleiterachse zeigen wegen der Zylindersymmetrie das gleiche Bild. Vom Querschnitt aus gesehen, sind die magnetischen Feldlinien radiale Striche, wie sie in Abb. 54a angedeutet sind, weil man dort nur die H_r-Komponente sieht.

Das Momentanbild verschiebt sich längs der Achse mit Phasengeschwindigkeit.

Wegen der praktischen Bedeutung dieser Welle soll auch der Leistungstransport durch das Rohrinnere berechnet werden. Die Leistungsdichte $P*$ aus (41) benutzt hier die Querkomponenten E_φ aus (219c) und H_r aus (219b).

$$P* = \frac{1}{2} E_\varphi H_r = \frac{1}{2} H_0^2 Z_{F0} \frac{\lambda_c^2}{\lambda_0 \lambda_z} \left[J_0' \left(7{,}66 \frac{r}{D} \right) \right]^2. \tag{220}$$

Durch die Fläche $\mathrm{d}F_3$ der Abb. 51 tritt nach (40) die Leistung

$$\mathrm{d}P = P* \cdot \mathrm{d}F_3 = P* \cdot r \cdot \mathrm{d}\varphi \cdot \mathrm{d}r \tag{221}$$

und durch den gesamten Querschnitt der Abb. 52 die Leistung

$$P = \int \mathrm{d}P = \int\limits_{\varphi=0}^{2\pi} \int\limits_{r=0}^{D/2} \frac{1}{2} H_0^2 Z_{F0} \frac{\lambda_c^2}{\lambda_0 \lambda_z} \left[J_0' \left(7{,}66 \frac{r}{D} \right) \right]^2 \cdot r \cdot \mathrm{d}\varphi \cdot \mathrm{d}r$$

$$= \pi H_0^2 Z_{F0} \frac{\lambda_c^2}{\lambda_0 \lambda_z} \cdot \frac{1}{\beta_c^2} \int\limits_{x=0}^{3,83} [J_0'(x)]^2 \cdot x \cdot \mathrm{d}x$$

mit x aus (218). Das Integral über φ gab den Faktor 2π, weil alle Komponenten unabhängig von φ sind. Das Integral über $[J_0']^2 \cdot x$ ist ein wenig bekanntes Integral aus der Theorie der Bessel-Funktionen[1]

$$\int\limits_{x=0}^{x_1} [J_0'(x)]^2 \cdot x \cdot \mathrm{d}x = \frac{1}{2} x_1^2 [J_1^2(x_1) - J_0(x_1) \cdot J_2(x_1)]. \tag{222}$$

Im vorliegenden Fall ist $x_1 = 3{,}83$, also nach Abb. 53a $J_1(x_1) = 0$, und das Integral hat den Wert 1,25. Es ist dann

$$P = 0{,}064 H_0^2 Z_{F0} \frac{\lambda_c^2}{\lambda_0 \lambda_z} D^2. \tag{223}$$

Für die H_{02}-Welle verwendet man die 2. Nullstelle des J_0' in Abb. 53a bei $x = 7{,}02$, für die H_{03}-Welle die 3. Nullstelle des J_0' bei $x = 10{,}2$. Bei allen H_{0n}-Wellen ist auf der Rohrwand $J_0' = 0$. Also liegt auf der Rohrwand nach (219a) ein Extremwert des $\underline{H_z}$. In Abb. 55 ist der Verlauf des H_z längs des Durchmessers gezeichnet als Verlauf des J_0 nach Abb. 53a in Abhängigkeit von r, von der Achse ausgehend nach beiden Seiten.

---

[1] Pöschl, K.: Mathematische Methoden in der Hochfrequenztechnik. Berlin/Göttingen/Heidelberg: Springer 1956, S. 182.

Abb. 55 zeigt wie die Rohrwand für die verschiedenen H_{0n}-Wellen zu legen ist, damit die Funktion H_z zu der Grenzbedingung (214) paßt.

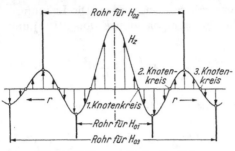

Abb. 55. H_z-Komponente der H_{0n}-Wellen

E_{01}-Welle. Es gibt im Hohlleiter mit Kreisquerschnitt auch eine zylindersymmetrische E-Welle mit Komponenten E_z, E_r und H_φ. Die Feldgleichungen gewinnt man aus (193), (195), (198) und (199) bis (201), wenn man $E_\varphi = 0$, $H_z = 0$ und $H_r = 0$ setzt, ferner alle Differentiationen nach φ fortläßt, weil bei einer zylindersymmetrischen Welle alle Komponenten unabhängig von φ sind. Es bleibt dann

$$\frac{\partial H_\varphi}{\partial z} = j\,\omega\,\varepsilon_0\underline{E}_r, \tag{224}$$

$$-\frac{\partial}{\partial r}\,(\underline{H}_\varphi r) = j\,\omega\,\varepsilon_0\underline{E}_z r, \tag{225}$$

$$\frac{\partial \underline{E}_r}{\partial z} - \frac{\partial \underline{E}_z}{\partial r} = j\,\omega\,\mu_0\underline{H}_\varphi. \tag{226}$$

Wegen der großen Ähnlichkeit dieser Gleichungen mit denen der H_{01}-Welle entspricht das Lösungsverfahren dieser Gleichungen weitgehend dem, was in den Gl. (202) bis (213) geschieht. Entsprechend (202) hat man hier folgenden Ansatz für die E-Welle:

$$\underline{H}_\varphi = F(r)\cdot \mathrm{e}^{-j\beta z}; \quad \underline{E}_r = G(r)\cdot \mathrm{e}^{-j\beta z}; \quad \underline{E}_z = H(r)\cdot \mathrm{e}^{-j\beta z}. \tag{227}$$

Ersetzt man wie in Gl. (20) das Differenzieren nach z durch Multiplizieren mit $(-j\beta)$, so wird aus (224)

$$-j\beta\underline{H}_\varphi = j\,\omega\,\varepsilon_0\underline{E}_r; \quad \underline{H}_\varphi = -\frac{\omega\,\varepsilon_0}{\beta}\,\underline{E}_r. \tag{228}$$

Es existiert für alle Orte innerhalb des Rohres der gleiche Feldwellenwiderstand mit β_0 aus (32) und Z_{F0} aus (33)

$$Z_{FE} = -\frac{\underline{E}_r}{\underline{H}_\varphi} = \frac{\beta}{\omega\,\varepsilon_0} = Z_{F0}\cdot\frac{\beta}{\beta_0}, \tag{229}$$

der jedoch durch den Faktor $\dfrac{\beta}{\beta_0}$ eine andere Frequenzabhängigkeit als bei H-Wellen nach (204) hat. Das Minuszeichen des $\underline{H}_\varphi$ in (228) und (229) bedeutet, daß nach Abb. 9 nur die Kombination E_r und $(-H_\varphi)$ einen Energietransport P^* in Richtung wachsender z möglich macht. Das Minuszeichen entsteht durch die spezielle Definition des φ in Abb. 48. Für die Funktion $H(r)$ aus (227) besteht weiterhin Gl. (211) mit der Lösungsfunktion $J_0(x)$ und x aus (208). Die Grenzbedingung (190) an der Rohrwand lautet jetzt

$$\underline{E}_z = 0 \text{ für } r = \frac{D}{2} \text{ oder für } x = \beta_c \cdot \frac{D}{2}. \tag{230}$$

Da $\underline{E}_z$ der Funktion J_0 proportional ist, muß man bei der E-Welle eine Nullstelle des J_0 auf die Rohrwand legen. Die Nullstellen des J_0 liegen nach Abb. 53a bei

$$x = j_{01} = 2,40$$

$$x = j_{02} = 5,52$$

$$x = j_{03} = 8,65 \quad \text{usw.}$$

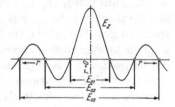

Legt man die n-te Nullstelle auf die Rohrwand, so erhält man eine E_{0n}-Welle. Abb. 56 zeigt den Verlauf des $\underline{E}_z$, d. h.

Abb. 56.
E_z-Komponente der E_{0n}-Wellen

der Funktion J_0 längs eines Durchmessers, ausgehend von der Achse mit wachsendem r nach beiden Seiten. Dort ist schematisch angedeutet, wie die Rohrwand für die einfachsten E_{0n}-Wellen in die Nullstellen des E_z hineingelegt ist.

Für eine E_{01}-Welle verwendet man die Nullstelle $x = 2,40$. Es ist also in (230)

$$2,40 = \beta_c \cdot \frac{D}{2};$$

$$\beta_c = \frac{4,80}{D}; \quad \beta = \sqrt{\beta_0^2 - \beta_c^2} = \sqrt{\left(\frac{2\pi}{\lambda_0}\right)^2 - \left(\frac{4,80}{D}\right)^2} \tag{231}$$

nach (149); λ_0 ist nach (35) die Freiraumwellenlänge. Die kritische Frequenz erhält man aus (150) und die kritische Wellenlänge λ_c aus (151).

$$\lambda_c = \frac{2\pi}{\beta_c} = 1,31\,D. \tag{232}$$

Bei gegebener Betriebsfrequenz (gegebenem λ_0) muß $\lambda_0 < \lambda_c$ sein, damit eine E_{01}-Welle im Rohr existieren kann. Hierzu benötigt man nach (232) einen Rohrdurchmesser D, für den $\lambda_0 < 1,31\,D$, für den also $D > 0,77\,\lambda_0$ ist.

In sinngemäßer Anwendung von (205) bis (219 c) erhält man durch Vertauschen von E und H und mit dem abgewandelten λ_c aus (232) als Feldkomponenten der E_{01}-Welle

$$\underline{E}_z = \underline{E}_0 \cdot J_0\left(4{,}80\,\frac{r}{D}\right) \cdot e^{-j\beta z}, \tag{233a}$$

$$\underline{E}_r = j\,\frac{\beta}{\beta_c}\,\underline{E}_0 \cdot J_0'\left(4{,}80\,\frac{r}{D}\right) \cdot e^{-j\beta z}, \tag{233b}$$

$$\underline{H}_\varphi = -j\,\frac{\omega\varepsilon_0}{\beta_c}\,\underline{E}_0 \cdot J_0'\left(4{,}80\,\frac{r}{D}\right) \cdot e^{-j\beta z} \tag{233c}$$

mit Z_{FE} aus (229). $\underline{E}_0$ ist eine frei wählbare komplexe Konstante, die den Maximalwert des $\underline{E}_z$ auf der Rohrachse ($r = 0$) am Ort $z = 0$ darstellt. Es gilt (179), (181), (182) und (189) mit dem λ_c aus (232). Abb. 57 a zeigt die kreisförmigen magnetischen Feldlinien im Querschnitt, darunter die Verteilung der Komponenten H_φ, E_r und E_z nach (233 a bis c) entsprechend den Funktionen J_0 und J_0'. Die elektrischen Feldlinien erscheinen im Querschnitt als radiale Linien, da man im Querschnitt nur die E_r-Komponente sieht. Abb. 57 c zeigt das Momentanbild der elektrischen Feldlinien in einem Längsschnitt. Diese Welle ist also der E_{11}-Welle im Rechteck nach Abb. 46 sehr ähnlich. Alle Schnittebenen durch die Hohlleiterachse zeigen wegen der Zylindersymmetrie das gleiche Feldbild. Dieses Momentanbild verschiebt sich in z-Richtung mit Phasengeschwindigkeit.

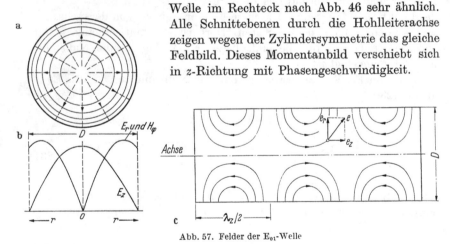

Abb. 57. Felder der E_{01}-Welle

H_{11}-Welle. Es gibt unendlich viele nicht-zylindersymmetrische Wellen, bei denen die Komponenten auch vom Winkel φ abhängig sind. Soweit dies H-Wellen sind, besitzen sie neben der Komponente H_z im Querschnitt die Komponenten E_φ, H_φ, E_r und H_r. Die Feldgleichungen dieser H-Welle sind durch (193), (195), (198) und (199) bis (201) gegeben, wobei $\underline{E}_z = 0$ zu setzen ist. Sucht man eine fortschreitende Welle, deren z-Abhängigkeit nach (18) durch den Faktor $e^{-j\beta z}$ gegeben ist, so ist wie in (20) das Differenzieren einer Komponente nach z in komplexer Schreibweise gleich einem Multiplizieren mit $(-j\beta)$. Die Feldgleichungen lauten dann

$$\frac{\partial \underline{H}_z}{\partial r} + j\beta \underline{H}_r = j\omega\varepsilon_0 \underline{E}_\varphi, \tag{234}$$

$$-j\beta \underline{H}_\varphi - \frac{1}{r}\frac{\partial \underline{H}_z}{\partial \varphi} = j\omega\varepsilon_0 \underline{E}_r, \tag{235}$$

$$\frac{\partial \underline{H}_r}{\partial \varphi} - \frac{\partial}{\partial r}(\underline{H}_\varphi r) = 0, \tag{236}$$

$$-j\beta \underline{E}_r = j\omega\mu_0 \underline{H}_\varphi, \tag{237}$$

$$j\beta \underline{E}_\varphi = j\omega\mu_0 \underline{H}_r, \tag{238}$$

$$\frac{\partial}{\partial r}(\underline{E}_\varphi r) - \frac{\partial \underline{E}_r}{\partial \varphi} = j\omega\mu_0 \underline{H}_z r. \tag{239}$$

Aus (237) und (238) folgt

$$\underline{E}_r = -\frac{\omega\mu_0}{\beta}\underline{H}_\varphi; \quad \underline{E}_\varphi = \frac{\omega\mu_0}{\beta}\underline{H}_r. \tag{240}$$

Alle Punkte des Raumes haben den gleichen Feldwellenwiderstand

$$Z_{FH} = -\frac{\underline{E}_r}{\underline{H}_\varphi} = \frac{\underline{E}_\varphi}{\underline{H}_r} = \frac{\omega\mu_0}{\beta} = Z_{F0} \cdot \frac{\beta_0}{\beta} \tag{241}$$

mit $Z_{F0} = \sqrt{\mu_0/\varepsilon_0}$ aus (33) und $\beta_0 = \omega\sqrt{\varepsilon_0\mu_0}$ aus (32). Das Minuszeichen vor $\underline{E}_r/\underline{H}_\varphi$ bedeutet, daß diese beiden Komponenten nach den Richtungsdefinitionen der Abb. 48 nicht die Richtung der Komponenten in Abb. 9 hat, so daß eine in Richtung wachsender z fortschreitende Welle mit positiven $\underline{E}_r$ ein negatives $\underline{H}_\varphi$ haben muß. Dagegen haben die Richtungen des $\underline{E}_\varphi$ und $\underline{H}_r$ in Abb. 48 gleiche Richtungen wie E und H in Abb. 9, so daß positives $\underline{E}_\varphi$ und positives $\underline{H}_r$ zusammengehören.

Setzt man $\underline{E}_\varphi$ aus (240) in (234) und $\underline{E}_r$ aus (240) in (235) ein, so erhält man mit β_0 aus (32)

$$\frac{\partial \underline{H}_z}{\partial r} = j\frac{\beta_0^2 - \beta^2}{\beta}\underline{H}_r; \quad \frac{\partial \underline{H}_z}{\partial \varphi} = j\frac{\beta_0^2 - \beta^2}{\beta}\underline{H}_\varphi r. \tag{242}$$

Differenziert man die erste dieser beiden Gleichungen nach φ und die zweite Gleichung nach r, so erhält man (236). Die Gl. (236) enthält also keine zusätzliche Aussage.

Aus (240) und (242) wird

$$\underline{H}_r = -\mathrm{j}\,\frac{\beta}{\beta_0^2 - \beta^2}\,\frac{\partial \underline{H}_z}{\partial r}; \quad \underline{E}_\varphi = -\mathrm{j}\,\frac{\omega\mu_0}{\beta_0^2 - \beta^2}\,\frac{\partial \underline{H}_z}{\partial r}; \tag{243}$$

$$\underline{H}_\varphi = -\mathrm{j}\,\frac{\beta}{\beta_0^2 - \beta^2}\,\frac{1}{r}\,\frac{\partial \underline{H}_z}{\partial \varphi}; \quad \underline{E}_r = \mathrm{j}\,\frac{\omega\mu_0}{\beta_0^2 - \beta^2}\,\frac{1}{r}\,\frac{\partial \underline{H}_z}{\partial \varphi}. \tag{244}$$

Durch (240), (243) und (244) sind alle Komponenten auf die noch unbekannte Funktion $\underline{H}_z$ zurückzuführen. Setzt man $\underline{E}_\varphi$ aus (243) und $\underline{E}_r$ aus (244) in (239) ein, so erhält man eine Differentialgleichung für $\underline{H}_z$.

$$\frac{\partial}{\partial r}\left(r\,\frac{\partial \underline{H}_z}{\partial r}\right) + \frac{1}{r}\,\frac{\partial^2 \underline{H}_z}{\partial \varphi^2} = -(\beta_0^2 - \beta^2)\,\underline{H}_z r. \tag{245}$$

Man löst diese Gleichung durch den Ansatz

$$\underline{H}_z = H(r) \cdot \cos(m\varphi - \varphi_0) \cdot \mathrm{e}^{-\mathrm{j}\beta z} \tag{246}$$

mit noch unbekannter Funktion $H(r)$, mit ganzzahligem m und frei wählbarem φ_0. Setzt man (246) in (245) ein und teilt durch $r \cdot \cos(m\varphi - \varphi_0)$, so erhält man eine Gleichung für $H(r)$, die der Gl. (207a) ähnlich ist.

$$\frac{\mathrm{d}^2 H}{\mathrm{d}r^2} + \frac{1}{r}\,\frac{\mathrm{d}H}{\mathrm{d}r} - \frac{m^2}{r^2}\,H = -(\beta_0^2 - \beta^2)\,H = -\beta_c^2 H. \tag{247}$$

Wie bei den vorher abgeleiteten Hohlleiterwellen ist

$$\beta_c = \sqrt{\beta_0^2 - \beta^2} \tag{248}$$

eine für den Hohlleiterquerschnitt und den jeweils betrachteten Wellentyp charakteristische Konstante. Man normiert die Gl. (247) wie in (208) durch Einführen einer neuen Variablen

$$x = \beta_c r; \quad \frac{\mathrm{d}x}{\mathrm{d}r} = \beta_c \tag{249}$$

und verwendet (209) und (210). Aus (247) wird dann in Erweiterung von (211)

$$\frac{\mathrm{d}^2 H}{\mathrm{d}x^2} + \frac{1}{x}\,\frac{\mathrm{d}H}{\mathrm{d}x} + \left(1 - \frac{m^2}{x^2}\right) H = 0. \tag{250}$$

Dies ist eine Besselsche Differentialgleichung m-ter Ordnung; vgl. die Fußnote auf S. 79. Die Lösungen dieser Gleichung sind die Bessel-Funktionen $J_m(x)$ mit dem Index m. Zu jedem m gibt es unendlich viele Wellentypen, die als H_{mn}-Wellen bezeichnet werden.

Die einzige dieser Wellen, die praktische Bedeutung gewonnen hat, ist die H_{11}-Welle mit $m = 1$. Die Bessel-Funktion J_1 mit dem Index 1 ist bereits in Abb. 53a gegeben. Für die H_{11}-Welle mit $m = 1$ ist nach (246)

$$H(r) = \underline{H}_0 \cdot J_1(x); \quad \underline{H}_z = \underline{H}_0 \cdot J_1(x) \cdot \cos(\varphi - \varphi_0) \cdot e^{-j\beta z} \quad (251)$$

mit x aus (249). $\underline{H}_0$ ist eine frei wählbare komplexe Konstante. Die weiteren Feldkomponenten findet man dann aus (243) und (244). Es ist zusätzlich die Grenzbedingung (190) zu erfüllen. Dies bedeutet nach (243) und (251)

$$\text{für } r = \frac{D}{2} \text{ oder } x = \beta_c \cdot \frac{D}{2} \text{ ist } \underline{H}_r = 0 \text{ oder } \frac{\partial \underline{H}_z}{\partial r} = 0 \text{ oder } \frac{dJ_1}{dx} = 0.$$

$$(252)$$

Nach Abb. 53b hat $dJ_1/dx = J_1'$ unendlich viele Nullstellen, weil es mit wachsendem x laufend um die Nullinie pendelt. Nullstellen des J_1' liegen bei

$$x = j_{11}' = 1{,}84$$

$$x = j_{12}' = 5{,}33$$

$$x = j_{13}' = 8{,}54 \quad \text{usw.}$$

Verwendet man den n-ten Extremwert, so erhält man eine H_{1n}-Welle. Für die H_{11}-Welle verwendet man den ersten Extremwert $x = 1{,}84$. Es ist also nach (249) für $r = D/2$

$$1{,}84 = \beta_c \cdot \frac{D}{2}$$

$$\beta_c = \frac{3{,}68}{D}; \quad \beta = \sqrt{\beta_0^2 - \beta_c^2} = \sqrt{\left(\frac{2\pi}{\lambda_0}\right)^2 - \left(\frac{3{,}68}{D}\right)^2}. \quad (253)$$

Die kritische Frequenz erhält man aus (150) und die kritische Wellenlänge aus (151) mit β_c aus (253):

$$\lambda_c = \frac{2\pi}{\beta_c} = 1{,}71 D. \quad (254)$$

Bei gegebener Betriebsfrequenz muß $\lambda_0 < \lambda_c$ sein, damit eine H_{11}-Welle in diesem Rohr existieren kann. Hierzu benötigt man einen Rohrdurchmesser D, für den nach (254) $\lambda_0 < 1{,}71 D$, also $D > 0{,}59 \lambda_0$ ist. Es gelten (178) bis (182).

Die normierte Variable x aus (249) hat für H_{11}-Wellen nach (253) die Form

$$x = 3{,}68 \frac{r}{D}. \quad (255)$$

Aus (143), (244) und (251) folgt für die H_{11}-Welle mit $\beta = 2\pi/\lambda_z$ und $\beta_c = 2\pi/\lambda_c$

$$\underline{E}_\varphi = -j \frac{\lambda_c}{\lambda_0} \underline{H}_0 Z_{F0} \cdot J_1' \left(3{,}68 \frac{r}{D}\right) \cdot \cos(\varphi - \varphi_0) \cdot e^{-j\beta z}, \qquad (256\,\text{a})$$

$$\underline{E}_r = -j \frac{\lambda_c^2}{2\pi r \lambda_0} \underline{H}_0 Z_{F0} \cdot J_1 \left(3{,}68 \frac{r}{D}\right) \cdot \sin(\varphi - \varphi_0) \cdot e^{-j\beta z}, \qquad (256\,\text{b})$$

$$\underline{H}_\varphi = j \frac{\lambda_c^2}{2\pi r \lambda_z} \underline{H}_0 \cdot J_1 \left(3{,}68 \frac{r}{D}\right) \cdot \sin(\varphi - \varphi_0) \cdot e^{-j\beta z}, \qquad (256\,\text{c})$$

$$\underline{H}_r = -j \frac{\lambda_c}{\lambda_z} \underline{H}_0 \cdot J_1' \left(3{,}68 \frac{r}{D}\right) \cdot \cos(\varphi - \varphi_0) \cdot e^{-j\beta z}, \qquad (256\,\text{d})$$

$$\underline{H}_z = \underline{H}_0 \cdot J_1 \left(3{,}68 \frac{r}{D}\right) \cdot \cos(\varphi - \varphi_0) \cdot e^{-j\beta z}. \qquad (256\,\text{e})$$

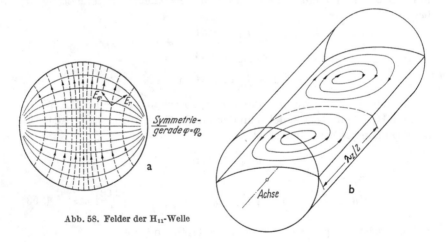

Abb. 58. Felder der H_{11}-Welle

Abb. 58a zeigt die elektrischen Feldlinien mit den Komponenten $\underline{E}_\varphi$ und $\underline{E}_r$ im Querschnitt, wobei der Winkel $\varphi = \varphi_0$ (Abb. 48) waagerecht gelegt ist. Das frei wählbare φ_0 beschreibt die Schräglage der Welle im Querschnitt. Da das Rohr Kreisquerschnitt hat, kann man die Welle im Rohr um die Rohrachse beliebig drehen, also φ_0 verändern, ohne daß sich die Wellenform ändert. Abb. 58a zeigt im Querschnitt auch die Seitenansicht der magnetischen Feldlinien, von denen im Querschnitt nur die Komponenten H_φ und H_r sichtbar werden. Die magnetischen Feldlinien liegen in einer in Querrichtung gewölbten Fläche. Abb. 58b zeigt eine solche Fläche mit dem Momentanbild von magnetischen Feldlinien. Das Momentanbild verschiebt sich mit der Phasengeschwindigkeit v_{pz}

in z-Richtung. Die H_{11}-Welle im Kreisquerschnitt ist in physikalischer Hinsicht der H_{10}-Welle im Rechteckquerschnitt sehr ähnlich.

Es gibt auch E_{mn}-Wellen, deren Komponenten vom Winkel φ abhängig sind. Bei ihnen gilt Gl. (245) für die $\underline{E}_z$-Komponente. Die Lösungen für $\underline{E}_z$ sind wieder die Bessel-Funktionen J_m ähnlich wie in (251), die die Grenzbedingung (190) erfüllen müssen. Auf dem äußeren Rohr muß für $r = D/2$ eine Nullstelle des E_z, also eine Nullstelle des J_m liegen. Für die E_{11}-Welle verwendet man die erste Nullstelle des J_1 aus Abb. 53a bei $x = j_{11} = 3{,}83$. Dies ist die gleiche Nullstelle wie bei der H_{01}-Welle, weil nach der Theorie der Bessel-Funktionen $J_1 = -J_0'$ ist. Es gilt also (216) bis (218).

5. Allgemeiner Hohlleiterquerschnitt

In der Praxis verwendet man neben dem rechteckigen und dem kreisförmigen Querschnitt weitere kompliziertere Querschnitte, die keine exakt berechenbaren Wellentypen führen. Die Grundgesetze der Wellen in solch allgemeineren Querschnitten gewinnt man wie in Abschn. II.2 mit Hilfe der konformen Abbildung. Die folgenden Betrachtungen beschränken sich auf Querschnitte, die man durch konforme Abbildung in Rechtecke transformieren kann. Die Wellen im allgemeineren Querschnitt sind dann mit den Wellen im Rohr mit Rechteckquerschnitt verwandt. Abb. 59a zeigt den technisch wichtigsten Fall der allgemeineren Querschnitte, den sogenannten Steghohlleiter. Der Längssteg kann verschiedenartigen Querschnitt haben, jedoch hat die hier gezeichnete Halbkreisform sehr gute Spannungsfestigkeit und gut konvergierende Reihenentwicklungen in dem im folgenden beschriebenen Berechnungsverfahren. Um diesen Querschnitt ähnlich wie in Abb. 35 konform auf das Rechteck der Abb. 59c abzubilden, benötigt man wieder ein System von Feldlinien und Linien konstanten Potentials. Dies gewinnt man nach Abb. 59b z. B. dadurch, daß man in einem elektrolytischen Trog die beiden waagerechten Kanten des Querschnitts als Leiter und die beiden senkrechten Kanten aus isolierendem Material herstellt. Zwischen den beiden leitenden Begrenzungen soll eine Gleichspannung liegen, die die in Abb. 59b gezeichneten elektrostatischen Feldlinien und Potentiallinien erzeugt. Die Feldlinien sind durch Pfeilspitzen gekennzeichnet. Der transformierte Querschnitt der Abb. 59c ist ein Rechteck mit den Kanten a und b und einem Koordinatensystem wie in Abb. 35b. Einzelheiten über konforme Abbildung findet man in Abschn. II.2.

Die Feldgleichungen für den Querschnitt der Abb. 59b findet man mit Hilfe der gleichen Flächen wie in Abb. 36. Bei allgemeineren Hohlleiterwellen gibt es neben den im Abschn. II.2 auftretenden Komponenten E_y

und H_x alle weiteren Komponenten, insgesamt also Komponenten E_x und H_x längs der Linien $y = $ const im Querschnitt, E_y und H_y längs der Linien $x = $ const, E_z und H_z in z-Richtung. Abb. 59 d zeigt das in

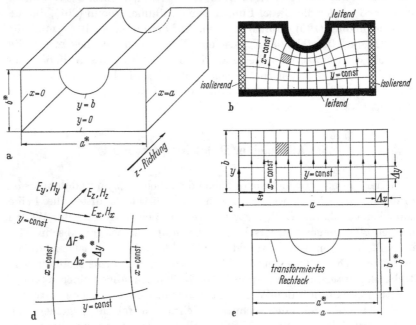

Abb. 59. Hohlleiter mit Längssteg und konforme Abbildung auf Rechteckquerschnitt

Abb. 59 b schraffierte „Rechteck" ΔF^* vergrößert mit der Lage der Feldkomponenten. Die Feldgleichungen sind eine einfache Abwandlung von (163) bis (168), wobei bei der Gewinnung der Formeln aus den Flächen der Abb. 36 das $\mathrm{d}x^*$ an die Stelle des $\mathrm{d}x$ und $\mathrm{d}y^*$ an die Stelle des $\mathrm{d}y$ tritt.

Abb. 60 a zeigt eine Fläche $\mathrm{d}F_1^* = \mathrm{d}y^* \cdot \mathrm{d}z$, die senkrecht zu E_x steht und deren Kanten $\mathrm{d}y^*$ entsprechend den gekrümmten Linien $x = $ const der Abb. 59 b gekrümmt gezeichnet sind. Der Eckpunkt P hat die durch die konforme Abbildung festgelegten Koordinaten x, y und z; vgl. die Beschreibung auf S. 50. Das Durchflutungsgesetz (6) lautet hier mit $\varepsilon_r = 1$

$$\underline{H}_y(z + \mathrm{d}z) \cdot \mathrm{d}y^* - \underline{H}_y(z) \cdot \mathrm{d}y^* - \underline{H}_z(y + \mathrm{d}y) \cdot \mathrm{d}z + \underline{H}_z(y) \cdot \mathrm{d}z$$
$$= \mathrm{j}\,\omega\varepsilon_0\underline{E}_x \cdot \mathrm{d}y^* \cdot \mathrm{d}z.$$

Da der Hohlleiter in z-Richtung konstanten Querschnitt hat, sind die in dieser Gleichung auftretenden $\mathrm{d}y^*$ gleich groß. Nach (122) ist

$\mathrm{d}y^* = K \cdot \mathrm{d}y$ und K unabhängig von z. Aus obiger Gleichung erhält man nach Division durch $\mathrm{d}y^*$ und $\mathrm{d}z$ und Grenzübergang $\mathrm{d}z^* \to 0$, $\mathrm{d}z \to 0$

$$\frac{\partial H_y}{\partial z} - \frac{1}{K} \cdot \frac{\partial H_z}{\partial y} = \mathrm{j}\,\omega\,\varepsilon_0\underline{E}_x. \tag{257}$$

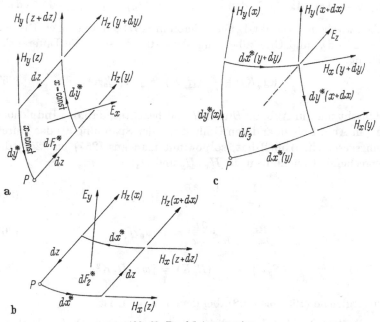

Abb. 60. Durchflutungsgesetze

Abb. 60b zeigt eine Fläche $\mathrm{d}F_2^* = \mathrm{d}x^* \cdot \mathrm{d}z$ senkrecht zu E_y, deren Kanten $\mathrm{d}x^*$ entsprechend den gekrümmten Linien $y = \mathrm{const}$ der Abb. 59b gekrümmt gezeichnet sind. In Analogie zu (257) erhält man hier

$$-\frac{\partial H_x}{\partial z} + \frac{1}{K}\frac{\partial H_z}{\partial x} = \mathrm{j}\,\omega\,\varepsilon_0\underline{E}_y. \tag{258}$$

Abb. 60c zeigt eine Fläche $\mathrm{d}F_3^* = \mathrm{d}x^* \cdot \mathrm{d}y^*$ senkrecht zu E_z, die mit ihren Kanten $\mathrm{d}x^*$ und $\mathrm{d}y^*$ im Querschnitt liegt (Abb. 59d). Die beiden Kanten $\mathrm{d}x^*$ können verschieden groß sein. Die untere Kante $\mathrm{d}x^*$ hat die Koordinate y und wird $\mathrm{d}x^*(y)$ genannt. Die obere Kante $\mathrm{d}x^*$ hat die Koordinate $y + \mathrm{d}y$ und heißt dementsprechend $\mathrm{d}x^*(y + \mathrm{d}y)$. Nach (122) ist

$$\mathrm{d}x^*(y) = K(xy) \cdot \mathrm{d}x; \quad \mathrm{d}x^*(y + \mathrm{d}y) = K(x, y + \mathrm{d}y) \cdot \mathrm{d}x.$$

Auch die beiden Kanten dy^* können in Abb. 60c verschieden sein:

$$dy^*(x) = K(xy) \cdot dy; \quad dy^*(x + dx) = K(x + dx, y) \cdot dx.$$

Das Durchflutungsgesetz (6) lautet dann für Abb. 60c

$$-\underline{H}_y(x + dx) \cdot dy^*(x + dx) + \underline{H}_y(x) \cdot dy^*(x)$$
$$+ \underline{H}_x(y + dy) \cdot dx^*(y + dy) - \underline{H}_x(y) \cdot dx^*(y) = j\omega\varepsilon_0\underline{E}_z \cdot dx^* \cdot dy^*.$$

Ähnlich wie beim Produkt-Differenzieren in (197) entsteht nach Division durch $dx \cdot dy$ und Grenzübergang $dx \to 0$, $dy \to 0$ die Differentialgleichung

$$-\frac{\partial}{\partial x}(\underline{H}_y K) + \frac{\partial}{\partial y}(\underline{H}_x K) = j\omega\varepsilon_0\underline{E}_z K^2. \tag{259}$$

Vertauscht man in Abb. 60 E und H und beachtet, daß das Induktionsgesetz in Abb. 1 einen anderen Umlaufsinn der Spannung als das Durchflutungsgesetz in Abb. 2 hat, so gewinnt man aus (257) bis (259) drei entsprechende Gleichungen für $\underline{H}_x$, $\underline{H}_y$ und $\underline{H}_z$:

$$-\frac{\partial \underline{E}_y}{\partial z} + \frac{1}{K} \cdot \frac{\partial \underline{E}_z}{\partial y} = j\omega\mu_0\underline{H}_x, \tag{260}$$

$$\frac{\partial \underline{E}_x}{\partial z} - \frac{1}{K} \cdot \frac{\partial \underline{E}_z}{\partial x} = j\omega\mu_0\underline{H}_y, \tag{261}$$

$$\frac{\partial}{\partial x}(\underline{E}_y K) - \frac{\partial}{\partial y}(\underline{E}_x K) = j\omega\mu_0\underline{H}_z K^2. \tag{262}$$

Man vergleiche (163) bis (168), bei denen $K = 1$ ist.

H-Wellen. In (257) bis (262) ist $\underline{E}_z = 0$ zu setzen. Da in z-Richtung fortschreitende Wellen gesucht werden, ist nach (20) das Differenzieren nach z in komplexer Schreibweise eine Multiplikation mit $(-j\beta)$. Dann erhält man aus (257) bis (262) die Gleichungen

$$\frac{\partial \underline{H}_z}{\partial y} + j\beta\underline{H}_y K = -j\omega\varepsilon_0\underline{E}_x K, \tag{257a}$$

$$\frac{\partial \underline{H}_z}{\partial x} + j\beta\underline{H}_x K = j\omega\varepsilon_0\underline{E}_y K, \tag{258a}$$

$$\frac{\partial}{\partial y}(\underline{H}_x K) - \frac{\partial}{\partial x}(\underline{H}_y K) = 0, \tag{259a}$$

$$j\beta\underline{E}_y = j\omega\mu_0\underline{H}_x, \tag{260a}$$

$$-j\beta\underline{E}_x = j\omega\mu_0\underline{H}_y, \tag{261a}$$

$$\frac{\partial}{\partial x}(\underline{E}_y K) - \frac{\partial}{\partial y}(\underline{E}_x K) = j\omega\mu_0\underline{H}_z K^2. \tag{262a}$$

Vergleiche (163 a) bis (168 a). Die weitere Rechnung entspricht völlig dem Verfahren bei den Gl. (169) bis (182). In Übereinstimmung mit (170) und (180) gibt es nach (260 a) und (261 a) einen Feldwellenwiderstand

$$Z_{FH} = \frac{E_y}{H_x} = -\frac{E_x}{H_y} = \frac{\omega\mu_0}{\beta} = \frac{Z_{F0}}{\sqrt{1 - \left(\frac{\lambda_0}{\lambda_c}\right)^2}}. \tag{263}$$

Die Analogie zu (171) und (172) lautet:

$$K\underline{E}_x = j\,\frac{\omega\mu_0}{\beta_0^2 - \beta^2}\,\frac{\partial \underline{H}_z}{\partial y}; \quad K\underline{E}_y = -j\,\frac{\omega\mu_0}{\beta_0^2 - \beta^2}\,\frac{\partial \underline{H}_z}{\partial x}. \tag{264}$$

Setzt man (262) in (261 a) ein, so erhält man die Analogie zu (174)

$$\frac{\partial^2 \underline{H}_z}{\partial x^2} + \frac{\partial^2 \underline{H}_z}{\partial y^2} = -(\beta_0^2 - \beta^2)\,K^2\underline{H}_z = -\beta_c^2 K^2 \underline{H}_z. \tag{265}$$

Wenn $\underline{H}_z$ aus dieser Gleichung berechnet werden kann, sind alle anderen Komponenten durch (263) und (264) bekannt. Die Grenzbedingungen (49) und (50) lauten, daß auf den leitenden Wänden des Querschnitts der Abb. 59a keine tangentialen E-Komponenten und keine senkrechten H-Komponenten bestehen dürfen. Berücksichtigt man (264), so wird

$$\left. \begin{array}{l} \text{für } x = 0 \text{ und } x = a\text{: } \underline{E}_y = 0 \text{ und } \underline{H}_x = 0 \text{ oder } \dfrac{\partial \underline{H}_z}{\partial x} = 0, \\[2ex] \text{für } y = 0 \text{ und } y = b\text{: } \underline{E}_x = 0 \text{ und } \underline{H}_y = 0 \text{ oder } \dfrac{\partial \underline{H}_z}{\partial y} = 0. \end{array} \right\} \tag{266}$$

Solange der allgemeine Hohlleiterquerschnitt sich nicht extrem vom Rechteck unterscheidet und dann die Funktion K keine extrem großen oder extrem kleinen Werte annimmt, gibt es auch in diesem allgemeineren Querschnitt alle H_{mn}-Wellen, die denen im Rechteckquerschnitt nach Abschn. II.3 sehr ähnlich sind; s. Fußnote auf S. 97. β_c ist eine für den Querschnitt und den betreffenden Wellentyp charakteristische Konstante. Es gibt eine kritische Frequenz (150), und es gelten (151), (177) bis (182).

E-Wellen. In (257) bis (262) setzt man $\underline{H}_z = 0$ und ersetzt für in Richtung wachsender z fortschreitende Wellen nach (20) das Differenzieren nach z durch Multiplizieren mit $(-j\beta)$. Man erhält dann die Feldgleichungen

$$-j\beta\underline{H}_y = j\omega\varepsilon_0\underline{E}_x; \tag{257 b}$$

$$j\beta\underline{H}_x = j\omega\varepsilon_0\underline{E}_y; \tag{258 b}$$

$$-\frac{\partial}{\partial x}(\underline{H}_y K) + \frac{\partial}{\partial x}(\underline{H}_x K) = j\omega\varepsilon_0\underline{E}_z K^2; \tag{259 b}$$

$$j\beta \underline{E}_y + \frac{1}{K}\frac{\partial \underline{E}_z}{\partial y} = j\,\omega\mu_0\underline{H}_x; \qquad (260\,\text{b})$$

$$-j\beta \underline{E}_x - \frac{1}{K}\frac{\partial \underline{E}_z}{\partial x} = j\,\omega\mu_0\underline{H}_y; \qquad (261\,\text{b})$$

$$\frac{\partial}{\partial x}(\underline{E}_y K) - \frac{\partial}{\partial y}(\underline{E}_x K) = 0. \qquad (262\,\text{b})$$

Entsprechend den bereits auf S. 73 erläuterten Verfahren folgt aus (257 b) und (258 b) der Feldwellenwiderstand

$$Z_{FE} = \frac{\underline{E}_y}{\underline{H}_x} = -\frac{\underline{E}_x}{\underline{H}_y} = \frac{\beta}{\omega\varepsilon_0} = Z_{F0}\cdot\sqrt{1 - \left(\frac{\lambda_0}{\lambda_c}\right)^2}; \qquad (267\,\text{a})$$

$$\underline{E}_x = -\underline{H}_y\cdot\frac{\beta}{\omega\varepsilon_0}; \qquad \underline{E}_y = \underline{H}_x\cdot\frac{\beta}{\omega\varepsilon_0}. \qquad (267\,\text{b})$$

Setzt man dies in (260 b) und (261 b) ein, so erhält man

$$K\underline{H}_x = -j\,\frac{\omega\varepsilon_0}{\beta_0^2 - \beta^2}\cdot\frac{\partial \underline{E}_z}{\partial y}; \qquad K\underline{H}_y = j\,\frac{\omega\varepsilon_0}{\beta_0^2 - \beta^2}\cdot\frac{\partial \underline{E}_z}{\partial x}. \qquad (268)$$

Setzt man dies in (259 b) ein, so ergibt sich die Gleichung zur Bestimmung des $\underline{E}_z$

$$\frac{\partial^2 \underline{E}_z}{\partial x^2} + \frac{\partial^2 \underline{E}_z}{\partial y^2} = -(\beta_0^2 - \beta^2)K^2\underline{E}_z = -\beta_c^2 K^2\underline{E}_z. \qquad (269)$$

Die Grenzbedingungen sind identisch mit (187). Solange der allgemeine Hohlleiterquerschnitt sich nicht extrem vom Rechteckquerschnitt unterscheidet und dann die Funktion K keine extremen Werte annimmt, gibt es auch in diesem allgemeinen Querschnitt alle E_{mn}-Wellen, die denen im Rechteckquerschnitt nach Abschn. II.3 sehr ähnlich sind. β_c ist eine für den Hohlleiterquerschnitt und den betreffenden Wellentyp charakteristische Konstante. Es gelten (150), (151), (177) bis (179), (181), (182) und (189).

Der Vergleich von (174) und (186) für den Rechteckquerschnitt mit (265) und (269) für den allgemeinen Querschnitt zeigt, daß das K^2 die bestimmende Funktion ist. Nach (122) und Abb. 59 d ist die Fläche

$$\Delta F^* = \Delta x^* \cdot \Delta y^* = K^2 \cdot \Delta x \cdot \Delta y = K^2 \cdot \Delta F; \qquad (270)$$

$$K^2 = \frac{\Delta F^*}{\Delta F}. \qquad (271)$$

K^2 ist das Verhältnis der Flächenteile ΔF^* zwischen den Feldlinien und Potentiallinien der Abb. 59 b und den entsprechenden Flächenteilen ΔF

der Abb. 59c (je ein Flächenteil ist in beiden Abbildungen schraffiert). Durch Vergleich von ΔF^* und ΔF gewinnt man nach (271) das K^2 aus der konformen Abbildung. Bei der konformen Abbildung hat man die Möglichkeit, die Länge a des transformierten Rechtecks der Abb. 59c frei zu wählen, während das Verhältnis b/a durch den ursprünglichen Querschnitt der Abb. 59b bereits fest vorgeschrieben ist. Die Gesamtfläche F^* des ursprünglichen Querschnitts der Abb. 59b ist die Summe aller ΔF^* aus (270).

$$F^* = \sum \Delta F^* = \Delta x \cdot \Delta y \cdot \sum K^2 = \Delta F \cdot \sum K^2. \qquad (272)$$

Man addiert also alle durch (271) definierten K^2 der Teilrechtecke des Querschnitts der Abb. 59b. Die Gesamtfläche $F = ab$ des transformierten Rechtecks der Abb. 59c ist die Summe aller seiner (gleich großen) Teilrechtecke $\Delta F = \Delta x \cdot \Delta y$. Liegen in x-Richtung m Teilflächen nebeneinander, so ist $\Delta x = a/m$. Liegen in y-Richtung n Teilflächen übereinander, so ist $\Delta y = b/n$ und die Gesamtfläche $F = \Delta F \cdot mn$. Das Verhältnis der Gesamtflächen nach (272)

$$\frac{F^*}{F} = \frac{1}{mn} \sum K^2 = K_0 \qquad (273)$$

ist der Mittelwert K_0 aller K^2 des Querschnitts.

Die folgenden Betrachtungen werden sehr anschaulich, wenn man durch passende Wahl des a die Fläche F des transformierten Rechtecks gleich der Fläche F^* des ursprünglichen Querschnitts macht. Es ist dann nach (273) $K_0 = 1$. Abb. 59d zeigt für den Querschnitt des Steghohlleiters das transformierte Rechteck gleicher Größe. Die Kante a des transformierten Rechtecks ist etwas größer als die Kante a^* des ursprünglichen Querschnitts, dagegen die Kante b kleiner als b^*. Abb. 61a zeigt einen weiteren allgemeinen Querschnitt, dessen obere Kante nach außen gebeult ist mit Linien $x = \mathrm{const}$ und $y = \mathrm{const}$. Abb. 61b zeigt den Größenvergleich dieses Querschnitts mit den Kanten a^* und b^* und des transformierten Rechtecks mit den Kanten a und b und gleicher Fläche ($F^* = F$). Hier gilt im Gegensatz zu Abb. 59d für die Kanten $a^* > a$ und $b^* < b$.

Das durch die konforme Abbildung ermöglichte Berechnungsverfahren für allgemeine Querschnitte[1] soll hier nur an einem mathematisch sehr einfachen Beispiel dargestellt werden. Dieses Beispiel

---

[1] MEINKE, H. H., K. P. LANGE u. J. F. RUGER: Proc. Inst. Electrical and Electronic Engrs. 51 (1963), S. 1436—1443.

für K^2 ist zwar nicht exakt durch einen wirklichen Querschnitt realisierbar, kommt aber einigen technisch wichtigen Querschnitten sehr nahe. K^2 habe folgende Form mit dem Mittelwert $K_0 = 1$.

$$K^2 = 1 \pm K_1 \cdot \cos \frac{2\pi x}{a}. \qquad (274)$$

Diese Funktion ist mit ihren beiden Vorzeichenmöglichkeiten in Abb. 61 c dargestellt. Das positive Vorzeichen in (274) gilt annähernd für einen Querschnitt nach Abb. 59, der in der Mitte nach innen eingebeult ist und bei dem in Abb. 59 b die Flächen ΔF^* in der Umgebung von $x = a/2$ im Mittel etwas kleiner sind als am Rande bei $x = 0$ und $x = a$. Das negative Vorzeichen in (274) gilt annähernd für Querschnitte wie in Abb. 61 a, die in der Mitte nach außen erweitert sind und dort im Mittel etwas größere ΔF^* zeigen als am Rand bei $x = 0$ und $x = a$.

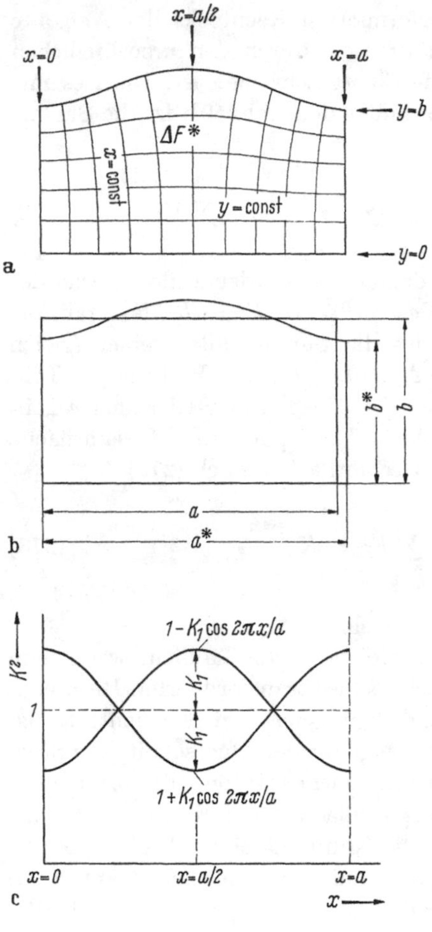

Abb. 61. Hohlleiter mit ausgebeultem Rechteckquerschnitt

H_{10}-Welle im allgemeineren Querschnitt. Setzt man ein K^2 nach (274) in die Wellengleichung (265) ein, so kann man diese Gleichung durch eine Reihenentwicklung für $\underline{H}_z$ lösen, die eine Erweiterung von (155a) darstellt:

$$\underline{H}_z = \underline{H}_0 \left(\cos \frac{\pi x}{a} + m_3 \cdot \cos \frac{3\pi x}{a} + m_5 \cdot \cos \frac{5\pi x}{a} + \cdots \right) \cdot e^{-j\beta z}. \qquad (275)$$

$\underline{H}_0$ ist eine frei wählbare Konstante. m_3, m_5 usw. sind Konstanten, die noch berechnet werden müssen. Dieser Ansatz für $\underline{H}_z$ erfüllt die Grenzbedingung (266). Setzt man $\underline{H}_z$ aus (275) und K^2 aus (274) in (265) ein, so erhält man mit $\beta_c^2 = (2\pi/\lambda_c)^2$ nach Division durch $\underline{H}_0$ und durch $e^{-j\beta z}$

$$\left(\frac{\lambda_c}{2a}\right)^2 \left(\cos\frac{\pi x}{a} + 9m_3 \cdot \cos\frac{3\pi x}{a} + 25m_5 \cdot \cos\frac{5\pi x}{a} + \cdots\right)$$

$$= \cos\frac{\pi x}{a} + m_3 \cdot \cos\frac{3\pi x}{a} + m_5 \cos\frac{5\pi x}{a} + \cdots$$

$$\pm \frac{K_1}{2}\left(\cos\frac{\pi x}{a} + \cos\frac{3\pi x}{a} + m_3\cos\frac{\pi x}{a} + m_3 \cdot \cos\frac{5\pi x}{a} + \cdots\right). \quad (276)$$

Hierbei wurde die Beziehung

$$\cos\alpha \cdot \cos\beta = \frac{1}{2}[\cos(\alpha+\beta) + \cos(\alpha-\beta)] \quad (277)$$

verwendet. Soll die Gl. (276) für alle x erfüllt sein, so müssen die Faktoren gleicher $\cos n\pi x/a$ auf beiden Seiten der Gleichung gleich sein. Es gilt also für die

Faktoren des $\cos\dfrac{\pi x}{a}$: $\left(\dfrac{\lambda_c}{2a}\right)^2 = 1 \pm \dfrac{K_1}{2}(1 + m_3);$ (278a)

Faktoren des $\cos\dfrac{3\pi x}{a}$: $9m_3\left(\dfrac{\lambda_c}{2a}\right)^2 = m_3 \pm \dfrac{K_1}{2}(1 + m_5);$ (278b)

Faktoren des $\cos\dfrac{5\pi x}{a}$: $25m_5\left(\dfrac{\lambda_c}{2a}\right)^2 = m_5 \pm \dfrac{K_1}{2}(m_3 + m_7)$ (278c)

usw. Dies sind Bestimmungsgleichungen für $\lambda_c/2a$ und für die m_i. Wenn sich der untersuchte Querschnitt nicht allzusehr vom Rechteck unterscheidet, ist K_1 klein. Dann haben die Gln. (278a bis c) als Lösung die gut konvergierenden Reihenentwicklungen

$$\lambda_c = 2a \cdot \sqrt{1 \pm \frac{1}{2}K_1 + \frac{1}{32}K_1^2 \mp \frac{9}{512}K_1^3 + \cdots}; \quad (279)$$

$$m_3 = \pm\frac{1}{16}K_1 - \frac{9}{256}K_1^2 \pm \frac{217}{1536}K_1^3 + \cdots; \quad (280a)$$

$$m_5 = \frac{1}{768}K_1^2 \mp \frac{13}{9016}K_1^3 + \cdots. \quad (280b)$$

In (279) und (280) gilt jeweils das obere Vorzeichen, wenn in (274) das positive Vorzeichen des K_1 gewählt ist. Die wichtigste Erkenntnis ist, daß ein Querschnitt wie in Abb. 59a das λ_c nach (279) gegenüber einem Rechteck ohne Längssteg nach (154) erhöht (kritische Frequenz erniedrigt), weil einerseits nach Abb. 59e stets $a > a^*$ ist, andererseits in (274) das positive Vorzeichen des K_1 gilt und dann nach (279) $\lambda_c > 2a$

ist. Solche Steghohlleiter dienen daher in der Praxis dazu, einen Rechteckhohlleiter gegebener Größe für niedrigere Frequenzen brauchbar zu machen. Je mehr der Steg in den Hohlleiter eintaucht, desto größer wird a, desto größer K_1, desto niedriger die kritische Frequenz. Dagegen wird für den Querschnitt der Abb. 61 die kritische Frequenz durch die Ausbeulung erhöht, weil einerseits nach Abb. 61 b das $a < a^*$ ist und gleichzeitig in (274) das negative Vorzeichen des K_1 gilt, also in (280) $\lambda_c < 2a$ wird.

H$_{20}$-Welle. In Abschn. II.8 wird noch erläutert werden, daß für alle Querschnitte auch die Kenntnis der kritischen Frequenz der H$_{20}$-Welle wichtig ist. Diese soll daher hier näherungsweise für ein K^2 aus (274) berechnet werden. $\underline{H}_z$ lautet in Erweiterung von (162a)

$$\underline{H}_z = \underline{H}_0 \left(m_0 + \cos \frac{2\pi x}{a} + m_4 \cdot \cos \frac{4\pi x}{a} + \cdots \right) \cdot \mathrm{e}^{-\mathrm{j}\beta z}. \quad (281)$$

Die Grenzbedingung (266) ist dann erfüllt. Setzt man $\underline{H}_z$ aus (281) und K^2 aus (274) in (265) ein, so erhält man mit $\beta_c^2 = (2\pi/\lambda_c)^2$ nach Division durch $\underline{H}_0$ und $\mathrm{e}^{-\mathrm{j}\beta z}$

$$\left(\frac{\lambda_c}{a} \right)^2 \left(\cos \frac{2\pi x}{a} + 4m_4 \cdot \cos \frac{4\pi x}{a} + \cdots \right)$$

$$= m_0 + \cos \frac{2\pi x}{a} + m_4 \cdot \cos \frac{4\pi x}{a} + \cdots$$

$$\pm \frac{K_1}{2} \left(m_0 \cdot \cos \frac{2\pi x}{a} + 1 + \cos \frac{4\pi x}{a} + m_4 \cdot \cos \frac{2\pi x}{a} + \cdots \right), \quad (282)$$

wobei (277) verwendet wurde. Soll diese Gleichung für alle x erfüllt sein, so müssen die Faktoren gleicher $\cos n\pi x/a$ auf beiden Seiten der Gleichung gleich sein. Es gilt also für die

Faktoren ohne $\cos \dfrac{n\pi x}{a} : 0 = m_0 \pm \dfrac{K_1}{2};$ \hfill (283a)

Faktoren des $\cos \dfrac{2\pi x}{a} : \left(\dfrac{\lambda_c}{a} \right)^2 = 1 \pm \dfrac{K_1}{2}(m_0 + m_4);$ \hfill (283b)

Faktoren des $\cos \dfrac{4\pi x}{a} : 4m_4 \left(\dfrac{\lambda_c}{a} \right)^2 = m_4 \pm \dfrac{K_1}{2}(1 + m_6).$ \hfill (283c)

Diese Gleichungen haben als Lösung die Reihenentwicklungen

$$\lambda_c = a \sqrt{1 - \frac{K_1^2}{6} + \cdots}; \quad (284)$$

$$m_0 = \mp \frac{K_1}{2}; \quad m_4 = \pm \frac{K_1}{6} + \cdots. \quad (285)$$

Vgl. (162) für den ungestörten Rechteckquerschnitt. Das Verhältnis der kritischen Frequenzen der H_{10}-Welle nach (279) und der H_{20}-Welle nach (284) ist also für den eingebeulten Querschnitt der Abb. 59 a größer als beim einfachen Rechteck nach (154) und (162), bei dem das Verhältnis der beiden kritischen Frequenzen gleich 2 ist. Weiteres hierzu in Abschn. II.8.

E_{11}-Welle. Man kann die Gl. (269) mit K^2 nach (274) in Erweiterung von (188a) durch folgenden Ansatz lösen:

$$E_z = E_0 \left(\sin \frac{\pi x}{a} + m_3 \cdot \sin \frac{3\pi x}{a} + m_5 \cdot \sin \frac{5\pi x}{a} + \cdots \right) \cdot \sin \frac{\pi y}{b} \cdot e^{-j\beta z}.$$

(286)

Die Grenzbedingungen (187) sind dann erfüllt. Setzt man dies in (269) ein und verfährt ähnlich wie vorher bei den H-Wellen nach (276) bis (280), so benötigt man die Umformung

$$\sin \alpha \cdot \cos \beta = \frac{1}{2} \left[\sin (\alpha + \beta) + \sin (\alpha - \beta) \right].$$

(287)

Man erhält dann in Abwandlung von (184) die Reihenentwicklung

$$\lambda_c = \frac{2ab}{\sqrt{a^2 - b^2}} \cdot \sqrt{1 \mp \frac{K_1}{2} + \cdots}.$$

(288)

Im Vergleich zu (279) hat das K_1 unter der Wurzel das entgegengesetzte Vorzeichen, so daß das λ_c der E_{11}-Welle im Steghohlleiter der Abb. 59 kleiner ist als im einfachen Rechteck nach (184) und im Hohlleiter der Abb. 61 größer als im einfachen Rechteck. Die Verformung der Querschnitte in Abb. 59 und Abb. 61 gegenüber dem einfachen Rechteck wirkt also auf das λ_c der E_{11}-Welle umgekehrt wie auf das λ_c der H_{10}-Welle.

6. Ströme und Verluste in Hohlleitern

Im Hohlleiter gibt es Verschiebungsströme in denjenigen Richtungen, in denen elektrische Feldkomponenten existieren. Die Verschiebungsstromdichte beträgt nach (9) in komplexer Schreibweise

$$\underline{S}_{vn} = j \omega \varepsilon_0 \varepsilon_r \underline{E}_n.$$

(289)

Diese Komponente $\underline{S}_{vn}$ des Verschiebungsstroms hat die gleiche Richtung wie die ihn erzeugende Komponente $\underline{E}_n$ des elektrischen Feldes. Zwischen beiden besteht wegen des Faktors j eine Phasenverschiebung π. Diese Verschiebungsströme erzeugen Verluste, wenn der Hohlleiter mit einem Dielektrikum ausgefüllt ist.

Es gibt Ströme auf den Wänden überall dort, wo magnetische Feldkomponenten parallel zu den Wänden existieren. Verwendet man die Hohlleiter bei sehr hohen Frequenzen, so besteht extremer Skineffekt. Nach Bd. I [Abb. 11] stehen die Wandströme I in der Wand senkrecht zur magnetischen Feldstärke H, wie dies in Abb. 62 schematisch gezeichnet ist. Nach Bd. I [Gl. (79)] ist die Flächenstromdichte S^* in einer bestimmten Richtung gleich derjenigen magnetischen Feldstärkekomponente H_n, die auf ihr senkrecht steht.

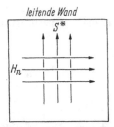

Abb. 62. Wandstrom und magnetisches Feld (von der stromdurchflossenen Seite des Leiters aus gesehen)

$$\underline{S}^* = \pm \underline{H}_n. \tag{290}$$

Diese Gleichung hat dann ein positives Vorzeichen, wenn die durch das Koordinatensystem vorgeschriebenen Pfeile der Komponenten $\underline{S}^*$ und $\underline{H}_n$ die gleiche Richtung wie in Abb. 62 haben, wenn man auf die stromdurchflossene Seite des Leiters blickt. Diese Wandströme erzeugen Verluste, weil die Wände endliche Leitfähigkeit besitzen. Wandströme und Verschiebungsströme setzen sich zu geschlossenen Stromkreisen zusammen. Die folgenden Formeln werden für luftgefüllte Hohlleiter mit $\varepsilon_r = 1$ berechnet, dann auf S. 114 auf $\varepsilon_r > 1$ erweitert.

Stromkreise der L-Wellen. L-Wellen haben nach Abschn. II.2 nur elektrische Feldlinien senkrecht zur Leitungsachse, also auch nur Verschiebungsströme senkrecht zur Leitungsachse zwischen den beiden Leitern. L-Wellen haben magnetische Felder nur senkrecht zur Leitungsachse, also nach Abb. 62 Wandströme nur in der z-Richtung. Es entstehen Stromkreise nach dem Schema der Abb. 30, wobei man bei der L-Welle statt der beiden Ebenen der Abb. 30 sinngemäß Innenleiter und Außenleiter der Leitung der Abb. 35 nehmen muß. Für das Beispiel der koaxialen Leitung zeigt Abb. 75a diese Stromkreise. Die magnetischen Feldlinien, die den Innenleiter umschlingen, laufen senkrecht zu den Stromkreisen und haben ihr Maximum im Innern der Stromkreise. Wie in Abb. 30 liegt das Maximum der elektrischen Feldstärke dort, wo auch das Maximum der magnetischen Feldstärke liegt, weil elektrische und magnetische Feldstärke nach (127) phasengleich sind. Das Maximum des Verschiebungsstroms liegt wegen des Faktors j in (289) im Momentanbild wie in Abb. 6a und Abb. 30 um $\lambda/4$ gegen das Maximum der elektrischen Feldstärke verschoben.

Abb. 63 zeigt den Querschnitt der koaxialen Leitung mit radialen elektrischen Feldlinien (Komponente E_r) und kreisförmigen magnetischen Feldlinien (Komponente H_φ). Es ist nach (127) $\underline{E}_r/\underline{H}_\varphi = Z_{F0}$. Die Größe K der konformen Abbildung nach (123) ist wegen der Zylindersymmetrie unabhängig von φ und proportional r. Entsprechend (132) hat das Wellenfeld die Komponenten

$$\underline{E}_r = \frac{\underline{H}}{r} Z_{F0} \cdot e^{-j\beta_0 z}; \qquad \underline{H}_\varphi = \frac{\underline{H}}{r} e^{-j\beta_0 z}. \tag{291}$$

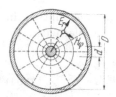

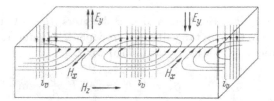

Abb. 63. Querschnitt der koaxialen Leitung

Abb. 64. Verschiebungsströme der H_{10}-Welle

Stromkreise der H_{10}-Welle im Rechteck. Es gibt eine elektrische Komponente $\underline{E}_y$ nach (155c) und daher Verschiebungsströme in y-Richtung, deren Stromdichte nach (289) in komplexer Schreibweise für $\varepsilon_r = 1$

$$\underline{S}_{vy} = j\omega\varepsilon_0 \underline{E}_y = -\frac{\beta_0^2}{\beta_c} H_0 \cdot \sin\frac{\pi x}{a} \cdot e^{-j\beta z} \tag{292}$$

mit β_0 aus (32) beträgt. Der Faktor j bedeutet nach Abbildung 6a, daß im Momentanbild der Abb. 64 die Stromlinien des Verschiebungsstroms um $\lambda_z/4$ gegenüber den elektrischen Feldlinien verschoben sind; vgl. die analogen Verhältnisse in Abb. 12. Abb. 64 zeigt, wie im Momentanbild die Verschiebungsströme i_v von den magnetischen Feldlinien

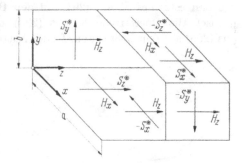

Abb. 65. Wandstromkomponenten der H_{10}-Welle

ebenso umschlossen werden wie ein Strom durch einen Draht nach Bd. I [Abb. 4a]. Dieses Momentanbild verschiebt sich in Richtung wachsender z mit Phasengeschwindigkeit.

Nach Abb. 65 und Gl. (155a und b) gibt es auf den Schmalseiten des Hohlleiters ($x = 0$ und $x = a$) nur eine tangentiale magnetische Komponente $\underline{H}_z$ und deshalb nach Abb. 62 nur vertikale Ströme in

y-Richtung, also eine Flächenstromdichte $\underline{S}^*$. Nach (290) ist mit $\underline{H}_z$ aus (155a) für die Seite $x = a$

$$\underline{S}_y^* = -\underline{H}_z(a) = -\underline{H}_0 \cdot \mathrm{e}^{-\mathrm{j}\beta z}. \tag{293}$$

Das Minuszeichen tritt hier auf, weil auf der Seite $x = a$ in Abb. 65 die Kombination von $\underline{H}_z$ und $(-\underline{S}_y^*)$ der Abb. 62 entspricht. Auf der Schmalseite $x = 0$ ist mit $\underline{H}_z$ aus (155a)

$$\underline{S}_y^* = H_z(0) = -\underline{H}_0 \cdot \mathrm{e}^{-\mathrm{j}\beta z}. \tag{293a}$$

Auf den Breitseiten des Hohlleiters ($y = 0$ und $y = b$) gibt es in Abb. 65 eine tangentiale Komponente $\underline{H}_x$ und daher eine Flächenstromdichte $\underline{S}_z^*$. Mit $\underline{H}_x$ aus (155b) wird

$$\underline{S}_z^* = \pm \underline{H}_x = \pm \mathrm{j} H_0 \frac{\beta}{\beta_c} \cdot \sin \frac{\pi x}{a} \cdot \mathrm{e}^{-\mathrm{j}\beta z}. \tag{294}$$

Positives Vorzeichen auf der Breitseite $y = 0$; negatives Vorzeichen auf der Breitseite $y = b$; vgl. Abb. 65. Ferner gibt es auf den Breitseiten des Hohlleiters eine Flächenstromdichte

$$\underline{S}_x^* = \pm \underline{H}_z = \pm \underline{H}_0 \cdot \cos \frac{\pi x}{a} \cdot \mathrm{e}^{-\mathrm{j}\beta z}. \tag{295}$$

Positives Vorzeichen auf der Breitseite $y = b$; negatives Vorzeichen auf der Breitseite $y = 0$; vgl. Abb. 65. Abb. 66 zeigt die Verteilung des Längsstromes $\underline{S}_z^*$ aus (294) auf den Breitseiten. Abb. 67 zeigt schematisch die Querströme $\underline{S}_y^*$ aus (293) auf den Schmalseiten und $\underline{S}_x^*$ aus (295) auf den Breitseiten. In der Mitte der Breitseiten gibt es Linien

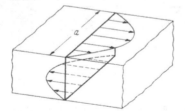

Abb. 66.
Verteilung der Längsströme der H_{10}-Welle

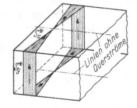

Abb. 67.
Verteilung der Querströme der H_{10}-Welle

ohne Querstrom ($\underline{S}_x^* = 0$ für $x = a/2$). Längs dieser Linien kann man den Hohlleiter aufschneiden, ohne das Feld der H_{10}-Welle nennenswert zu stören. Von diesen querstromfreien Linien ausgehend, nimmt der Querstrom $\underline{S}_x^*$ nach den Kanten hin zu, wie dies in Abb. 67 durch zunehmende Breite des Stromfadens schematisch angedeutet ist. Auf den senkrechten Wänden fließt ein von y unabhängiger Strom S_y^*, was in Abb. 67 durch konstante Breite des Stromfadens angedeutet ist.

Zwischen S_z^* aus (294) und S_x^* aus (295) besteht ein Faktor j, der nach Abb. 6a dazu führt, daß die Maxima des S_x^* und die Maxima des S_z^* im Momentanbild um $\lambda_z/4$ gegeneinander verschoben sind. Abb. 68 zeigt das Momentanbild der Ströme auf den Hohlleiterwänden bei einer H_{10}-Welle. Die Ströme stehen überall senkrecht auf den in Abb. 42a gezeichneten magnetischen Feldlinien. Die in Abb. 64 gezeichneten Verschiebungsströme bilden mit den Wandströmen geschlossene Stromkreise. Man erkennt in Abb. 68 auf der Breitseite, wie die Wandströme aus Quellzonen herausfließen. In diese Zone fließt von unten her der Verschiebungsstrom hinein. Abb. 69a zeigt schematisch die Stromkreise der H_{10}-Welle im Momentanbild zusammengesetzt aus Verschiebungsströmen I_v und Wandströmen, die teils in Querrichtung, teils in Längsrichtung fließen.

Man kann diese Stromkreise recht gut durch das Ersatzbild der Abb. 69b be-

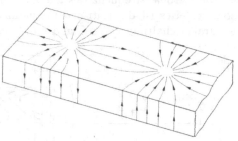

Abb. 68. Wandtsröme der H_{10}-Welle im Momentanbild

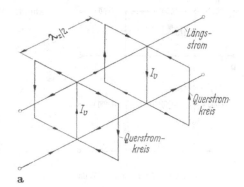

a

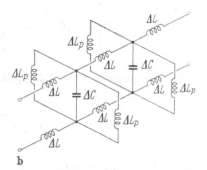

b

Abb. 69. Ersatzbild der H_{10}-Welle

schreiben. Die magnetische Feldenergie der Längsströme läßt wie in Bd. I [Gl. (110)] eine Längsinduktivität ΔL entstehen, die magnetische Feldenergie der Querströme eine Querinduktivität ΔL_p, die elektrische Feldenergie der Querkomponente E_y eine Querkapazität ΔC wie nach Bd. I [Gl. (88)]. Der Hohlleiter mit H_{10}-Welle hat also ein Ersatzbild, das eine Erweiterung des Ersatzbildes der gewöhnlichen

Leitung nach Bd. I [Abb. 157] durch die ΔL_p darstellt. Das vereinfachte Ersatzbild der Abb. 70a beschreibt das Verhalten aller H-Wellen recht gut. Die Resonanzfrequenz des aus ΔC und $\Delta L_p/2$ gebildeten Parallelresonanzkreises ist die kritische Frequenz der H_{10}-Welle. Der Leitwert der Parallelschaltung von ΔC und $\Delta L_p/2$ lautet

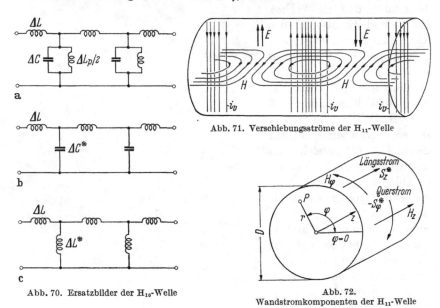

Abb. 71. Verschiebungsströme der H_{11}-Welle

Abb. 70. Ersatzbilder der H_{10}-Welle

Abb. 72.
Wandstromkomponenten der H_{11}-Welle

$$jB = j\left(\omega \cdot \Delta C - \frac{1}{\omega \cdot \dfrac{\Delta L_p}{2}}\right) = j\omega \cdot \Delta C^*. \tag{296}$$

Die Resonanzfrequenz ist nach Bd. 1 [Gl. (218)]

$$\omega_R = \frac{1}{\sqrt{\Delta C \cdot \dfrac{\Delta L_p}{2}}}. \tag{297}$$

Oberhalb der Resonanzfrequenz ist der Leitwert B nach Bd. I [Abb. 102b, Kurve IV] kapazitiv und wirkt nach (296) wie eine scheinbare Kapazität

$$\Delta C^* = \Delta C\left(1 - \frac{1}{\omega^2 \cdot \Delta C \cdot \dfrac{\Delta L_p}{2}}\right) = \Delta C\left[1 - \left(\frac{\omega_R}{\omega}\right)^2\right]. \tag{298}$$

Ein Ersatzbild mit ΔC^* zeigt Abb. 70b. Oberhalb der Resonanzfrequenz gilt also das Leitungsersatzbild aus Bd. I [Abb. 157] mit ΔC^* statt ΔC.

Dadurch wird der Wellenwiderstand der Leitung nach Bd. I [Gl. (361)] frequenzabhängig.

$$Z_L = \sqrt{\frac{\Delta L}{\Delta C^*}} = \sqrt{\frac{\Delta L}{\Delta C}} \cdot \frac{1}{\sqrt{1 - \left(\dfrac{\omega_R}{\omega}\right)^2}}. \tag{299}$$

Dies entspricht vollständig der Gl. (158) für den Feldwellenwiderstand der H_{10}-Welle, wenn ω_R die kritische Frequenz ist. Ebenso erläutert dies Ersatzbild die Frequenzabhängigkeit des v_{pz} nach Abb. 41 b, weil nach Bd. I [Gl. (376)] das v_p der $\sqrt{\Delta L \cdot \Delta C^*}$ umgekehrt proportional ist. Unterhalb der kritischen Frequenz ist B aus (296) induktiv und durch ein frequenzabhängiges ΔL^* nach Bd. I [Gl. (154)] wie in Abb. 70 c zu ersetzen; Näheres hierzu in Abschn. II.7.

Stromkreise der H_{11}-Welle im Kreisquerschnitt. Koordinatensystem in Abb. 72; Feldkomponenten (256 a bis e). Es sei $\varphi_0 = 0$, so daß die Symmetriegerade der Abb. 58 a bei $\varphi = 0$ liegt. Die elektrischen Komponenten E_r und E_φ erzeugen Verschiebungsströme im Querschnitt entlang der in Abb. 58 a gezeichneten elektrischen Feldlinien. Man findet diese Verschiebungsströme i_v in den Abb. 71 und 73 umgeben von magnetischen Feldlinien ähnlich wie in Abb. 64. Die magnetische Komponente H_z

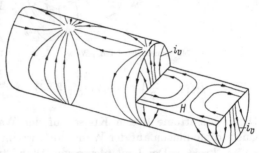

Abb. 73. Stromkreise der H_{11}-Welle

aus (256 e) erzeugt nach Abb. 72 Querströme mit der Flächenstromdichte $\underline{S}_\varphi^*$, die nach (290) gleich $(-\underline{H}_z)$ auf der Außenwand für $r = D/2$ ist:

$$\underline{S}_\varphi^* = -\underline{H}_z\left(r = \frac{D}{2}\right) = -\underline{H}_0 \cdot J_1(1{,}84) \cdot \cos \varphi \cdot e^{-\mathrm{j}\beta z}$$

$$= -0{,}58\,\underline{H}_0 \cdot \cos \varphi \cdot e^{-\mathrm{j}\beta z}. \tag{300}$$

Das Minuszeichen zwischen $\underline{S}_\varphi^*$ und $\underline{H}_z$ entsteht, weil nur die Kombination $\underline{H}_z$ und $(-\underline{S}_\varphi^*)$ der Abb. 62 entspricht; vgl. Abb. 72; J_1 aus Abb. 53 a. Es gibt nach (256 c) eine magnetische Komponente $\underline{H}_\varphi$, die nach Abb. 72 Längsströme mit der Flächenstromdichte $\underline{S}_z^*$ erzeugt.

$$\underline{S}_z^* = \underline{H}_\varphi\left(r = \frac{D}{2}\right) = \mathrm{j}\,\frac{\lambda_c^2}{\pi D \lambda_z}\,\underline{H}_0 \cdot J_1(1{,}84) \cdot \sin \varphi \cdot e^{-\mathrm{j}\beta z}$$

$$= \mathrm{j}\,0{,}54\,\frac{D}{\lambda_z} \cdot \underline{H}_0 \cdot \sin \varphi \cdot e^{-\mathrm{j}\beta z} \tag{301}$$

mit λ_c aus (254) und β aus (253). Das Momentanbild dieser Wandströme, das dem in Abb. 68 dargestellten Momentanbild sehr ähnlich ist, zeigt Abb. 73. Es entstehen Stromkreise wie in Abb. 69 und ein Leitungsersatzbild wie in Abb. 70.

Stromkreise der H_{01}-Welle im Kreisquerschnitt. Koordinaten wie in Abb. 72; Feldkomponenten (219a bis c). Die elektrischen Feldlinien sind Kreise im Querschnitt nach Abb. 54a. Daher fließen auch die der Komponente E_φ entsprechenden Verschiebungsströme i_v auf Kreisen im Querschnitt; s. Abb. 74. Nach Abb. 54c gibt es als tangentiale magnetische Feldkomponenten an der Hohlleiterwand nur die Komponente H_z, die nach Abb. 72 Querströme S_φ^* erzeugt. Es ist nach (219a) und (290)

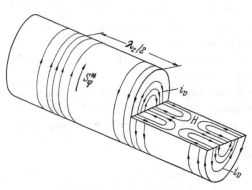

Abb. 74. Stromkreise der H_{01}-Welle

$$\underline{S}_\varphi^* = -\underline{H}_z\left(r = \frac{D}{2}\right) = -\underline{H}_0 \cdot J_0(3,83) \cdot e^{-j\beta z} = -0,40\,\underline{H}_0 \cdot e^{-j\beta z}. \quad (302)$$

Diese Querströme bilden Kreise auf der Wand wie in Abb. 74. Diese Querströme fließen auf der Wand dort, wo im Innern die Verschiebungsströme kreisen. Der Umlaufsinn von Wandströmen und Verschiebungsströmen ist gegenläufig.

Stromkreise der E_{01}-Welle im Kreisquerschnitt. Koordinaten in Abb. 72; Feldkomponenten (233a bis c). Da bei E-Wellen magnetische Felder nur im Querschnitt bestehen ($H_z = 0$), können E-Wellen nur Wandströme in z-Richtung haben. Bei der zylindersymmetrischen E_{01}-Welle gibt es nach (233c) nur eine Komponente H_φ, die unabhängig von φ ist. Zu H_φ gehört nach Abb. 72 ein Längsstrom, der ebenfalls unabhängig von φ ist, also überall längs des Wandzylinders gleich groß ist. Nach (233c) ist mit λ_c aus (232)

$$\underline{S}_z^* = \underline{H}_\varphi\left(r = \frac{D}{2}\right) = -j\,\frac{\omega\varepsilon_0}{\beta_c}\,\underline{E}_0 \cdot J_0'(2,40) \cdot e^{-j\beta z}$$

$$= j\,0,68\,\frac{D}{\lambda_0} \cdot \frac{1}{Z_{F0}}\,\underline{E}_0 \cdot e^{-j\beta z}. \quad (303)$$

Zu den in Abb. 57c dargestellten elektrischen Feldlinien mit Komponenten E_r und E_z gehören Verschiebungsströme, deren Stromlinien die gleiche Form haben wie die E-Linien in Abb. 57c, jedoch wegen des Faktors j in (289) entsprechend den Regeln der Abb. 6a im Momentanbild um $\lambda_z/4$ gegen die elektrischen Feldlinien verschoben sind. Abb. 75b zeigt ein Momentanbild der Verschiebungsströme in Kombination mit den kreisförmigen magnetischen Feldlinien in einem Längsschnitt. Die Verschiebungsstromkreise schließen sich über die Längsströme (303) auf der Wand.

Die Ströme und Felder der E_{01}-Welle in Abb. 75b sind denen der L-Welle einer koaxialen Leitung nach Abb. 75a sehr ähnlich. Die in Abb. 75b auftretenden Komponenten der Verschiebungsströme in z-Richtung sind in der koaxialen Leitung Längsströme auf dem Innenleiter. Die Leitfähigkeit des Innenleiters der Koaxialleitung ist

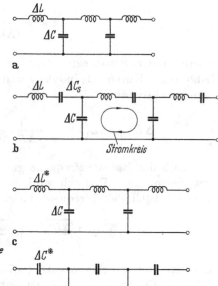

Abb. 76.
Leitungsersatzbilder zur Abb. 75

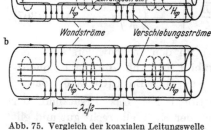

Abb. 75. Vergleich der koaxialen Leitungswelle und der E_{01}-Welle

bei der E_{01}-Welle sozusagen durch die kapazitive Leitfähigkeit des Raumes ersetzt worden. Abb. 76a zeigt das Ersatzbild einer koaxialen Leitung mit ΔL und ΔC nach Bd. I [Abb. 157]. Abb. 76b zeigt das entsprechende Ersatzbild für die E_{01}-Welle im Kreisquerschnitt. Die magnetische Feldenergie der Komponente H_φ kann wie bei der koaxialen Leitung durch ein ΔL beschrieben werden, ebenso die elektrische Feldenergie der elektrischen Querkomponente E_r durch eine Kapazität ΔC. Die elektrische Feldenergie der Längskomponente E_z erscheint im Ersatzbild der Abb. 76b als Kapazität ΔC_s; vgl. Bd. I [Gl. (88) und (110)]. Durch dieses ΔC_s unterscheidet sich das Verhalten der E_{01}-Welle von der L-Welle der Koaxialleitung, die keine kritische Frequenz hat. Die Resonanzfrequenz des aus ΔL und ΔC_s gebildeten Serienresonanzkreises ist die kritische Frequenz der E_{01}-Welle. Der Widerstand der Serienschaltung von ΔL und ΔC_s lautet

$$j X = j\left(\omega \cdot \Delta L - \frac{1}{\omega \cdot \Delta C_s}\right) = j\omega \cdot \Delta L^*. \qquad (304)$$

Die Resonanzfrequenz ist nach Bd. I [Gl. (218)]

$$\omega_R = \frac{1}{\sqrt{\Delta L \cdot \Delta C_s}}. \qquad (305)$$

Oberhalb der Resonanzfrequenz ist der Widerstand jX nach Bd. I [Abb. 102a, Kurve III] induktiv und wirkt nach (304) wie eine scheinbare Induktivität

$$\Delta L^* = \Delta L\left(1 - \frac{1}{\omega^2 \cdot \Delta L \cdot \Delta C_s}\right) = \Delta L\left[1 - \left(\frac{\omega_R}{\omega}\right)^2\right]. \qquad (306)$$

Oberhalb der Resonanzfrequenz gilt also das Ersatzbild der Abb. 76c mit diesem ΔL^*. Dadurch wird der Wellenwiderstand dieser Leitung nach Bd. I [Gl. (361)] frequenzabhängig.

$$Z_L = \sqrt{\frac{\Delta L^*}{\Delta C}} = \sqrt{\frac{\Delta L}{\Delta C}} \cdot \sqrt{1 - \left(\frac{\omega_R}{\omega}\right)^2}. \qquad (307)$$

Dies entspricht völlig der Gl. (267a) für den Wellenwiderstand einer E-Welle. Ebenso erläutert das Ersatzbild der Abb. 76c die Frequenzabhängigkeit des v_{pz} nach Abb. 41b, weil nach Bd. I [Gl. (376)] das v_p der $\sqrt{\Delta L^* \cdot \Delta C}$ umgekehrt proportional ist. Das Ersatzbild der Abb. 76b beschreibt also das Verhalten der E_{01}-Welle recht gut und gilt im Prinzip für alle E-Wellen. Ein Vergleich der Abb. 70a und der Abb. 76b erläutert den grundlegenden Unterschied der H-Wellen und der E-Wellen, auch hinsichtlich des Wellenwiderstandes.

Unterhalb der kritischen Frequenz ist das jX aus (304) induktiv und durch ein frequenzabhängiges ΔC^* nach Bd. I [Gl. (125)] wie in Abb. 76d zu ersetzen; Näheres hierzu in Abschn. II.7.

Wandstromverluste der H_{10}-Welle. Bei den hohen Frequenzen, bei denen man Hohlleiter verwendet, besteht extremer Skineffekt. Es fließen Oberflächenströme, und der Widerstand der Leiteroberfläche wird durch den spezifischen Oberflächenwiderstand R^* aus Bd. I [Gl. (73) und Abb. 13] beschrieben. Für unmagnetische Leiter ($\mu_r = 1$) gilt

$$R^* = \sqrt{\frac{\omega \mu_0}{2\varkappa}}; \qquad \frac{R^*}{Z_{F0}} = \sqrt{\frac{\omega \varepsilon_0}{2\varkappa}}. \qquad (308)$$

R^* ist der Widerstand eines Oberflächenstücks von 1 cm Breite und 1 cm Länge. Betrachtet man in Abb. 77 ein Stück dF der Oberfläche mit den Kanten dx und dz, so hat dieses nach Bd. I [Gl. (74)] den Widerstand

$$dR = R^* \cdot \frac{dz}{dx}. \qquad (309)$$

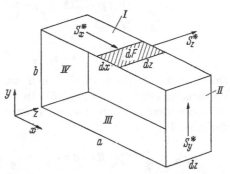

Besteht die Flächenstromdichte S^* in z-Richtung, so fließt durch dF in dieser Richtung ein Strom $dI = |S^*| \cdot dx$. In dF wird dann die Leistung

Abb. 77. Stromdurchflossenes Oberflächenstück

$$dP = \frac{1}{2}(dI)^2 \cdot dR = \frac{1}{2}|S^*|^2 \cdot R^* \cdot dx \cdot dz = \frac{1}{2}|S^*|^2 \cdot R^* \cdot dF \qquad (310)$$

in Wärme umgesetzt. Der Leistungsverbrauch ist der betrachteten Fläche $dF = dx \cdot dz$ proportional. In diese Formel für dP sind die Scheitelwerte der Stromdichten einzusetzen.

Die Ströme in den Hohlleiterwänden verursachen also Leistungsverluste der Welle, wobei wie in Bd. I [Gl. (387)] ein exponentielles Absinken der Wellenamplitude in der Ausbreitungsrichtung eintritt. Wenn diese Verluste klein bleiben, kann man die Dämpfungskonstante α wie in Bd. I [Gl. (379) bis (386)] ausrechnen, wozu man eine Gleichung zwischen dP/dz und P wie in Bd. I [Gl. (384)] aufstellen muß. Es ist nach Bd. I [Gl. (384) bis (386)]

$$\alpha = \frac{1}{2P} \cdot \frac{dP}{dz}. \qquad (311)$$

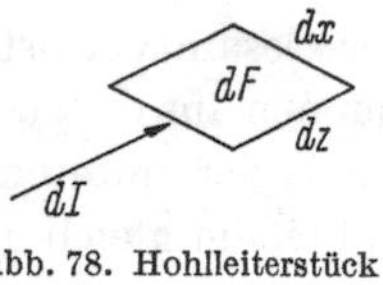

Abb. 78. Hohlleiterstück
der Länge dz

Man berechnet zunächst den Leistungsverlust dP in einem Hohlleiterstück der Länge dz, das in Abb. 78 gezeichnet ist. Auf der oberen Breitseite findet man die Fläche dF der Abb. 77. Die Stromdichte S_z^* aus (294) erzeugt in dF nach (310) den Leistungsverlust

$$dP_1 = \frac{1}{2}|S_z^*|^2 \cdot R^* \cdot dx \cdot dz = \frac{1}{2}H_0^2 R^* \left(\frac{\beta}{\beta_c}\right)^2 \sin^2 \frac{\pi x}{a} \cdot dx \cdot dz. \qquad (312)$$

Man erhält den Leistungsverbrauch dP_2 der Stromkomponente S_z^* in der gesamten oberen Breitseite (I in Abb. 77), wenn man die dP_1 aller

Teilflächen $\mathrm{d}F$ zwischen $x = 0$ und $x = a$ addiert:

$$\mathrm{d}P_2 = \int\limits_{x=0}^{a} \mathrm{d}P_1 = \frac{1}{2}\, H_0^2 R^* \left(\frac{\beta}{\beta_c}\right)^2 \cdot \mathrm{d}z \int\limits_{x=0}^{a} \sin^2 \frac{\pi x}{a} \cdot \mathrm{d}x$$

$$= \frac{1}{2}\, H_0^2 R^* \left(\frac{\beta}{\beta_c}\right)^2 \cdot \frac{a}{2} \cdot \mathrm{d}z. \tag{313}$$

Durch diese Breitseite fließt auch ein Strom in x-Richtung mit der Flächenstromdichte S_x^* aus (295). In sinngemäßer Anwendung von (310) auf diese Stromrichtung ist der Leistungsverbrauch $\mathrm{d}P_3$ des S_x^* im $\mathrm{d}F$ der Abb. 78:

$$\mathrm{d}P_3 = \frac{1}{2}\, |S_x^*|^2\, R^* \cdot \mathrm{d}x \cdot \mathrm{d}z = \frac{1}{2}\, H_0^2 R^* \cdot \cos^2 \frac{\pi x}{a} \cdot \mathrm{d}x \cdot \mathrm{d}z. \tag{314}$$

Daraus erhält man den Leistungsverbrauch $\mathrm{d}P_4$ der Stromkomponente S_x^* in der gesamten oberen Breitseite (I in Abb. 77) als Summe aller $\mathrm{d}P_3$ dieser Fläche:

$$\mathrm{d}P_4 = \int\limits_{x=0}^{a} \mathrm{d}P_3 = \frac{1}{2}\, H_0^2 R^* \cdot \mathrm{d}z \int\limits_{x=0}^{a} \cos^2 \frac{\pi x}{a} \cdot \mathrm{d}x = \frac{1}{2}\, H_0^2 R^* \frac{a}{2} \cdot \mathrm{d}z. \tag{315}$$

Die Schmalseite II des Hohlleiterstücks der Abb. 77 erzeugt Verluste $\mathrm{d}P_5$ durch die Komponente S_y^* aus (293). Da S_y^* unabhängig von y und für die ganze Schmalseite konstant ist, kann man hier die Verluste direkt für die ganze Schmalseite mit der Fläche $\mathrm{d}F = b \cdot \mathrm{d}z$ aus (310) berechnen.

$$\mathrm{d}P_5 = \frac{1}{2}\, |S_y^*|^2\, R^* \cdot b \cdot \mathrm{d}z = \frac{1}{2}\, H_0^2 R^* \cdot b \cdot \mathrm{d}z. \tag{316}$$

Der Gesamtverlust $\mathrm{d}P$ des Hohlleiterstücks der Abb. 77 setzt sich zusammen aus $\mathrm{d}P_2$ und $\mathrm{d}P_4$ der oberen Breitseite I und einem gleich großen Anteil der unteren Breitseite III, aus $\mathrm{d}P_5$ der rechten Schmalseite II und einem gleich großen Anteil der linken Schmalseite IV.

$$\mathrm{d}P = 2\,\mathrm{d}P_2 + 2\,\mathrm{d}P_4 + 2\,\mathrm{d}P_5 = H_0^2 R^* \left[\frac{a}{2} \left(\frac{\beta}{\beta_c}\right)^2 + \frac{a}{2} + b\right] \cdot \mathrm{d}z. \tag{317}$$

Man berechnet die Dämpfungskonstante α aus (311), wobei man die vom Hohlleiter transportierte Leistung aus (161) mit β aus (157) und β_c aus (154) entnimmt; Z_{F0} aus (33).

$$\alpha = \frac{R^*}{Z_{F0}}\, \frac{\dfrac{1}{b} + \left(\dfrac{\lambda_0}{2a}\right)^2 \cdot \dfrac{2}{a}}{\sqrt{1 - \left(\dfrac{\lambda_0}{2a}\right)^2}}. \tag{318}$$

Eine Auswertung dieser Formel für Leiter aus Kupfer mit R^*/Z_{F0} aus (308) gibt Abb. 79 für den in der Praxis vorzugsweise verwendeten Fall $b = a/2$; vgl. S. 137. Bei Annäherung an die kritische Frequenz ($\lambda_0/a \to 2$) wird α unendlich groß, weil der Nenner Null wird. Mit

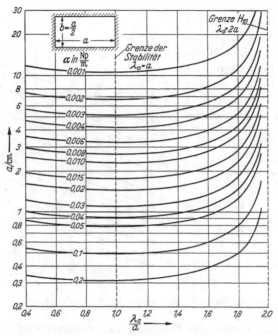

Abb. 79. Dämpfungskonstante der H_{10}-Welle für Leiter aus Kupfer

wachsendem Abstand von der kritischen Frequenz wird α wegen des wachsenden Nenners kleiner, um dann jedoch mit weiter wachsender Frequenz wieder zu steigen, weil R^* nach Bd. I [Gl. (73) und (76)] mit der Wurzel aus der Frequenz wächst. Dieses Frequenzverhalten zeigen fast alle Hohlleiterwellen mit Ausnahme der H_{01}-Welle im Kreisquerschnitt, die im folgenden näher betrachtet wird.

Wandstromverluste der H_{01}-Welle. Es gibt nur ringförmige Ströme mit S_φ^* nach (302) und Abb. 74. Das in Abb. 80a gezeichnete Rohrstück der Länge $\mathrm{d}z$ führt konstante Stromdichte, so daß man (310) mit der gesamten Oberfläche $\mathrm{d}F = \pi D \cdot \mathrm{d}z$ des Rohrstückes anwenden kann und sofort das $\mathrm{d}P$ des ganzen Rohrstückes erhält.

$$\mathrm{d}P = \frac{1}{2} \, |S_\varphi^*|^2 \cdot R^* \cdot \mathrm{d}F = 0{,}25 H_0^2 R^* D \cdot \mathrm{d}z. \tag{319}$$

Nach (311) mit der transportierten Leistung P aus (223) wird mit λ_c aus (217)

$$\alpha = \frac{R^*}{Z_{F0}} \cdot \frac{2{,}9\lambda_0^2}{D^3} \cdot \frac{1}{\sqrt{1 - \left(\dfrac{\lambda_0}{0{,}82\,D}\right)^2}}. \tag{320}$$

Eine Auswertung dieser Formel für Leiter aus Kupfer mit R^*/Z_{F0} aus (308) gibt Abb. 80 b. Diese Dämpfungskurven unterscheiden sich von den normalen Kurven (wie in Abb. 79) dadurch, daß die Dämpfungs-

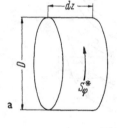

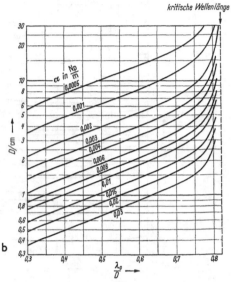

Abb. 80. Dämpfungskonstante der H_{01}-Welle im Kupferrohr

konstante α mit wachsender Frequenz immer kleiner wird, während die Kurven der Abb. 79 bei sehr hohen Frequenzen wieder ansteigen. Für extrem hohe Frequenzen ist daher die H_{01}-Welle die Wellenform mit kleinster Dämpfung und die einzige Wellenform, mit der man Energie über größere Entfernungen bei tragbaren Verlusten transportieren kann. Näheres in Abschn. II.8.

Hohlleiter mit Dielektrikum. Es sei $\varepsilon_r > 1$, $\mu_r = 1$. In Abwandlung der bisherigen Rechnungen erhält jedes Durchflutungsgesetz nach (6) den zusätzlichen Faktor ε_r. Um möglichst allgemeine Aussagen zu erhalten, wird der allgemeine Hohlleiterquerschnitt des Abschn. II.5 betrachtet. Das zusätzliche ε_r erscheint als Faktor auf der rechten Seite der Gl. (257) bis (259), während die Induktionsgesetze (260) bis (262) wegen $\mu_r = 1$ unverändert bleiben. In den Gleichungen der H-Wellen erhält (257a) bis (259a) rechts den zusätzlichen Faktor ε_r. In (264) und (265) tritt $\beta_\varepsilon = \beta_0\sqrt{\varepsilon_r}$ aus (42) an die Stelle von β_0. In (265) setzt man dann

$$\beta_c^2 = \beta_\varepsilon^2 - \beta^2 = \beta_0^2 \cdot \varepsilon_r - \beta^2. \tag{321}$$

Durch Einführung dieser Größe β_c wird die Gl. (265) ohne und mit Dielektrikum formal völlig gleich. Da aber die Grenzbedingungen (266) nur durch die Rohrwand, nicht aber durch das Dielektrikum festgelegt sind, ist β_c eine vom Dielektrikum unabhängige Konstante und hat auch im Hohlleiter mit Dielektrikum den gleichen Wert wie im Hohlleiter mit Luft nach Abschn. II.3 bis 5, z. B. $m\pi/a$ in (153) oder $7{,}66/D$ in (216).

Dei kritische Frequenz $f_{c\varepsilon}$ berechnet man in Erweiterung von (150) aus (321) aus demjenigen β_0, für das $\beta = 0$ ist: $\beta_c = \beta_0 \cdot \sqrt{\varepsilon_r}$. Nach (32) ist $\beta_0 = 2\pi f_{c\varepsilon}\sqrt{\varepsilon_0\mu_0}$ und daher

$$f_{c\varepsilon} = \frac{\beta_c}{2\pi\sqrt{\varepsilon_0\mu_0}} \cdot \frac{1}{\sqrt{\varepsilon_r}} = \frac{f_c}{\sqrt{\varepsilon_r}}. \tag{322}$$

Da β_c durch das Dielektrikum nicht verändert wird, ergibt der Vergleich mit (150), daß die kritische Frequenz $f_{c\varepsilon}$ mit Dielektrikum um den Faktor $1/\sqrt{\varepsilon_r}$ kleiner ist als die kritische Frequenz f_c ohne Dielektrikum. Der Hohlleiter wird also für niedrigere Frequenzen brauchbar. Man erhält den gleichen Effekt für E-Wellen aus der Gl. (269). In den Ersatzbildern der Abb. 70a und Abb. 76b erhalten alle Kapazitäten den Faktor ε_r, wodurch die Resonanzfrequenzen der Kreise bei gleichbleibenden Induktivitäten nach (297) und (305) um den Faktor $1/\sqrt{\varepsilon_r}$ kleiner werden. Auch die Ersatzbilder erläutern also das Absinken der kritischen Frequenz durch das Einbringen von Dielektrikum. Man definiert üblicherweise auch hier eine kritische Wellenlänge wie in (151), die hier $\lambda_{c\varepsilon}$ genannt wird. Es ist

$$\lambda_{c\varepsilon} = \frac{c_0}{f_{c\varepsilon}} = \frac{c_0 \cdot \sqrt{\varepsilon_r}}{f_c} = \lambda_c \cdot \sqrt{\varepsilon_r}, \tag{323}$$

wenn λ_c die kritische Wellenlänge des Hohlleiters in Luft ist. $\lambda_{c\varepsilon}$ ist die Wellenlänge im freien Raum bei der kritischen Frequenz. Für $f > f_{c\varepsilon}$ ist im Hohlleiter eine Welle möglich, deren Phasenkonstante β nach (321) in Abänderung von (178)

$$\beta = \sqrt{\beta_0^2\varepsilon_r - \beta_c^2} = \beta_0\sqrt{\varepsilon_r} \cdot \sqrt{1 - \left(\frac{\lambda_0}{\lambda_{c\varepsilon}}\right)^2} \tag{324}$$

lautet, weil weiterhin $\beta_c = 2\pi/\lambda_c$ nach (177) ist. Die Wellenlänge im Hohlleiter mit $\beta = 2\pi/\lambda_z$ und $\beta_0 = 2\pi/\lambda_0$ lautet mit Dielektrikum

$$\lambda_z = \frac{\lambda_0}{\sqrt{\varepsilon_r}} \cdot \frac{1}{\sqrt{1 - \left(\dfrac{\lambda_0}{\lambda_{c\varepsilon}}\right)^2}} \tag{325}$$

8*

ähnlich (43) mit $\lambda_{c\varepsilon}$ aus (323). Ebenso ändert sich der Feldwellenwiderstand (263) der H-Wellen durch das Dielektrikum in

$$Z_{FH} = \frac{Z_{F0}}{\sqrt{\varepsilon_r}} \cdot \frac{1}{\sqrt{1 - \left(\dfrac{\lambda_0}{\lambda_{c\varepsilon}}\right)^2}} \tag{326}$$

und der Feldwellenwiderstand (266a) der E-Wellen in

$$Z_{FE} = \frac{Z_{F0}}{\sqrt{\varepsilon_r}} \cdot \sqrt{1 - \left(\frac{\lambda_0}{\lambda_{c\varepsilon}}\right)^2} \tag{327}$$

ähnlich wie in (45).

Dielektrische Verluste im Hohlleiter. Die durch die dielektrischen Verluste des Mediums erzeugte zusätzliche Dämpfung ist in dem Frequenzbereich, in dem man Hohlleiter verwendet, auch bei verlustarmen Materialien sehr erheblich. Das Dielektrikum erzeugt eine zusätzliche Dämpfungskonstante α_ε, die zu der durch Wandströme erzeugten Dämpfungskonstante zu addieren ist. Die Berechnung des α_ε erfolgt nach (311) für den allgemeinen Querschnitt des Abschn. II.5. Der Verlustfaktor des Dielektrikums wurde in Bd. I [Gl. (93) bis (95)] mit Hilfe eines Kondensators definiert. Dieser Begriff muß nun auf allgemeinere Fälle erweitert werden. Nach Bd. I [Gl. (96)] ist die im Dielektrikum einer Kapazität C verlorene Leistung

$$P_v = \frac{1}{2} U^2 \omega C \cdot \tan \delta_\varepsilon = \omega W_e \cdot \tan \delta_\varepsilon, \tag{328}$$

wobei W_e nach Bd. I [Gl. (12)] die im Dielektrikum befindliche elektrische Energie ist, wenn die Spannung $u(t)$ ihren Maximalwert U erreicht. Es ist physikalisch einleuchtend, daß die verlorene Leistung der maximal gespeicherten Energie W_e und der Zahl der Spannungswechsel pro Sekunde (Frequenz f) proportional ist. Erweitert man (328) auf ein inhomogenes Feld, so betrachtet man ein infinitesimales Teilvolumen dV, in dem die Leistung dP_v verlorengeht und in dem die Energie dW_e gespeichert wird. Nach Bd. I [Gl. (15) und (23)] und (328) ist

$$dP_v = \omega \cdot dW_e \cdot \tan \delta_\varepsilon = \omega w_e \cdot dV \cdot \tan \delta_\varepsilon$$

$$= \frac{1}{2} \omega \varepsilon_0 \varepsilon_r E^2 \cdot dV \cdot \tan \delta_\varepsilon. \tag{329}$$

E ist der Scheitelwert der elektrischen Feldstärke im Volumenelement dV.

Das in (311) benötigte $\mathrm{d}P$ ist der Leitungsverlust in einem Hohlleiterstück der Länge $\mathrm{d}z$, wie es in Abb. 81 für einen allgemeineren
Querschnitt nach Abb. 61
gezeichnet ist. In Abb.
81 ist ein Teilvolumen
$\mathrm{d}V = \mathrm{d}F^* \cdot \mathrm{d}z$ gezeichnet, das im Querschnitt
die Fläche $\mathrm{d}F^*$ der Abb.
59 d mit den Kanten $\mathrm{d}x^*$
und $\mathrm{d}y^*$ und in z-Richtung
die Länge $\mathrm{d}z$ hat. Die folgende Rechnung wird nur
für H-Wellen durchge-
führt. Für E-Wellen ist die

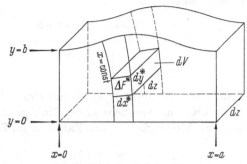

Abb. 81. Hohlleiterstück der Länge $\mathrm{d}z$

Rechnung etwas umfangreicher, hat aber das gleiche Resultat (335).
Nach (329) geht in $\mathrm{d}V$ die Leistung $\mathrm{d}P_1$ verloren:

$$\mathrm{d}P_1 = \frac{1}{2}\,\omega\varepsilon_0\varepsilon_r E^2 \cdot \mathrm{d}x^* \cdot \mathrm{d}y^* \cdot \mathrm{d}z \cdot \tan\delta_\varepsilon$$

$$= \frac{1}{2}\,\omega\varepsilon_0\varepsilon_r (KE)^2 \cdot \mathrm{d}x \cdot \mathrm{d}y \cdot \mathrm{d}z \cdot \tan\delta_\varepsilon. \tag{330}$$

$E = \sqrt{E_x^2 + E_y^2}$ ist der Scheitelwert der elektrischen Feldstärke im
Volumelement $\mathrm{d}V$. $\mathrm{d}x^*$ und $\mathrm{d}y^*$ sind nach (122) in $\mathrm{d}x$ und $\mathrm{d}y$ überführt
worden. Der Gesamtverlust $\mathrm{d}P$ im Hohlleiterstück der Abb. 81 ist die
Summe aller Teilverluste $\mathrm{d}P_1$ der Teilvolumina $\mathrm{d}V = \mathrm{d}F^* \cdot \mathrm{d}z$:

$$\mathrm{d}P = \frac{1}{2}\,\omega\varepsilon_0\varepsilon_r \cdot \tan\delta_\varepsilon \cdot \mathrm{d}z \left[\int\limits_{x=0}^{a}\int\limits_{y=0}^{b}(KE)^2 \cdot \mathrm{d}x \cdot \mathrm{d}y\right]. \tag{331}$$

Um α_ε nach (311) berechnen zu können, benötigt man noch die Leistung P, die der Hohlleiter der Abb. 81 transportiert. Durch die in
Abb. 81 gezeichnete Teilfläche $\mathrm{d}F^*$ wandert nach (40) und (41) die Teil-
leistung

$$\mathrm{d}P_2 = P^* \cdot \mathrm{d}F^* = \frac{1}{2}\,EH \cdot \mathrm{d}x^* \cdot \mathrm{d}y^* = \frac{1}{2}\frac{(KE)^2}{Z_{FH}} \cdot \mathrm{d}x \cdot \mathrm{d}y, \tag{332}$$

wobei $\mathrm{d}x^*$ und $\mathrm{d}y^*$ nach (122) und $E/H = Z_{FH}$ eingesetzt wurde. Die
transportierte Leistung des Gesamtquerschnitts in Abb. 81 ist die
Summe aller Teilleistungen $\mathrm{d}P_2$ der Teilflächen $\mathrm{d}F^*$ dieses Querschnitts.

$$P = \int \mathrm{d}P_2 = \frac{1}{2Z_{FH}}\left[\int\limits_{x=0}^{a}\int\limits_{y=0}^{b}(KE)^2 \cdot \mathrm{d}x \cdot \mathrm{d}y\right]. \tag{333}$$

Berechnet man die durch das Dielektrikum erzeugte Dämpfungskonstante aus (311), (331) und (333) mit Z_{FH} aus (326) und λ_0 aus (35),
so erhält man

$$\alpha_\varepsilon = \frac{\dfrac{1}{2}\,\omega\varepsilon_0\varepsilon_r Z_{FH}\cdot\tan\delta_\varepsilon}{\sqrt{1-\left(\dfrac{\lambda_0}{\lambda_{c\varepsilon}}\right)^2}} = \frac{\pi}{\lambda_0}\,\frac{\sqrt{\varepsilon_r}\cdot\tan\delta_\varepsilon}{\sqrt{1-\left(\dfrac{\lambda_0}{\lambda_{c\varepsilon}}\right)^2}} \qquad (334)$$

ähnlich Bd. I [Gl. (386)], jedoch mit einem Nenner, der bei Annäherung
an die kritische Frequenz gegen Null geht. In (334) gibt es also zwei
Frequenzabhängigkeiten, den Faktor ω im Zähler, der eine mit wachsen-

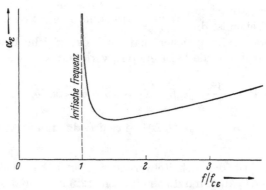

Abb. 82. Frequenzabhängigkeit dielektrischer Verluste

der Frequenz ansteigende Dämpfung erzeugt, und die Wurzel im Nenner,
die eine bei Annäherung an die kritische Frequenz f_c ansteigende Dämpfung erzeugt. Abb. 82 zeigt den charakteristischen Frequenzverlauf der
dielektrischen Zusatzdämpfung α_ε unter der Annahme, daß $\tan\delta_\varepsilon$ unabhängig von der Frequenz ist. Bei Frequenzen über 10^9 Hz ist α_ε meist
so groß, daß eine praktische Anwendung eines Dielektrikums in Hohlleitern größerer Länge nicht möglich ist.

7. Hohlleiter unterhalb der kritischen Frequenz

In Gleichungen wie (265) und (269) ist β_c eine durch den Querschnitt
des Hohlleiters und den jeweiligen Wellentyp festgelegte Konstante.
Es ist im luftgefüllten Hohlleiter

$$\beta_c^2 = \beta_0^2 - \beta^2; \qquad \beta = \sqrt{\beta_0^2 - \beta_c^2}, \qquad (335)$$

wobei $\beta_0 = 2\pi/\lambda_0$ die Phasenkonstante im freien Raum ist. Wenn $\beta_0 < \beta_c$, also $\lambda_0 > \lambda_c$ ist (unterhalb der kritischen Frequenz), wird in (335) β^2 negativ und β imaginär. Setzt man dann $j\beta = \alpha$, so ist nach (335) mit $\beta_c = 2\pi/\lambda_c$

$$\alpha = \sqrt{\beta_c^2 - \beta_0^2} = \beta_c \sqrt{1 - \left(\frac{\beta_0}{\beta_c}\right)^2} = \frac{2\pi}{\lambda_c} \sqrt{1 - \left(\frac{\lambda_c}{\lambda_0}\right)^2}. \tag{336}$$

In allen Wellenfeldern der Abschn. II.3 bis II.6 ist dann der Faktor $e^{-j\beta z}$ durch $e^{-\alpha z}$ zu ersetzen. Aus der komplexen Amplitude (19) wird die komplexe Amplitude

$$\underline{A}(z) = \underline{A}(0) \cdot e^{\pm \alpha z}, \tag{337}$$

aus (18) der komplexe Momentanwert

$$\underline{a}(t) = \underline{A}(z) \cdot e^{j\omega t} = \underline{A}(0) \cdot e^{\pm \alpha z} \cdot e^{j\omega t} \tag{338}$$

und der reelle Momentanwert

$$a(t) = A \cdot e^{\pm \alpha z} \cdot \cos(\omega t + \varphi_0). \tag{339}$$

Anstelle des charakteristischen Wellenverhaltens, d. h. konstante Amplitude und Phasendrehung nach (17) in z-Richtung, tritt hier ein völlig andersartiges Verhalten nach (339) auf, nämlich eine in Richtung wachsender z exponentiell veränderliche Amplitude und gleiche Phase für alle Orte z. Das positive Vorzeichen des α gibt in (337) bis (339) den Faktor $e^{\alpha z}$. Solche Felder sinken in Richtung abnehmender z exponentiell ab. Das negative Vorzeichen des α gibt Felder, die in Richtung wachsender z absinken. Ein Beispiel für beide Vorzeichen des α gibt Abb. 86 b. Rechts vom anregenden Draht hat man ein magnetisches Feld, das in Richtung wachsender z kleiner wird (negatives Vorzeichen des α). Links vom anregenden Draht hat man ein in Richtung abnehmender z abnehmendes Feld (positives Vorzeichen des α). Man nennt dies oft den aperiodischen Zustand des Hohlleiters. Die bisher berechneten Lösungen der Wellengleichungen kann man dann nicht mehr als Wellentypen bezeichnen, sondern besser als „Feldtypen". Alle Feldstärkekomponenten eines Feldtypes sinken in z-Richtung mit dem gleichen Exponenten α exponentiell ab.

Das aperiodische Verhalten wird für H-Wellen recht gut durch das Ersatzbild der Abb. 70 c und für E-Wellen durch das Ersatzbild der Abb. 76 d beschrieben. Abb. 70 c gibt eine Kombination infinitesimaler Serien-L und Parallel-L, in der eine Amplitudenabnahme und keine Phasendrehung auftritt. Das B aus (296) ergibt unterhalb der kritischen Frequenz ein frequenzabhängiges ΔL^*, das auch die Frequenzabhängigkeit des α in (336) erklärt. Abb. 76 d gibt eine Kombination infinitesimaler Serien-C und Parallel-C, in der eine Amplitudenabnahme und keine Phasendrehung auftritt. Das X aus (304) ergibt unterhalb der kritischen Frequenz ein frequenzabhängiges ΔC^*, das die Frequenzabhängigkeit des α in (336) für E-Wellen erklärt.

Bei niedrigen Frequenzen (λ_0 sehr groß) ist α nach (336) annähernd frequenzunabhängig gleich β_c. Mit λ_c aus (151) wird dann für Hohlleiter mit Luftfüllung

$$\alpha = \beta_c = \frac{2\pi}{\lambda_c}. \tag{340}$$

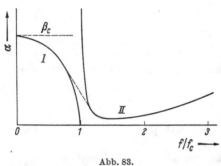

Abb. 83.

Prinzipieller Verlauf der Dämpfungskonstante α

Je kleiner λ_c ist, desto schneller sinken im Hohlleiter alle Feldstärken exponentiell ab. Mit wachsender Frequenz wird α nach (336) kleiner und bei der kritischen Frequenz gleich Null. Abb. 83 zeigt in Kurve I den theoretischen Verlauf des α nach (336) in Abhängigkeit von der Frequenz. Oberhalb der kritischen Frequenz ist das α die in Abschn. II.6 berechnete Dämpfungskonstante α der Wellenvorgänge. Kurve II in Abb. 83 zeigt den prinzipiellen Verlauf des α oberhalb der kritischen Frequenz entsprechend dem Beispiel der Abb. 79. Man sieht, daß Gl. (318) und Gl. (336) in der Nähe der kritischen Frequenz nicht zueinander passen. Die Fehler der Gl. (336) entstehen bei kleinen Werten des α dadurch, daß diese Gleichung nur für verlustfreie Hohlleiter gilt. Aber auch in diesem aperiodischen Fall fließen schon Wandströme (Abb. 85 bis 90), die zusätzliche Verluste ergeben. Die Gl. (318) gilt nur für kleine Verluste, weil bei ihrer Ableitung die Feldkomponenten des verlustfreien Hohlleiters verwendet wurden. Sie bedarf daher für große α einer Korrektur. Der wirkliche Verlauf des α entspricht der in Abb. 83 gestrichelten Verbindungslinie zwischen den Kurven I und II.

Im verlustfreien Hohlleiter tritt bei der kritischen Frequenz der Zustand ein, daß in (336) $\alpha = 0$ und in (335) $\beta = 0$ wird. Die bei allen Feldkomponenten auftretenden Faktoren $e^{\pm j\beta z}$ bzw. $e^{\pm \alpha z}$ sind dann gleich 1. Das Feld im verlustfreien Hohlleiter bei der kritischen Frequenz hat überall konstante Amplitude und konstante Phase. Aus $\beta = 0$ folgt nach (260a) und (261a), daß für H-Wellen bei der kritischen Frequenz $H_x = 0$ und $H_y = 0$ ist. Das magnetische Feld hat nur die Komponente H_z, und die magnetischen Feldlinien sind Geraden parallel zur

Hohlleiterachse. Im Fall $\beta = 0$ ist nach (257 b) und (258 b) für E-Wellen $E_x = 0$ und $E_y = 0$. Bei der kritischen Frequenz haben die E-Wellen nur eine Komponente E_z, und die elektrischen Feldlinien sind Geraden parallel zur Hohlleiterachse. Das hier beschriebene Feldverhalten wird jedoch durch die Hohlleiterverluste etwas verändert, weil bei der Frequenz f_c nach Abb. 83 das α wirklicher Hohlleiter nicht sehr klein ist. Ein Anwendungsbeispiel für einen Hohlleiter bei der kritischen Frequenz findet man in den Abb. 115 und 118. Sonst ist die Anwendung der Hohlleiter in der Nähe der kritischen Frequenz nicht zweckmäßig, da sie dort nach Abb. 83 recht hohe Dämpfung durch Wandströme haben. Dies erklären auch die Ersatzbilder der Abb. 70a und 76b, weil die kritische Frequenz die Resonanzfrequenz der dort gezeichneten Resonanzkreise ist und bei dieser Frequenz große Blindströme in den Resonanzkreisen fließen.

Füllt man den Hohlleiter mit Dielektrikum, so bleibt nach S. 115 in (321) β_c unverändert wie im luftgefüllten Hohlleiter. Unterhalb der kritischen Frequenz (322) des mit Dielektrikum gefüllten Hohlleiters ist $\beta_0 < \beta_c/\sqrt{\varepsilon_r}$ und daher nach (324) β rein imaginär und $j\beta = \alpha$ zu setzen. Dann wird aus (324) in Abwandlung von (336) mit Hilfe von (323)

$$\alpha = \sqrt{\beta_c^2 - \beta_0^2 \varepsilon_r} = \frac{2\pi}{\lambda_c} \sqrt{1 - \left(\frac{\lambda_{c\varepsilon}}{\lambda_0}\right)^2}. \tag{341}$$

Die Dämpfungskonstante (340) des Lufthohlleiters für niedrige Frequenzen wird also durch das Dielektrikum nicht verändert. Die Frequenzabhängigkeit des α für höhere Frequenzen wird gegenüber (336) dadurch geändert, daß in der Wurzel (aber nicht vor der Wurzel) $\lambda_{c\varepsilon}$ aus (323) an die Stelle von λ_c tritt. Der Verlauf des α ist prinzipiell der gleiche wie in Abb. 83 mit der durch das Dielektrikum geänderten Grenzfrequenz (322).

Aperiodisches H_{10}-Feld im Rechteckquerschnitt. Als mathematisch einfachstes Beispiel wird das durch (155a bis c) beschriebene H_{10}-Feld näher betrachtet. Unterhalb der kritischen Frequenz (154) wird unter Verwendung des α aus (336) mit $\beta_c = \pi/a$ und $\lambda_c = 2a$ nach (154)

$$\underline{H}_z = \underline{H}_0 \cdot \cos\frac{\pi x}{a} \cdot e^{-\alpha z}; \tag{342a}$$

$$\underline{H}_x = \underline{H}_0 \cdot \sqrt{1 - \left(\frac{2a}{\lambda_0}\right)^2} \cdot \sin\frac{\pi x}{a} \cdot e^{-\alpha z}; \tag{342b}$$

$$\underline{E}_y = j\underline{H}_0 \frac{\omega\mu_0}{\beta_c} \cdot \sin\frac{\pi x}{a} \cdot e^{-\alpha z}. \tag{342c}$$

Abb. 84 zeigt ein solches Feld mit Komponenten H_x und H_z. Die Felder sind unabhängig von y und daher die Feldlinien in allen Ebenen $y = $ const gleich. Die elektrischen Feldlinien sind Geraden in y-Richtung mit einer Verteilung wie in Abb. 42a. Es gibt Wandströme wie in Abb. 65 und

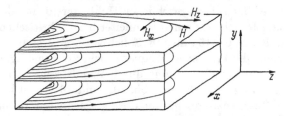

Abb. 84. Aperiodisches H_{10}-Feld

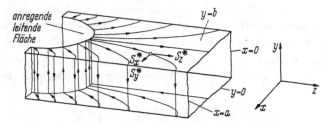

Abb. 85. Wandströme des aperiodischen H_{10}-Feldes

Gl. (293) bis (295). Die Stromlinien sind in Abb. 85 gezeichnet. Nach (293) gibt es auf den senkrechten Wänden $x = 0$ und $x = a$ einen Strom in y-Richtung mit der Flächenstromdichte

$$\underline{S}_y^* = \pm \underline{H}_0 \cdot \mathrm{e}^{-\alpha z}. \tag{343}$$

Auf den waagerechten Wänden $y = 0$ und $y = b$ gibt es Ströme in x-Richtung und z-Richtung nach (294) und (295):

$$\underline{S}_z^* = \pm \underline{H}_0 \sqrt{1 - \left(\frac{2a}{\lambda_0}\right)^2} \cdot \sin \frac{\pi x}{a} \cdot \mathrm{e}^{-\alpha z}; \tag{344}$$

$$\underline{S}_x^* = \pm \underline{H}_0 \cdot \cos \frac{\pi x}{a} \cdot \mathrm{e}^{-\alpha z}. \tag{345}$$

Alle Ströme sind gleichphasig, daher die Stromlinien unabhängig von t und zu jeder Zeit in gleicher Form vorhanden. Das Entstehen eines solchen Feldes kann man mit Hilfe von Abb. 86 erläutern. In Abb. 86a ist ein stromdurchflossener Draht mit magnetischen Feldlinien umgeben. Das Feld wird seitlich begrenzt durch zwei leitende Ebenen parallel zum

Draht. Der Skineffekt verhindert das Eindringen der magnetischen Felder in die Ebenen, und die magnetischen Feldlinien können nur tangential zu diesen Ebenen verlaufen. Abb. 86 b zeigt eine Ansicht von oben, in der man das Zusammendrücken der Feldlinien durch die Ebenen erkennt. Zwischen den beiden Ebenen entsteht dann ein magnetisches Feld, das dem durch (342a und b) dargestellten H_{10}-Feld sehr ähnlich ist. Mit wachsendem Abstand vom Draht sinken die Felder annähernd exponentiell ab, so daß in Abb. 86 a und b rechts vom Draht (in Richtung wachsender z) der Faktor $e^{-\alpha z}$ besteht, während links vom Draht (in Richtung abnehmender z) der Faktor $e^{\alpha z}$ die Abnahme des Feldes beschreibt. Man kann nun wie in Abb. 86 c auch noch waagerechte leitende Ebenen anbringen, damit ein Hohlleiter mit Rechteckquerschnitt entsteht. Die-

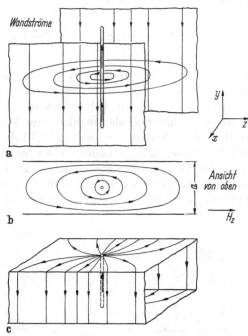

Abb. 86. Magnetisches Feld eines stromdurchflossenen Drahtes zwischen leitenden Ebenen

se Ebenen ändern die Feldform nicht, weil diese beiden Ebenen parallel zu den magnetischen Feldlinien liegen.

In dem Hohlleiter besteht also das in Abb. 86 b und c dargestellte Feld, wenn irgendwo in der Mitte des Hohlleiters ein stromdurchflossener Draht liegt. Die Ströme dieses Drahtes schließen sich über die Wände des Hohlleiters, wie dies in Abb. 86 c gezeichnet ist. Wenn Skineffekt vorliegt, stehen die Ströme nach Abb. 62 senkrecht auf den magnetischen Feldlinien. Solange man mit niedrigeren Frequenzen arbeitet, ist α nach (340) unabhängig von der Frequenz. Das magnetische Feld bildet sich als stationäres Feld in einer von der Frequenz unabhängigen Form. E_y aus (342 c) ist proportional zu ω und bei niedrigeren Frequenzen vernachlässigbar klein. Der in Abb. 86 verwendete Draht gibt kein reines H_{10}-Feld. Will man ein exaktes H_{10}-Feld nach (342a bis c), so muß man statt des Drahtes ein besonders geformtes Blech, wie es in Abb. 85 gezeichnet ist (anregende leitende Fläche), vom Strom in bestimmter

Weise durchfließen lassen, damit sich die in Abb. 85 gezeichnete Stromverteilung auf den leitenden Wänden richtig einstellt.

Die elektrischen Felder (342c) entstehen durch Induktion im zeitlich veränderlichen magnetischen Feld. Sie bilden nach (292) Verschiebungsströme mit der Stromdichte

$$\underline{S}_{vy} = j \, \omega \, \varepsilon_0 \underline{E}_y = -\frac{\omega^2 \varepsilon_0 \mu_0}{\beta_c} \, \underline{H}_0 \cdot \sin \frac{\pi x}{a} \cdot e^{-\alpha z}. \tag{346}$$

Diese Verschiebungsströme sind phasengleich mit dem magnetischen Feld (342a und b), also auch phasengleich mit dem Strom i_v im Draht, der diese magnetischen Felder erzeugt. Die Verschiebungsströme i_v fließen in y-Richtung, also parallel zum Strom im Draht. Sie erzeugen im Hohlleiter Stromkreise, wie sie in Abb. 87 schematisch gezeichnet sind. Die Phasengleichheit aller Ströme führt dazu, daß die magnetischen Felder der Verschiebungsströme sich dem ursprünglichen magnetischen Feld des Drahtes so addieren, daß die magnetische Feldstärke im Hohlleiter insgesamt größer wird. Dadurch wird das α kleiner. Das magne-

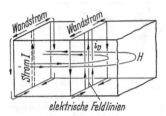

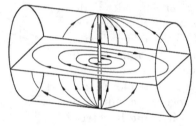

Abb. 87. Verschiebungsströme des   Abb. 88. Stromdurchflossener Draht in einem
aperiodischen H_{10}-Feldes   Rohr mit Kreisquerschnitt

tische Summenfeld sinkt also mit wachsendem z langsamer als das Feld des stromdurchflossenen Drahtes allein. Der Verschiebungsstrom hat in (346) den Faktor ω^2. Seine Wirkung auf das α wächst also mit wachsender Frequenz und tritt nur bei höheren Frequenzen auf (Abb. 83). Diese Wirkung ist bei der kritischen Frequenz so groß, daß das Absinken der Felder mit wachsendem z aufgehoben wird und im verlustfreien Hohlleiter $\alpha = 0$ wird. So erscheint die Frequenzabhängigkeit des α in Gl. (336) physikalisch verständlich.

Auch die auf S. 90 berechnete H_{11}-Welle im Kreisquerschnitt gibt ein ähnliches Feldverhalten unterhalb der kritischen Frequenz. Ein aperiodisches H_{11}-Feld entsteht in der in Abb. 88 gezeichneten Form angenähert dann, wenn man quer durch die Rohrmitte einen stromdurchflossenen Draht legt.

E_{01}-Feld im Kreisquerschnitt. Das einfachste aperiodische E-Feld ist das auf S. 86 berechnete E_{01}-Feld mit den Komponenten (233 a bis c), wobei man $j\beta$ durch α ersetzt; β_c aus (231); α aus (336).

$$\underline{E}_z = \underline{E}_0 \cdot J_0\left(4{,}80\;\frac{r}{D}\right)\cdot e^{-\alpha z};\qquad\qquad (347\,a)$$

$$\underline{E}_r = \underline{E}_0 \cdot \sqrt{1 - \left(\frac{\lambda_c}{\lambda_0}\right)^2}\cdot J_0'\left(4{,}80\;\frac{r}{D}\right)\cdot e^{-\alpha z};\qquad\qquad (347\,b)$$

$$\underline{H}_\varphi = -j\,\frac{\omega\varepsilon_0}{\beta_c}\,\underline{E}_0 \cdot J_0'\left(4{,}80\;\frac{r}{D}\right)\cdot e^{-\alpha z}.\qquad\qquad (347\,c)$$

Im Gegensatz zum Wellenfeld (233 a und b) sind hier die beiden elektrischen Feldstärken gleichphasig, so daß die elektrischen Feldlinien dauernd die gleiche Form haben. Ein solches Feld hat die in Abb. 89 gezeichneten elektrischen Feldlinien und entsteht, wenn man eine Wechselspannung zwischen das

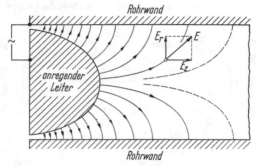

Abb. 89. Aperiodisches E_{01}-Feld

äußere Rohr und einen besonders geformten zylindersymmetrischen Leiter im Rohrinnern legt. Es fließen nach (303) Wandströme nur in z-Richtung, wie dies in Abb. 90 schematisch gezeichnet ist. Die Flächenstromdichte lautet nach (303)

$$\underline{S}_z^* = j\,0{,}11\,\omega\varepsilon_0 D\underline{E}_0 \cdot e^{-\alpha z}.\qquad\qquad (348)$$

Diese Wandströme sind Ladeströme des Kondensators, der aus der Rohrwand und dem in Abb. 89 gezeichneten inneren Leiter besteht. Daher besteht zwischen den Ladeströmen (348) und dem elektrischen Feld (347 a und b) eine Phasendifferenz $\pi/2$ (Faktor j) und der Faktor $\omega\varepsilon_0$.

Bei niedrigen Frequenzen entsteht ein elektrisches Feld, das nahezu identisch ist mit dem elektrostatischen Feld dieses Gebildes und daher auch weitgehend frequenzunabhängig ist; vgl. (340). Bei niedrigen Frequenzen ist λ_0 sehr groß und

$$\sqrt{1 - \left(\frac{\lambda_c}{\lambda_0}\right)^2} \approx 1.$$

Das niederfrequente elektrische Feld lautet daher nach (347 a und b)

$$\underline{E}_z = \underline{E}_0 \cdot J_0\left(4{,}80 \, \frac{r}{D}\right) \cdot \mathrm{e}^{-\alpha z}; \qquad \underline{E}_r = \underline{E}_0 \cdot J_0'\left(4{,}80 \, \frac{r}{D}\right) \cdot \mathrm{e}^{-\alpha z} \qquad (349)$$

unabhängig von der Frequenz mit einer frei wählbaren Konstanten $\underline{E}_0$. Bei höheren Frequenzen werden die Verschiebungsströme wirksam, die längs der elektrischen Feldlinien fließen. Diese Ströme haben r-Komponenten und z-Komponenten. Nach (289) und (347 a und b) sind die Komponenten des Verschiebungsstromes in Luft ($\varepsilon_r = 1$)

$$\underline{S}_{vr} = \mathrm{j}\,\omega\,\varepsilon_0\underline{E}_r = \mathrm{j}\,\omega\,\varepsilon_0\underline{E}_0 \sqrt{1 - \left(\frac{\lambda_c}{\lambda_0}\right)^2} \cdot J_0'\left(4{,}80 \, \frac{r}{D}\right) \cdot \mathrm{e}^{-\alpha z}; \qquad (350)$$

$$\underline{S}_{vz} = \mathrm{j}\,\omega\,\varepsilon_0\underline{E}_z = \mathrm{j}\,\omega\,\varepsilon_0\underline{E}_0 \cdot J_0\left(4{,}80 \, \frac{r}{D}\right) \cdot \mathrm{e}^{-\alpha z}. \qquad (351)$$

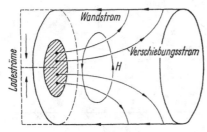 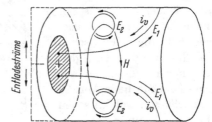

Abb. 90.
Stromkreise des aperiodischen E_{01}-Feldes

Abb. 91. Sekundäre elektrische Felder E_2
im aperiodischen E_{01}-Feld

Diese Verschiebungsströme bilden in Abb. 90 zusammen mit den Wandströmen geschlossene Stromkreise. Abb. 90 zeigt durch Pfeile die Stromrichtungen, die bestehen, wenn der anregende Leiter im Innern des Rohres positiv aufgeladen wird. Die magnetischen Feldlinien sind Kreise mit Feldstärken H_φ aus (347c), die die Verschiebungsströme umschlingen. Die Verschiebungsströme aus (350) und (351) und H_φ aus (347 c) enthalten die Frequenz als Faktor, so daß ihre Wirkung mit wachsender Frequenz wächst.

Abb. 91 erklärt, warum die Verschiebungsströme das α gegenüber dem niederfrequenten Fall (340) verkleinern. Durch das Aufladen des anregenden Leiters entstehen elektrische Felder wie in Abb. 90, zwei dieser Feldlinien E_1 zeigt Abb. 91. Die Verschiebungsströme i_v fließen entlang dieser Feldlinien in der gezeichneten Richtung, wenn der anregende Leiter nach Erreichen der maximalen Ladung wieder entladen wird. Das magnetische Feld H hat dann den gezeichneten Umlaufsinn. Da die magnetischen Felder Wechselfelder sind, erzeugen sie durch Induktion wie in Abb. 3b sekundäre elektrische Felder E_2, die in Abb. 91 schematisch gezeichnet sind. Aus dem Richtungssinn der Felder E_2

folgt, daß sie die E_z-Komponente des ursprünglichen Feldes E_1 unterstützen, so daß das Absinken der Felder in Richtung wachsender z vermindert wird (kleineres α). Da im Induktionsgesetz (3) der Faktor ω vorkommt, außerdem im S_{vz} nach (351) und dementsprechend im H_φ nach (347c) ebenfalls die Frequenz steht, ist die Entstehung des E_2 mit dem Faktor ω^2 behaftet, so daß das Verhalten des α mit wachsender Frequenz nach Abb. 83, Kurve I, dadurch auch in seiner Frequenzabhängigkeit verständlich wird.

Nach (336) und (340) sinken diese aperiodischen Felder im Hohlleiter mit wachsendem z um so schneller ab, je größer β_c, d. h. je kleiner λ_c

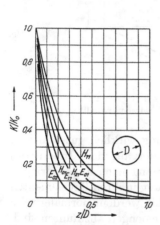

Abb. 92. Aperiodisches Absinken der Felder im Rohr mit Kreisquerschnitt

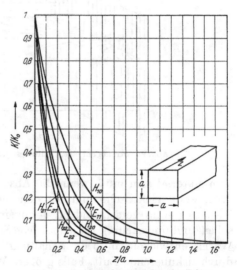

Abb. 93. Aperiodisches Absinken der Felder im Rohr mit quadratischem Querschnitt

ist. In einem Hohlleiterstück, das in z-Richtung die Länge λ_c hat, vermindern sich nach (339) alle Feldstärken um den Faktor $e^{-\alpha\lambda_c}$, d. h. bei niedrigen Frequenzen mit $\alpha = 2\pi/\lambda_c$ nach (340) um den Faktor $e^{-2\pi}$ $= 0{,}0019$, also sehr erheblich. Abb. 92 zeigt für einen Hohlleiter mit Kreisquerschnitt das Absinken der Felder in z-Richtung für niedrige Frequenzen mit α aus (340). K_0 ist dabei der Wert einer Feldkomponente bei $z = 0$ und K der Wert der gleichen Feldkomponente am Ort z. An den Kurven findet man die Bezeichnungen der betreffenden Feldtypen aus Abschn. II.4. Die Werte λ_c der Feldtypen findet man für ein Rohr mit Kreisquerschnitt in anschaulicher Zusammenstellung in Abb. 101. Abb. 93 zeigt das entsprechende Absinken der Felder in einem Rohr mit quadratischem Querschnitt. Am weitesten dehnt sich in jedem

Hohlleiter der Feldtyp mit dem größten λ_c aus. Dies ist der magnetische Grundtyp (H_{10}-Typ im Rechteckquerschnitt, H_{11}-Typ im Kreisquerschnitt).

Die aperiodischen Felder der Hohlleiter haben zu verschiedenen technischen Anwendungen geführt, von denen einige beschrieben werden sollen.

Lüftungsrohre. Elektronische Geräte werden oft mit einem abschirmenden Gehäuse umgeben, das ein geschlossener Kasten aus leiten-

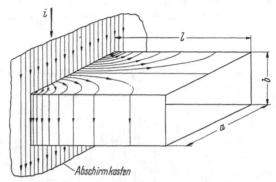

Abb. 94. Ströme auf einem Lüftungsrohr mit Rechteckquerschnitt

dem Material sein muß, wenn die Abschirmung wirklich gut sein soll, d. h., wenn elektrische und magnetische Felder aus dem Innern des Kastens nur in verschwindend geringem Umfang nach außen dringen sollen (und umgekehrt). Da jedoch jede Schaltung in ihren Bauelementen Wärme entwickelt, muß die Schaltung gekühlt werden, normalerweise durch zirkulierende Luft. Falls größere Wärmemengen abzuführen sind, muß der Abschirmkasten Öffnungen besitzen, durch die kalte Luft eintreten und warme Luft austreten kann. Damit diese Öffnungen keine störenden elektrischen oder magnetischen Felder austreten lassen, setzt man auf die Öffnung ein kurzes Rohr wie in Abb. 94. Die Wandstärke des Rohres wählt man so groß, daß sie ein Mehrfaches der Eindringtiefe x_0 aus Bd. I [Gl. (70) und Abb. 12] ist. Dann dringen wegen des Skineffekts keine nennenswerten Felder durch das Metall des Rohres nach außen. Dagegen können Felder aus der Rohröffnung austreten, wenn im Innern des Kastens in der Nähe des Rohres Felder bestehen. Daher wählt man die Querschnittsabmessungen des Rohres so klein, daß die Betriebsfrequenzen der abzuschirmenden Schaltung wesentlich niedriger sind als die kritischen Frequenzen aller in dem Lüftungsrohr möglichen Feldtypen. Dann sinken alle im Rohr angeregten Felder im Rohr exponentiell wie in Abb. 93 ab. Man vermeidet die Annäherung der Betriebsfrequenzen an die kritischen Frequenzen des Rohres, weil dann nach Abb. 83 das α

sehr klein wird. Am gefährlichsten ist in einem Lüftungsrohr mit Rechteckquerschnitt ein H_{10}-Feld, im Rohr mit Kreisquerschnitt ein H_{11}-Feld, weil diese das kleinste α haben und daher im Rohr wie in Abb. 92 oder 93 am langsamsten absinken. Die Länge l des Rohres wählt man so, daß auch für diese magnetischen Feldtypen das am Ende des Rohres noch austretende Feld so klein ist, daß es den jeweiligen Abschirmungsforderungen entspricht. Für das H_{10}-Feld gilt bei niedrigen Frequenzen nach (153) und (340)

$$\alpha = \frac{\pi}{a}, \tag{352}$$

für Rohre mit Kreisquerschnitt und H_{11}-Feld nach (253) bei niedrigen Frequenzen

$$\alpha = \frac{3,68}{D}. \tag{353}$$

Wenn man für Lüftungsrohre wegen des optimalen Luftdurchtritts den Rohrquerschnitt sucht, der bei gegebener Querschnittsfläche die größte aperiodische Dämpfung α hat, so wählt man einen Kreisquerschnitt oder einen quadratischen Querschnitt wie in Abb. 93. Der Rechteckquerschnitt der Abb. 94 ist hinsichtlich Querschnittsfläche bei gegebenem α ungünstiger, da nach (352) das α des gefährlichen H_{10}-Feldes nur von der größten Breite a des Rohres abhängt. Es ist wichtig zu wissen, daß das aperiodische Absinken der H_{10}-Felder unabhängig von der kleineren Querschnittsseite b ist, so daß H_{10}-Felder auch aus Öffnungen mit sehr kleiner Höhe b gut austreten können, solange nur a ausreichend groß ist.

Das Entstehen magnetischer Felder in Lüftungsrohren zeigt Abb. 94. Fließen in der Wand des Abschirmkastens am Ort der Lüftungsöffnung Ströme i, so verteilen sich diese über das angesetzte Rohr, wobei die Wandströme längs des Rohres etwa exponentiell abnehmen. Die längs der Kastenwand senkrecht zu den Strömen nach Abb. 62 bestehenden magnetischen Feldlinien dringen wie in Abb. 84 in das angesetzte Rohr ein,

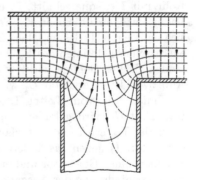

Abb. 95. Aperiodische Felder in einem Ansatzrohr eines Kastens. Ausgezogene Linien: magnetische Feldlinien; gestrichelte Linien mit Pfeilen: elektrische Feldlinien

wie dies die in Abb. 95 durch ausgezogene Linien dargestellten magnetischen Feldlinien zeigen. Bestehen innerhalb des Abschirmgehäuses elektrische Felder in der Umgebung der Rohröffnung (senkrecht

zur Abschirmwand), so dringen diese entsprechend den in Abb. 95 gestrichelten elektrischen Feldlinien in das Rohr ein; vgl. die Feldform
der Abb. 89. Diese elektrischen Fel-
der sind wegen des größeren α weniger gefährlich als die magnetischen
Felder.

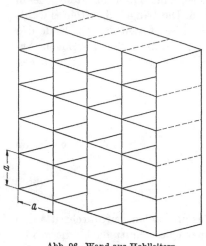

Solche Rohre kann man auch verwenden, um Licht von außen in abgeschirmte Räume einfallen zu lassen[1]. Man kann wie in Abb. 96 viele
solcher Rohre nebeneinandersetzen,
um die Durchlässigkeit zu erhöhen.
Solche Anordnungen verwendet man
auch, um Fenster von abgeschirmten
Meßräumen zu verkleiden und trotzdem Licht durch die Fenster in die
Meßräume fallen zu lassen. Der
Abstand a benachbarter, leitender
Wände richtet sich nach der höchsten abzuschirmenden Störfrequenz.

Abb. 96. Wand aus Hohlleitern
mit quadratischem Querschnitt

Solche wabenartigen Konstruktionen dienen auch als Hochpaßfilter für
elektromagnetische Wellen, da sie Frequenzen unterhalb der kritischen
Frequenz der H_{10}-Welle nicht durchlassen.

Kapazitiver Rohrspannungsteiler. Abb. 97a zeigt schematisch ein
Rohr mit Kreisquerschnitt, in dem durch einen im Rohr befindlichen
Leiter I wie in Abb. 89 ein E_{01}-Feld angeregt wird. In dem Rohr befindet
sich ein Leiter II, dessen Oberfläche zweckmäßig so geformt ist, daß die
elektrischen Feldlinien des E_{01}-Feldes senkrecht auf der Leiteroberfläche
landen. Dieses Gebilde wirkt wie ein kapazitiver Spannungsteiler nach
Abb. 97b. Die Kapazität C_1 wird gebildet von denjenigen elektrischen
Feldlinien, die vom Leiter I direkt zum äußeren Rohr laufen. Die
Kapazität C_K wird gebildet von denjenigen Feldlinien, die direkt zwischen den Leitern I und II verlaufen. Die Kapazität C_2 ist die Kapazität
des Leiters II gegen das äußere Rohr. Schaltet man ein solches Gebilde
zwischen einen Generator und einen Verbraucher Z_2, so tritt eine erhebliche Verminderung der Ausgangsspannung U_2 gegenüber der Eingangs-
spannung U_1 auf. Ein solcher Teiler hat folgende wertvolle Eigenschaften.

1. Man kann mit ihm sehr kleine Ausgangsspannungen in definierter
Weise erzielen.

---

[1] Deutsch, J., u. O. Zinke: Frequenz 7 (1953), S. 94—101.

2. Der Teiler ist nach außen vollständig abgeschirmt, so daß der Verbraucher Z_2 bei richtig abgeschirmtem Anschluß an den Teilerausgang keine Fremdspannungen auf undefinierten äußeren Wegen direkt aus dem Generator erhält. Dies ist besonders wichtig, wenn man mit extrem kleinen Ausgangsspannungen U_2 arbeiten will, weil dann schon kleinste Fremdspannungen erheblichen Einfluß haben können.

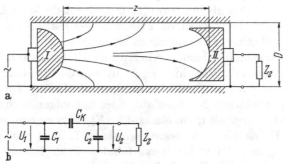

Abb. 97. Rohrspannungsteiler mit E_{01}-Feld

3. Wenn man ein Präzisionsrohr verwendet, stimmt die Theorie des α aus (336) sehr genau, so daß man auf diesem Wege berechenbare Standardteiler bauen kann.

4. Durch Verschieben des Leiter II innerhalb des Rohres in z-Richtung kann man die Spannungsteilung in sehr einfacher Weise und um viele Zehnerpotenzen variieren, weil sich dadurch das αz in (347a bis c) ändert.

Wenn der Rohrdurchmesser D sehr genau hergestellt und sein Wert genau bekannt ist, wenn ferner die Verschiebung Δz des Leiters II in z-Richtung sehr genau gemessen wird, so kann man die zugehörige Änderung der Ausgangsspannung aus (339) sehr genau berechnen. Mit λ_c aus (232) und α aus (336) ist die zu dem Δz gehörende Dämpfungsänderung

$$\alpha \cdot \Delta z = 4{,}80 \sqrt{1 - \left(\frac{1{,}31 D}{\lambda_0}\right)^2} \cdot \frac{\Delta z}{D} \ \text{Np.} \tag{354}$$

Bei hinreichend niedrigen Frequenzen, wenn λ_0 wesentlich größer als D ist, wird die Wurzel gleich 1 und

$$\alpha \cdot \Delta z = 4{,}80 \, \frac{\Delta z}{D} \ \text{Np.} \tag{355}$$

$\alpha \cdot \Delta z$ ist die Änderung der Ausgangsspannung in Neper (Np), wenn man den Leiter II um Δz verschiebt. Nach Bd. I [Gl. (311)] ist die entsprechende Änderung in Dezibel (dB) nach (354)

$$8{,}69\,\alpha \cdot \Delta z = 41{,}7\ \sqrt{1 - \left(\frac{1{,}31\,D}{\lambda_0}\right)^2} \cdot \frac{\Delta z}{D}\ \text{dB}. \tag{356}$$

Je größer D ist, desto geringer sind die Anforderungen an die Meßgenauigkeit für das Δz, da nur der Quotient $\Delta z/D$ wirksam ist. Bei größerem D steigt jedoch die Frequenzabhängigkeit des α, weil D/λ_0 in der Wurzel steht. Eine obere Grenze für D ist durch die kritische Wellenlänge λ_c der E_{01}-Welle gegeben, die kleiner als die Betriebswellenlänge λ_0 sein muß, um überhaupt Dämpfung zu erzeugen.

Die Spannungsteilung, gemessen in Np oder dB, hat also einen linearen Zusammenhang mit der Verschiebung Δz über große Spannungsbereiche. Lediglich für sehr kleine Abstände zwischen den Leitern I und II hört die Proportionalität mit Δz meist auf. Dies hat folgende Gründe: Der Leiter I, der benötigt wird, um ein exaktes E_{01}-Feld zu erzeugen, müßte sich theoretisch bis $z = -\infty$ erstrecken. Jeder Leiter I endlicher Größe erzeugt also grundsätzlich ein etwas falsches Feld. Ebenso kann der Leiter II niemals die Idealform haben. Hinzu kommen die mechanischen Toleranzen bei der Herstellung der Leiter und bei der Montage der Leiter im Rohr, insbesondere dann, wenn der Leiter II verschiebbar sein soll. Es werden sich daher in der Nähe der Leiter neben dem gewünschten E_{01}-Feld auch Felder anderen Typs, die im Rohr mit Kreisquerschnitt nach Abschn. I.4 möglich sind, ausbilden. Die meisten dieser Felder sinken jedoch nach Abb. 92 mit wachsendem z sehr schnell ab und wirken im Teiler der Abb. 97a nur bei sehr kleinen Abständen z. Gefährlich sind lediglich H_{11}-Felder, die nach Abb. 92 eine wesentlich größere Reichweite als E_{01}-Felder haben. Man kann aber durch einen exakt zylindersymmetrischen Aufbau des Leiters I das Entstehen von H_{11}-Feldern weitgehend verhindern und durch exakt zylindersymmetrischen Aufbau des Leiters II den Ausgang des Teilers unempfindlich gegen H_{11}-Felder machen.

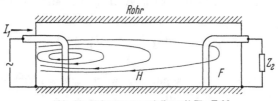

Abb. 98. Rohrspannungsteiler mit H_{11}-Feld

Induktiver Rohrspannungsteiler. Man kann einen Spannungsteiler auch mit Hilfe eines H_{11}-Feldes und induktiver Kopplung zwischen Eingang und Ausgang erzeugen, solange man unterhalb der kritischen Frequenz des H_{11}-Feldes in dem betreffenden Rohr bleibt. Eine sehr einfache

Ausführungsform ähnlich Abb. 88 zeigt Abb. 98 schematisch. Ein Generator schickt einen Strom I_1 in einen Draht. Dieser umgibt sich mit einem magnetischen Feld, das sich in das Rohr erstreckt und dieses annähernd mit einem H_{11}-Feld erfüllt. Einige der Feldlinien laufen durch die Fläche F der Ausgangsschleife und induzieren dort die Ausgangsspannung. Es gilt hier sinngemäß alles, was vorher für das E_{01}-Feld im kapazitiven Teiler gesagt wurde, jedoch mit λ_c aus (254), so daß statt (354) hier

$$\alpha \cdot \Delta z = 3{,}68 \,\sqrt{1 - \left(\frac{1{,}71\,D}{\lambda_0}\right)^2} \cdot \frac{\Delta z}{D} \ \mathrm{Np} \qquad (357)$$

gilt. Wegen des kleineren Faktors 3,68 ist bei gleichem D und gleicher Verschiebung Δz die Spannungsänderung hier kleiner als beim E_{01}-Feld nach (354). Bei gegebener Einstellgenauigkeit für Δz kann man also im induktiven Teiler eine bestimmte Spannungsänderung etwas genauer einstellen als beim kapazitiven Teiler.

Abgeschirmte Isolierachsen. Als Beispiel für die Anwendung aperiodischer Feldausbreitung in einem mit Dielektrikum gefüllten Rohr dient Abb. 99. An die Wand eines Abschirmgehäuses ist ähnlich wie in Abb. 94 und Abb. 95 ein Rohr mit leitender Wand angesetzt. Durch dieses Rohr läuft eine Achse, mit deren Hilfe man von außen her irgendeinen Mechanismus im Innern des Abschirmgehäuses bedienen will. Ist diese Achse aus Metall, so bilden die Achse und das Ansatzrohr eine

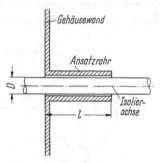

Abb. 99. Isolierachse im Ansatzrohr

koaxiale Leitung, über die sehr leicht Felder aus dem Innern des Gehäuses in den Außenraum treten können. Ist dagegen die Achse aus isolierendem Material (Dielektrikum) und ist der innere Durchmesser D des Ansatzrohres so klein, daß die Frequenzen der abzuschirmenden Störfelder unterhalb der kritischen Frequenz liegen, so entstehen im Ansatzrohr nur exponentiell abklingende Felder, von denen das gefährlichste wieder das H_{11}-Feld mit einem Abklingen nach (341) ist. Ist l die Länge des Ansatzrohres in Abb. 99, so vermindert das Ansatzrohr wegen $\lambda_{c\varepsilon}$ aus (323) alle an seinem Eingang möglicherweise existierenden Feldkomponenten eines H_{11}-Feldes um

$$\alpha l = 3{,}68 \,\sqrt{1 - \left(\frac{1{,}71\,D}{\lambda_0}\right)^2 \varepsilon_r} \cdot \frac{l}{D} \ \mathrm{Np},$$

$$8{,}69\,\alpha l = 31{,}9 \,\sqrt{1 - \left(\frac{1{,}71\,D}{\lambda_0}\right)^2 \varepsilon_r} \cdot \frac{l}{D} \ \mathrm{dB}. \qquad (358)$$

Macht man

$$D < 0{,}3 \frac{\lambda_0}{\sqrt{\varepsilon_r}}, \qquad\qquad (359)$$

so bleibt man ausreichend weit unter der kritischen Frequenz des H_{11}-Feldes, wenn λ_0 die Freiraumwellenlänge der zu sperrenden Störfrequenzen ist. Stellt man hohe Anforderungen an die Sperrwirkung des Ansatzrohres, so wählt man $l = 3D$ und erhält dann nach (358) eine Mindestsperrwirkung von etwa 10 Np oder 87 dB, was wohl fast immer ausreicht.

8. Hohlleiterschaltungen

Die Wellen in Hohlleitern unterscheiden sich bei den praktischen Anwendungen in einem sehr wesentlichen Punkt von den bisher nur theoretisch betrachteten. Die wirklichen Hohlleiter haben stets endliche Länge, so daß Probleme in der Eingangs- und Ausgangsebene des Hohl-

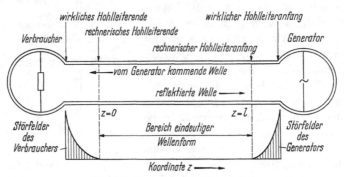

Abb. 100. Einfachste Hohlleiterschaltung

leiters auftreten. Abb. 100 zeigt schematisch die einfachste Hohlleiterschaltung. Um die Analogie zu den Leitungsschaltungen nach Bd. I [Abb. 158a] herzustellen und alle Erörterungen des Bd. I über Leitungsschaltungen auf Hohlleiter anwenden zu können, wird die Koordinate z in Richtung vom Verbraucher zum Generator wachsend gewählt. Die vom Generator zum Verbraucher laufende Welle hat in (14) das positive Vorzeichen des β, die am Verbraucher reflektierte Welle in (14) das negative Vorzeichen des β wie in Bd. I [Gl. (413) und (414)]. Ein Generator muß die Wellen im Hohlleiter erzeugen und ein Verbraucher muß sie wieder aufnehmen. Eine bestimmte gewünschte Wellenform entsteht jedoch nur, wenn im Eingangsquerschnitt des Hohlleiters durch den Generator in jedem Moment und in jedem Punkt für jede Feldkomponente genau der Wert hergestellt wird, der für den betreffenden Wellentyp nach der Theorie benötigt wird. Dies ist fast unmöglich. Der Generator erzeugt daher im Hohlleiter normalerweise ein kompliziertes Wellengemisch aus Wellen verschiedenen Typs mit verschiedener Amplitude. Ebenso kann der Verbraucher die ankommende Welle nur aufnehmen, wenn er genau zu dem Feld dieser Welle paßt. Durch die ankommende Welle entstehen im Verbraucher Felder und Ströme, die nun wieder rückwärts in die Hohlleiteröffnung hineinwirken. Um einen reflexionsfreien Übergang der Hohlleiterwelle in den Verbraucherraum (Abb. 100) zu erreichen, genügt es nicht, wenn wie in Bd. I [Abschn. IV.1] der Verbraucher an den Wellenwiderstand der Leitung „angepaßt" ist, sondern er ist nur dann reflexionsfrei, wenn der Verbraucher in jedem Punkt des Ausgangsquerschnitts zum Wellentyp der ankommenden Welle paßt. Es wird normalerweise so sein, daß nicht nur die vom Generator kommende Welle am Leitungsende teilweise reflektiert wird, sondern die am Verbraucherende reflektierte Welle kann auch völlig andere Wellentypen enthalten. Im Hohlleiter entsteht dann ein unübersichtliches Gemisch von hin und her laufenden Wellen.

Eindeutige H_{11}-Welle im Kreisquerschnitt. Jede technische Anwendung von Wellen in Hohlleitern verlangt eindeutige und übersichtliche Wellenzustände, die man auch in definierter und gezielter Weise beeinflussen kann. Man verwendet daher nur „eindeutige" Wellentypen, deren wesentliche Vertreter im folgenden erläutert werden.

Abb. 101 gibt einen Größenvergleich zwischen den kritischen Wellenlängen der Wellentypen in einem Hohlleiter mit Kreisquerschnitt. Verwendet man die H_{11}-Welle mit der Einschränkung

$$1{,}31\,D < \lambda_0 < 1{,}71\,D \qquad (360)$$

für die Betriebsfrequenz, so kann im Hohlleiter zwar wegen $\lambda_0 < 1{,}71\,D$ nach (254) eine H_{11}-Welle existieren, aber wegen $\lambda_0 > 1{,}31\,D$ sinken alle

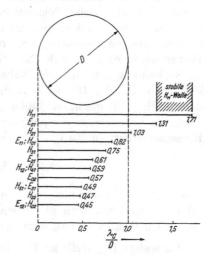

Abb. 101. Kritische Wellenlängen des Hohlleiters mit Kreisquerschnitt

anderen Feldtypen exponentiell wie in Abb. 92 ab, weil die Betriebsfrequenz für diese Feldtypen unterhalb der kritischen Frequenz liegt, und zwar sinken die vom Generator erzeugten Felder in Richtung abnehmender z und die vom Verbraucher erzeugten Felder in Richtung wachsender z, wie dies in Abb. 100 unten schematisch angedeutet ist. Es gibt also bei Verwendung einer H_{11}-Welle nach (360) einen Frequenzbereich des Hohlleiters, in dem nur H_{11}-Wellen möglich sind. Es existiert dann nur eine vom Generator kommende und eine am Verbraucher reflektierte Welle eines einzigen Wellentyps. Im Hohlleiter besteht dann ein Wellenzustand wie in Bd. I [Abb. 166], und die Leitungstheorie aus Bd. I [Abschn. IV] wird auf den Hohlleiter mit geringen Abwandlungen anwendbar.

Die H_{11}-Welle kann nach (256a bis e) bei freier Wahl des Winkels φ_0 jede Schräglage innerhalb des Kreisquerschnitts annehmen. Als Polarisationsrichtung der H_{11}-Welle bezeichnet man die Richtung der mittleren elektrischen Feldlinie, für die nur E_r existiert und $E_\varphi = 0$ ist (in Abb. 58a senkrecht). Es ist möglich, in einem solchen Hohlleiter zwei voneinander unabhängige H_{11}-Wellen zu erzeugen und mit einfachen Mitteln im Verbraucher wieder zu trennen, wenn die Polarisationsrichtungen beider Wellen senkrecht aufeinander stehen. Haben beide Wellen gleiche Frequenz, gleiche Amplitude und eine Phasendifferenz von 90°, so bilden sie zusammen eine zirkular polarisierte Welle. Die H_{11}-Welle ist allerdings hinsichtlich ihrer Polarisationsrichtung etwas labil, weil mechanische Ungenauigkeiten des Querschnitts, Krümmung der Achse und eingebaute Hindernisse aller Art die Polarisationsrichtung drehen oder elliptische Polarisation erzeugen können. Die H_{11}-Welle kann auch nicht in dem gesamten, durch (360) gegebenen Frequenzbereich verwendet werden, weil die Dämpfung durch Wandströme, ähnlich wie in Abb. 79, in der Nähe der kritischen Frequenz extrem groß ist. Sie kann auch nicht in der Nähe von $\lambda_0 = 1{,}31D$ betrieben werden, weil dies nach Abb. 101 die kritische Wellenlänge der E_{01}-Welle ist und dann nach (336) die aperiodische Dämpfung der E_{01}-Felder sehr klein wird. Ein brauchbarer Frequenzbereich für die H_{11}-Welle im Rohr mit Kreisquerschnitt ist etwa

$$1{,}4D < \lambda_0 < 1{,}6D. \tag{361}$$

Die H_{11}-Welle ist also nicht nur hinsichtlich Polarisationsdrehung etwas labil, sondern hat auch nur einen kleinen Frequenzbereich in einem gegebenen Hohlleiter. Insgesamt wird sie nur wenig verwendet.

Eindeutige H_{10}-Welle im Rechteckquerschnitt. Der stabilste Wellentyp, der auch weitgehend in der Praxis verwendet wird, ist die H_{10}-Welle im Rechteckquerschnitt. Abb. 102 gibt einen Überblick über die kritischen Frequenzen der wesentlichen Wellentypen im Rechteckquerschnitt für verschiedene Seitenverhältnisse b/a in Abhängigkeit von λ_0/a. Da λ_0 umgekehrt proportional zur Frequenz ist, ist die λ_0/a-Skala eine reziproke, normierte Frequenzskala. Eingetragen ist die senkrechte

Gerade $\lambda_c/a = 2$ nach (154) für die H_{10}-Welle (Grenze H_{10}), $\lambda_c/a = 1$ nach (162) für die H_{20}-Welle (Grenze H_{20}), $\lambda_c/a = 2b/a$ nach (162b) für die H_{01}-Welle (Grenze H_{01}) und

$$\frac{\lambda_c}{a} = \frac{2\dfrac{b}{a}}{\sqrt{1 + \left(\dfrac{b}{a}\right)^2}} \tag{362}$$

nach (184) für die E_{11}- und H_{11}-Welle (Grenze E_{11} und H_{11}). Schraffiert ist in Abb. 102 der Bereich, in dem überhaupt keine Welle möglich ist, und dick umrandet der Bereich, in dem nur eine H_{10}-Welle möglich ist.

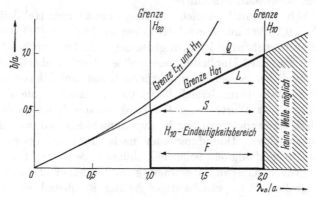

Abb. 102. Kritische Wellenlängen der H_{10}-Welle

Dies ist der Bereich, der für die praktischen Anwendungen wegen seines eindeutigen Wellentyps wichtig ist. Kombinationen von b/a und λ_0/a, die in der Nähe des Randes dieses Bereichs liegen, sind für die Anwendungen wenig geeignet. In der Nähe der senkrechten Geraden $\lambda_0/a = 2$ ist nach (161) die übertragbare Leistung sehr klein und nach (318) die Dämpfung sehr groß, weil $\sqrt{1 - (\lambda_0/2a)^2}$ sehr klein wird. Für sehr kleine b ist nach (161) ebenfalls die übertragbare Leistung klein und die Dämpfung groß. In der Nähe der Grenze H_{20} und der Grenze H_{01} ist nach (336) das exponentielle Absinken der H_{20}-Störfelder bzw. der H_{01}-Störfelder so klein, daß sich diese Störfelder in Abb. 100 zu weit in den Hohlleiter hinein erstrecken. Die Ränder des in Abb. 102 gezeichneten Eindeutigkeitsbereichs der H_{10}-Welle sind also für die praktische Anwendung nicht geeignet.

Innerhalb des Eindeutigkeitsbereichs sucht man die optimalen Hohlleiterquerschnitte unter den Gesichtspunkten möglichst großer Frequenzbandbreite, möglichst großer Leistungstransportfähigkeit nach (161) und möglichst kleiner Verluste nach (318). Die waagerechte Breite des praktisch verwendbaren Teiles des H_{10}-Eindeutigkeitsbereichs bestimmt den Frequenzbereich, in dem ein Hohlleiter mit gegebenem a und b verwendbar ist. Beispielsweise reicht die in Abb. 102 mit S bezeichnete Strecke von $\lambda_0/a = 1,1$ bis $\lambda_0/a = 1,9$. Dies bedeutet einen brauchbaren Frequenzbereich mit der relativen Frequenzbreite $1,1:1,9 = 1:1,7$, weil λ_0 und f umgekehrt proportional sind. Weil S in Abb. 102 die größte waagerechte Breite ist, ist $1:1,7$ die größte Frequenzbreite, die man mit eindeutigem Wellentyp in einem gegebenen Hohlleiter praktisch verwenden kann. In jedem Fall ist dieser Frequenzbereich größer als derjenige einer H_{11}-Welle im Kreisquerschnitt nach (361), der nur $1:1,14$ beträgt. Im größeren Frequenzbereich liegt also einer der entscheidenden Vorteile des Rechteckquerschnitts.

Die in Abb. 102 mit L bezeichnete Strecke mit einem Hohlleiterquerschnitt $b/a = 0,75$ hat nur eine relative Frequenzbreite $1,65:1,9 = 1:1,15$ des praktisch brauchbaren Eindeutigkeitsbereichs. Da man bei der Festlegung von Standard-Hohlleiterquerschnitten begreiflicherweise Hohlleiter mit möglichst großem Frequenzbereich auswählt, liegen die Standard-Querschnitte alle im Bereich $b/a \leqq 0,5$, in dem die volle Frequenzbreite verfügbar ist. Werte $b/a > 0,5$ (z. B. entsprechend der Strecke L in Abb. 102) verwendet man nur in Ausnahmefällen, wo man die nach (318) etwas kleinere Dämpfung oder nach (161) die etwas größere Leistungstransportfähigkeit solcher Hohlleiter benötigt. Da man im Interesse großer Leistungsübertragung und kleiner Dämpfung ein möglichst großes b/a bei gleichzeitiger größter Frequenzbreite wünscht, liegt der internationale Standardquerschnitt bei $b/a = 0,5$ (DIN 47302). Daneben gibt es noch den Flachprofil-Hohlleiter mit $b/a = 0,125$ (entsprechend Strecke F in Abb. 102) mit dem vollen Frequenzbereich. Den Flachprofil-Hohlleiter verwendet man zur Verminderung des Raumbedarfs in Geräten, in denen nur kleine Leistungen transportiert werden und in denen die höhere Dämpfung des Flachprofils nicht wichtig ist, weil nur sehr kleine Leitungslängen vorkommen.

Auch die Hohlleiter mit Längssteg nach Abb. 59 haben einen großen Eindeutigkeitsbereich für die H_{10}-Welle. Nach (279) ist das λ_c der H_{10}-Welle größer als im Rechteckquerschnitt, während nach (284) das λ_c der H_{20}-Welle durch den Längssteg verkleinert wird. Beim Steghohlleiter ist also der nutzbare Frequenzbereich der eindeutigen H_{10}-Welle größer als im Rechteckquerschnitt.

Wenn man durch besondere Maßnahmen das Entstehen bestimmter unerwünschter Wellenformen verhindern kann, kann man in gewissem Umfang auch eine Eindeutigkeit des Wellentyps ohne die bisher genannten strengen Forderungen erreichen und mit Hohlleitern arbeiten, in denen neben dem gewünschten Wellentyp auch noch andere Wellentypen möglich sind, aber wegen geeigneter Maßnahmen nicht entstehen. Gelegentlich verwendet man z. B. quadratische Querschnitte mit $b/a = 1$ (Strecke Q in Abb. 102), weil man in ihnen gleichzeitig und unabhängig voneinander zwei Wellen übertragen kann, deren Polarisationsrichtungen senkrecht aufeinanderstehen (H_{10}-Welle und H_{01}-Welle). Man muß dann jedoch durch sorgfältige Gestaltung der Generatoren, der Verbraucher und aller Hohlleiterteile darauf achten, daß die beiden Wellen wirklich unabhängig voneinander bleiben, ist also in der Auswahl des Aufbaus beschränkt.

Ebenso kann man die E_{01}-Welle im Kreisquerschnitt mit $D > 0{,}77\lambda_0$ im Zustand angenäherter Eindeutigkeit verwenden, wenn man der gesamten Schaltung (Generator, Verbraucher und alle anderen Konstruktionsteile) einen streng zylindersymmetrischen Aufbau gibt. In einem solchen Aufbau kann die an sich in diesem Hohlleiter nach Abb. 101 ebenfalls mögliche H_{11}-Welle prinzipiell nicht entstehen. Jedoch werden kleine mechanische Bauungenauigkeiten diesen Idealzustand nicht völlig erreichbar machen, so daß man die E_{01}-Welle nur in relativ kurzen Hohlleitern verwendet, um die möglichen Baufehler klein zu halten.

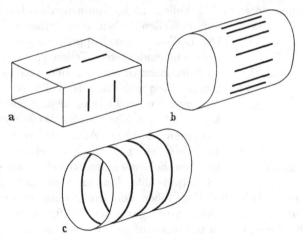

Abb. 103. Schlitze zur Stabilisierung des Wellentyps

Weitere Maßnahmen zur Unterdrückung unerwünschter Wellentypen sind Schlitze in den Wänden der Hohlleiter. Zum Beispiel sind in Abb. 103a Längsschlitze in der Mitte der Breitseite und Querschlitze auf der Schmalseite des Hohlleiters ohne Wirkung auf die H_{10}-Welle, weil ihre Ströme nach Abb. 68 parallel zu diesen Schlitzen laufen. Dagegen verhindern diese Schlitze das Entstehen der H_{20}-Welle, der H_{01}-Welle und der E_{11}-Welle, weil diese Wellen Stromkomponenten senkrecht zu den

Schlitzen haben. Ebenso stören Längsschlitze nach Abb. 103 b in einem Rohr mit Kreisquerschnitt die E_{01}-Welle nicht, weil sie nur Stromkomponenten in z-Richtung hat; wohl aber stören diese Schlitze alle Wellentypen, die Querströme haben, z. B. die H_{11}-Welle. Eine H_{01}-Welle im Kreisquerschnitt hat nach Abb. 74 nur Ringströme und wird daher durch ringförmige Schlitze nach Abb. 103 c nicht gestört, wohl aber verhindern diese Schlitze alle Wellentypen, die Längsströme besitzen. Man muß jedoch beachten, daß solche Schlitze zwar das Entstehen der unerwünschten Wellentypen weitgehend vermeiden, daß aber beispielsweise durch Krümmung der Hohlleiterachse, durch ungeeigneten Aufbau des Generators und des Verbrauchers die falschen Wellentypen doch entstehen und dann die Energie dieser falschen Wellentypen durch die Schlitze in den Raum außerhalb des Hohlleiters transportiert wird. Durch ungeeignete Konstruktion der Hohlleiterschaltung kann so also ein erheblicher Energieverlust auftreten, auch wenn im Hohlleiter selbst die Eindeutigkeit des gewünschten Wellentyps durch die Schlitze gewahrt wird.

Eindeutige L-Welle der Koaxialleitung. Die in Abschn. II.2 behandelten Doppelleitungen besitzen neben der L-Welle auch H-Wellen mit H_z-Komponenten und E-Wellen mit E_z-Komponenten. Die H-Wellen und E-Wellen haben eine kritische Frequenz. Die L-Welle einer Doppelleitung ist also nur dann ein eindeutiger Wellentyp, wenn die Betriebsfrequenz unterhalb der niedrigsten kritischen Frequenz einer H-Welle oder E-Welle der betreffenden Leitung liegt. Vollständig bekannt ist die Theorie der Wellentypen einer koaxialen Leitung. Abb. 104 zeigt für eine H_{11}-Welle einer koaxialen Leitung die elektrischen Feldlinien (gestrichelt) und die Querschnittsansicht der magnetischen Feldlinien

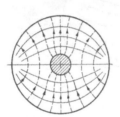

Abb. 104. Querschnittsbild der H_{11}-Welle der Koaxialleitung

ähnlich wie in Abb. 58a. Gegenüber dem Rohr ohne Innenleiter der Abb. 58 tritt nur eine kleine Verbiegung der Feldlinien auf. Die elektrischen Feldlinien landen teilweise auf dem Innenleiter und die magnetischen Feldlinien werden etwas durch den Innenleiter verdrängt, weil der Skineffekt das Eindringen der magnetischen Felder in den Innenleiter verhindert. Die kritische Wellenlänge der H_{11}-Welle in der Koaxialleitung lautet näherungsweise

$$\lambda_c \approx \frac{\pi}{2}\,(d + D). \tag{363}$$

$d =$ Durchmesser des Innenleiters; $D =$ Durchmesser des Außenleiters. Die durch (363) gegebene Frequenz begrenzt die Verwendbarkeit der koaxialen Leitung hinsichtlich eindeutiger L-Welle zu höheren Frequenzen hin. Wenn man die koaxiale Leitung einschließlich Generator und Verbraucher streng zylindersymmetrisch aufbaut, kann keine H_{11}-Welle entstehen, und man kann auf kürzeren Leitungen eine eindeutige L-Welle betreiben, solange man unterhalb der durch (364) gegebenen kritischen Frequenzen der zylindersymmetrischen E_{01}-Welle der koaxialen Leitung bleibt.

$$\lambda_c \approx D - d. \tag{364}$$

Dämpfungsvergleich eindeutiger Wellentypen. Es ist eine technisch wichtige Frage, wann man koaxiale Leitungen und wann man Hohlleiter verwendet. Wenn es sich um Energieübertragung über größere Entfernungen handelt, ist die Dämpfungskonstante α ein wesentliches

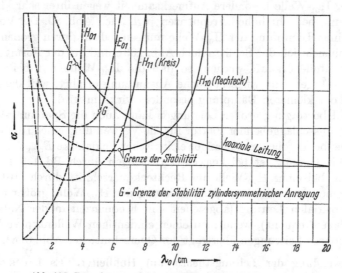

Abb. 105. Dämpfungsvergleich von Wellenleitern gleichen Volumens

Kriterium. Abb. 105 vergleicht das α einer Koaxialleitung mit $Z_L = 60\,\Omega$ nach Bd. I [Gl. (386)] mit Luft als Dielektrikum ($\tan \delta_e = 0$), das α einer H_{10}-Welle im Rechteckquerschnitt nach (318) mit $a:b = 2:1$, das α einer H_{11}-Welle im Kreisquerschnitt, einer E_{01}-Welle im Kreisquerschnitt und einer H_{01}-Welle im Kreisquerschnitt nach (320), wobei alle Wellenleiter gleiche Querschnittsfläche, also gleichen Raumbedarf haben. Für die Rohre mit Kreisquerschnitt ist in Abb. 105 der Außendurchmesser $D = 5$ cm, für den Rechteckquerschnitt $a = 6,25$ cm. Eingezeichnet sind für alle Wellenleiter als ausgezogene Linien diejenigen Frequenzbereiche, in denen der Wellentyp eindeutig ist. Die Grenze der Stabilität ist die Frequenz, bei der ein zweiter Wellentyp in dem Wellenleiter möglich wird. Für die beiden zylindersymmetrischen Fälle (L-Welle der Koaxialleitung und E_{01}-Welle im Kreisquerschnitt) ist gestrichelt noch derjenige Teil der α-Kurve gezeichnet, in dem bei völliger Zylindersymmetrie des Aufbaus noch eine begrenzte Eindeutigkeit erreichbar ist. Die punktierten Teile der α-Kurven sind teilweise noch mit Hilfe von Schlitzen nach Abb. 103 erreichbar. Man sieht aus Abb. 105, daß die koaxiale Leitung bei gegebenem Volumen hinsichtlich Dämpfung die optimale Lösung ist, solange die Betriebswellenlänge λ_0 größer als der doppelte Durchmesser D (Abb. 63) ist. Bei hohen Anforderungen an die Eindeutigkeit des Wellentyps folgt dann bei höheren Frequenzen die H_{10}-Welle im Rechteckquerschnitt. Kleine Dämpfung bei noch höheren Frequenzen erreicht man im Rohr mit Kreisquerschnitt, jedoch nur unter Zuhilfenahme von Schlitzen nach Abb. 103. Hierbei gilt in neuerer Zeit der H_{01}-Welle besondere Aufmerksamkeit wegen ihrer sehr kleinen Dämpfung bei sehr hohen Frequenzen; vgl. auch Abb. 80. Die Vorteile der kleinen Dämpfung der H_{01}-Welle müssen jedoch durch großen Aufwand hinsichtlich der Schlitze nach Abb. 103c und bei der Formgebung aller Bauteile erkauft werden, so daß die H_{01}-Welle nur bei großen Leitungslängen eine wirtschaftliche Ausnutzung erfährt, weil dann der Vorteil der kleineren Dämpfung besonders wirksam wird.

Bei Übertragung großer Leistungen kann auch die Spannungsfestigkeit ein ausschlaggebender Faktor für die Verwendung eines Hohlleiters sein. Die bei gegebener, zulässiger elektrischer Feldstärke E_{max} übertragbare Wirkleistung ist bei koaxialen Leitungen durch Bd. I [Gl. (407)] gegeben, bei einer H_{10}-Welle im Rechteckquerschnitt durch (161). Im allgemeinen ist die übertragbare Leistung der H_{10}-Welle größer als bei einer koaxialen Leitung (abgesehen von Frequenzen in der Nähe der kritischen Frequenz), wenn man einen eindeutigen Wellentyp verlangt. Noch höhere Leistungen überträgt der Querschnitt der Abb. 61a[1].

Anwendung der Leitungstheorie auf Hohlleiter. Es hat sich als nützlich erwiesen und ist daher in großem Umfang auch gebräuchlich, die in Bd. I [Abschn. IV.2 und 3] entwickelten Methoden der Leitungstheorie auch auf Hohlleiter anzuwenden, sobald ein eindeutiger Wellentyp im Hohlleiter besteht. Hier gibt es gewisse Einschränkungen, die anhand von Abb. 100 erläutert werden sollen. Am Anschluß des Generators und am Anschluß des Verbrauchers entsteht kein reines Wellenfeld, wie schon auf S. 135 gezeigt wurde. Es gibt neben dem gewünschten Wellentyp viele Felder anderer Wellentypen, die jedoch exponentiell nach (339) abklingen, wenn Eindeutigkeit besteht, wenn also die Betriebsfrequenz unterhalb aller kritischen Frequenzen der unerwünschten Wellentypen

---

[1] MEINKE, H., u. K. LANGE: Hohlleiter für sehr große Leistungen. Nachrichtentechn. Z. 16 (1964), S. 161—166.

bleibt. In Abb. 100 unten ist daher am Eingang und Ausgang des Hohlleiters schematisch ein exponentiell abklingendes Störfeld angedeutet.

Wenn man die Leitungstheorie auf Hohlleiter anwenden will, ist man gezwungen, das durch aperiodische Felder gestörte Ende des Hohlleiters zwischen dem Verbraucher und dem Ort $z = 0$ (Abb. 100) als Bestandteil des Verbrauchers anzusehen, so daß der so definierte Verbraucher in der Querschnittsebene $z = 0$ liegend gedacht werden muß. $z = 0$ ist dann das Leitungsende vom Standpunkt der Leitungstheorie. Ebenso muß man den durch aperiodische Felder gestörten Anfang des Hohlleiters zwischen dem Generator und dem Ort $z = l$ als Bestandteil des Generators ansehen, so daß der so definierte Generator als am Ort $z = l$ liegend gedacht werden muß. $z = l$ ist dann der Leitungsanfang vom Standpunkt der Leitungstheorie. Da die aperiodischen Felder exponentiell absinken, sind sie natürlich theoretisch im ganzen Hohlleiter zu finden. Sie sinken aber so schnell ab, daß sie in gewisser Entfernung unter der Grenze der praktischen Meßbarkeit liegen. Es gilt als brauchbare Regel, daß man den Abstand zwischen den wirklichen Hohlleiterenden und den nach Abb. 100 definierten (rechnerischen) Hohlleiterenden etwa gleich dem mittleren Durchmesser des Hohlleiters machen sollte, um sicher zu sein, daß die aperiodischen Felder bei $z = 0$ bzw. $z = l$ hinreichend abgeklungen sind.

Die Notwendigkeit, zwischen dem wirklichen Leitungsende und dem rechnerischen Leitungsende zu unterscheiden, besteht auch bei Leitungen mit L-Wellen nach Abschn. II.2, wenn man die Leitungstheorie exakt anwenden will. Auch diese Leitungen haben außer der normalerweise verwendeten L-Welle unendlich viele H- und E-Feldtypen mit z-Komponenten der Felder. Betreibt man die Leitung unterhalb der kritischen Frequenz aller dieser Feldtypen, so findet man am Anschluß des Generators und am Anschluß des Verbrauchers exponentiell abklingende Störfelder verschiedenen Typs. Man muß also auch bei L-Wellen wie in Abb. 100 ein gewisses Stück des Anfangs der Leitung als Bestandteil des Generators und ein gewisses Stück des Endes der Leitung als Bestandteil des Verbrauchers ansehen. Die Leitungstheorie läßt sich nur auf den ungestörten Wellenteil der Leitung anwenden. Bei koaxialen Leitungen gilt die Regel, daß die Länge der feldgestörten Leitungsenden etwa gleich dem halben Außendurchmesser D der Leitung ist.

Leitungsgleichungen für Hohlleiter. Für das Beispiel der H_{10}-Welle im Rechteckquerschnitt ist die Analogie zur Spannung $\underline{U}$ auf einer gewöhnlichen Leitung die elektrische Querfeldstärke $\underline{E}_y$, die Analogie zum Strom $\underline{I}$ die magnetische Querfeldstärke $\underline{H}_x$. Die Analogie zum Widerstand $Z = \underline{U}/\underline{I}$ ist der Feldwiderstand $Z = \underline{E}_y/\underline{H}_x$, die Analogie zum Wellenwiderstand Z_L der Feldwellenwiderstand Z_{FH} aus (158). Existiert im Hohlleiter eine vom Generator kommende Welle (Index G)

und eine am Verbraucher reflektierte Welle (Index R) mit einer z-Ko-
ordinate nach Abb. 100, so gilt in Analogie zu Bd. I [Gl. (413) und (414)]
für die Summe beider Wellen

$$\underline{H}_x(z) = \underline{H}_{xG}(0) \cdot \mathrm{e}^{\mathrm{j}\beta z} + \underline{H}_{xR}(0) \cdot \mathrm{e}^{-\mathrm{j}\beta z}, \tag{365}$$

$$\underline{E}_y(z) = \underline{E}_{yG}(0) \cdot \mathrm{e}^{\mathrm{j}\beta z} + \underline{E}_{yR}(0) \cdot \mathrm{e}^{-\mathrm{j}\beta z}. \tag{366}$$

Dabei ist nach (180) wie in Bd. I [Gl. (369) und (412)]

$$\frac{\underline{E}_{yG}}{\underline{H}_{xG}} = -\frac{\underline{E}_{yR}}{\underline{H}_{xR}} = Z_{FH} = \frac{Z_{F0}}{\sqrt{1 - \left(\frac{\lambda_0}{\lambda_c}\right)^2}}. \tag{367}$$

Die Absolutwerte E_y und H_x längs des Hohlleiters haben einen Verlauf
wie in Bd. I [Abb. 166 und Gln. (428) und (431)], wobei hier λ_z an die
Stelle von λ tritt. Es gibt Maxima und Minima von E_y und H_x längs der
Leitung, einen Welligkeitsfaktor

$$s = \frac{E_{y\,\mathrm{max}}}{E_{y\,\mathrm{min}}} = \frac{H_{x\,\mathrm{max}}}{H_{x\,\mathrm{min}}} = \frac{1 + r}{1 - r} \tag{368}$$

wie in Bd. I [Gl. (416)], einen Anpassungsfaktor

$$m = \frac{E_{y\,\mathrm{min}}}{E_{y\,\mathrm{max}}} = \frac{H_{x\,\mathrm{min}}}{H_{x\,\mathrm{max}}} = \frac{1 - r}{1 + r} \tag{369}$$

wie in Bd. I [Gl. (417)], einen Reflexionsfaktor

$$r = \frac{E_{yR}}{E_{yG}} = \frac{H_{xR}}{H_{xG}} \tag{370}$$

wie in Bd. I [Gl. (415)]. Bei Anpassung des Verbrauchers an den Hohlleiter gibt es keine reflektierte Welle: $s = 1$; $m = 1$; $r = 0$. Bei
Anwesenheit einer reflektierten Welle drehen sich im Hohlleiter die
Phasen des $\underline{E}_y$ und des $\underline{H}_x$ wie in Bd. I [Abb. 167 und Gln. (433) und
(434)].

Am Leitungsende $z = 0$ (Abb. 100) besteht der Feldwiderstand
$Z(0) = \underline{E}_y(0)/\underline{H}_x(0)$, am beliebigen Ort z der Feldwiderstand $Z(z) =$
$= \underline{E}_y(z)/\underline{H}_x(z)$. Am Eingang des Hohlleiters für $z = l$ besteht nach
(365) und (366) der Feldwiderstand

$$Z(l) = \frac{\underline{E}_y(l)}{\underline{H}_x(l)} = Z(0)\,\frac{1 + \mathrm{j}\,\dfrac{Z_{FH}}{Z(0)} \cdot \tan\beta l}{1 + \mathrm{j}\,\dfrac{Z(0)}{Z_{FH}} \cdot \tan\beta l} \tag{371}$$

wie in Bd. I [Gl. (424)]. Die Widerstandstransformation durch Hohlleiter erfolgt also nach den gleichen Regeln wie bei Leitungen. Man kann auch einen Feldleitwert $Y = \underline{H}_x/\underline{E}_y$ definieren und die Transformation dieser Leitwerte längs des Hohlleiters betrachten. In Analogie zu Bd. I [Gl. (442)] ist der Eingangsleitwert am Ort $z = l$ (Abb. 100) nach (365) und (366)

$$Y(l) = \frac{\underline{H}_x(l)}{\underline{E}_y(l)} = Y(0)\, \frac{1 + j\,\dfrac{1}{Y(0)\cdot Z_{FH}}\cdot \tan\beta l}{1 + j\,Y(0)\cdot Z_{FH}\cdot \tan\beta l}. \tag{372}$$

Bei Verwendung des Z oder Y kann man das Kreisdiagramm der verlustfreien Leitung nach Bd. I [Abb. 169] und die Konstruktionen aus Bd. I [Abb. 168 bis 171] verwenden. Hierbei ist es üblich, mit relativen Widerständen Z/Z_{FH} wie in Bd. I [Gl. (441)] oder mit relativen Leitwerten $Y Z_{ZH}$ wie in Bd. I [Gl. (443)] zu arbeiten. Diese Bezugnahme auf die Leitungstheorie ist auch insofern sehr fruchtbar, als man nun auch die bei Leitungen bereits erworbenen Schaltungskenntnisse weitgehend auf Hohlleiterschaltungen übertragen kann; z. B. Anpassungsverfahren wie in Bd. I [Abb. 172 bis 175 und 181]. Bei Breitbandschaltungen kommt in Hohlleitern als neuartiger Effekt lediglich hinzu, daß der in den Formeln vorkommende Feldwellenwiderstand Z_{FH} nach (367) stets frequenzabhängig ist, während der Wellenwiderstand Z_L einer gewöhnlichen Leitung nahezu frequenzunabhängig ist; vgl. das Ersatzbild der Abb. 70a und Bd. I [Abb. 157 und S. 166 bis 167].

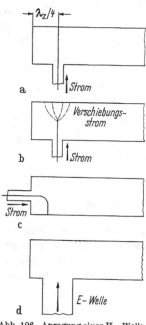

Abb. 106. Anregung einer H_{10}-Welle

Wenn man Hohlleiterschaltungen aufbauen will, muß man lernen, Generatoren, Verbraucher, Transformationsschaltungen, Resonanzkreise, Breitbandschaltungen und Filter wie in Bd. I [Abschn. III] zu realisieren. Abb. 106 zeigt Formen von Generatoren, die in einem Rechteckhohlleiter eine H_{10}-Welle bzw. in einem Hohlleiter mit Kreisquerschnitt eine H_{11}-Welle anregen können. Immer kommt es dabei darauf an, in dem Hohlleiter Wechselfelder anzuregen, die denen der gewünschten Welle ähnlich sind. Im vorliegenden Fall benötigt man nach Abb. 64 oder Abb. 71 entweder elektrische Felder mit starken Querkomponenten (z. B. E_y in Abb. 64) oder mit magnetischen Feldlinienringen in

Längsrichtung. Das Prinzip der Anregung mit Hilfe von Querströmen zeigen bereits Abb. 86 und Abb. 88. Der stromdurchflossene Draht kann wie in Abb. 106 a und b koaxial von unten her oder wie in Abb. 106 c von der Seite her gespeist werden. Der Draht braucht nicht ganz durch den Hohlleiter zu laufen, sondern kann sich wie in Abb. 106 b teilweise mit Hilfe von Verschiebungsströmen fortsetzen. Es kann aber auch wie in Abb. 106 d eine von unten kommende E_{01}-Welle die H_{10}-Welle in einem dazu senkrecht

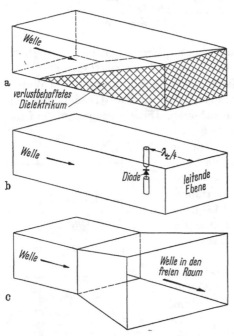

stehenden Hohlleiter anregen, weil die E_{01}-Welle nach Abb. 75 b geeignete ringförmige magnetische Feldlinien besitzt. Der Hohlleiter ist in Abb. 106 links durch eine leitende Ebene verschlossen, damit Wellen nur nach rechts laufen können. Der Abstand dieser Ebene vom Anregungszentrum ist etwa $\lambda_z/4$. Nach Abschn. III.1 liegt dann links vom Anregungszentrum eine am Ende kurzgeschlossene Leitung der Länge $\lambda_z/4$, die nach (377) den Leitwert Null parallel zur Anregung ergibt, diese also nicht stört. Die Anregung einer E_{11}-Welle im Rechteckrohr oder einer E_{01}-Welle im Rohr mit Kreisquerschnitt geschieht nach dem in Abb. 89 dargestellten Prinzip durch einen inneren Leiter, der elektrische Längsfelder erzeugt; vgl. auch Abb. 90 und 91.

Abb. 107. Verbraucher einer H_{10}-Welle

Abb. 107 zeigt Beispiele von Verbrauchern einer H_{10}-Welle am Ende eines Rechteckhohlleiters. Abb. 107 a zeigt ein keilförmiges Stück eines verlustbehafteten Dielektrikums, das in den Hohlleiter eingeschoben ist und die ankommende Energie der Welle durch die dielektrischen Verluste absorbiert. Durch das eingeschobene Dielektrikum wird der Wellenwiderstand verändert, und ein Hohlleiter nach Abb. 107 a wirkt wie eine Leitung mit stetig verändertem Wellenwiderstand nach Bd. I [S. 190 und 191]. Wenn der Keil sehr flach ansteigt und der Wellenwiderstand sich nur langsam ändert, besteht nach Bd. I [Gl. (465)] nahezu Anpassung des Verbrauchers an den Hohlleiter, und die ankommende H_{10}-Welle wird nahezu reflexionsfrei in das verlustbehaftete Dielektrikum übergehen. Abb. 107b zeigt die Ankopplung einer Diode als Verbraucher an einem Hohlleiter. Die Anschlußdrähte laufen in Richtung der elektrischen Feldlinien zu den beiden Breitseiten. Wenn man die Diode so an die Mitten der Breitseiten anschließt, erhält sie maximale Spannung, weil die elektrische Feldstärke der H_{10}-Welle nach Abb. 42a in der Mitte der Kante a am größten ist. Um den Hohlleiter ein definiertes Ende zu geben, ist er im Abstand $\lambda_z/4$ hinter der Diode durch eine leitende Wand kurzgeschlossen. Dieses am Ende kurzgeschlossene Hohlleiterstück der Länge $\lambda_z/4$ erzeugt nach (377) den Leitwert Null parallel zur Diode und ist daher ohne Wirkung. Vielfach will man wie in Abb. 107c die Hohlleiterwelle durch das offene Ende des Rohres in den anschließenden freien Raum überführen, also das Ende des Hohlleiters als Sendeantenne verwenden. Der Übergang vom Hohlleiter zum freien Raum würde wegen der sprunghaften Änderung der Grenzbedingungen so wirken, als ob sich der Wellenwiderstand der Leitung dort sprunghaft ändert. Ein Teil der vom Generator in Abb. 100 kommenden Welle würde dann am Hohlleiterende in den Hohlleiter zurück reflektiert werden. Man setzt meist an das Ende des Hohlleiters eine trichterförmige Verlängerung wie in Abb. 107c, um der Welle den Übergang vom begrenzten Querschnitt des Hohlleiters in den freien Raum zu erleichtern, Näheres auf S. 237. Gibt man dem Trichter einen hinreichend kleinen Erweiterungswinkel, so erhält

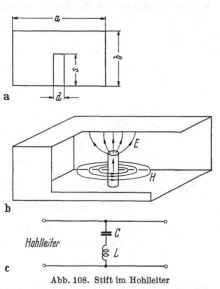

Abb. 108. Stift im Hohlleiter

man einen nahezu reflexionsfreien Übergang vom Hohlleiter zum freien Raum nach dem in Bd. I [S. 191] erläuterten Prinzip des langsamen, stetigen Übergangs.

Um Schaltungen wie in Bd. I [Abschn. III] mit Hohlleitern darzustellen, muß man in den Hohlleiter Bauteile einbauen, die etwa die Funktion einer Kapazität, einer Induktivität, eines Resonanzkreises oder dgl. besitzen. Einige einfache Beispiele sollen dies erläutern.

Abb. 108a zeigt einen zylindrischen Stift im Hohlleiterquerschnitt und Abb. 108b den gleichen Stift perspektivisch in einem aufgeschnittenen Hohlleiter. Läuft eine H_{10}-Welle durch den Hohlleiter, so erzeugt diese am Ort des Stiftes eine Feldstärke E_y. Es entsteht nach Abb. 108b ein

Strom durch den Stift, der sich durch Verschiebungsströme längs der
elektrischen Feldlinien E des Stiftendes fortsetzt. Im Sinne des Ersatzbildes der Abb. 70a für die H_{10}-Welle entstehen zusätzliche Querströme
und ein zusätzlicher Blindleitwert parallel zum Hohlleiter, dessen Wirkung etwa durch Abb. 108c beschrieben wird. Der Strom durch den Stift
erzeugt ein zusätzliches magnetisches Feld H. Die Wirkung dieser
magnetischen Feldenergie ist im Ersatzbild annähernd durch eine Induktivität L beschrieben. Zwischen Stiftende und Hohlleiterwand entsteht
ein elektrisches Feld E. Die Wirkung dieser elektrischen Feldenergie
wird durch eine Kapazität C beschrieben. Für das Verhalten dieses
Stifts gibt es zwar keine vollständige Theorie, aber es ist experimentell
nachgewiesen, daß sich ein solcher Stift im Hohlleiter etwa so verhält wie
ein Serienresonanzkreis in einer Leitung mit dem Ersatzbild der
Abb. 108c. Kurze Stifte liegen unterhalb der Resonanzfrequenz und

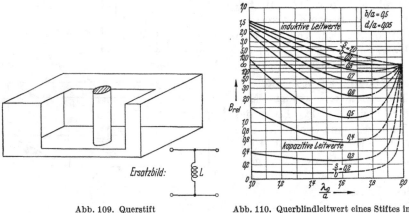

Abb. 109. Querstift   Abb. 110. Querblindleitwert eines Stiftes in
                             Abhängigkeit von der Tauchtiefe

erzeugen kapazitive Leitwerte parallel zum Hohlleiter. Bei der Resonanzfrequenz hat der Serienresonanzkreis nach Bd. I [Abb. 102] den Leitwert ∞, stellt also einen Kurzschluß für den Hohlleiter dar. Oberhalb der
Resonanzfrequenz hat der Stift einen induktiven Leitwert. Es ist gebräuchlich, Stifte mit verstellbarer Tauchtiefe s (Abb. 108a) zu verwenden, um stetig einstellbare Leitwerte zu erhalten. Ist s gleich der
Hohlleiterkante b (Abb. 109), so berührt der Stift die obere Hohlleiterwand und das Ersatzbild besteht nur aus einer Induktivität L. Abb. 110
gibt für ein Beispiel die Abhängigkeit des durch den Stift erzeugten
Blindleitwertes B von der Frequenz (λ_0/a) und der Tauchtiefe (s/b);
Bezeichnungen in Abb. 108a. Es ist hier der auf S. 145 definierte relative
Blindleitwert $B_{\mathrm{rel}} = B \cdot Z_{FH}$ angegeben, um hiermit im Kreisdiagramm

von Bd. I [Abb. 169] Konstruktionen wie in Bd. I [Abb. 173] durchzuführen. $B_{rel} = \infty$ ist in Abb. 110 der Resonanzpunkt.

Ein weiteres bekanntes Bauelement ist die Blende nach Abb. 111. In einer solchen Blende verengt sich der Querschnitt des Hohlleiters, wobei die Blendenöffnung rechteckigen (Abb. 111) oder elliptischen oder kreisförmigen Querschnitt haben kann. In einer solchen leitenden Wand erzeugt die H_{10}-Welle mit Hilfe ihrer elektrischen Komponente E_y Ströme in y-Richtung. Diese Ströme laufen wegen der sin-Verteilung des E_y nach Abb. 42a vorzugsweise in der Hohlleitermitte und setzen sich als Verschiebungsströme durch die Blendenöffnung hindurch fort (Abb. 112 b). Dadurch entstehen an der Blendenöffnung Spannungen längs der elektrischen Feldlinien, wobei auch diese Spannungen nochmals zusätzliche

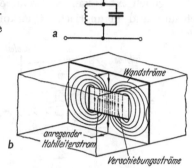

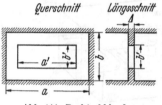

Abb. 111. Rechteckblende

Abb. 112. Ströme der Rechteckblende

Ströme auf dem leitenden Teil der Blendenwand erzeugen, wie dies in Abb. 112b gezeichnet ist. Das Ersatzbild einer solchen Blende ist ein Parallelresonanzkreis parallel zum Hohlleiter wie in Abb. 112a, wobei die elektrischen Felder in der Blendenöffnung die Kapazität des Kreises erzeugen und die magnetischen Felder der Ströme der Blendenwand die Induktivität des Resonanzkreises. Es gibt eine Resonanzfrequenz, bei der der Leitwert der Blende nach Bd. I [Abb. 102] gleich Null wird. Bei der Resonanzfrequenz ist die Blende wirkungslos und die H_{10}-Welle geht reflexionsfrei durch die Blende hindurch. Oberhalb dieser Resonanzfrequenz hat die Blende nach Bd. I [Abb. 102] einen kapazitiven (positiven) Blindleitwert, unterhalb der Resonanzfrequenz einen induktiven (negativen) Blindleitwert.

III. Hohlraum-Resonatoren

1. Stehende Wellen im Hohlleiter mit Rechteckquerschnitt

Der Hohlleiter wird in diesem Abschnitt als verlustfrei angesehen; Wirkung der Verluste in Abschn. III.3. In Abb. 113 ist der Hohlleiter bei $z = 0$ durch eine leitende Ebene abgeschlossen. Diese stellt dann in der Schaltung der Abb. 100 den Verbraucher dar. In einer solchen Kurzschlußebene müssen nach (49) und (50) alle elektrischen Querkomponenten gleich Null sein, während elektrische Komponenten E_z in z-Richtung und magnetische Querkomponenten erlaubt sind. Dagegen

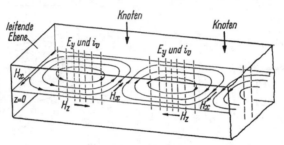

Abb. 113. Stehende H_{10}-Welle

können in der leitenden Ebene bei $z = 0$ magnetische Längskomponenten H_z nicht existieren. Bei der Reflexion einer Hohlleiterwelle an einer leitenden Ebene tritt keine Änderung des Wellentyps bei der Reflexion auf, wenn die Kurzschlußebene exakt senkrecht zur z-Richtung liegt und aus einem idealen Leiter besteht. Die reflektierte Welle hat dann den gleichen Wellentyp wie die vom Generator kommende Welle. Da die Kurzschlußwand im Idealfall keine Leistung verbraucht, hat die reflektierte Welle die gleiche Amplitude wie die vom Generator kommende Welle. Ihre Summe ist eine stehende Welle wie in Bd. I [Abschn. IV.3]. Die Verhältnisse sind die gleichen wie auf einer am Ende kurzgeschlossenen Leitung nach Bd. I [Abb. 178].

Ist $\underline{A}_s(z)$ eine Feldkomponente einer stehenden Welle, so ergeben sich nach (19) die folgenden Formeln, wenn die vom Generator kommende Welle und die reflektierte Welle gleiche Amplitude A haben. Wenn die betrachtete Feldkomponente bei $z = 0$ für die vom Generator kommende und für die reflektierte Welle gleiche Phase hat (Beispiel: h_x und h_{xR} in Abb. 13):

$$\underline{A}_s(z) = \underline{A}(0) \cdot e^{j\beta z} + \underline{A}(0) \cdot e^{-j\beta z} = 2\,\underline{A}(0) \cdot \cos \beta z. \qquad (373)$$

Wenn die betrachtete Feldkomponente bei $z = 0$ für die vom Generator kommende und für die reflektierte Welle gegenphasig ist (Beispiel: e_y und e_{yR} in Abb. 13):

$$\underline{A}_s(z) = \underline{A}(0) \cdot e^{j\beta z} - \underline{A}(0) \cdot e^{-j\beta z} = j\, 2\, \underline{A}(0) \cdot \sin \beta z. \qquad (374)$$

Mit diesen beiden Formeln kann man aus den in den Abschn. II.3 bis II.5 abgeleiteten Formeln der fortschreitenden Wellen nun Formeln für die stehenden Wellen gewinnen, wobei man lediglich zu prüfen hat, ob die betreffende Feldstärkekomponente in der Kurzschlußebene Null sein muß (gegenphasige Reflexion) oder ob sie in der Kurzschlußebene existieren darf (gleichphasige Reflexion). Es gilt also (373) für alle magnetischen Querkomponenten und für $\underline{E}_z$, dagegen (374) für alle elektrischen Querkomponenten und für $\underline{H}_z$.

Stehende H_{10}-Welle. Die Komponenten einer fortschreitenden Welle sind durch (155a bis c) gegeben. Der Anfang der Zeitkoordinate wird für das Folgende so gewählt, daß $\underline{H}_0$ keinen Phasenwinkel besitzt und eine reelle Größe H_0 ist. Dann ergibt sich für die stehende Welle die Komponente $\underline{H}_z$ aus (374) mit $\beta = 2\pi/\lambda_z$ und $\underline{A}(0) = -H_0 \cos \pi x/a$ als

$$\underline{H}_z = -j\, 2H_0 \cdot \cos \frac{\pi x}{a} \cdot \sin \frac{2\pi z}{\lambda_z}, \qquad (375\,\text{a})$$

die Komponente $\underline{H}_x$ aus (373) mit $\underline{A}(0) = j H_0 \cdot (\beta/\beta_c) \cdot \sin \pi x/a$ als

$$\underline{H}_x = j\, 2H_0 \frac{\beta}{\beta_c} \cdot \sin \frac{\pi x}{a} \cdot \cos \frac{2\pi z}{\lambda_z}, \qquad (375\,\text{b})$$

die Komponente $\underline{E}_y$ aus (374) mit $\underline{A}(0) = -j H_0 \cdot (\omega \mu_0/\beta_c) \cdot \sin \pi x/a$ als

$$\underline{E}_y = 2H_0 \frac{\omega \mu_0}{\beta_c} \cdot \sin \frac{\pi x}{a} \cdot \sin \frac{2\pi z}{\lambda_z}. \qquad (375\,\text{c})$$

Abb. 113 zeigt das hierdurch beschriebene Feld. Die magnetischen Feldlinien haben gleiche Form wie in Abb. 64. Während sich jedoch das in Abb. 64 dargestellte Momentanbild der fortschreitenden Welle in z-Richtung mit der Phasengeschwindigkeit v_{pz} bewegt, bleibt das Feldlinienbild in Abb. 113 am gleichen Ort stehen, weil aus der z-Abhängigkeit $e^{-j\beta z}$ der fortschreitenden Welle jetzt eine z-Abhängigkeit $\sin 2\pi z/\lambda_z$, bzw. $\cos 2\pi z/\lambda_z$ geworden ist. Die elektrischen Feldlinien bleiben ebenfalls am gleichen Ort und laufen durch die Ringe der magnetischen Feldlinien. Zwischen $\underline{E}_y$ und $\underline{H}_x$ besteht der Faktor j, so daß nach Abb. 6a das Maximum des $\underline{E}_y$ und das Maximum des $\underline{H}_x$ um $\lambda_z/4$ gegeneinander verschoben sind. Die reellen Momentanwerte lauten nach (19a) und (375a bis c)

$$h_z = 2H_0 \cdot \cos\frac{\pi x}{a} \cdot \sin\frac{2\pi z}{\lambda_z} \cdot \sin\omega t, \qquad (376\,\mathrm{a})$$

$$h_x = -2H_0\,\frac{\beta}{\beta_c} \cdot \sin\frac{\pi x}{a} \cdot \cos\frac{2\pi z}{\lambda_z} \cdot \sin\omega t, \qquad (376\,\mathrm{b})$$

$$e_y = 2H_0\,\frac{\omega\mu_0}{\beta_c} \cdot \sin\frac{\pi x}{a} \cdot \sin\frac{2\pi z}{\lambda_z} \cdot \cos\omega t. \qquad (376\,\mathrm{c})$$

Die magnetischen Komponenten sind gleichphasig. Die elektrische Komponente hat gegen die magnetischen Komponenten eine Phasendifferenz $\pi/2$. Der durch (371) definierte Feldwiderstand ist ein reiner Blindwiderstand. Mit $\underline{E}_y$ aus (375c) und $\underline{H}_x$ aus (375b) lautet er für einen Hohlleiter der Länge l mit $Z(0) = 0$ wie in Bd. I [Gl. (468)]

$$Z(l) = \mathrm{j}\,Z_{FH} \cdot \tan\beta l = \mathrm{j}\,Z_{FH} \cdot \tan\frac{2\pi l}{\lambda_z} \qquad (377)$$

mit Kurven wie in Bd. I [Abb. 179]. Ein Hohlleiter der Länge $\lambda_z/4$ hat den Eingangswiderstand ∞ bzw. den Eingangsleitwert 0. Bei Hohlleitern mit E-Wellen tritt in (377) Z_{FE} an die Stelle von Z_{FH}.

In einer stehenden Welle nach Abb. 113 findet laufend eine Umwandlung von elektrischer Energie in magnetische Energie und umgekehrt statt. Hat das magnetische Feld sein Maximum, so ist das elektrische Feld Null, und die gesamte Energie befindet sich im magnetischen Feld. Hat das elektrische Feld sein Maximum, so ist nach (376a bis c) das magnetische Feld Null, und alle Energie befindet sich im elektrischen Feld. In den in Abb. 113 gezeichneten Knotenebenen ist stets $E_y = 0$ und daher die Leistungsdichte nach (41) Null. Durch diese Knotenebenen tritt also keine Energie. Der Raum zwischen 2 Knotenebenen bzw. zwischen der Kurzschlußebene und der anschließenden Knotenebene enthält je ein in sich abgeschlossenes Energiepaket, das in sich selbst laufend zwischen elektrischer und magnetischer Energie pendelt. Die in einem solchen Raumteil befindliche Energie W berechnet man für H-Resonanzen am einfachsten in dem Moment, in dem die magnetische Energie Null und alle Energie elektrischer Natur ist, weil für H-Wellen die Zahl der E-Komponenten kleiner ist als die Zahl der H-Komponenten. Dementsprechend berechnet man für E-Wellen die Feldenergie am einfachsten als magnetische Energie in dem Moment, in dem alle E-Komponenten Null sind.

Im Fall der H_{10}-Welle gibt es nur eine einzige E-Komponente. Für $t = 0$ hat e_y aus (376c) seinen Maximalwert, und es ist $h_x = 0$ aus (376b) und $h_z = 0$ aus (376a). In diesem Moment durchläuft der

Momentanwert e_y seinen Scheitelwert

$$E_y = 2 H_0 \frac{\omega \mu_0}{\beta_c} \cdot \sin \frac{\pi x}{a} \cdot \sin \frac{2\pi z}{\lambda_z}.$$

Nach Bd. I [Gl. (89)] ist dann mit $\varepsilon_r = 1$ die Energie W einer stehenden Welle der Länge $\lambda_z/2$ die Summe aller Teilenergien $\mathrm{d}W_e$ aus Bd. I [Gl. (23)]:

$$W = \int \mathrm{d}W_e = \frac{1}{2}\,\varepsilon_0 \int\limits_{x=0}^{a} \int\limits_{y=0}^{b} \int\limits_{z=0}^{\frac{\lambda_z}{2}} E_y^2 \cdot \mathrm{d}x \cdot \mathrm{d}y \cdot \mathrm{d}z = \varepsilon_0 H_0^2 \left(\frac{\omega \mu_0}{\beta_c}\right)^2 ab \cdot \frac{\lambda_z}{4}.$$

(378)

H₁₀₁-Resonanz. In den Knotenebenen der Abb. 113 kann man leitende Querebenen $z = \mathrm{const}$ anbringen, ohne daß die stehende Welle geändert wird; denn in diesen Ebenen sind die Grenzbedingungen (49) und (50) wegen $E_y = 0$ und $H_z = 0$ für $z = n\lambda_z/2$ erfüllt. Durch eine solche Querebene entsteht ein abgeschlossener Hohlraum wie in Abb. 114a, wenn man die Querebene bei $z = \lambda_z/2$ anbringt. In diesem Hohlraum

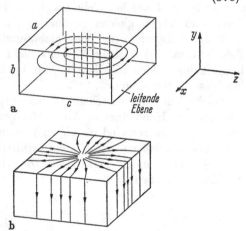

Abb. 114. H₁₀₁-Resonanz

besteht ein in sich geschlossener Ring von magnetischen Feldlinien und in ihm ein dazu senkrechtes elektrisches Feld. Wenn die Wände aus idealen Leitern bestehen und der Vorgang verlustfrei ist, schaukelt die Energie W aus (378) in diesem Raum dauernd zwischen dem elektrischen und dem magnetischen Zustand hin und her. Auf den Wänden des Hohlraumes bestehen Ströme nach Abb. 114b ähnlich denen in einer fortschreitenden Welle nach Abb. 68. In einer stehenden Welle sind diese Ströme jedoch stets an der gleichen Stelle und haben den gleichen Zeitverlauf wie h_z in (376a) und h_x in (376b). Auch auf den beiden Kurzschlußebenen bei $z = 0$ und $z = \lambda_z/2$ gibt es Wandströme in y-Richtung mit einer Flächenstromdichte, die man aus h_x nach (376b) für $z = 0$ oder $z = \lambda_z/2$ berechnet. Für die Wand bei $z = 0$ ist nach Abb. 62 und (290) die komplexe Amplitude der Stromdichte

$$\underline{S}_y^* = -\underline{H}_x(0) = -\mathrm{j}\,2H_0 \frac{\beta}{\beta_c} \cdot \sin \frac{\pi x}{a}.$$

(379)

Im Raum fließen Verschiebungsströme längs der in Abb. 114a gestrichelten elektrischen Feldlinien, deren Stromdichte nach (289) und (375c) folgende komplexe Amplitude hat:

$$\underline{S}_{vy} = \mathrm{j}\,\omega\,\varepsilon_0\underline{E}_y = \mathrm{j}\,2H_0\,\frac{\beta_0^2}{\beta_c}\cdot\sin\frac{\pi x}{a}\cdot\sin\frac{2\pi z}{\lambda_z} \tag{380}$$

mit β_0 aus (32).

Die Verschiebungsströme sind gleichphasig mit den magnetischen Feldern und bleiben in der stehenden Welle immer am gleichen Ort. Während sie im Momentanbild der fortschreitenden Welle (z. B. in Abb. 68) um $\lambda_z/4$ gegenüber den elektrischen Feldlinien verschoben sind, sind sie in der stehenden Welle am gleichen Ort wie die elektrischen Feldlinien und haben gleiche z-Abhängigkeit wie $\underline{E}_y$ durch den Faktor $\sin 2\pi z/\lambda_z$. Zwischen den Verschiebungsströmen und dem elektrischen Feld besteht eine zeitliche Phasenverschiebung von $\pi/2$. Die Verschiebungsströme bilden mit den in Abb. 114b gezeichneten Wandströmen geschlossene Stromkreise.

Solche Vorgänge bestehen nur bei derjenigen Frequenz, bei der die Länge c des Hohlleiters in Abb. 114a genau gleich $\lambda_z/2$ ist. Bei allen anderen Frequenzen sind für diesen Wellentyp die Grenzbedingungen in der Kurzschlußebene $z = c$ nicht erfüllt. Man nennt daher den Raum der Abb. 114a einen Resonator. Die Resonanz hat die Bedingung $c = \lambda_z/2$ oder nach (159)

$$2c = \frac{\lambda_0}{\sqrt{1 - \left(\dfrac{\lambda_0}{2a}\right)^2}}. \tag{381}$$

Dieses λ_0, bei dem Resonanz eintritt, nennt man auch die Resonanzwellenlänge λ_R. Es ist nach (381)

$$\lambda_R = \frac{2}{\sqrt{\left(\dfrac{1}{a}\right)^2 + \left(\dfrac{1}{c}\right)^2}} = \frac{2ac}{\sqrt{a^2 + c^2}}. \tag{382}$$

λ_R ist die Wellenlänge, die im freien Raum bei der Resonanzfrequenz f_R des Resonantors besteht. Nach (35) ist die Resonanzfrequenz

$$f_R = \frac{c_0}{\lambda_R} = \frac{c_0}{2}\,\sqrt{\left(\frac{1}{a}\right)^2 + \left(\frac{1}{c}\right)^2}. \tag{383}$$

Die in diesem Resonator auftretenden Energiewandlungsprozesse und Ströme sind denen in einem Parallelresonanzkreis nach Bd. I [Abb. 99] sehr ähnlich. Die Wandströme verbrauchen Wirkleistung im nichtidealen

Leiter. Die wirkliche Resonanz bedarf also der Energiezufuhr wie ein verlustbehafteter Parallelresonanzkreis, um eine konstante Schwingungsamplitude aufrechtzuerhalten; Näheres in Abschn. III.3.

H_{mnp}-**Resonanz.** Während in Abb. 114a die leitende Wand im 1. Knoten liegt, also der Abstand der beiden leitenden Wände gleich $\lambda_z/2$ ist, kann man im allgemeinsten Fall die leitende Wand in irgendeinen Knoten legen, so daß der Abstand zwischen dem Kurzschluß in Abb. 113 und der zusätzlichen leitenden Wand $p \cdot \lambda_z/2$ wird. Es gibt dann in diesem Resonator p in sich selbständige Schwingungsgebilde der Abb. 114a nebeneinander mit je einem magnetischen Feldlinienring. Man nennt dies dann eine H_{10p}-Resonanz. Der dritte Index der Resonanz bezeichnet stets die Anzahl p der $\lambda_z/2$-Strecken des Resonators in der z-Richtung. Die Resonanzwellenlänge lautet dann in Erweiterung von (382)

$$\lambda_R = \frac{2}{\sqrt{\left(\dfrac{1}{a}\right)^2 + \left(\dfrac{p}{c}\right)^2}}.$$ (384)

Ebenso kann man mit jeder H_{mn}-Welle aus Abschn. II.3 Resonanzen in einem Hohlleiter erzeugen, wenn seine Querschnittsabmessungen hinreichend groß sind, damit die Betriebsfrequenz des Resonators größer als die kritische Frequenz des Hohlleiters für die betreffende H_{mn}-Welle wird und überhaupt eine solche Welle möglich ist. Es gibt dann je nach der Anzahl p der $\lambda_z/2$-Strecken des Resonators H_{mnp}-Resonanzen. Es ist die Seitenlänge $c = p \cdot \lambda_z/2$ und mit λ_z aus (179) und λ_c aus (185) wird die Resonanzbedingung

$$c = \frac{p}{2} \frac{\lambda_0}{\sqrt{1 - \left(\dfrac{\lambda_0}{\lambda_c}\right)^2}}.$$ (385)

Das λ_0 aus (385) ist die Resonanzwellenlänge λ_R (Definition auf S. 154). Aus (385) erhält man mit λ_c aus (185)

$$\lambda_R = \frac{2}{\sqrt{\left(\dfrac{m}{a}\right)^2 + \left(\dfrac{n}{b}\right)^2 + \left(\dfrac{p}{c}\right)^2}}.$$ (386)

E_{mnp}-**Resonanz.** Jede E_{mn}-Welle aus Abschn. II.3 kann entsprechende Resonanzen erzeugen, jedoch kann nicht $m = 0$ sein, weil es im Rechteckquerschnitt keine E_{0n}-Welle gibt. Da das λ_c der E_{mn}-Welle das gleiche ist wie das λ_c der H_{mn}-Welle nach (185), sind die E_{mnp}-Resonanzen eines gegebenen Hohlraumes bei der gleichen Frequenz wie die H_{mnp}-Resonanzen. Es gilt also auch hier Gl. (386). Da die wirklichen Hohlräume nie eine völlig exakte Quaderform haben, haben gemessene

H_{mnp}-Resonanzen und E_{mnp}-Resonanzen meist geringfügig verschiedene Resonanzfrequenzen.

E_{mn0}-Resonanz. Wenn man in einem Hohlleiter eine E_{mn}-Welle genau bei der kritischen Frequenz betreibt, sind alle elektrischen Querkomponenten gleich Null, und es gibt nur eine elektrische Komponente E_z. Dies erkennt man an der E_{11}-Welle, aus der nach Abb. 47 alle E_{mn}-Wellen zusammengesetzt sind. Nach (188b und c) sind wegen $\beta = 0$ bei der kritischen Frequenz $\underline{E}_x = 0$ und $\underline{E}_y = 0$. Man kann daher bei einer E_{mn}-Welle, die bei ihrer kritischen Frequenz betrieben wird, an beliebiger Stelle z eine leitende Ebene anbringen, ohne das Feld zu stören. Es ist (49) erfüllt, weil es keine elektrischen Querkomponenten gibt. Es ist (50) erfüllt, weil eine E-Welle grundsätzlich kein H_z hat. Wenn man eine E-Welle bei ihrer kritischen Frequenz betreibt, kann man den Hohlleiter an zwei beliebigen Stellen kurzschließen und erhält dann einen Hohlraumresonator, in dem als elektrische Komponente nur E_z existiert, in dem also die elektrischen Feldlinien Geraden parallel zur z-Achse sind. Solche Resonanzen erhalten den Index $p = 0$ und werden als E_{mn0}-Resonanzen bezeichnet. Die Resonanzfrequenz ist gleich der kritischen Frequenz der E_{mn}-Welle und unabhängig von der Länge c des Resonators in z-Richtung.

Die einfachste Resonanz entsteht aus der E_{11}-Welle und heißt E_{110}-Resonanz. Sie ist in Abb. 115 dargestellt. Für die Resonanzfrequenz gilt $\lambda_0 = \lambda_R = \lambda_c$ und dementsprechend nach (178) $\beta = 0$. Daher werden in (188b und c) $\underline{E}_x = 0$ und $\underline{E}_y = 0$ und für alle Feldkomponenten $e^{-j\beta z} = 1$. In (188d und e) ist $\omega = 2\pi f_c$, $\beta_c = 2\pi/\lambda_c$ und nach (150)

$$\frac{2\pi f_c}{\beta_c} = \frac{1}{\sqrt{\varepsilon_0 \mu_0}}.$$

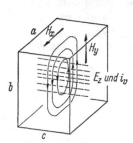

Abb. 115. E_{110}-Resonanz

Für die E_{010}-Resonanz erhält man dann die folgenden Feldkomponenten mit Z_{F0} aus (33):

$$\underline{E}_z = \underline{E}_0 \cdot \sin\frac{\pi x}{a} \cdot \sin\frac{\pi y}{b}, \qquad (387\,\mathrm{a})$$

$$\underline{H}_x = -j\frac{\underline{E}_0}{Z_{F0}} \cdot \frac{\lambda_c}{2b} \cdot \sin\frac{\pi x}{a} \cdot \cos\frac{\pi y}{b}, \qquad (387\,\mathrm{b})$$

$$\underline{H}_y = j\frac{\underline{E}_0}{Z_{F0}} \cdot \frac{\lambda_c}{2a} \cdot \cos\frac{\pi x}{a} \cdot \sin\frac{\pi y}{b}. \qquad (387\,\mathrm{c})$$

Die magnetischen Feldlinien verlaufen in Querschnittsebenen und haben eine Form wie in Abb. 46a. Die elektrischen Feldlinien und die Verschiebungsströme laufen parallel zur z-Achse. Dieses Resonanzfeld ist in

physikalischer Hinsicht identisch mit dem Feld der H_{101}-Resonanz in
Abb. 114a, wobei nur Abb. 115 gegenüber Abb. 114a um 90° um die
x-Achse gedreht ist. Wegen $\lambda_R = \lambda_c$ aus (184) ist hier die Resonanz-
wellenlänge

$$\lambda_R = \frac{2ab}{\sqrt{a^2 + b^2}}, \tag{388}$$

wobei gegenüber (382) das c durch b ersetzt ist. Die Resonanzfrequenz ist
unabhängig von der Länge c.

In einem Quader mit gegebenen Kanten a, b und c gibt es unendlich
viele Resonanzfrequenzen mit verschiedenem m, n und p. Abb. 116 ist
eine Zusammenstellung einiger der niedrigsten Resonanzfrequenzen nach
(382), (384), (386) und (388) in einem Beispiel mit $a:b = 2:1$.

Entsprechende Resonanzen gibt es naturgemäß auch in den defor-
mierten Querschnitten von Abschn. II.5, wobei sich die Resonanzen mit
den dort berechneten λ_c wie oben aus der Bedingung $c = p \cdot \lambda_z/2$
ergeben, bzw. für E-Wellen auch noch mit $p = 0$ aus $\lambda_R = \lambda_c$.

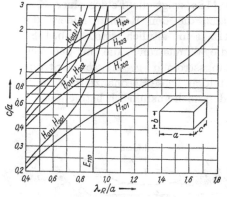

Abb. 116. Resonanzen eines Quaders mit $a:b = 2:1$

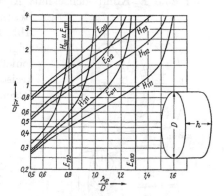

Abb. 117. Resonanzen eines Zylinders

2. Stehende Wellen im Hohlleiter mit Kreisquerschnitt

In einem am Ende kurzgeschlossenen Hohlleiter entstehen stehende
Wellen nach den Regeln von S. 150 für alle H_{mn}-Wellen und E_{mn}-Wellen
von Abschn. II.4. Ein am Ende kurzgeschlossener Hohlleiter stellt einen
Blindwiderstand wie in (377) dar. Man kann diese stehenden Wellen wie
in Abschn. III.1 in den Knotenebenen durch leitende Ebenen ergänzen
ohne das Feld zu verändern. Man erhält dann einen zylindrischen Hohlraumresonator. Abb. 117 gibt eine Zusammenstellung der niedrigsten
Resonanzfrequenzen eines zylindrischen Raumes mit dem Durchmesser

D und der Länge h. Die Resonanzbedingung lautet

$$h = p \cdot \frac{\lambda_z}{2} = \frac{p\lambda_0}{2\sqrt{1 - \left(\frac{\lambda_0}{\lambda_c}\right)^2}}, \qquad (389)$$

mit dem λ_c des betreffenden Wellentyps aus Abschn. II.4. Aus (389) ergibt sich die Resonanzwellenlänge

$$\lambda_0 = \lambda_R = \frac{1}{\sqrt{\left(\frac{p}{2h}\right)^2 + \left(\frac{1}{\lambda_c}\right)^2}}. \qquad (390)$$

Besonderes Intersese besitzt die H_{111}-Resonanz wegen ihrer niedrigen Resonanzfrequenz bzw. der geringen Größe des Resonators bei gegebener Frequenz. Ferner interessieren die H_{01p}-Resonanzen, weil diese wegen der sehr kleinen Dämpfung der H_{01}-Welle besonders kleine Verluste haben.

Es gibt auch hier die E_{mn0}-Resonanzen, bei denen die Resonanzfrequenz gleich der kritischen Frequenz ist und daher das elektrische Feld nur eine E_z-Komponente hat. Abb. 118a zeigt die Felder einer E_{010}-Resonanz, die den Resonanzfeldern der Abb. 115 sehr ähnlich sind. Abb. 118b zeigt die Wandströme, die mit den Verschiebungsströmen geschlossene Stromkreise bilden. Diese Resonanzform wird im folgenden noch ausführlich betrachtet.

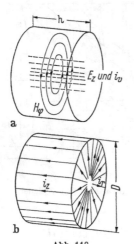

a

b

Abb. 118.
E_{010}-Resonanz eines Zylinders

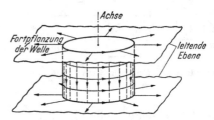

Abb. 119. Radiale Welle zwischen leitenden Ebenen

Radiale Resonanzen. Als radiale Welle oder Zylinderwelle bezeichnet man eine Welle, die von einer Achse ausgeht und sich nach allen Seiten mit kreiszylindrischen Wellenfronten ausbreitet. Abb. 119 zeigt eine besonders einfache Wellenform, die sich zwischen 2 parallelen Ebenen ausbreitet. Die magnetischen Feldlinien sind Kreise auf der Wellenfront, die elektrischen Feldlinien Geraden zwischen den beiden Ebenen (in Abb. 119 gestrichelt). Abb. 120 zeigt das Koordinatensystem. Ein Punkt

P ist festgelegt durch seinen Abstand z von der unteren leitenden Ebene $z = 0$, durch seinen Abstand r von der Achse und den Winkel φ gegenüber einer anfangs festzulegenden Richtung $\varphi = 0$. In einer Zylinderwelle hat die Energiewanderung die Richtung P^* senkrecht zur Achse, also in radialer Richtung. Wenn die Welle wie in Abb. 119 durch leitende Ebenen begrenzt sein soll, muß die elektrische Komponente parallel zur Achse liegen. Wie in Abb. 9 muß dann im einfachsten Fall eine elektrische Feldstärke E_z senkrecht zu P^* und eine magnetische Feldstärke H_φ senkrecht zu P^* und senkrecht zu E_z existieren.

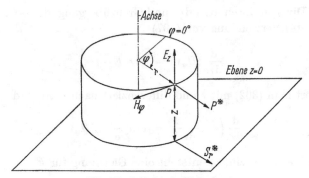

Abb. 120. Zylindrische Wellenfront

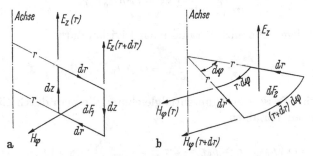

Abb. 121. Induktionsgesetz und Durchflutungsgesetz

Zur Aufstellung der Feldgleichungen zeigt Abb. 121 a eine Fläche dF_1 senkrecht zu H_φ mit den Kanten dr und dz. Mit dem Umlaufsinn der Abb. 1 ist nach (3) die komplexe Amplitude der elektrischen Spannung im freien Raum $(\mu_r = 1)$

$$-\underline{E}_z(r + dr) \cdot dz + \underline{E}_z(r) \cdot dz = j\omega\mu_0\underline{H}_\varphi \cdot dr \cdot dz \qquad (391)$$

oder nach Division durch $dr \cdot dz$ und Grenzübergang $dr \to 0$, $dz \to 0$

$$-\frac{d\underline{E}_z}{dr} = j\omega\mu_0 \cdot \underline{H}_\varphi. \qquad (392)$$

Abb. 121b zeigt eine Fläche dF_2 senkrecht zu E_z. Es ist $dF_2 = dr \cdot r^* \cdot d\varphi$, wobei r^* ein Wert des r ist, der zwischen r und $(r + dr)$ liegt. Der Wert des r^* braucht nicht bekannt zu sein, weil er beim späteren Grenzübergang $dr \to 0$ in den Wert r übergeht. Mit dem Umlaufsinn der Abb. 2 ist nach (6) die komplexe Amplitude der magnetischen Spannung im freien Raum ($\varepsilon_r = 1$)

$$-\underline{H}_\varphi(r + dr) \cdot (r + dr) \cdot d\varphi + \underline{H}_\varphi(r) \cdot r \cdot d\varphi$$

$$= j\omega\varepsilon_0\underline{E}_z \cdot dr \cdot r^* \cdot d\varphi \qquad (393)$$

oder nach Division durch $dr \cdot d\varphi$ und Grenzübergang $dr \to 0$, $r^* \to r$, $d\varphi \to 0$ unter Verwendung von (197)

$$-\frac{d}{dr}(\underline{H}_\varphi r) = j\omega\varepsilon_0\underline{E}_z \cdot r. \qquad (394)$$

Multipliziert man (392) mit r und differenziert nach r, so wird

$$-\frac{d}{dr}\left(r \cdot \frac{d\underline{E}_z}{dr}\right) = j\omega\mu_0\frac{d}{dr}(r\underline{H}_\varphi). \qquad (395)$$

Setzt man hier (390) ein, so entsteht eine Gleichung für E_z:

$$\frac{d}{dr}\left(r \cdot \frac{d\underline{E}_z}{dr}\right) = -\omega^2\mu_0\varepsilon_0\underline{E}_z r$$

oder nach dem Differenzieren und nach Division durch r

$$\frac{d^2\underline{E}_z}{dr^2} + \frac{1}{r}\frac{d\underline{E}_z}{dr} + \omega^2\mu_0\varepsilon_0\underline{E}_z = 0. \qquad (396)$$

Dies ist eine Besselsche Differentialgleichung, die man durch Einführen der neutralen Variablen

$$x = \omega\sqrt{\mu_0\varepsilon_0} \cdot r = \beta_0 r = 2\pi\frac{r}{\lambda_0}, \qquad dx = \omega\sqrt{\mu_0\varepsilon_0} \cdot dr \quad (397)$$

mit β_0 aus (32) in die Normalform (211) bringt:

$$\frac{d^2\underline{E}_z}{dx^2} + \frac{1}{x} \cdot \frac{d\underline{E}_z}{dx} + \underline{E}_z = 0. \qquad (398)$$

Die fortschreitenden Wellen der zylindrischen Anordnung der Abb. 119 als Lösungen der Wellengleichung (398) sind die Hankelschen Funktionen 1. und 2. Art[1], die eine Erweiterung der Funktion $e^{\pm j\beta z}$ für die

---

[1] REHWALD, W.: Elementare Einführung in die Bessel-, Neumann- und Hankel-Funktionen, Stuttgart: 1959.

zylindrische Ausbreitung darstellen. Dagegen ist die in Abschn. II.4 verwendete und in Abb. 53a dargestellte Lösungsfunktion J_0 eine stehende Welle im zylindrischen System. Abb. 122 und Abb. 123 geben Beispiele für stehende Wellen bei Verwendung der Funktion J_0.

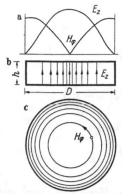

Abb. 122. Felder der E_{010}-Resonanz im Zylinder

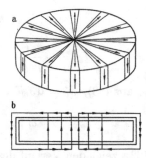

Abb. 123. Ströme der E_{010}-Resonanz

Mit x aus (397) lautet die Lösung von (398)

$$\underline{E}_z = \underline{E}_0 \cdot J_0\left(\frac{2\pi r}{\lambda_0}\right). \tag{399}$$

$\underline{E}_0$ ist eine frei wählbare Konstante und die maximale elektrische Feldstärke, die sich auf der Achse $r = 0$ entwickelt. Nach Abb. 53a ist $J_0 = 1$ für $x = 0$, d. h. $r = 0$. Es ist für das Folgende zweckmäßig, den Anfang der Zeitkoordinate so zu wählen, daß $\underline{E}_0$ keinen Phasenwinkel besitzt, sondern eine reelle Konstante E_0 ist. Die einfachste stehende Welle ergibt sich, wenn nach Abb. 122 und 123 das zylindrische System außen durch einen leitenden Zylinder mit dem Durchmesser D abgeschlossen ist. Die fortschreitende Welle der Abb. 119 wird an diesem Zylinder als radiale, zylindersymmetrische Welle zur Achse hin reflektiert. Am äußeren Zylinder für $r = D/2$ muß nach (49) $E_z = 0$ sein, d. h. eine Nullstelle der Funktion J_0 aus Abb. 53a liegen. Wählt man hierfür die erste Nullstelle des J_0 bei $x = 2{,}40$, so ist nach (397) für $r = D/2$

$$x = 2{,}40 = \frac{\pi D}{\lambda_0}.$$

Das λ_0 dieser Gleichung

$$\lambda_0 = \lambda_R = \frac{\pi D}{2{,}40} = 1{,}31 D \tag{400}$$

ist die Resonanzwellenlänge des zylindrischen Hohlraums, bei der die stehende J_0-Welle die Grenzbedingung (49) erfüllt. Die neutrale Koordinate x aus (397) lautet mit diesem λ_0

$$x = 4{,}80 \, \frac{r}{D}; \quad \mathrm{d}x = 4{,}80 \, \frac{\mathrm{d}r}{D}. \tag{400a}$$

Mit diesem x folgt aus (399) und (392) für reelles E_0

$$\underline{E}_z = E_0 \cdot \mathrm{J}_0\!\left(4{,}80 \, \frac{r}{D}\right), \tag{401}$$

$$\underline{H}_\varphi = -\frac{1}{\mathrm{j}\omega\mu_0} \cdot \frac{\mathrm{d}\underline{E}_z}{\mathrm{d}r} = \mathrm{j}\,\frac{E_0}{Z_{F0}} \cdot \mathrm{J}_0'\!\left(4{,}80 \, \frac{r}{D}\right) \tag{402}$$

mit Z_{F0} aus (33), $\mathrm{J}_0' = \mathrm{d}\mathrm{J}_0/\mathrm{d}x$ aus Abb. 53 b und

$$\omega \, \sqrt{\mu_0 \varepsilon_0} = \frac{2\pi}{\lambda_0} = \frac{4{,}80}{D}.$$

Abb. 122 a zeigt den Verlauf des E_z und des H_φ längs des Durchmessers des Hohlraumes, Abb. 122 b die elektrischen Feldlinien und Abb. 122 c die magnetischen Feldlinien. Die Resonanz ist physikalisch identisch mit der E_{010}-Resonanz, wobei lediglich die Abb. 122 und 123 gegenüber Abb. 118 um 90° gedreht sind.

Abb. 123 a zeigt die Wandströme des Hohlraumes. Auf den kreisförmigen Deckflächen gibt es radiale Ströme senkrecht zu den magnetischen Feldlinien der Abb. 122 c nach der Regel der Abb. 62. Die radiale Flächenstromdichte S_R^* (Abb. 120) ist nach (290) und (402)

$$\underline{S}_r^* = \pm \underline{H}_\varphi = \pm \mathrm{j}\,\frac{E_0}{Z_{F0}} \cdot \mathrm{J}_0'\!\left(4{,}80 \, \frac{r}{D}\right). \tag{403}$$

Positives Vorzeichen für die untere Fläche $z = 0$ (Abb. 120). Die Stromdichte nimmt von der Achse aus zum Rande hin zu wie H_φ in Abb. 122 a. Auf dem senkrechten Randzylinder gibt es senkrechte Ströme mit der Flächenstromdichte

$$\underline{S}_z^* = \underline{H}_\varphi\!\left(r = \frac{D}{2}\right) = \mathrm{j}\,\frac{E_0}{Z_{F0}} \cdot 0{,}52. \tag{404}$$

Man entnehme J_0' für $x = 2{,}4$ aus Abb. 53 b. Abb. 123 b zeigt, wie sich die Verschiebungsströme längs der elektrischen Feldlinien mit den Wandströmen zu geschlossenen Stromkreisen ergänzen.

Man kann mit der stehenden J_0-Welle aus (401) auch einen koaxialen Resonator nach Abb. 124 a betreiben, wenn dabei die Grenzbedingungen erfüllt werden, daß $\underline{E}_z$ sowohl am inneren Zylinder bei $r = d/2$ als auch am äußeren Zylinder bei $r = D/2$ gleich Null ist. Da die Funktion J_0

nach Abb. 53a mehrere Nullstellen hat, sind die Grenzbedingungen erfüllt, wenn bei $r = d/2$ und bei $r = D/2$ je eine Nullstelle des J_0 liegt. Im einfachsten Fall verwendet man die erste Nullstelle bei $x = 2{,}40$ und die zweite Nullstelle bei $x = 5{,}52$. Es ist also $\underline{E}_z = 0$ auf den beiden leitenden Zylindern, wenn nach (397)

$$\text{für } r = \frac{d}{2} : 2{,}40 = \frac{\pi d}{\lambda_0} \quad \text{oder} \quad d = 0{,}76\,\lambda_0, \tag{405a}$$

$$\text{für } r = \frac{D}{2} : 5{,}52 = \frac{\pi D}{\lambda_0} \quad \text{oder} \quad D = 1{,}75\,\lambda_0. \tag{405b}$$

Abb. 124b zeigt die Verteilung der Funktionen J_0 und J_0' längs eines Resonator-Durchmessers unter diesen Bedingungen für die Nullstellen. Durch (405a und b) wird ein bestimmtes Durchmesser-Verhältnis $D/d = 2{,}3$ vorgeschrieben. Man kann jedoch dem Resonator im Prinzip jedes Verhältnis D/d geben; es wird dann lediglich die mathematische Darstellung und die quantitative Auswertung etwas schwieriger, weil nur wenige Zylinderfunktionen direkt aus Tabellen entnehmbar sind. Die elektrischen Feldlinien sind Geraden in z-Richtung wie in Abb. 122b, jedoch mit anderer Verteilung des E_z längs des Radius. Die Größe des E_z längs des Radius (proportional zu J_0) zeigt Abb. 124c. Die magnetischen Feldlinien sind Kreise um die Achse wie in Abb. 122c. Die Feldstärke H_φ ist nach (402) dem J_0' proportional und ihre Verteilung längs des Radius in Abb. 124b zu finden.

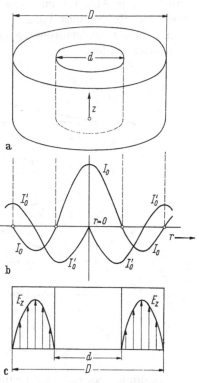

Abb. 124.
E_{010}-Resonanz im koaxialen Zylinder

3. Technische Formen von Resonatoren in der Grundschwingung

Den einfachsten Fall einer Resonanz zeigen die Abb. 114, 115, 118 und 122, wobei alle diese Felder das gleiche physikalische Prinzip zeigen, wenn auch Einzelheiten der Feldform je nach der Form des Resonators

11*

verschieden sein können. Charakteristisch für diese Resonanz ist das
Bündel paralleler elektrischer Feldlinien in der Resonatormitte, umgeben von einem Ring magnetischer Feldlinien; Stromkreise, bestehend
aus dem Bündel von Verschiebungsströmen längs der elektrischen Feldlinien in der Resonatormitte und aus Wandströmen auf der Resonator-
wand, die diese Verschiebungsströme zu geschlossenen Stromkreisen ergänzen (Abb. 123). Wenn die Ausdehnung des Resonators in Richtung
der elektrischen Feldlinien (Kante b in Abb. 114, Kante c in Abb. 115,
Länge h in Abb. 118 und Abb. 122) klein gegen die Wellenlänge λ_0 ist,
hat diese Resonanz die niedrigste Resonanzfrequenz in diesem Hohlraum
(größtes λ_R in Abb. 116 und Abb. 117) und wird dann als Grundschwingung des Hohlraumes bezeichnet. Da die meisten Resonatoren der
Praxis diese Grundschwingung verwenden, soll sie im folgenden näher
betrachtet werden.

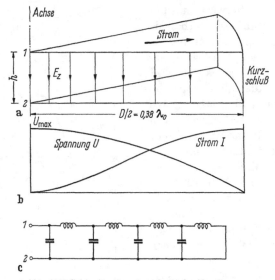

Abb. 125. Sektorförmiger Ausschnitt der E_{010}-Resonanz

Schaltungsersatzbild der Grundschwingung. Physikalisch kann man
sich diese Grundschwingung etwa folgendermaßen vorstellen. Wenn sich
zu irgendeinem Zeitpunkt elektrische Energie in der Resonatormitte befindet, so zerfällt diese nach Abb. 3 und läuft in Wellenform nach außen
wie in Abb. 119. Die Welle wird an der Außenwand reflektiert, wobei in
der reflektierenden Fläche nach Abb. 13 das E_z verschwindet und das H_φ
groß ist. Die Feldenergie sammelt sich dann in der Nähe der Außenwand
und ist zu einem bestimmten Zeitpunkt rein magnetischer Natur. Die
an der Außenwand reflektierte Welle trifft, von allen Seiten kommend,

in der Nähe der Achse wieder zusammen und bildet dort wieder elektrische Energie, die dann wieder wie in Abb. 3 zerfällt und nach außen wandert. Um eine Analogie zu Leitungsschaltungen zu erkennen, schneide man aus dem Resonator der Abb. 123 einen Sektor heraus, wie er in Abb. 125a gezeichnet ist. Dieser Sektor stellt eine am Ende kurzgeschlossene Leitung aus 2 sektorförmigen Leitern dar, deren Länge nach (400) $D/2 = 0,38\lambda_0$ ist. Der in Abb. 123 gezeichnete Längsstrom dieses Sektors steigt nach Abb. 125b zum Kurzschluß hin an. Die Querspannung $E_z h$ mit E_z aus (401) sinkt zum Kurzschluß hin ab. Dies bedeutet eine unmittelbare Ähnlichkeit mit dem Zustand auf einer am Ende kurzgeschlossenen Leitung der Länge $\lambda_0/4$, wie sie als Resonator in Bd. I [Abb. 183a und c] beschrieben ist. Die Leitung der Abb. 125a ist etwas länger als $\lambda_0/4$, weil sie spitz zuläuft und daher einen sich längs der Leitung ändernden Wellenwiderstand hat. Das Verhalten des Resonators kann nach Bd. I [Abb. 157] durch eine LC-Kette wie in Abb. 125c beschrieben werden, wobei die Anschlußpunkte 1 und 2 der Kette die Achsenpunkte 1 und 2 des Resonators in Abb. 125a sind. Der Resonator der Abb. 123 setzt sich aus Sektoren nach Abb. 125a zusammen, die in den Achsenpunkten 1 und 2 parallelgeschaltet sind. Der gesamte Resonator hat daher ebenfalls ein Ersatzbild nach Abb. 125c bezogen auf die Punkte 1 und 2. In Bd. I [Abb. 184 und Gl. (488)] wurde die Ähnlichkeit dieser Resonanz mit derjenigen eines Parallelresonanzkreises aus L und C nach Bd. I [Gl.

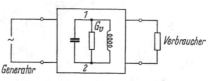

Abb. 126. Schema einer Resonatorschaltung in der Grundschwingung

(222) bis (224)] bewiesen. Es ist daher begründet und bei vielen Aufgabenstellungen nützlich, den Resonator zwischen den Achsenpunkten 1 und 2 als Parallelresonanzkreis darzustellen, wie dies in Abb. 126 geschehen ist.

Eigenverluste des Resonators. Eine für die technische Anwendung sehr wichtige Tatsache ist, daß der Schwingungsvorgang im Resonator nicht verlustfrei ist. Bei Abwesenheit von Dielektrikum entstehen die Verluste durch die Wandströme im nichtidealen Leiter. Die im Resonator hin- und herlaufenden Wellen sind gedämpft wie in Abschn. II.6. Diese Verluste wirken wie ein Verlustleitwert G_v parallel zum Resonanzkreis in Abb. 126; vgl. Bd. I [Abb. 105]. Die im Resonanzkreis vorhandene Energie wird durch die Dämpfung der Wellen langsam aufgebraucht, und es entsteht eine abklingende Schwingung, wenn dem Resonanzkreis nicht laufend Energie zugeführt wird. Um im verlustbehafteten Resonator eine Schwingung konstanter Amplitude aufrechtzuhalten, muß man dem Resonator Leistung aus einem Generator zuführen. In vielen Anwendungsfällen ist neben den Eigenverlusten des Hohlraumes noch ein Nutzwiderstand als weiterer Verbraucher vorhanden, der ebenfalls Wirkleistung verbraucht. Ein Resonator ist also Bestandteil einer Schaltung, deren Prinzip Abb. 126 zeigt. Den Verbraucher kann man sich wie in Bd. I [Abb. 105 und Gl. (268) bis (270)] als Wirkleitwert G parallel zu G_v liegend denken.

Verluste einer radialen Resonanz. Als Beispiel sollen die Verluste für eine radiale Resonanz nach Abb. 123 berechnet werden. Der Resonator verbraucht eine Wirkleistung P_v, die aus den Wandströmen berechnet werden kann. Denkt man sich G_v in Abb. 127 zwischen den Punkten 1 und 2 liegend, so besteht zwischen diesen Punkten eine Spannung mit dem Scheitelwert $U = E_0 h$; denn E_0 ist nach (401) die elektrische Feldstärke auf der Achse $r = 0$. Liegt U an G_v, so ist die verbrauchte Wirkleistung $P_v = \dfrac{1}{2}\, U^2 G_v$ und

$$G_v = \frac{2P_v}{U^2} = \frac{2P_v}{(E_0 h)^2}. \qquad (406)$$

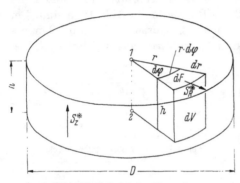

Abb. 127. Zylindrischer Resonator

Um G_v zu erhalten, muß man also zunächst P_v aus den Wandströmen nach den Regeln von Abschn. II.6 berechnen. Man beginnt mit (310) und berechnet zunächst den Leistungsverbrauch infinitesimaler Teilstücke der Resonatoroberfläche. Auf den senkrechten Wänden in Abb. 127 gibt es vertikale Ströme mit der überall konstanten Stromdichte S_z^* aus (404). Wegen dieser konstanten Stromdichte kann man in (310) als dF die gesamte Oberfläche $\pi D h$ der senkrechten Wand nehmen und erhält als Leistungsverbrauch P_{v1} dieser senkrechten Wand:

$$P_{v1} = \frac{1}{2}\,(S_z^*)^2 \cdot R^* \pi D h = 0{,}42\,\frac{R^* E_0^2}{Z_{F0}^2}\,D h. \qquad (407)$$

Auf der Deckfläche des Resonators in Abb. 127 fließen radiale Ströme mit der Stromdichte S_r^* aus (403). Der Strom fließt durch Flächenelemente $dF = dr \cdot r \cdot d\varphi$. In dF entsteht nach (310) die Verlustleistung

$$dP_v = \frac{1}{2}\,(S_r^*)^2 R^* \cdot dr \cdot r \cdot d\varphi. \qquad (408)$$

Die Summe aller dieser $\mathrm{d}P_v$ der oberen Deckfläche ist die Verlustleistung der Deckfläche

$$P_{v2} = \int\limits_{r=0}^{\frac{D}{2}} \int\limits_{\varphi=0}^{2\pi} \frac{1}{2}\, \frac{E_0^2}{Z_{F0}^2} \left[\mathrm{J}_0'\left(4{,}80\,\frac{r}{D}\right) \right]^2 R^* \cdot \mathrm{d}r \cdot r \cdot \mathrm{d}\varphi = 0{,}105\, \frac{R^* E_0^2}{Z_{F0}^2}\, D^2 .$$

$$(409)$$

Das Integral über φ gibt den Faktor 2π. Zur Integration über r verwendet man (222) und x aus (400a) mit $x_1 = 2{,}40$. Die Verlustleistung P_{v2} tritt zweimal auf, da es eine obere und eine untere Deckfläche gibt. Die gesamte Verlustleistung ist

$$P_v = P_{v1} + 2P_{v2} = 0{,}42\, \frac{R^* E_0^2}{Z_{F0}^2}\, D \left(h + \frac{D}{2} \right). \qquad (410)$$

Dividiert man nach (406) $2P_v$ durch $(E_0 h)^2$, so erhält man

$$G_v = 0{,}84\, \frac{R^*}{Z_{F0}^2} \cdot \frac{D}{h} \left(1 + \frac{D}{2h} \right). \qquad (411)$$

Gütefaktor eines Resonators. Der Gütefaktor eines Parallelresonanzkreises ist nach Bd. I [Gl. (228)] als Quotient des Resonanzblindleitwerts $B_R = \omega_R C$ und des Wirkleitwerts G_K des Kreises definiert. Wenn im folgenden nur der Gütefaktor des reinen Resonators ohne Belastung durch Wirkkomponenten eines zusätzlichen Verbrauchers und des Generators werden soll, so ist das G_K des Gütefaktors identisch mit dem durch die Verluste entstandenen G_v des Resonators. Jedoch kann man für einen Resonator der hier betrachteten Art keinen Resonanzblindwiderstand B_R definieren. Es ist üblich, die Formel für den Gütefaktor dadurch zu verallgemeinern, daß man Bd. I [Gl. (228)] mit $\frac{1}{2} U^2$ erweitert, wobei U der Scheitelwert der Spannung am Resonanzkreis ist. Es ist dann

$$Q_K = \frac{\dfrac{1}{2}\, U^2 \omega C}{\dfrac{1}{2}\, U^2 G_v} = \frac{\omega W}{P_v}. \qquad (412)$$

$W = \frac{1}{2} U^2 C$ ist nach Bd. I [Gl. (12)] die Feldenergie des Resonanzkreises, die sich im Zeitpunkt höchster Spannung vollständig als elektrische Energie W_e im Kondensator C findet. Dieses W läßt sich auch für Resonatoren der hier betrachteten Art definieren, wie dies in einem Beispiel bereits in (378) berechnet wurde. W kann man berechnen als elektrische

Feldenergie für denjenigen Moment, in dem das elektrische Feld seinen Maximalwert durchläuft und das magnetische Feld gleich Null ist, oder als magnetische Feldenergie für denejenigen Moment, in dem das magnetische Feld seinen Maximalwert durchläuft und das elektrische Feld gleich Null ist. P_v in (412) ist die Verlustleistung des Resonators, wie sie in einem Beispiel bereits in (410) berechnet wurde.

Um den Gütefaktor des Resonators der Abb. 127 nach (412) zu berechnen, verwendet man P_v aus (410) und muß noch den Energieinhalt W des Resonators berechnen. Hier wird die magnetische Feldenergie berechnet für denjenigen Moment, in dem die magnetische Feldstärke aus (402) den Scheitelwert

$$H_\varphi = \frac{E_0}{Z_{F0}} \cdot J_0'\left(4{,}80\,\frac{r}{D}\right)$$ (413)

durchläuft. Im Teilvolumen $\mathrm{d}V = h \cdot \mathrm{d}r \cdot r \cdot \mathrm{d}\varphi$ des Resonators in Abb. 127 befindet sich dann nach Bd. I [Gl. (24)] die magnetische Energie

$$\mathrm{d}W_m = \frac{1}{2}\,\mu_0 H_\varphi^2 \cdot \mathrm{d}V = \frac{1}{2}\,\mu_0\frac{E_0^2}{Z_{F0}^2}\left[J_0'\left(4{,}80\,\frac{r}{D}\right)\right]^2 h \cdot \mathrm{d}r \cdot r \cdot \mathrm{d}\varphi$$ (414)

und im gesamten Resonator die Energie

$$W = \int\limits_{r=0}^{\frac{D}{2}}\int\limits_{\varphi=0}^{2\pi}\frac{1}{2}\,\mu_0\frac{E_0^2}{Z_{F0}^2}\left[J_0'\left(4{,}80\,\frac{r}{D}\right)\right]^2 h \cdot \mathrm{d}r \cdot r \cdot \mathrm{d}\varphi = 0{,}105\,\mu_0\frac{E_0^2}{Z_{F0}^2}\,hD^2,$$ (415)

wobei (222) und x aus (401) mit $x_1 = 2{,}40$ verwendet wurde. Mit P_v aus (410) wird dann der Gütefaktor (412)

$$Q_K = \frac{\omega W}{P_v} = \frac{\omega\mu_0}{4R^*}\frac{D}{1 + \dfrac{D}{2h}}.$$ (416)

Ankopplung des Generators. Der Generator muß in dem Resonator elektrische Felder oder magnetische Felder (oder beides gleichzeitig) in solcher Lage und Form erzeugen, daß diese Felder denen der Grundschwingung sehr ähnlich sind. Dann nimmt die Grundschwingung einen großen Teil der Energie dieser Felder auf und kann diese Energie zum Ausgleich für das verlorene P_v verwenden, um eine Schwingung konstanter Amplitude im Resonator aufrechtzuerhalten. Elektrische Felder E erzeugt man in Abb. 128a mit Hilfe eines Generators, der sich außerhalb des Resonators befindet, durch sogenannte kapazitive Ankopplung, wobei zwischen Generator und Ankopplung eine koaxiale Verbindungsleitung liegen kann. Diese Felder E haben im wesentlichen solche Lage und Richtung, daß sie zu den Feldern der Grundschwingung passen. Die Felder müssen also vorzugsweise in der Mitte des Resonators liegen und in Richtung der Resonatorachse wie in den Abb. 114, 115 oder 118

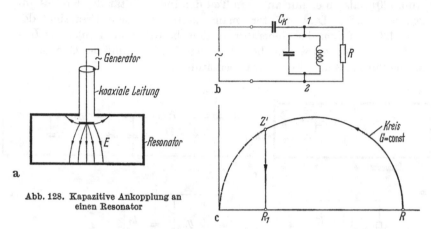

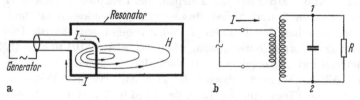

Abb. 128. Kapazitive Ankopplung an einen Resonator

verlaufen. Diese Kopplungsart entspricht weitgehend dem Ersatzbild der Abb. 128 b. Abb. 129 a stellt das Prinzip der induktiven Kopplung dar. Ein Generator schickt einen Strom I in eine Leiterschleife (an der die Resonatorwände beteiligt sein können). Wenn das magnetische Feld H der Leiterschleife wesentliche Bestandteile hat, die dem magnetischen Feld der Grundschwingung des Resonators ähnlich sind, dann entnimmt die Grundschwingung magnetische Feldenergie aus dem Feld H der Leiterschleife und kann dadurch die Schwingung aufrechterhalten.

Abb. 129. Induktive Ankopplung an einen Resonator

Schaltungsmäßig verhält sich die Anordnung der Abb. 129 a ähnlich wie die Ersatzschaltung der Abb. 129 b, die einen Transformator mit sekundärer Resonanz nach Bd. I [S. 80] darstellt. Abb. 130 a zeigt eine Ankopplung im Innern des Resonators, wie sie in Zusammenhang mit elektronischen Bauelementen vorkommt. Der vom Generator erzeugte Strom I fließt durch einen Leiter, der parallel zur Achse des Resonators liegt. Das magnetische Feld, das diesen Leiter umgibt, hat eine für die Grundschwingung des Resonators brauchbare Form, weil die magne-

tischen Feldlinien H des Leiters in Abb. 130a Ringe in waagerechten
Ebenen sind. Wenn der Generator nicht in der Resonatormitte zwischen 1
und 2 angeschlossen wird, dann wirkt er so wie im Ersatzbild der
Abb. 130b, als ob er nur an einen Teil der Induktivität des Kreises an-
gekoppelt wäre. Dies erläutert man exakter mit dem Ersatzbild der
Abb. 125c, in dem der Generator an dem betreffenden Punkt der LC-
Kette angeschlossen wäre. Abb. 130c zeigt den Anschluß des Generators
an die Punkte 3 und 4 der Ersatzschaltung.

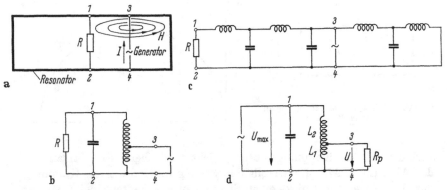

Abb. 130. Ankopplung an eine Teilspannung

Ankopplung des Verbrauchers. Zur vollständigen Schaltung gehört
nach Abb. 126 noch ein Verbraucher. Die Ankopplung des Verbrauchers
an den Resonator erfolgt ebenfalls mit den Anordnungen der Abb. 128
bis 130, wobei der Generator durch den Verbraucherwiderstand zu ersetzen ist. Abb. 130d zeigt ein Beispiel, bei dem der Verbraucher R_p
an den Punkten 3 und 4 des Resonators angeschlossen ist und ein
Generator zwischen den Punkten 1 und 2 liegend gedacht ist. Dies ist
dann eine Transformationsschaltung wie in Bd. I [Abb. 101 und Gl. (253)].
Der Widerstand R_p erscheint zwischen den Klemmen 1 und 2 mit
einem größeren Widerstandswert R. Das Ausmaß der Widerstandstransformation hängt von der Lage der Punkte 3 und 4 im Resonator
ab. Je mehr diese Punkte an den Rand des Resonators rücken, desto
kleiner wird L_1 in Abb. 130d, desto mehr wird der Widerstand nach
Bd. I [Gl. (253)] transformiert. Dies sieht man auch an der Spannungs-
kurve der Abb. 125b. Je mehr die Anschlußpunkte 3 und 4 an den Rand
des Resonators rücken, desto kleiner wird U an dieser Stelle gegenüber
$U_{\max}$. Nach Bd. I [Gl. (212) und Abb. 92] ist in der Transformationsschaltung der Abb. 130d

$$U_{\max} : U = \sqrt{R} : \sqrt{R_p}; \quad R = R_p \left(\frac{U_{\max}}{U}\right)^2. \tag{417}$$

Abb. 131a zeigt als Beispiel eine vollständige Schaltung, bei der der Verbraucher induktiv nach Abb. 129 und der Generator kapazitiv nach Abb. 128 angekoppelt ist. Abb. 131b gibt das Ersatzbild dieser Schaltung. Hierbei entstehen meist Anpassungsprobleme, weil der durch die Schaltung an die Ausgangsklemmen 5 und 6 des Generators transfor-

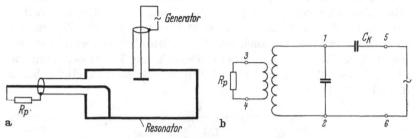

Abb. 131. Beispiel einer Resonatorschaltung

mierte Verbraucher an den Innenwiderstand des Generators angepaßt sein muß. Wenn in der Schaltung wie in Abb. 131a längere koaxiale Leitungen vorkommen, wird man nach Bd. I [Abschn. IV.1] oftmals zusätzlich fordern, daß jede dieser Leitungen mit ihrem Wellenwiderstand abgeschlossen ist. Die Kopplungsschaltungen müssen daher im allgemeinen bestimmte, quantitativ definierte Transformationsaufgaben vollziehen. Zweckmäßig ist es dabei, zunächst die Transformation des Verbrauchers R_p in einen Widerstand R zwischen den Punkten 1 und 2 der Schaltung, den Achsenpunkten des Resonators (Abb. 125 bis 127), durchzuführen. Im Fall induktiver Kopplung nach Abb. 131b ist dies ein Transformationsproblem wie in Bd. I [S. 78] mit loser Kopplung. Anschließend berechnet man die Transformation des R durch die Generatorankopplung. Im Fall der kapazitiven Kopplung der Abb. 131b vollzieht sich dies nach dem Prinzip der Abb. 128b und c. R ist im allgemeinen ein sehr großer Widerstand, der meist in einen wesentlich kleineren Widerstand R_1 zu transformieren ist. Abb. 128c zeigt den Transformationsweg in der komplexen Widerstandsebene nach den Regeln von Bd. I [Abschn. III.1]. Der Resonator wird hierbei etwas aus seiner Resonanzfrequenz heraus so verstimmt, daß der in Abb. 128b parallel zu R zwischen 1 und 2 liegende Parallelresonanzkreis einen induktiven Leitwert darstellt. Dieser Leitwert verschiebt R nach Bd. I [Abb. 86] auf einem Kreis $G = \text{const}$ gegen den Uhrzeigersinn. Der induktive Leitwert des verstimmten Resonators muß genau so groß sein, daß R dadurch in den Punkt Z' senkrecht über R_1 transformiert wird. Die Koppelkapazität C_K verschiebt dann Z' nach Bd. I [Abb. 85] senkrecht nach unten nach R_1, wobei der Blindwiderstand $1/\omega C_K$ gleich der Strecke $Z' R_1$ sein muß. Durch passende Wahl der Resonatorverstimmung

(Länge des Kreisbogens $R Z'$) und durch passende Wahl des C_K kann man R in jeden Wert $R_1 < R$ transformieren.

Wegen der Eigenverluste des Resonators kommt nur ein Teil der vom Generator eingespeisten Leistung P zum Verbraucher als Nutzleistung P_n. Den Quotienten P/P_n nennt man den Wirkungsgrad η der Resonatorschaltung. Zur Berechnung des Wirkungsgrades transformiert man den Verbraucher über seine Ankopplungsschaltung in die Resonatorachse zwischen die Punkte 1 und 2 als Wirkleitwert $G = 1/R$. Zwischen 1 und 2 liegt nach Abb. 126 auch der die Verluste beschreibende Verlustleitwert G_v des Resonators nach (406). Die Leistung P teilt sich dann wie in Bd. I [Abb. 105] in G und G_v auf. Der Wirkungsgrad ergibt sich aus Bd. I [Gl. (270)]

$$\eta = \frac{1}{1 + \dfrac{G_v}{G}}. \tag{418}$$

Der Wirkungsgrad einer Resonatorschaltung ist bei gegebenem Resonator (gegebenem G_v) um so größer, je größer G ist. Wenn man z. B. in Abb. 130d das L_1 immer kleiner macht, also die Anschlüsse 3 und 4 des Verbrauchers im Resonator immer weiter nach außen setzt, wird nach (417) R größer (G kleiner), weil U nach Abb. 125 am Ort des Verbrauchers kleiner wird. Durch Verändern der Ankopplung kann man also den Wirkungsgrad der Resonanzschaltung weitgehend verändern.

Bandbreite. Wenn man den Resonator nicht auf seiner Resonanzfrequenz betreibt, muß man wie bei jedem Parallelresonanzkreis von außen nicht nur Wirkleistung, sondern auch Blindleistung in den Resonator einbringen. Verändert man die Frequenz des Generators, so durchläuft die Eingangsimpedanz, die die Schaltung dem Generator zwischen den Klemmen 5 und 6 der Abb. 131b anbietet, in der komplexen Widerstandsebene einen mit wachsender Frequenz im Uhrzeigersinn durchlaufenen Kreis ähnlich wie beim Parallelresonanzkreis nach Bd. I [Abb. 100]. Die Spannung am Verbraucher durchläuft eine Resonanzkurve ähnlich Bd. I [Abb. 98, Kurve $1/\sqrt{1 + F^2}$]. Die relative Bandbreite der Resonanzkurve ist wie in Bd. I [Gl. (268)] die Summe der Bandbreite d_v, die durch die Resonatorverluste verursacht und umgekehrt proportional zum Gütefaktor Q_K aus (412) ist, und einer Bandbreite d, in der nach Bd. I [Gl. (228)] der innere Leitwert des speisenden Generators und der Verbraucherwiderstand enthalten sind. Die durch die Resonatorverluste bedingte Bandbreite

$$d_v = \frac{1}{Q_K} = \frac{P_v}{\omega W} \tag{419}$$

ist also die kleinste Bandbreite, die die Resonanzschaltung erreichen
kann. Zum Zusammenhang zwischen Bandbreite und Wirkungsgrad s.
Bd. I [S. 111].

Kapazitiv belasteter Resonator. Bei
niedrigen Frequenzen wird der Durchmesser der bisher betrachteten Resonatoren so groß, daß ihre praktische
Anwendung fast ausgeschlossen ist. Man
kann bei gegebenen äußeren Abmessungen die Resonanzfrequenz dadurch
erniedrigen, daß man nach dem Prinzip
der Abb. 132 in der Mitte des Resonators einen leitenden Stempel einbaut.
Dadurch wird die Kapazität im Ersatzbild der Abb. 126 größer und die
Resonanzfrequenz entsprechend kleiner
Abb. 133d zeigt, wie dieser Stempel die
elektrischen Feldlinien auf sich konzen-
triert. Von diesem Resonator mit Stempel gibt es einen stetigen Übergang zu
dem Resonator aus Bd. I [Abb. 187a],
der aus einer am Ende kurzgeschlossenen
Leitung entstanden und in Abb. 133a

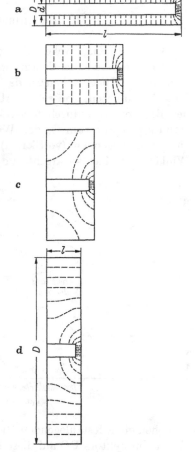

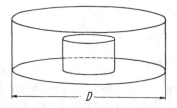

Abb. 132. Kapazitiv belasteter Resonator   Abb. 133. Zylindersymmetrische Resonatoren

nochmals gezeichnet ist. Während der Resonator der Abb. 133a elektrische Feldlinien quer zur Leitungsachse besitzt, liegen die elektrischen Feldlinien in Abb. 133d vorzugsweise in Richtung der Leitungsachse. Abb. 133
zeigt vier Resonatoren mit gleicher Resonanzfrequenz, bei denen sich
von Abb. 133a bis d das D stetig vergrößert, während die Länge l abnimmt, um gleiche Resonanzfrequenz aller dargestellten Zylinder zu
bekommen. In Abb. 133c zeigt das elektrische Feld einen komplizierten
Übergang zwischen den koaxialen Resonanzen der Abb. 133a und b und
der Hohlraumresonanz der Abb. 133d.

IV. Kugelwellen und Antennen

1. Die einfachsten Kugelwellen

Bei einer Kugelwelle geht die Welle von einem punktförmigen Zentrum aus, und die Energie wandert längs des Radius. Die Wellenfronten sind Kugelflächen um das Wellenzentrum herum. Man verwendet Kugelkoordinaten, wie sie in Abb. 134 dargestellt sind. Ein Punkt P des Raumes wird durch folgende Koordinaten festgelegt: seinen Abstand r vom Zentrum O; den Winkel ϑ zwischen dem Radius OP und einer festzulegenden (vertikalen) Achse des Koordinatensystems; den Winkel φ in einer senkrecht zur Achse liegenden (horizontalen) Ebene

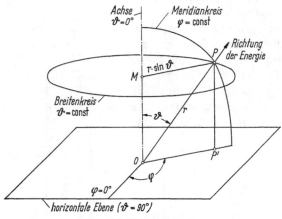

Abb. 134. Kugelkoordinaten

zwischen einer festzulegenden Richtung $\varphi = 0$ und der Projektion P'O des Radiusvektors PO auf diese Ebene. Zwei Kreise durch den Punkt P spielen im folgenden eine wichtige Rolle: der Meridiankreis mit dem Mittelpunkt O und dem Radius r, der in einer vertikalen, durch die Achse gehenden Ebene $\varphi = $ const liegt; der Breitenkreis $\vartheta = $ const mit dem Mittelpunkt M und dem Radius $r \cdot \sin \vartheta$, der in einer horizontalen Ebene liegt. Diese beiden Kreise liegen auf einer Kugel $r = $ const durch den Punkt P, wie es in Abb. 147 dargestellt ist.

Es werden im folgenden nur Wellen in Luft mit $\varepsilon_r = 1$ und $\mu_r = 1$ betrachtet.

Kegelleitung. Kugelwellen vom L-Typ, die keine Feldkomponenten in der Richtung der Energiewanderung haben, findet man in der koaxialen Kegelleitung, die in Abb. 135 dargestellt ist. Ähnlich wie im Querschnitt der Koaxialleitung in Abb. 63 sind die magnetischen Feldlinien Kreise um die Achse (ein Beispiel H in Abb. 135). Es gibt nur eine magnetische Komponente H_φ als Tangente der Breitenkreise (Abb. 134). Die elektrischen Feldlinien E stehen nach Abb. 135 senkrecht auf den

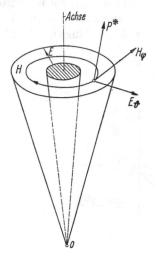

Abb. 135. Koaxiale Kegelleitung

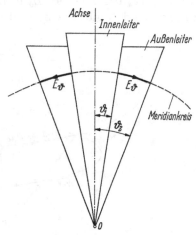

Abb. 136. Koaxiale Kegelleitung

magnetischen Feldlinien und auf den begrenzenden Leitern. Sie haben nur eine Komponente E_ϑ und laufen auf Meridiankreisen $\varphi =$ const, wie dies im Schnittbild der Abb. 136 zu erkennen ist. Innenleiter und Außenleiter sind nach Abb. 136 durch die Winkel ϑ_1 und ϑ_2 festgelegt. E_ϑ und H_φ sind unabhängig von φ, weil das System rotationssymmetrisch ist. Die Strahlungsdichte P^* steht nach Abb. 135 senkrecht auf H_φ und E_ϑ und hat radiale Richtung wie in Abb. 134.

Abb. 137 dient zur Aufstellung des Induktionsgesetzes für H_φ. Die infinitesimale Fläche dF_1 steht senkrecht zu H_φ. Sie liegt in einer

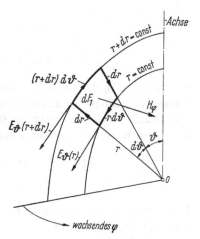

Abb. 137. Induktionsgesetz

Meridianebene durch die Achse zwischen Meridiankreisen mit den Radien r und $r + dr$ und zwischen zwei Radien mit den Winkeln ϑ und $\vartheta + d\vartheta$. Die Richtung des H_φ wird so gewählt, daß der Pfeil des H_φ

in Richtung wachsender φ zeigt; zur Definition des φ vgl. Abb. 134. Es
ist $\mathrm{d}F_1 = \mathrm{d}r \cdot r^* \cdot \mathrm{d}\vartheta$, wobei r^* wie in (196) ein Radius ist, der zwischen r und $(r + \mathrm{d}r)$ liegt. Die Größe des r^* braucht nicht bekannt zu
sein, weil r^* beim Grenzübergang $\mathrm{d}r \to 0$ in r übergeht. Im Falle der
L-Welle der Kegelleitung gibt es nur E_ϑ als elektrische Komponente.
E_ϑ liegt in der in Abb. 137 gezeichneten Ebene, und seine Richtung wird
so gewählt, daß der Pfeil des E_ϑ in Richtung wachsender ϑ zeigt. Auf
dem Rand von $\mathrm{d}F_1$ gibt es eine Feldstärke $E_\vartheta(r + \mathrm{d}r)$ längs der Kante

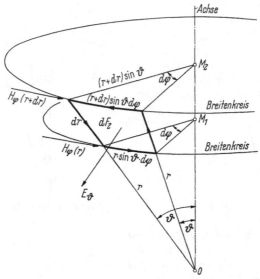

Abb. 138. Durchflutungsgesetz

$(r + \mathrm{d}r) \cdot \mathrm{d}\vartheta$ auf dem Kreis mit dem Radius $(r + \mathrm{d}r)$ und eine Feldstärke $E_\vartheta(r)$ längs der Kante $r \cdot \mathrm{d}\vartheta$ auf dem Kreis mit dem Radius r.
Das Induktionsgesetz (3) lautet dann im freien Raum mit $\mu_r = 1$ mit
dem gezeichneten Umlaufsinn der elektrischen Spannung nach Abb. 1c

$$-\underline{E}_\vartheta(r + \mathrm{d}r) \cdot (r + \mathrm{d}r) \cdot \mathrm{d}\vartheta + \underline{E}_\vartheta(r) \cdot r \cdot \mathrm{d}\vartheta$$
$$= \mathrm{j}\,\omega\mu_0\underline{H}_\varphi \cdot \mathrm{d}r \cdot r^* \cdot \mathrm{d}\vartheta. \tag{420}$$

Nach Division durch $\mathrm{d}r \cdot \mathrm{d}\vartheta$ und Grenzübergang $\mathrm{d}r \to 0$, $\mathrm{d}\vartheta \to 0$
wie in (197) wird daraus

$$-\frac{\partial}{\partial r}\,(r\underline{E}_\vartheta) = \mathrm{j}\,\omega\mu_0(r\underline{H}_\varphi). \tag{421}$$

Abb. 138 dient zur Aufstellung des Durchflutungsgesetzes für E_ϑ. Die
Fläche $\mathrm{d}F_2$ liegt senkrecht zu E_ϑ zwischen zwei Radien, die beide mit

der Achse den gleichen Winkel ϑ bilden, und zwischen zwei Breitenkreisen, die in Ebenen senkrecht zur Achse liegen. Der eine Kreis hat den Mittelpunkt M_1 und den Radius $r \cdot \sin \vartheta$, der andere Kreis den Mittelpunkt M_2 und den Radius $(r + \mathrm{d}r) \cdot \sin \vartheta$. Die Fläche $\mathrm{d}F_2$ gehört zu einem Winkelausschnitt $\mathrm{d}\varphi$, und die zum Rand dieser Fläche gehörenden Kreisbögen der Breitenkreise haben dementsprechend die Längen $r \cdot \sin \vartheta \cdot \mathrm{d}\varphi$ und $(r + \mathrm{d}r) \cdot \sin \vartheta \cdot \mathrm{d}\varphi$. Es ist $\mathrm{d}F_2 = {} = \mathrm{d}r \cdot r^* \cdot \sin \vartheta \cdot \mathrm{d}\varphi$, wobei r^* ein Wert des Radius zwischen r und $(r + \mathrm{d}r)$ ist. r^* braucht nicht bekannt zu sein, weil r^* beim Grenzübergang $\mathrm{d}r \to 0$ in den Wert r übergeht. Längs dieser Kreisbögen gibt es magnetische Feldstärken $H_\varphi(r)$ und $H_\varphi(r + \mathrm{d}r)$. Das Durchflutungsgesetz (6) lautet mit dem in Abb. 138 gezeichneten Umlaufsinn der magnetischen Spannung nach Abb. 2c für $\varepsilon_r = 1$

$$-\underline{H}_\varphi(r + \mathrm{d}r) \cdot (r + \mathrm{d}r) \cdot \sin \vartheta \cdot \mathrm{d}\varphi + \underline{H}_\varphi(r) \cdot r \cdot \sin \vartheta \cdot \mathrm{d}\varphi$$

$$= \mathrm{j}\,\omega\,\varepsilon_0 \underline{E}_\vartheta \cdot \mathrm{d}r \cdot r^* \cdot \sin \vartheta \cdot \mathrm{d}\varphi. \tag{422}$$

Nach Division durch $\mathrm{d}r \cdot \sin \vartheta \cdot \mathrm{d}\varphi$ und Grenzübergang $\mathrm{d}r \to 0$, $\mathrm{d}\varphi \to 0$ wird daraus

$$-\frac{\partial}{\partial r}\,(r \underline{H}_\varphi) = \mathrm{j}\,\omega\,\varepsilon_0 (r \underline{E}_\vartheta). \tag{423}$$

Die Gl. (421) und (423) sind formal den Gln. (24) und (26) einer ebenen Welle mit $\varepsilon_r = 1$ und $\mu_r = 1$ gleich, wenn man dort E_y durch $r E_\vartheta$ und H_x durch $r H_\varphi$ ersetzt. Es gibt daher in der Kegelleitung eine Welle in Richtung wachsender r von der Form (34a und b):

$$r \underline{E}_\vartheta = \underline{E} \cdot \mathrm{e}^{-\mathrm{j}\beta r}; \qquad r \underline{H}_\varphi = \underline{H} \cdot \mathrm{e}^{-\mathrm{j}\beta r}. \tag{424}$$

Setzt man dies in (421) und (423) ein, so erhält man nach Division durch $\mathrm{e}^{-\mathrm{j}\beta r}$ in Analogie zu (30) und (31)

$$\mathrm{j}\beta\underline{E} = \mathrm{j}\,\omega\,\mu_0\underline{H}; \qquad \mathrm{j}\beta\underline{H} = \mathrm{j}\,\omega\,\varepsilon_0\underline{E}. \tag{425}$$

Durch Multiplikation dieser beiden Gleichungen und Division durch $E H$ erhält man

$$\beta = \omega\,\sqrt{\varepsilon_0\mu_0} = \beta_0. \tag{426}$$

aus (32). Die Phasengeschwindigkeit auf der Kegelleitung ist nach (36) gleich der Lichtgeschwindigkeit. Ferner ist nach Division der beiden Gln. (425)

$$\frac{\underline{E}}{\underline{H}} = \sqrt{\frac{\mu_0}{\varepsilon_0}} = Z_{F0} = \frac{\underline{E}_\vartheta}{\underline{H}_\varphi} \tag{427}$$

der Feldwellenwiderstand gleich dem des freien Raumes nach (33).

Die Größen $\underline{E}$ und $\underline{H}$ sind hier keine Konstanten wie in (34a und b), sondern abhängig von ϑ. Dies beweist man mit der Fläche dF_3 der Abb. 139. Diese Fläche liegt auf einer Kugel $r =$ const. Sie ist begrenzt durch zwei Meridiankreise, zwischen denen der Winkel $d\varphi$ liegt, und durch zwei Breitenkreise, zwischen denen der Winkel $d\vartheta$ liegt. Durch dF_3 tritt kein elektrischer Fluß, so daß keine magnetische Spannung längs

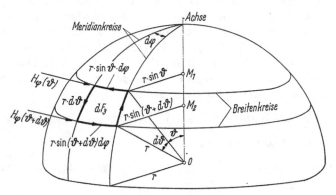

Abb. 139. Meridiankreise und Breitenkreise

des Randes der Fläche besteht. Längs der waagerechten Kante $r \cdot \sin\vartheta \cdot d\varphi$ gibt es die magnetische Komponente $H_\varphi(\vartheta)$ und längs der waagerechten Kante $r \cdot \sin(\vartheta + d\vartheta) \cdot d\varphi$ die Komponente $H_\varphi(\vartheta + d\vartheta)$, insgesamt also längs des Randes von dF_3 im gezeichneten Umlaufsinn die magnetische Spannung

$$\underline{H}_\varphi(\vartheta + d\vartheta) \cdot r \cdot \sin(\vartheta + d\vartheta) \cdot d\varphi - \underline{H}_\varphi(\vartheta) \cdot r \cdot \sin\vartheta \cdot d\varphi = 0. \qquad (428)$$

Diese Gleichung entspricht der Gl. (28) bei ebenen Wellen. Teilt man dies durch $r \cdot d\varphi \cdot d\vartheta$ und macht den Grenzübergang $d\varphi \to 0$, $d\vartheta \to 0$, so erhält man

$$\frac{\partial}{\partial\vartheta}(\underline{H}_\varphi \cdot \sin\vartheta) = 0. \qquad (429)$$

$\underline{H}_\varphi \cdot \sin\vartheta$ ist also unabhängig von ϑ, und H_φ demnach proportional zu $1/\sin\vartheta$. Das gleiche gilt wegen (427) auch für $\underline{E}_\vartheta$. Das Wellenfeld lautet nach (424), (427) und (429)

$$\underline{E}_\vartheta = \frac{\underline{H}_0 Z_{F0}}{r \cdot \sin\vartheta} \cdot e^{-j\beta_0 r}; \qquad \underline{H}_\varphi = \frac{\underline{H}_0}{r \cdot \sin\vartheta} \cdot e^{-j\beta_0 r}, \qquad (430)$$

wobei $\underline{H}_0$ eine frei wählbare, komplexe Konstante ist.

Um den Leitungswellenwiderstand $Z_L = \underline{U}/\underline{I}$ der Kegelleitung zu berechnen, muß man aus den Feldern (430) den Strom $\underline{I}$ und die Spannung $\underline{U}$ der Leitung gewinnen. Nach dem Durchflutungsgesetz aus Bd. I [Gl. (32) und Abb. 4] ist der Strom gleich der magnetischen Spannung längs einer geschlossenen Kurve, die den Strom vollständig umschließt. In Abb. 135 fließt durch den Innenleiter in Richtung der Achse der Strom $\underline{I}$. Er wird umschlossen von kreisförmigen magnetischen Feldlinien, die Breitenkreise nach Abb. 134 mit dem Radius $r \cdot \sin \vartheta$ sind. Längs eines solchen Kreises besteht konstante magnetische Feldstärke $\underline{H}_\varphi$ aus (430) und daher die magnetische Spannung (Scheitelwert)

$$\underline{U}_m = \underline{H}_\varphi \cdot 2\pi r \cdot \sin \vartheta = 2\pi \underline{H}_0 = \underline{I}. \tag{431}$$

Die Spannung $\underline{U}$ ist nach Bd. I [Gl. (28) und Abb. 2] längs der elektrischen Feldlinie in Abb. 136 zu berechnen. Das Linienelement längs der kreisförmigen Feldlinien ist nach Abb. 137 gleich $r \cdot \mathrm{d}\vartheta = \mathrm{d}a$. Es ist dann mit $\underline{E}_\vartheta$ aus (430)

$$\underline{U} = \int_{\vartheta = \vartheta_1}^{\vartheta_2} \underline{E}_\vartheta \cdot r \cdot \mathrm{d}\vartheta = \int_{\vartheta = \vartheta_1}^{\vartheta_2} \frac{\underline{H}_0 Z_{F0}}{\sin \vartheta} \cdot \mathrm{d}\vartheta = \underline{H}_0 Z_{F0} \cdot \ln \frac{\tan \dfrac{\vartheta_2}{2}}{\tan \dfrac{\vartheta_1}{2}}. \tag{432}$$

Der Leitungswellenwiderstand aus Bd. I [Gl. (369)]

$$Z_L = \frac{\underline{U}}{\underline{I}} = \frac{Z_{F0}}{2\pi} \ln \frac{\tan \dfrac{\vartheta_2}{2}}{\tan \dfrac{\vartheta_1}{2}} = 60 \cdot \ln \frac{\tan \dfrac{\vartheta_2}{2}}{\tan \dfrac{\vartheta_1}{2}} \; \Omega \tag{433}$$

mit $Z_{F0} = 120\pi \; \Omega$ aus (33). Für die L-Welle ist also der Wellenwiderstand längs der Kegelleitung konstant. Von Interesse in der Antennentechnik (Abb. 195) ist eine Kegelleitung nach Abb. 140a, bei der $\vartheta_2 = 90°$ ist, also ein Kegel über einer leitenden Ebene. Dann ist nach (433) mit $\tan \vartheta_2/2 = 1$ und $\tan \vartheta_1/2 = 1/\cot \vartheta_1/2$

$$Z_L = 60 \cdot \ln \left(\cot \frac{\vartheta_1}{2} \right) \Omega. \tag{434}$$

Ebenso findet man für den symmetrischen Doppelkegel nach Abb. 140b mit $\vartheta_2 = \pi - \vartheta_1$ aus (433) den Wellenwiderstand

$$Z_L = 120 \cdot \ln \left(\cot \frac{\vartheta_1}{2} \right) \Omega. \tag{434a}$$

Infinitesimaler Dipol. Eine Kugelwelle im freien Raum, die den Charakter einer E-Welle hat und eine elektrische Feldkomponente E_r in der Ausbreitungsrichtung der Welle besitzt, entsteht mit Hilfe eines

infinitesimalen Dipols, der schematisch in Abb. 141 gezeichnet ist. Zwei
Elektroden im Abstand dy, die in Abb. 141 als Kugeln gezeichnet sind,
werden mit Hilfe eines Wechselstromgenerators über einen sie ver-
bindenden Leiter aufgeladen. Die zeitabhängigen Ladungen $\pm q(t)$ der

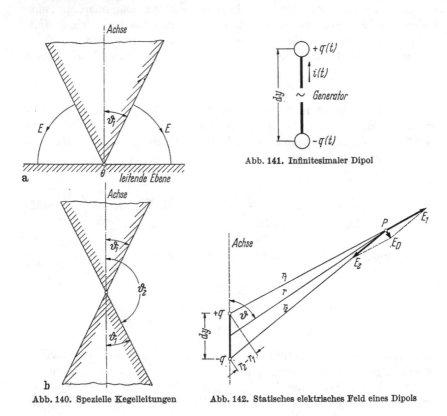

Abb. 141. Infinitesimaler Dipol

Abb. 140. Spezielle Kegelleitungen   Abb. 142. Statisches elektrisches Feld eines Dipols

Elektroden erzeugen in der Umgebung des Dipols ein elektrisches
Wechselfeld und der Ladestrom $i(t)$ ein magnetisches Wechselfeld. Es
ist lohnend, zunächst das elektrostatische Feld dieses Dipols, das identisch ist mit dem Feld bei sehr niedrigen Frequenzen, zu berechnen, weil
man daraus manche Schlüsse auf das Feld bei höheren Frequenzen ziehen
kann. Nach Abb. 142 erzeugt die Ladung $+q$ im Punkte P eine elektrische Feldstärke E_1 und die Ladung $-q$ eine nahezu entgegengesetzt
gerichtete Feldstärke E_2. Wirksam wird die vektorielle Differenz E_D.
Abb. 143 zeigt die Feldlinien dieses Dipols. In den Kugelkoordinaten
der Abb. 134 hat die elektrische Feldstärke E_D eine Komponente E_r in
Richtung des Radius und eine Komponente E_θ tangential zum Meridiankreis. Aus der Elektrostatik kennt man diese Komponenten für infinitesi-

malen Abstand $\mathrm{d}y$ der Ladungen als

$$E_r = \frac{q \cdot \mathrm{d}y}{2\pi\varepsilon_0} \cdot \frac{\cos\vartheta}{r^3}; \quad E_\vartheta = \frac{q \cdot \mathrm{d}y}{4\pi\varepsilon_0} \cdot \frac{\sin\vartheta}{r^3}. \tag{435}$$

Auch das magnetische Feld des stromdurchflossenen Verbindungsdrahtes in Abb. 141 soll zunächst für sehr niedrige Frequenzen berechnet werden. Nach einem Gesetz von BIOT-SAVART umgibt sich ein vom

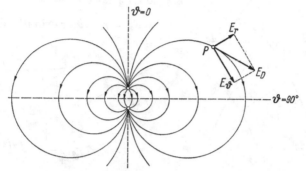

Abb. 143. Elektrostatische Feldlinien eines Dipols

Strom i durchflossenes Leiterstück der Länge $\mathrm{d}y$ nach Abb. 144 mit kreisförmigen magnetischen Feldlinien (Breitenkreise in Abb. 134). Die magnetische Feldstärke auf einem solchen Kreis lautet

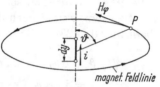

$$H_\varphi = \frac{i \cdot \mathrm{d}y}{4\pi} \cdot \frac{\sin\vartheta}{r^2}. \tag{436}$$

Abb. 144. Gesetz von BIOT-SAVART

Fernfeld des infinitesimalen Dipols. Es soll eine Kugelwelle gesucht werden, die wie in den Abb. 143 und 144 Komponenten E_r, E_ϑ und H_φ hat. Alle Komponenten sollen wegen der axialen Symmetrie unabhängig von φ und abhängig von ϑ und r sein. Man muß hierzu die Feldgleichungen der Kegelleitung durch E_r ergänzen. Für H_φ erhält man das Induktionsgesetz der Fläche $\mathrm{d}F_1$ der Abb. 137. Dieses $\mathrm{d}F_1$ ist in Abb. 145 nochmals mit allen Komponenten gezeichnet worden. Das Induktionsgesetz lautet in Erweiterung von (420)

$$\underline{E}_r(\vartheta + \mathrm{d}\vartheta) \cdot \mathrm{d}r - \underline{E}_r(\vartheta) \cdot \mathrm{d}r - \underline{E}_\vartheta(r + \mathrm{d}r) \cdot (r + \mathrm{d}r) \cdot \mathrm{d}\vartheta +$$
$$+ \underline{E}_\vartheta(r) \cdot r \cdot \mathrm{d}\vartheta = \mathrm{j}\omega\mu_0 \underline{H}_\varphi \cdot \mathrm{d}r \cdot r^* \cdot \mathrm{d}\vartheta \tag{437}$$

und nach Grenzübergang $\mathrm{d}r \to 0$, $\mathrm{d}\vartheta \to 0$ in Erweiterung von (421)

$$\frac{\partial \underline{E}_r}{\partial\vartheta} - \frac{\partial}{\partial r}(r\underline{E}_\vartheta) = \mathrm{j}\omega\mu_0(r\underline{H}_\varphi). \tag{438}$$

Das mit Hilfe von Abb. 138 abgeleitete Gesetz (423) bleibt auch hier bestehen, weil $\underline{E}_r$ hierbei nicht mitwirkt:

$$- \frac{\partial}{\partial r} (r \underline{H}_\varphi) = j \omega \varepsilon_0 (r \underline{E}_\vartheta). \tag{439}$$

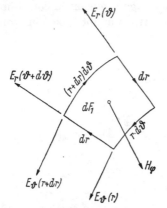

Abb. 139 ist durch $\underline{E}_r$ zu ergänzen, wie dies in Abb. 146 gezeichnet ist. Die Fläche $\mathrm{d}F_3$ hat die Größe

$$\mathrm{d}F_3 = r \cdot \mathrm{d}\vartheta \cdot r \cdot \sin \vartheta^* \cdot \mathrm{d}\varphi,$$

Abb. 145. Induktionsgesetz   Abb. 146. Durchflutungsgesetz

wobei ϑ^* ein Winkel zwischen ϑ und $(\vartheta + \mathrm{d}\vartheta)$ ist. ϑ^* braucht nicht bekannt zu sein, weil es nach dem Grenzübergang $\mathrm{d}\vartheta \to 0$ in den Wert ϑ übergeht. Gl. (428) ist dann in folgender Weise zu ergänzen:

$$\underline{H}_\varphi(\vartheta + \mathrm{d}\vartheta) \cdot r \cdot \sin (\vartheta + \mathrm{d}\vartheta) \cdot \mathrm{d}\varphi - \underline{H}_\varphi(\vartheta) \cdot r \cdot \sin \vartheta \cdot \mathrm{d}\varphi$$
$$= j \omega \varepsilon_0 \underline{E}_r \cdot r \cdot \mathrm{d}\vartheta \cdot r \cdot \sin \vartheta^* \cdot \mathrm{d}\varphi. \tag{440}$$

In Erweiterung von (429) erhält man daraus

$$\frac{\partial}{\partial \vartheta} (\underline{H}_\varphi \cdot \sin \vartheta) = j \omega \varepsilon_0 r \underline{E}_r \cdot \sin \vartheta. \tag{441}$$

Die Lösung der Feldgleichungen (438), (439) und (441) wird erleichtert durch die Kenntnis der niederfrequenten Lösungen (435) und (436). Auch im Wellenfeld haben die Feldkomponenten die gleiche ϑ-Abhängigkeit wie im niederfrequenten Fall. Wenn man den folgenden Ansatz macht:

$$\underline{E}_r = f(r) \cdot \cos \vartheta, \qquad \underline{E}_\vartheta = g(r) \cdot \sin \vartheta, \qquad \underline{H}_\varphi = h(r) \cdot \sin \vartheta \tag{442}$$

und dies in die Feldgleichungen einsetzt, so ergibt sich kein Widerspruch. Die Gleichungen haben dann auf beiden Seiten die gleichen trigonometrischen Funktionen von ϑ als Faktor, durch den man die Gleichung teilt. Es verbleibt dann ein Gleichungssystem, das nur noch die Veränderliche r enthält:

$$-f - \frac{\partial}{\partial r}(rg) = j\omega\mu_0 rh; \tag{443a}$$

$$-\frac{\partial}{\partial r}(rh) = j\omega\varepsilon_0 rg; \tag{443b}$$

$$2h = j\omega\varepsilon_0 rf. \tag{443c}$$

Die Gl. (443c) gibt einen direkten Zusammenhang zwischen den Funktionen $h(r)$ und $f(r)$, d. h. zwischen $\underline{H}_\varphi$ und $\underline{E}_r$.

$$f = -j\frac{2}{\omega\varepsilon_0 r}h. \tag{444}$$

Setzt man dies in (443a) ein, so wird daraus

$$-\frac{\partial}{\partial r}(rg) = j\omega\mu_0 rh\left[1 - 2\left(\frac{\lambda_0}{2\pi r}\right)^2\right] \tag{445}$$

mit β_0 aus (32) und λ_0 aus (35). Die Gl. (443b) und (445) sind die Bestimmungsgleichungen für die unbekannten Funktionen $g(r)$ und $h(r)$ aus (442), d. h. für $\underline{E}_\vartheta$ und $\underline{H}_\varphi$.

Diese Kugelwelle findet ihre wesentliche Anwendung als Welle, die von einer Sendeantenne ausgestrahlt wird. Hierbei interessiert vor allem das Feld dieser Welle in großen Entfernungen r, das eine besonders einfache Form hat. Wenn man annimmt, daß r wesentlich größer als λ_0 ist, kann man in der eckigen Klammer von (445) die Größe $(\lambda_0/2\pi r)^2$ vernachlässigen und erhält die sogenannte „Fernfeldlösung". Im Fernfeld bestehen also näherungsweise die Gln. (443b) und (445) in der Form

$$-\frac{\partial}{\partial r}(rg) = j\omega\mu_0 rh; \quad -\frac{\partial}{\partial r}(rh) = j\omega\varepsilon_0 rg. \tag{446}$$

Diese beiden Gleichungen sind für $\varepsilon_r = 1$ und $\mu_r = 1$ formal den Gln. (24) und (26) der ebenen Welle gleich, wenn man $\underline{E}_y$ durch rg und $\underline{H}_x$ durch rh ersetzt. Man kann daher die hier Lösung (34a) für rg und die Lösung (34b) für rh verwenden. Mit dem Ansatz (442) ergibt sich dann für die in Richtung wachsender r wandernde Welle im Fernfeld

$$\underline{E}_\vartheta = \frac{E}{r}\cdot\sin\vartheta\cdot e^{-j\beta_0 r} = \frac{HZ_{F0}}{r}\cdot\sin\vartheta\cdot e^{-j\beta_0 r}; \tag{447}$$

$$\underline{H}_\varphi = \frac{H}{r}\cdot\sin\vartheta\cdot e^{-j\beta_0 r}. \tag{448}$$

$\underline{E}$ und $\underline{H}$ sind komplexe Konstanten. Die Welle hat die Fortpflanzungskonstante β_0 nach (32) wie bei der ebenen Welle im freien Raum. Sie
läuft nach (36) mit Lichtgeschwindigkeit. Es gilt wie in (33)

$$\frac{E_\vartheta}{H_\varphi} = \frac{E}{H} = Z_{F0}. \tag{449}$$

Transportierte Energie. Die Lage von E_ϑ, H_φ und der Leistungsdichte
P^* nach der Regel der Abb. 9 zeigt Abb. 147. P^* steht senkrecht zu E_ϑ
und H_φ und zeigt in Richtung des Radius. Mit Hilfe von Abb. 148 soll

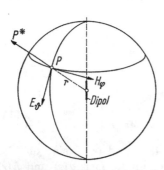

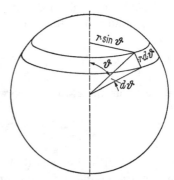

Abb. 147. Fernfeld einer Dipolwelle   Abb. 148. Kugeloberfläche

die gesamte vom Dipol ausgehende und durch die gezeichnete Kugel
mit dem Radius r austretende Leistung berechnet werden. Zwischen
zwei Breitenkreisen, die in Abb. 148 zu den Winkeln ϑ und $\vartheta + \mathrm{d}\vartheta$
gehören, liegt die infinitesimale Fläche

$$\mathrm{d}F = r \cdot \mathrm{d}\vartheta \cdot 2\pi r \cdot \sin\vartheta = 2\pi r^2 \cdot \sin\vartheta \cdot \mathrm{d}\vartheta. \tag{450}$$

Die Leistungsdichte P^* aus (41) mit E_ϑ aus (447) und H_φ aus (448)
lautet nach (449)

$$P^* = \frac{1}{2}\frac{EH}{r^2} \cdot \sin^2\vartheta = \frac{1}{2Z_{F0}}\frac{E^2}{r^2}\sin^2\vartheta = \frac{Z_{F0}}{2}\frac{H^2}{r^2} \cdot \sin^2\vartheta. \tag{451}$$

P^* ist unabhängig von φ. Durch die Fläche $\mathrm{d}F$ aus (450) tritt dann die
Leistung

$$\mathrm{d}P = P^* \cdot \mathrm{d}F = EH\pi \cdot \sin^3\vartheta \cdot \mathrm{d}\vartheta \tag{452}$$

und durch die gesamte Kugel der Abb. 148 die Leistung

$$P = \int_{\vartheta=0}^{\pi} \mathrm{d}P = EH\pi \int_{\vartheta=0}^{\pi} \sin^3\vartheta \cdot \mathrm{d}\vartheta = \frac{4\pi}{3}EH = \frac{4\pi}{3Z_{F0}}E^2 = \frac{4\pi}{3}Z_{F0}H^2. \tag{453}$$

Wenn die vom Dipol abgegebene Leistung P (Senderleistung) gegeben ist, werden nach (453) die Konstanten E aus (447) und H aus (448)

$$E = \sqrt{\frac{3 Z_{F0} P}{4\pi}}; \quad H = \sqrt{\frac{3P}{4\pi Z_{F0}}}. \tag{454}$$

Entnimmt man Z_{F0} aus (33), setzt P in kW und r in km ein, so erhält man für die Praxis sehr brauchbare Zahlenwerte der Feldstärken (447) und (448) im Fernfeld eines Dipols im freien Raum bei gegebener Senderleistung:

$$E_\vartheta = 300 \; \frac{\sqrt{P/\text{kW}}}{r/\text{km}} \cdot \sin\vartheta \; \frac{\text{mV}}{\text{m}}; \tag{455}$$

$$H_\varphi = 0{,}79 \; \frac{\sqrt{P/\text{kW}}}{r/\text{km}} \cdot \sin\vartheta \; \frac{\text{mA}}{\text{m}}. \tag{456}$$

Feldbilder des Fernfeldes. Nach (442), (444) und (448) ist die elektrische Feldkomponente $\underline{E}_r$ im Fernfeld

$$\underline{E}_r = -\text{j} \; \frac{2}{\omega \varepsilon_0} \; \frac{\underline{H}}{r^2} \cdot \cos\vartheta \cdot \text{e}^{-\text{j}\beta_0 r}. \tag{457}$$

Gegenüber $\underline{E}_\vartheta$ und $\underline{H}_\varphi$, die mit wachsendem r wie $1/r$ abnehmen, nimmt $\underline{E}_r$ wie $1/r^2$ ab und ist daher in großen Entfernungen sehr klein. Dies war der Grund, weshalb man in (445) den Einfluß des $\underline{E}_r$ in dem Anteil $(\lambda_0/2\pi r)^2$ im Fernfeld vernachlässigen konnte. Während $\underline{E}_\vartheta$ und $\underline{H}_\varphi$ von $\sin\vartheta$ abhängen, hängt $\underline{E}_r$ nach (457) von $\cos\vartheta$ ab und hat außerdem gegenüber den Querkomponenten $\underline{E}_\vartheta$ und $\underline{H}_\varphi$ den Faktor j, also eine zeitliche Phasenverschiebung $\pi/2$. Dies entspricht völlig dem Verhalten der Komponente $\underline{E}_z$ einer ebenen E-Welle in (68a bis c). Es entstehen daher im Fernfeld der Kugelwelle elektrische Feldlinien, die in Abb. 149 im Momentanbild gezeichnet sind. Wegen des Faktors j sind nach Abb. 6a die Maxima des Momentanwertes e_r und die Maxima des Momentanwertes e_ϑ um $\lambda_0/4$ gegeneinander verschoben. Die in Abb. 149 gestrichelten Kreise sind Kreise mit maximalem e_ϑ. Dort ist der Momentanwert $e_r = 0$. Der Abstand aufeinanderfolgender Kreise ist $\lambda_0/2$. Zwischen je 2 Kreisen liegt ein in sich abgeschlossenes Energiepaket. Die Radien dieser Kreise erweitern sich mit Lichtgeschwindigkeit, und die zwischen ihnen liegende Energie wandert mit Lichtgeschwindigkeit radial in den Raum. In den oberen und unteren Umkehrpunkten der elektrischen Feldlinien besteht maximales e_r und $e_\vartheta = 0$.

Zur elektrischen Feldstärke gehören Verschiebungsströme nach (289). Da die Komponenten der Verschiebungsströme durch einen konstanten Faktor aus den Komponenten des elektrischen Feldes entstehen, bilden die Verschiebungsströme Stromkreise, die den in sich geschlossenen elektrischen Feldlinien der Abb. 149 gleichen. Abb. 150 zeigt die obere Hälfte der Verschiebungsstromkreise i_v im Momentanbild. Diese Stromkreise

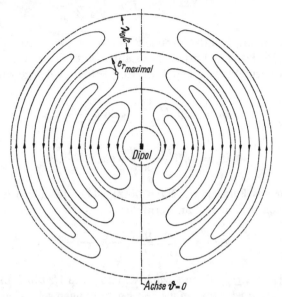

Abb. 149. Elektrische Feldlinien einer Dipolwelle im Momentanbild

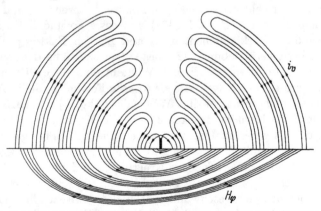

Abb. 150. Verschiebungsströme und magnetische Feldlinien einer Dipolwelle im Momentanbild

sind spiegelbildlich nach unten ergänzt zu denken. Wegen des Faktors j in (289) sind im Momentanbild die Stromkreise des Verschiebungsstroms und die elektrischen Feldlinien um $\lambda_0/4$ gegeneinander verschoben; vgl. Abb. 6a. Da $\underline{H}_\varphi$ nach (448) phasengleich ist mit $\underline{E}_\vartheta$ nach (447), sind die im Momentanbild der Abb. 150 gezeichneten magnetischen Feldlinien auch um $\lambda_0/4$ gegenüber den Verschiebungsstromkreisen i_v versetzt.

Nahfeld des infinitesimalen Dipols. Mit kleiner werdendem r wird das bisher in (445) vernachlässigte Glied $(\lambda_0/2\pi r)^2$ immer größer und kann nicht mehr vernachlässigt werden. Wenn man (443b) nach r differenziert,

$$- \frac{\partial^2}{\partial r^2} (rh) = \mathrm{j}\,\omega\,\varepsilon_0 \frac{\partial}{\partial r} (rg)$$

und diesen Differentialquotienten von (rg) in (445) einsetzt, so erhält man eine Gleichung für h ohne Vernachlässigungen:

$$\frac{\partial^2}{\partial r^2} (rh) = h \left(\frac{2}{r} - \beta_0^2 r \right) \tag{458}$$

mit der exakten Lösung

$$h = H \left(\frac{1}{r} - \mathrm{j}\, \frac{1}{\beta_0 r^2} \right) \cdot \mathrm{e}^{-\mathrm{j}\beta_0 r}.$$

Nach (442) ist dann

$$\underline{H}_\varphi = \underline{H} \left(\frac{1}{r} - \mathrm{j}\, \frac{1}{\beta_0 r^2} \right) \cdot \sin\vartheta \cdot \mathrm{e}^{-\mathrm{j}\beta_0 r}. \tag{459}$$

Gegenüber (448) enthält die Klammer ein Korrekturglied, das proportional $1/r^2$ ist. Je kleiner r ist, desto größer ist dies Korrekturglied. Für sehr kleine r ist $\mathrm{e}^{-\mathrm{j}\beta_0 r} = 1$. Ferner kann man für sehr kleine r in (459) in der Klammer das erste Glied neben dem zweiten Glied vernachlässigen und erhält die „Nahfeldlösung"

$$\underline{H}_\varphi = - \mathrm{j}\, \frac{\underline{H}}{\beta_0 r^2} \cdot \sin\vartheta. \tag{460}$$

Dies ist identisch mit der niederfrequenten Lösung (436), wobei durch Vergleich von (460) und (436) ein Zusammenhang zwischen der Konstanten $\underline{H}$ und dem Strom $\underline{I}$ im Dipol entsteht:

$$\frac{\underline{I} \cdot \mathrm{d}y}{4\pi} = - \mathrm{j}\, \frac{\underline{H}}{\beta_0}. \tag{461}$$

$\underline{I}$ ist dabei die komplexe Amplitude des Wechselstromes im Dipol. Aus (461) folgt für die Konstante $\underline{H}$ mit λ_0 aus (35)

$$\underline{H} = \mathrm{j}\underline{I} \cdot \mathrm{d}y \cdot \frac{\beta_0}{4\pi} = \mathrm{j}\, \frac{\underline{I}}{2} \cdot \frac{\mathrm{d}y}{\lambda_0}. \tag{462}$$

$\underline{H}$ bestimmt nach (448) die Amplitude der Welle im Fernfeld. Sie ist proportional zur Amplitude $\underline{I}$ des Stromes im Dipol (Abb. 141) und zum

Verhältnis $\mathrm{d}y/\lambda_0$ der Dipollänge $\mathrm{d}y$ zur Wellenlänge λ_0. Bei gegebenem Dipolstrom und gegebener Dipollänge ist die Amplitude der entstehenden Welle im Fernfeld proportional zu $1/\lambda_0$, also proportional zur Frequenz.

Die vom Dipol abgegebene Gesamtleistung ist nach (453) und (462)

$$P = \frac{\pi}{3}\, I^2 \left(\frac{\mathrm{d}y}{\lambda_0}\right)^2 \cdot Z_{F0}. \tag{463}$$

P ist proportional zum Quadrat des Dipolstromes und zum Quadrat der relativen Dipolhöhe $\mathrm{d}y/\lambda_0$. P ist bei gegebener Dipolhöhe $\mathrm{d}y$ proportional zu $1/\lambda_0^2$, also proportional zum Quadrat der Frequenz.

Die Leistungsdichte der transportierten Energie ist nicht gleichmäßig über die Kugeloberfläche der Abb. 148 verteilt, sondern nach (451) dem $\sin^2\vartheta$ proportional. Für $\vartheta = 0$, also in der eigenen Richtung des Dipols findet kein Energietransport statt. Mit wachsendem ϑ nimmt die Leistungsdichte zu und erreicht im Äquator der Kugelfläche bei $\vartheta = 90°$ ihr Maximum. Gleiches gilt für die Feldstärken E_ϑ und H_φ des Fernfeldes. Man sagt: Der Dipol hat eine vertikale Richtwirkung.

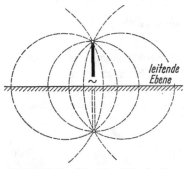

Abb. 151. Halber Dipol über leitender Ebene

Man kann die Welle der Abb. 149 und 150 durch eine horizontale leitende Ebene bei $\vartheta = 90°$ aufteilen, wie dies in Abb. 151 gezeichnet ist. Diese leitende Ebene stört die Welle nicht, weil die elektrischen Feldlinien senkrecht auf ihr stehen und die magnetischen Feldlinien parallel zu ihr laufen. Man kann im Halbraum oberhalb der leitenden Ebene die Welle dadurch anregen, daß man den Generator zwischen die leitende Ebene und den oberen Halbdipol legt. Man benötigt dann zur Erzeugung der geforderten Feldstärken im Fernfeld nur die Hälfte der Leistung P aus (463), weil das Integral (453) nur noch für den oberen Halbraum von $\vartheta = 0$ bis $\vartheta = \pi/2$ zu berechnen ist und der Raum unterhalb der leitenden Ebene frei von Feldern bleibt.

2. Kombinationen von zwei Dipolwellen

Antennen mit gerichteter Strahlung entstehen dadurch, daß man die Kugelwellen mehrerer Dipole überlagert. Im folgenden sollen die Kombinationen von zwei Dipolwellen betrachtet werden, an denen alle charakteristischen Eigenschaften gerichteter Antennenstrahlung besonders einfach studiert werden können.

Zwei Dipole nebeneinander. Abb. 152 zeigt zwei Dipole 1 und 2 in einem Kugelkoordinatensystem nach Abb. 134. Das Zentrum 0 des Systems liegt in der Mitte zwischen den Dipolen und die Achse parallel zu den Dipolen. Die Dipole haben voneinander den Abstand d, und die Richtung $\varphi = 0$ ist die Verbindungsgerade der beiden Dipole. Beide Dipole werden vom gleichen Generator über je einen Vierpol gespeist. In den Dipolen entstehen Ströme $\underline{I}_1$ und $\underline{I}_2$, die verschiedene Amplitude und Phase haben können. Jeder Dipol sendet eine Kugelwelle nach Abschn. IV.1 aus. Es soll die Summe der beiden Wellen in der Form berechnet werden, daß in jedem Punkt P des Raumes Richtung und Größe der elektrischen Summenfeldstärke ermittelt wird. In Hinblick auf die Anwendungen beschränkt man sich auf das Fernfeld, bei dem der Abstand r des Punktes P von den Dipolen wesentlich größer als die Wellenlänge λ_0 und wesentlich größer als der Abstand d der Dipole ist. Dadurch vereinfacht sich die Rechnung erheblich. Man kann $\underline{E}_r$ aus (457) vernachlässigen, und es bleibt nur $\underline{E}_\vartheta$ aus der einfachen

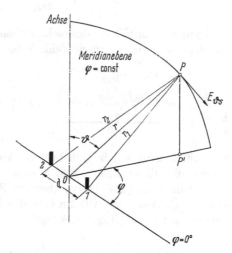

Abb. 152. Zwei parallele Dipole

Formel (447). Wenn P weit genug entfernt von den Dipolen ist, sind die beiden Radien r_1 und r_2 (Abb. 152) praktisch parallel und daher auch die Vektoren der elektrischen Feldstärken beider Dipolwellen fast parallel. Sie liegen dann annähernd in der Meridianebene der in Abb. 152 gezeichneten Achse, ebenso auch ihr Summenvektor. Der komplexe Zeiger $\underline{E}_{\vartheta s}$ der Summe ist dann die komplexe Summe der komplexen Komponenten $\underline{E}_{\vartheta 1}$ und $\underline{E}_{\vartheta 2}$ der beiden Dipole, die man aus (447) berechnet. Wenn P weit genug von den Dipolen entfernt ist, sind die Abstände r_1 und r_2 so wenig voneinander verschieden, daß man für die Scheitelwerte E/r von (447) statt der Abstände r_1 bzw. r_2 bei beiden Dipolen das mittlere r (Abb. 152) einsetzen darf, ohne einen meßbaren Fehler in den Amplituden zu machen. Dagegen muß man im Faktor $e^{-j\beta_0 r}$ der Gl. (447) für jeden Dipol seinen jeweiligen Abstand r_1 oder r_2 einsetzen, weil für die Phasenwinkel auch schon kleine Abstandsunterschiede bedeutsam sind. Wenn P weit genug von den Dipolen entfernt ist, ist in (447) auch der Faktor $\sin \vartheta$ für beide Dipole praktisch gleich und ϑ gleich dem in Abb. 152 gezeichneten Achsenwinkel des mittleren Radius r.

Es sei $\underline{I}_1 = I_1 \cdot \mathrm{e}^{\mathrm{j}\psi_1}$ der Strom im Dipol 1 und $\underline{I}_2 = I_2 \cdot \mathrm{e}^{\mathrm{j}\psi_2}$ der Strom im Dipol 2. Dann ist nach (447) und (462)

$$\underline{E}_{\vartheta 1} = \mathrm{j} \, \frac{Z_{F0} \underline{I}_1 \cdot \mathrm{d}y}{2 r \lambda_0} \cdot \sin \vartheta \cdot \mathrm{e}^{-\mathrm{j}\beta_0 r_1}$$

die komplexe Amplitude der elektrischen Feldstärke des Dipols 1 und

$$\underline{E}_{\vartheta 2} = \mathrm{j} \, \frac{Z_{F0} \underline{I}_2 \cdot \mathrm{d}y}{2 r \lambda_0} \cdot \sin \vartheta \cdot \mathrm{e}^{-\mathrm{j}\beta_0 r_2}$$

die komplexe Amplitude der elektrischen Feldstärke des Dipols 2. Dann lautet die komplexe Summenfeldstärke

$$\underline{E}_{\vartheta s} = \underline{E}_{\vartheta 1} + \underline{E}_{\vartheta 2}$$

$$= \underbrace{\mathrm{j} \, \frac{Z_{F0} \underline{I}_1 \cdot \mathrm{d}y}{2 r \lambda_0} \cdot \mathrm{e}^{\mathrm{j}\beta_0 r_1}}_{K} \cdot \sin \vartheta \left(1 + \frac{\underline{I}_2}{\underline{I}_1} \cdot \mathrm{e}^{-\mathrm{j}\beta_0 (r_2 - r_1)} \right). \qquad (464)$$

Betrachtet man $\underline{E}_{\vartheta s}$ in konstantem Abstand r von der Antenne und variiert die Winkellagen φ und ϑ, so ist K eine Konstante, und die restlichen Glieder in (464) beschreiben die Richtungsabhängigkeit der Feldstärke $\underline{E}_{\vartheta s}$. Aus dem Absolutwert der Richtungsabhängigkeit in (464) definiert man eine „Richtwirkung":

$$F_R = \sin \vartheta \cdot \frac{\left| 1 + \dfrac{I_2}{I_1} \cdot \mathrm{e}^{\mathrm{j}(\psi_2 - \psi_1)} \cdot \mathrm{e}^{-\mathrm{j}2\pi (r_2 - r_1)/\lambda_0} \right|}{1 + \dfrac{I_2}{I_1}}$$

$$= \sin \vartheta \, \frac{\left| 1 + \dfrac{I_2}{I_1} \cdot \mathrm{e}^{\mathrm{j}\delta} \right|}{1 + \dfrac{I_2}{I_1}} ; \qquad (465)$$

$$\delta = (\psi_2 - \psi_1) - 2\pi \, \frac{r_2 - r_1}{\lambda_0} \qquad (466)$$

mit λ_0 aus (35). Der Nenner in (465) ist hinzugefügt worden, damit der Maximalwert des F_R den Wert 1 hat. f_R gibt also für jede Raumrichtung das Verhältnis der dort beobachteten Feldstärke zu der maximal möglichen, die für $\delta = 0$ und $\vartheta = 90°$ eintritt. Die Richtwirkung einer aus 2 Dipolen kombinierten Antenne hängt nach (465) von folgenden Eigenschaften ab: von dem Amplitudenverhältnis I_2/I_1 der Speiseströme, von der Phasendifferenz $\psi_2 - \psi_1$ der Speiseströme und von dem Wegunterschied $r_2 - r_1$ bis zum Punkt P (Abb. 152). Beim

Wandern jeder Welle entsteht nach (447) eine nacheilende Phase $-\beta_0 r$. Sind die Wege r_1 und r_2 verschieden lang, so erleiden die Wellen auf beiden Wegen verschiedene Phasenänderungen, deren Differenz sich als Phasenunterschied von $\underline{E}_{\vartheta 2}$ und $\underline{E}_{\vartheta 1}$ im Punkt P bemerkbar macht. Der hierdurch entstehende Phasenunterschied ist der Wegdifferenz $r_2 - r_1$ proportional.

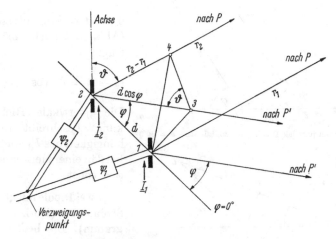

Abb. 153. Richtantenne aus zwei parallelen Dipolen

Abb. 153 zeigt in Abwandlung von Abb. 152 die Berechnung für einen sehr weit entfernten Punkt P. Die Radien r_1 und r_2 sind dann annähernd parallele Gerade. Gezeichnet sind auch die Projektionen dieser Radien auf die horizontale Ebene, d. h. die Geraden zum fernen Punkt P′ der Abb. 152 auf der horizontalen Ebene, wodurch der Winkel φ festgelegt ist. Zieht man die Senkrechte vom Dipol 1 auf die Gerade von 2 nach P′, so kommt man zum Punkt 3, der vom Dipol 2 den Abstand $d \cdot \cos \varphi$ hat. Zieht man vom Punkt 3 die Senkrechte auf den Radius r_2, so kommt man zum Punkt 4, der den Abstand $d \cdot \cos \varphi \cdot \sin \vartheta$ vom Dipol 2 hat. Zieht man die Senkrechte vom Dipol 1 auf den Radius r_2, so kommt man auch nach Punkt 4. Die Strecke von 2 nach 4 ist also gleich der Differenz der Abstände r_2 und r_1, wenn P sehr weit entfernt ist. Für die Anwendung von (466) für beliebige Raumrichtungen ist also

$$r_2 - r_1 = d \cdot \cos \varphi \cdot \sin \vartheta \qquad (467)$$

zu setzen.

Die Richtwirkung F_R ist abhängig von den Raumwinkeln φ und ϑ, eine zahlenmäßige Darstellung für alle Raumrichtungen sehr umständlich. Man beschränkt daher die Zahlenauswertung meist auf bevorzugte Raumrichtungen. Die ,,horizontale Richtwirkung'' beschreibt das Verhalten des F_R für Punkte P in der Horizontalebene $\vartheta = 90°$. Dort ist $\sin \vartheta = 1$, und für ein „Horizontaldiagramm" gilt daher nach (465)

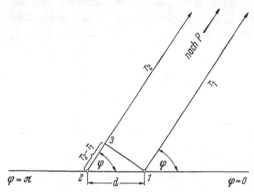

$$F_R = \frac{\left|1 + \dfrac{I_2}{I_1} \cdot e^{j\delta}\right|}{1 + \dfrac{I_2}{I_1}} \quad (465\,\text{a})$$

und der Wegunterschied (Abb. 154) nach (467) beträgt

$$r_2 - r_1 = d \cdot \cos \varphi. \quad (467\,\text{a})$$

Abb. 154. Zwei parallele Dipole (Horizontalebene $\vartheta = 90°$)

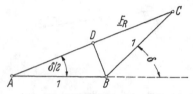

Abb. 155. Addition komplexer Zeiger

Die „vertikale Richtwirkung" beschreibt die Abhängigkeit des F_R vom Winkel ϑ in einer Meridianebene $\varphi = $ const.

Zwei Dipole mit gleichen Strömen (Horizontaldiagramm). Die beiden Ströme I_1 und I_2 haben gleiche Amplitude $I_1 = I_2$ und gleiche Phase $\psi_1 = \psi_2$. Die Phasendifferenz δ aus (466) wird nur durch die Wegdifferenz $r_2 - r_1$ aus (467a) erzeugt. Nach (465a) ist

$$F_R = \frac{1}{2}\left|1 + e^{j\delta}\right|. \quad (468)$$

Abb. 154 zeigt die Anordnung in der Horizontalebene $\vartheta = 90°$. Der Wegunterschied $r_2 - r_1$ ist durch die Senkrechte von 1 auf den Radius r_2 (Punkt 3) gegeben. Es ist in (466) nach (467a) mit $\psi_1 = \psi_2$

$$\delta = -2\pi \frac{r_2 - r_1}{\lambda_0} = -2\pi \frac{d}{\lambda_0} \cos \varphi. \quad (469)$$

In (468) ist eine komplexe Addition erforderlich, die in Abb. 155 dargestellt ist. Der Zeiger 1 liegt von A nach B. Hinzu kommt von B nach C ein Zeiger $e^{j\delta}$, der ebenfalls die Länge 1 hat, aber den Phasenwinkel δ aus (469). Die Strecke AD ist das gesuchte F_R aus (467). F_R kann aus dem rechtwinkligen Dreieck ABD berechnet werden, das den Winkel $\delta/2$ enthält. Es ist die Strecke AD gleich

$$F_R = \left|\cos \frac{\delta}{2}\right| \quad (470)$$

und mit δ aus (469)

$$F_R = \left| \cos\left(-\pi \frac{d}{\lambda_0} \cos\varphi \right) \right|. \qquad (470\,\text{a})$$

Vielfach stellt man diese Funktion F_R so dar, daß man von der Antenne ausgehend Pfeile in die verschiedenen Raumrichtungen φ zeichnet, wobei die Länge der Pfeile gleich F_R gemacht wird. Man verbindet die Endpunkte der Pfeile durch eine Kurve. Abb. 156a zeigt dies in einem Bei-

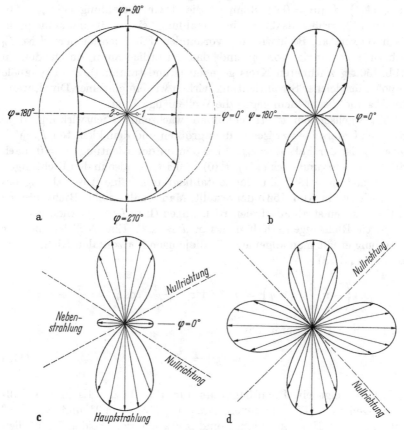

Abb. 156. Horizontaldiagramme zweier paralleler Dipole mit gleichen Strömen mit verschiedenem Abstand d

a) $d = 0.3\,\lambda_0$; b) $d = 0.5\,\lambda_0$; c) $d = 0.6\,\lambda_0$; d) $d = \lambda_0$

spiel für $d = 0.3\,\lambda_0$. Eine solche Darstellung nennt man das horizontale Richtdiagramm der Antenne. Für $\varphi = 90°$ und $\varphi = 270°$ ist $\cos\varphi = 0$, also die Phasendifferenz $\delta = 0$, und die beiden Wellen addieren sich zum maximal möglichen Wert $F_R = 1$. Für $\varphi = 0$ und $\varphi = 180°$ ist

$|\cos \varphi| = 1$, in (467b) ist $|r_2 - r_1| = d$ und $|\delta|$ aus (469) erreicht den maximal möglichen Wert $2\pi d/\lambda_0$. Dies ergibt in Abb. 156a den kleinsten Wert des F_R. Für $\varphi = 0$ ist

$$F_R(0) = \cos \frac{\pi d}{\lambda_0}. \tag{471}$$

Die Richtwirkung der Antenne wird durch das Verhältnis d/λ_0 bestimmt. Für kleine d ist die Richtwirkung gering. Beispielsweise ist für $d = 0{,}07\,\lambda_0$ nach (471) $F_R(0) = 0{,}9$; dann ist die Maximalstrahlung bei $\varphi = 90°$ nur um 10% größer als die Minimalstrahlung bei $\varphi = 0$ und keine praktisch verwertbare Richtwirkung vorhanden. Für noch kleinere d ist F_R nahezu unabhängig von φ und das Richtdiagramm durch den in Abb. 156a gezeichneten Kreis gegeben (Rundstrahlung). Zwei parallele Dipole mit gleicher Stromrichtung wirken wie ein einzelner Dipol, wenn ihr Abstand d sehr klein gegen die Wellenlänge λ_0 ist.

Mit wachsendem d erreicht man wachsende Richtwirkung, d. h. größeren Unterschied zwischen dem größten und dem kleinsten F_R. Von Interesse ist der Fall $d = \lambda_0/2$, bei dem in der Richtung $\varphi = 0$ nach (469) $\delta = -\pi$ und nach (471) $F_r(0) = 0$ ist, der also in den Richtungen $\varphi = 0$ und $\varphi = 180°$ im Horizontaldiagramm keine Ausstrahlung besitzt. Dies ist in Abb. 156b dargestellt. Man erhält so eine Richtantenne mit definierten strahlungsfreien Richtungen (Interferenz). Andere strahlungsfreie Richtungen erhält man für $d > \lambda_0/2$. Eine Nullrichtung der Strahlung erhält man allgemein für diejenigen horizontalen Richtungen, für die in (470a)

$$\cos \left(-\pi \frac{d}{\lambda_0} \cdot \cos \varphi \right) = 0 \quad \text{oder} \quad \left| \frac{\pi d}{\lambda_0} \cdot \cos \varphi \right| = \frac{\pi}{2} + n\pi$$

ist. Für $n = 1$ bedeutet dies

$$|\cos \varphi| = \frac{\lambda_0}{2d}. \tag{472}$$

Abb. 156c zeigt ein Richtdiagramm für $d = 0{,}6\,\lambda_0$. Es gibt 4 Nullrichtungen nach (472), maximale Strahlung für $\varphi = 90°$ und $\varphi = 270°$ mit $F_R = 1$ (Hauptstrahlung) und zwischen den beiden Nullstellen rechts und links eine „Nebenstrahlung", deren Maximum bei $\varphi = 0$ durch (471) gegeben ist. Die Leistung, die durch diese Nebenstrahlung ausgestrahlt wird, ist klein im Vergleich zur Hauptstrahlung, da die Leistung dem Quadrat der in Abb. 156 angegebenen Feldstärkeamplituden proportional ist. Macht man d größer, so wird die Nebenstrahlung stärker. Bei dem in Abb. 156d dargestellten Fall $d = \lambda_0$ liegen die Nullrichtungen bei $\varphi = \pm 45°$, und Hauptstrahlung und Nebenstrahlung sind bereits gleich groß. Wenn man eine praktisch brauchbare Richtwirkung für die Raumrichtungen $\varphi = 90°$ und $\varphi = 270°$ haben will, darf man also d nicht wesentlich größer als $\lambda_0/2$ machen. φ ist hierbei durch Abb. 154 definiert.

Phasenverschobene Dipole nebeneinander (Horizontaldiagramm). Die Ströme $\underline{I}_1$ und $\underline{I}_2$ in den beiden Dipolen sollen gleiche Amplitude haben $(I_1 = I_2)$. Es soll eine Phasendifferenz

$$\Delta \psi = \psi_2 - \psi_1 \tag{473}$$

zwischen den beiden Speiseströmen bestehen. Betrachtet man die Richtwirkung in der horizontalen Ebene $\vartheta = 90°$ nach Abb. 154, so ist weiterhin $r_2 - r_1$ aus (467a) zu entnehmen, dagegen δ nach (466) zu ergänzen in

$$\delta = \Delta \psi - 2\pi \frac{d}{\lambda_0} \cdot \cos \varphi. \tag{474}$$

Mit diesem δ kann man die Richtwirkung wieder nach (470) berechnen als

$$F_R = \left| \cos \left(\frac{\Delta \psi}{2} - \pi \frac{d}{\lambda_0} \cdot \cos \varphi \right) \right|. \tag{475}$$

Positives $\Delta \psi$ bedeutet nach (473), daß der Strom im Dipol 2 dem Strom im Dipol 1 voreilt. Abb. 157 zeigt als gestrichelten Kreis den Fall $d = 0$ und $\Delta \psi = 0$ wie in Abb. 156a, als punktierte Kurve den Fall $d = 0,3 \lambda_0$ und $\Delta \psi = 0$ für zwei gleichphasige Dipole nach Abb. 156a, als ausgezogene Kurve den Fall $d = 0,3 \lambda_0$ und $\Delta \psi = \pi/4$. Das $\Delta \psi$ macht das Diagramm unsymmetrisch gegen die Winkelrichtung $\varphi = 90°$. Während bei gleichphasigen Antennen in (470) das Vorzeichen des $\cos \varphi$ ohne Einfluß auf die Richtwirkung F_R war, ist dies bei Vorhandensein

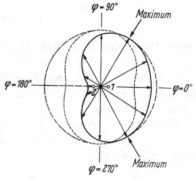

Abb. 157. Horizontaldiagramme zweier paralleler Dipole mit phasenverschobenen Strömen
Gestrichelt: $d = 0$ und $\Delta \psi = 0$; punktiert: $d = 0,3 \lambda_0$ und $\Delta \psi = 0$; ausgezogene Kurve: $d = 0,3 \lambda_0$ und $\Delta \psi = \pi/4$

eines $\Delta \psi$ nicht mehr der Fall. Wenn der Strom des Dipols 2 voreilt, also $\Delta \psi$ positiv ist, wird $|\delta|$ im Winkelbereich zwischen $\varphi = 0$ und $\varphi = 90°$ durch das positive $\Delta \psi$ kleiner und dadurch F_R größer. Im Winkelbereich zwischen $\varphi = 90°$ und $\varphi = 180°$ wird $|\delta|$ wegen des negativen $\cos \varphi$ durch das positive $\Delta \psi$ größer und F_R kleiner. Das Maximum des Richtdiagramms wird durch das $\Delta \psi$ immer zu demjenigen der beiden Dipole hingedreht, dessen Strom nacheilt. Die Richtung maximaler Strahlung besteht bei demjenigen φ, für das in (474) $\delta = 0$ wird:

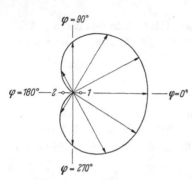

$$\Delta\psi - 2\pi\,\frac{d}{\lambda_0}\cdot\cos\varphi = 0\,,$$

$$\cos\varphi = \frac{\Delta\psi}{2\pi}\cdot\frac{\lambda_0}{d}. \qquad (476)$$

Im Beispiel der Abb. 157 ist $\Delta\psi/2\pi = 1/8$, also $\cos\varphi = 0{,}42$ und die Richtung des Strahlungsmaximums bei $\varphi = \pm 67°$.

Es gibt viele Möglichkeiten, durch Wahl des d und des $\Delta\psi$ das Richtdiagramm zu formen. Eine der bekanntesten Kombinationen ist $d = \lambda_0/4$ und

Abb. 158. Horizontaldiagramm zweier paralleler Dipole mit $d = \lambda_0/4$ und $\Delta\psi = \pi/2$

$\Delta\psi = \pi/2$. Dann wird in (474)

$$\delta = \frac{\pi}{2} - \frac{\pi}{2}\cdot\cos\varphi \qquad (477)$$

und aus (475)

$$F_R = \left|\cos\left(\frac{\pi}{4} - \frac{\pi}{4}\cdot\cos\varphi\right)\right|. \qquad (477\,a)$$

Dieses Diagramm ist in Abb. 158 dargestellt. Das Maximum der Strahlung liegt nach (476) bei $\cos\varphi = 1$, also bei $\varphi = 0$. In der Gegenrichtung bei $\varphi = 180°$ ist $F_R = 0$. Hier hat man eine typische Richtantenne mit einem einzigen Strahlungsmaximum und einer Nullstelle in der Gegenrichtung.

Eine weitere gebräuchliche Kombination besitzt eine Phasendifferenz $\Delta\psi = \pi$, also Ströme entgegengesetzter Richtung in beiden Dipolen. Dann ist nach (475)

$$F_R = \left|\sin\left(\pi\,\frac{d}{\lambda_0}\cdot\cos\varphi\right)\right|. \qquad (478)$$

Ein solches Horizontaldiagramm zeigt Abb. 159 für verschiedene Werte von d. Für alle Abstände d zeigt diese Kombination eine Nullstelle der Strahlung auf der Geraden $\varphi = 90°$ (bzw. $\varphi = 270°$). Das Maximum der Strahlung liegt für alle $d < \lambda_0/2$ bei $\varphi = 0$ und $\varphi = 180°$; dort ist $\cos\varphi = \pm 1$ und das F_R nach (475)

$$F_R = \left|\sin\frac{\pi d}{\lambda_0}\right| = \sin\frac{\pi d}{\lambda_0}. \qquad (479)$$

Für sehr kleine α ist $\sin \alpha \approx \alpha$ und für kleine d/λ_0 in (479)

$$F_R \approx \pi \frac{d}{\lambda_0}. \tag{480}$$

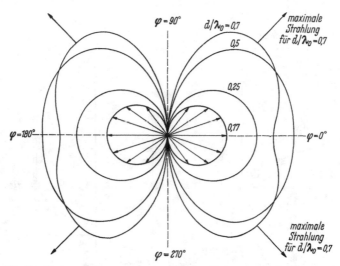

Abb. 159. Horizontaldiagramme zweier paralleler Dipole mit gegenläufigen Strömen

Kleines d gibt nur kleine F_R, also insgesamt geringe Strahlung. Dies liegt daran, daß die beiden Dipole Wellen mit gegenphasigen Feldstärken erzeugen. Wenn die Ausgangspunkte der Wellen dicht beieinander liegen, haben die Feldstärken der beiden Wellen in jedem Punkt P des Raumes in Abb. 151 etwa gleiche Amplitude, aber entgegengesetzte Richtung, so daß ihre Summe (ähnlich wie bei E_1 und E_2 in Abb. 142) sehr klein wird. Die Ausstrahlung zweier Dipole, die dicht beieinander stehen, aber entgegengesetzte Stromrichtungen haben (Phasendifferenz π), hebt sich gegenseitig nahezu auf. Mit wachsendem Abstand d wächst die Ausstrahlung nach (479) und (480). Dies zeigt der Vergleich der Kurven für $d/\lambda_0 = 0,17$, $d/\lambda_0 = 0,25$ und $d/\lambda_0 = 0,5$ in Abb. 159. Die Strahlung in der Richtung $\varphi = 0$ erreicht mit wachsendem d nach (479) den größtmöglichen Wert $F_R = 1$ dann, wenn $\sin \pi d/\lambda_0 = 1$ wird, also erstmalig bei $d = \lambda_0/2$. Bei noch größerem d nimmt das F_R in der Richtung $\varphi = 0$ wieder ab. Dies zeigt die Kurve $d/\lambda_0 = 0,7$ in Abb. 159. Für $d/\lambda_0 > 0,5$ ist nach (478) das Maximum $F_R = 1$ dort, wo $|\pi d/\lambda_0 \cdot \cos \varphi| = \pi/2$ ist, also bei $|\cos \varphi| = \lambda_0/2d$; im Beispiel der Abb. 159 für $d/\lambda_0 = 0,7$ bei $\varphi = \pm 45°$.

Die Formeln für 2 Dipole mit entgegengesetzter Stromrichtung kann man auch für den Fall verwenden, daß ein stromführender Dipol wie in

Abb. 160 im Abstand $d/2$ vor einer sehr großen leitenden Wand steht. Die vom Dipol ausgehende Kugelwelle wird von der Wand reflektiert. Die reflektierte Welle ist wieder eine Kugelwelle, die so beschaffen ist,

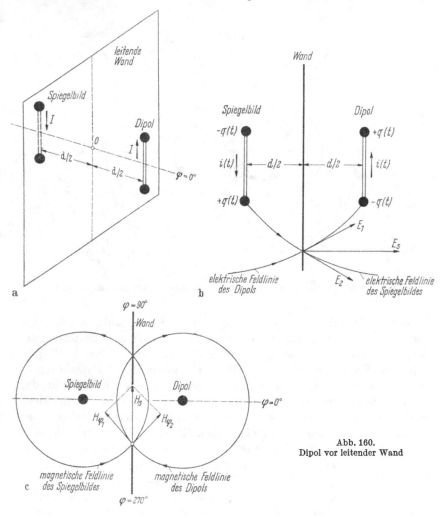

Abb. 160.
Dipol vor leitender Wand

als ob sie von einem „Spiegelbild" ausgeht. Das Spiegelbild ist ein zweiter Dipol, der in gleicher Größe im gleichen Abstand $d/2$ von der Wand hinter der Wand liegend gedacht ist. Das Spiegelbild führt einen Strom gleicher Amplitude I wie der wirkliche Dipol vor der Wand, jedoch mit entgegengesetzter Stromrichtung. Diese entgegengesetzte Stromrichtung im Spiegelbild ist erforderlich, damit in der Wand überall die Grenzbedingungen (49) und (50), nämlich das Verschwinden elektrischer

Komponenten tangential zur Wand und das Verschwinden magnetischer
Komponenten senkrecht zur Wand, erfüllt ist. Der gegenläufige Strom
führt nach Abb. 160b zu Aufladungen $\pm q(t)$, die bei Dipol und Spiegelbild entgegengesetzt sind. Jeder Dipol erzeugt Felder wie in Abb. 149
und 150, die für Dipol und Spiegelbild entgegengesetzte Richtung haben.
Es addieren sich diese beiden Wellenfelder, deren Ausgangspunkte den
Abstand d haben. Es soll nun gezeigt werden, daß die Summe dieser
Wellenfelder die Grenzbedingungen (49) und (50) erfüllt. Die vom Dipol 1
erzeugte Feldstärke E_1 und die vom Spiegelbild erzeugte Feldstärke E_2
liegen dann für die Punkte der Wand so wie in Abb. 160b, und ihre
vektorielle Summe E_s steht senkrecht zur Wand, wenn die Welle des
Dipols und die Welle des Spiegelbildes gleiche Amplitude, aber entgegengesetzte Feldrichtung haben. Alle
elektrischen Feldlinien beider Dipole liegen dann symmetrisch
zur Wand mit entgegengesetzter
Richtung, und das elektrische
Summenfeld steht überall senkrecht zur Wand. Ebenso zeigt
Abb. 160c zwei zur Wand symme-
trische magnetische Feldlinien
beider Dipole mit entgegengesetztem Umlaufsinn. Dann ist
auch die Grenzbedingung (50) erfüllt, weil sich die zur Wand
senkrechten Komponenten der
magnetischen Felder $H_{\varphi 1}$ und $H_{\varphi 2}$
aufheben und die vektorielle
Summe H_s der magnetischen Felder beider Wellen stets tangential

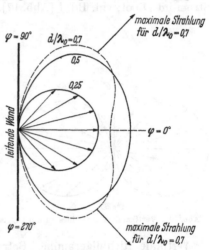

Abb. 161. Horizontaldiagramme eines Dipols vor
einer Wand mit verschiedenem Abstand $d/2$

zur Wand liegt. Es gilt also auch bei Dipolen die für elektrostatische
Felder gültige Regel, daß eine Ladung q vor einer leitenden Wand als
Spiegelbild eine Ladung $-q$ mit entgegengesetztem Vorzeichen besitzt.

Die Welle des Dipols im Abstand $d/2$ vor einer leitenden Wand ist
also identisch mit der Welle zweier Dipole nach Abb. 152 im Abstand d
mit der Phasendifferenz $\Delta \psi = \pi$, wenn die Wand hinreichend groß ist
(theoretisch unendlich groß). Es gelten also (478) bis (480). Das Horizontaldiagramm hat wie in Abb. 159 in Richtung der Wand eine Nullstelle;
im Falle der Kombination eines Dipols mit einer leitenden Wand gibt
es allerdings nur die rechte Seite des Horizontaldiagramms, weil im
Winkelbereich $90° < \varphi < 270°$ hinter der Wand kein Wellenfeld besteht, wenn die leitende Wand hinreichend groß ist. Das Spiegelbild ist
nur eine gedachte Quelle einer Welle, keine wirkliche Quelle. Abb. 161

zeigt die rechte Seite der Abb. 159 mit verschiedenen Werten von d. Kleine Abstände $d/2$ des Dipols von der Wand behindern nach (480) die Entstehung einer kräftigen Welle, da dann die an der Wand reflektierte Welle die vom Dipol in den Raum geschickte Welle weitgehend wieder aufhebt. Die Amplitude der Welle ist dann insgesamt klein. Mit wachsendem d wächst die Amplitude der Welle. Bei der optimalen Richtantenne dieser Art hat der Dipol den Abstand $d/2 = \lambda_0/4$ von der Wand, weil dann in der Hauptstrahlungsrichtung $\varphi = 0$ das Maximum $F_R = 1$ erreicht wird. Noch größere d ergeben wieder wie in Abb. 159 Maxima in schrägen Richtungen. In der Wand fließen nach Abb. 62 Ströme senkrecht zur Komponente H_s, also senkrecht zur Zeichenebene der Abb. 160c. Die Ströme in der Wand haben entgegengesetzte Richtung wie der Strom im Dipol; vgl. Bd. I [Abb. 17].

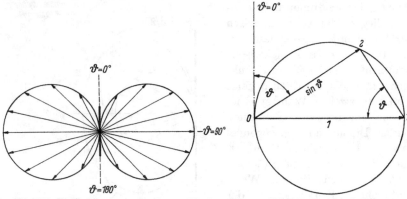

Abb. 162. Vertikaldiagramm eines kurzen Dipols   Abb. 163. Kreiskonstruktion

Vertikale Richtdiagramme. Betrachtet man den Verlauf des F_R in einer Meridianebene $\varphi = $ const in Abhängigkeit von ϑ (Abb. 152), so erhält man ein vertikales Richtdiagramm für die betreffende Meridianebene. Bereits der einfache Dipol hat wegen des Faktors $\sin \vartheta$ in (447) eine vertikale Richtwirkung, wie sie in Abb. 162 dargestellt ist. Die Pfeile haben die Länge $\sin \vartheta$, und die Verbindung ihrer Endpunkte ist ein Kreis, was mit Hilfe von Abb. 163 gezeigt wird. In einem Kreis mit dem Durchmesser 1 hat die Sehne die Länge $\sin \vartheta$, weil das Dreieck 012 im Punkte 2 einen rechten Winkel hat.

Als besonders wichtiges Beispiel soll das Vertikaldiagramm zweier paralleler Dipole nach Abb. 153 in der in Abb. 164 gezeichneten Ebene $\varphi = 0$ berechnet werden, wenn $d = \lambda_0/4$ und $\Delta \psi = \pi/2$ ist, wenn also das Horizontaldiagramm der Abb. 158 besteht. Man zieht die Senkrechte vom Dipol 1 zum Punkt 3 auf dem Radius r_2. Aus dem rechtwinkligen Dreieck 123 ergibt sich

$$r_2 - r_1 = d \cdot \sin \vartheta.$$

Die Phasendifferenz (466) für $\Delta\psi = \pi/2$ und $d = \lambda_0/4$ lautet

$$\delta = \Delta\psi - 2\pi\,\frac{r_2 - r_1}{\lambda_0} = \frac{\pi}{2} - \frac{\pi}{2}\cdot\sin\vartheta, \qquad (481)$$

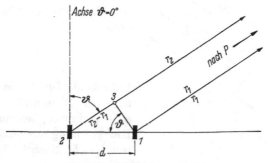

Abb. 164. Meridianebene $\varphi = 0$

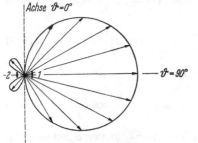

Abb. 165. Vertikale Richtwirkung zweier paralleler Dipole mit $d = \lambda_0/4$ und $\Delta\psi = \pi/2$ in der Meridianebene $\varphi = 0$

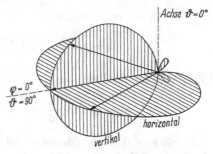

Abb. 166. Perspektivische Kombination der Diagramme der Abb. 158 und 165

und aus (465) und Abb. 155 ergibt sich die Richtwirkung als

$$F_R = \sin\vartheta\left|\cos\frac{\delta}{2}\right| = \underbrace{\sin\vartheta}_{\text{Einzeldipol}}\;\underbrace{\left|\cos\left(\frac{\pi}{4} - \frac{\pi}{4}\sin\vartheta\right)\right|}_{\text{Gruppencharakteristik}}. \qquad (482)$$

Dieses F_R zeigt Abb. 165. In (482) erkennt man eine für Dipolgruppen wichtige Regel, daß F_R ein Produkt vom Verhalten des Einzeldipols ($\sin\vartheta$) und eines zweiten Faktors (470) ist, der durch die Kombination der Dipole entsteht und Gruppencharakteristik genannt wird. Diese Gruppencharakteristik findet man in ähnlicher Form schon in Abb. 158. Insbesondere entsteht durch $\sin\varphi$ auch eine Nullstrahlung längs der Achse $\vartheta = 0$, wodurch die Richtwirkung im Vergleich zu Abb. 158 wesentlich verbessert wird. Sehr übersichtlich ist eine perspektivische Kombination des Horizontaldiagramms der Abb. 158 und des Vertikaldiagramms der Abb. 165 in Abb. 166.

Zwei Dipole übereinander. Abb. 167 zeigt zwei Dipole auf der gleichen Achse $\vartheta = 0$ im Abstand h. Für einen weit entfernten Punkt P sind

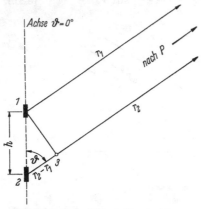

die Radien r_1 und r_2 parallel und die Wegdifferenz aus dem rechtwinkligen Dreieck 123 zu berechnen.

$$r_2 - r_1 = h \cdot \cos \vartheta. \qquad (483)$$

Falls beide Dipole gleiche Ströme mit der Phasendifferenz $\Delta \psi = \psi_2 - \psi_1$ führen, berechnet man die Richtwirkung aus (465) und (466) mit $I_1 = I_2$. Nach (483) ist

$$\delta = \Delta \psi - 2 \pi \frac{h}{\lambda_0} \cdot \cos \vartheta; \qquad (483\,\mathrm{a})$$

Abb. 167. Zwei Dipole übereinander

$$F_R = \sin \vartheta \cdot \left| \cos \left(\frac{\Delta \psi}{2} - \pi \frac{h}{\lambda_0} \cdot \cos \vartheta \right) \right|. \qquad (484)$$

Für gleichphasige Ströme mit $\Delta \psi = 0$ ist

$$F_R = \sin \vartheta \cdot \left| \cos \frac{\delta}{2} \right| = \sin \vartheta \cdot \left| \cos \left(- \pi \frac{h}{\lambda_0} \cos \vartheta \right) \right|. \qquad (485)$$

Abb. 168 zeigt Beispiele dieses Vertikaldiagramms für verschiedene h/λ_0. Für kleine h/λ_0 ist $|\cos \delta/2|$ nahezu gleich 1, und es entsteht nahezu das gleiche Diagramm wie in Abb. 162, also keine nennenswerte vertikale

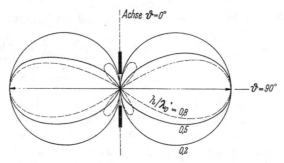

Abb. 168. Vertikale Richtwirkung zweier Dipole übereinander mit gleichen Strömen

Richtwirkung über das hinaus, was der Einzeldipol an Richtwirkung bereits bietet. Mit wachsendem h verbessert sich die Richtwirkung mit Maximum bei $\vartheta = 90°$. Für $h = \lambda_0/2$ zeigt Abb. 168 eine merklich bessere Richtwirkung als bei einem Einzeldipol, und für $h > \lambda_0/2$ gibt

es schräge Nullrichtungen und Nebenstrahlung wie in Abb. 156 c. Das
sin ϑ des Einzeldipols sorgt aber in jedem Fall dafür, daß in der Richtung
$\vartheta = 0$ keine Strahlung entsteht und daß die Nebenstrahlung im Bereich
kleiner ϑ klein bleibt.

Ähnliche Verhältnisse wie bei zwei Dipolen übereinander mit gleichen
und gleichphasigen Strömen bestehen, wenn ein Dipol wie in Abb. 169a
senkrecht im Abstand $h/2$ über einer leitenden Ebene steht. Die vom
Dipol ausgehende Kugelwelle wird an der Wand reflektiert. Die reflektierte Welle ist wieder eine Kugelwelle gleicher Art, wenn die Wand
unendlich groß ist. Die leitende Ebene läßt im Abstand $h/2$ unter der

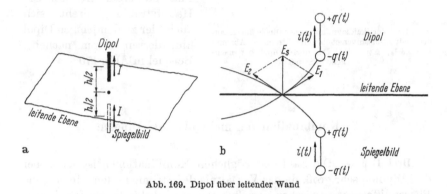

Abb. 169. Dipol über leitender Wand

Ebene einen zweiten Dipol als Spiegelbild erscheinen, der als Ausgangs-
punkt der reflektierten. Welle gedacht ist. Das Spiegelbild wird vom
gleichen Strom i in gleicher Richtung durchflossen wie der wirkliche
Dipol oberhalb der Wand, um die Grenzbedingungen (49) und (50) für
alle Punkte der Ebene zu erfüllen (im Gegensatz zum Dipol parallel zur
Ebene nach Abb. 160, bei dem das Spiegelbild entgegengesetzte Stromrichtung hat). Ähnlich wie in Abb. 160b zeigt Abb. 169b, daß auch hier
nach der auf S. 199 angegebenen Regel zu jeder Ladung q eine Spiegel-
ladung $-q$ hinter der leitenden Ebene im gleichen Abstand gehört. Infolge der Symmetrie ergeben dann in allen Punkten der leitenden Ebene
die elektrischen Feldstärken E_1 des Dipols und die elektrischen Feldstärken E_2 des Spiegelbildes eine vektorielle Summe E_s, die senkrecht
zur Wand steht, wie dies in (49) gefordert wird.

Ein Dipol im Abstand $h/2$ senkrecht zu einer leitenden Wand wirkt
also wie 2 Dipole im Abstand h mit gleichem Strom mit einer Richtwirkung nach (485). Es entsteht dann im Raum oberhalb der leitenden
Ebene ein Vertikaldiagramm wie in Abb. 168, jedoch nur das Diagramm
oberhalb $\vartheta = 90°$, weil unterhalb der Ebene keine wirkliche Welle
besteht.

Wenn zwischen den Strömen der Dipole in Abb. 167 eine Phasendifferenz $\Delta\psi$ besteht, verwendet man die allgemeinere Form (484). Dieses F_R ist das Produkt von $\sin\vartheta$ und einer Gruppencharakteristik, die (475)

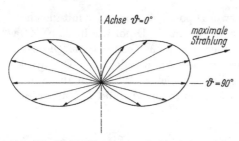

entspricht, wenn man h statt d und ϑ statt φ setzt. Es entsteht durch die Phasendifferenz $\Delta\psi$ eine Strahlung, deren Maximum schräg zu den Dipolachsen liegt und um so mehr nach oben zeigt, je größer die Phasendifferenz $\Delta\psi$ ist. Die Hauptstrahlung dreht sich auch hier zu demjenigen Dipol hin, dessen Strom nacheilt. Beispiel in Abb. 170.

Abb. 170. Vertikaldiagramm zweier Dipole übereinander mit phasenverschobenen Strömen. Abstand $h = 0{,}3\,\lambda_0$; $\Delta\psi = \pi/4$. Der obere Dipol hat nacheilenden Strom

3. Kombination von mehr als zwei Dipolen

Drei Dipole. Die Zahl der möglichen Kombinationen ist schon bei drei Dipolen sehr groß, da das Verhältnis der Ströme in den Dipolen, die Phasendifferenzen zwischen den Strömen, die Abstände der Dipole und die Lage der Dipole zueinander frei wählbar sind. In diesen Kombinationen sind zahlreiche technisch interessante Möglichkeiten hinsichtlich der Winkellage der Maxima und der Nullstellen der Strahlung enthalten,

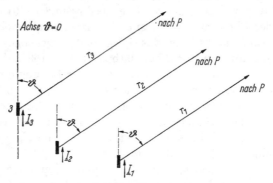

Abb. 171. Drei Dipole in gleicher Richtung

die jedoch nicht ohne Rechenaufwand zu finden sind. Liegen alle drei Dipole wie in Abb. 171 in der gleichen Richtung $\vartheta = 0$ und ist der Punkt P sehr weit entfernt, so besteht für die Wellen aller drei Dipole gleiches ϑ, und es addieren sich im Fernfeld die nahezu parallelen E_ϑ der Einzeldipole. Definiert man wieder eine Richtwirkung F_R, so wird diese in Erweiterung von (465)

$$F_R = \sin \vartheta \frac{\left| 1 + \dfrac{I_2}{I_1} \cdot e^{j(\psi_2 - \psi_1)} \cdot e^{-j2\pi \frac{r_2 - r_1}{\lambda_0}} + \dfrac{I_3}{I_1} \cdot e^{j(\psi_3 - \psi_1)} \cdot e^{-j2\pi \frac{r_3 - r_1}{\lambda_0}} \right|}{1 + \dfrac{I_2}{I_1} + \dfrac{I_3}{I_1}} .$$

(486)

$\underline{I}_3 = I_3 \cdot e^{j\psi_3}$ ist der Strom im dritten Dipol.

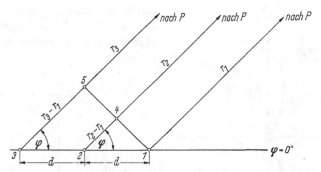

Abb. 172. Horizontalebene $\vartheta = 90°$ mit drei Dipolen auf einer Geraden

Drei gleiche Dipole auf einer Geraden (Horizontaldiagramm). In Abb. 172 wird das Horizontaldiagramm ($\vartheta = 90°$) für drei gleiche Dipole auf einer Geraden mit gleichem Abstand d entwickelt. Es sei $\underline{I}_1 = \underline{I}_2 = \underline{I}_3$. Es ist nach Abb. 172 für einen weit entfernten Punkt P

$$r_2 - r_1 = d \cdot \cos \varphi; \quad r_3 - r_1 = 2d \cdot \cos \varphi. \tag{487}$$

Mit

$$\delta = -2\pi \frac{d}{\lambda_0} \cdot \cos \varphi \tag{488}$$

wie in (469) wird die horizontale Richtwirkung nach (486) mit $\sin \vartheta = 1$, $I_1 = I_2 = I_3$ und $\psi_1 = \psi_2 = \psi_3$

$$F_R = \frac{1}{3} |1 + e^{j\delta} + e^{j2\delta}|. \tag{489}$$

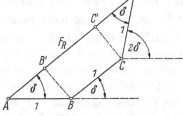

Abb. 173. Addition komplexer Zeiger

F_R erhält man aus Abb. 173 als Erweiterung von Abb. 155 durch den komplexen Zeiger $e^{j2\delta}$, der die Länge 1 hat und zwischen C und D liegt. F_R ist nach (489) 1/3 der Strecke AD, die wegen der Symmetrie der Konfiguration parallel zu BD und daher unter dem Winkel δ liegt.

Zieht man von B und C die Senkrechten zur Strecke AD, so haben die Strecken AB' und $C'D$ die gleiche Länge $\cos \delta$ und die Strecke $B'C$ die Länge 1. Daher ist für drei gleiche Dipole

$$F_R = \left| \frac{1}{3} + \frac{2}{3} \cos \delta \right| \qquad (490)$$

mit δ aus (488). F_R besitzt den Maximalwert 1 für $\delta = 0$, d. h. für $\varphi = 90°$. F_R aus (490) ist in Abb. 174 ausgewertet für den Fall $d = \lambda_0/2$, der sich schon in Abb. 156 als besonders günstig für eine Richtantenne erwiesen hatte. Der Vergleich von Abb. 174 und Abb. 156 b zeigt, daß durch das Hinzufügen des dritten Dipols der Winkelbereich der Hauptstrahlung wesentlich schmäler wurde.

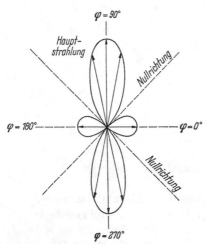

Abb. 174. Horizontaldiagramm von drei Dipolen auf einer Geraden mit gleichen Strömen; $d = \lambda_0/2$

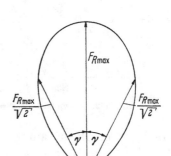

Abb. 175. Halbwertsbreite

Als Halbwertsbreite der Hauptstrahlung definiert man nach Abb. 175 den Winkel 2γ zwischen denjenigen Raumrichtungen, in denen F_R gleich $1/\sqrt{2}$ ist. In diesen Richtungen sind die Scheitelwerte der Feldstärken der Welle das $1/\sqrt{2}$-fache der maximalen Feldstärke und nach (41) die Leistungsdichten die Hälfte der maximalen Leistungsdichte. Die Richtwirkung einer Richtantenne beschreibt man in der Praxis meist durch die Halbwertsbreite $2\gamma_H$ des Horizontaldiagramms, die Halbwertsbreite $2\gamma_V$ des Vertikaldiagramms und das Verhältnis der größten Nebenstrahlung zur größten Hauptstrahlung. Vergleicht man die Diagramme der Abb. 156 c und der Abb. 174, die beide gleiche relative Größe der Nebenstrahlung haben, so ist die Halbwertsbreite in Abb. 156 c etwa 57° und in Abb. 174 etwa 37°. Mit wachsender Zahl der nebeneinander stehenden Dipole und entsprechend wachsender Gesamtbreite der Antenne wird die Halbwertsbreite kleiner und die Richtwirkung besser. Dieses Gesetz wird

auf S. 213 noch in allgemeiner Form bewiesen werden. Außerdem gilt die
Regel, daß mit wachsender Zahl der Dipole die Gefahr großer Maxima
der Nebenstrahlung durchweg abnimmt.

Im einfachsten Fall phasenverschobener Dipolströme ist wieder wie
in Abb. 172 der Abstand d benachbarter Dipole gleich und auch die
Phasendifferenz der Ströme benachbarter Dipole gleich groß.

$$\psi_2 - \psi_1 = \psi_3 - \psi_2 = \Delta\psi; \quad \psi_3 - \psi_1 = 2\Delta\psi.$$

Dann ist mit

$$\delta = \Delta\psi - 2\pi \frac{d}{\lambda_0} \cdot \cos\varphi \qquad (491)$$

die Konstruktion der Abb. 173 weiter verwendbar, weil der Zusatzzeiger
des dritten Dipols aus (486) wie in (489) die Winkellage 2δ hat. Die
Richtwirkung ist durch (490) mit δ aus (491) gegeben:

$$F_R = \left| \frac{1}{3} + \frac{2}{3} \cdot \cos\left(\Delta\psi - 2\pi \frac{d}{\lambda_0} \cdot \cos\varphi\right) \right|.$$

Abb. 176 zeigt dieses Horizontaldiagramm für $d = \lambda_0/2$ (wie in
Abb. 174) und $\Delta\psi = 60°$. Der
Vergleich mit Abb. 174 zeigt, daß
durch die Phasenverschiebung
der Ströme das Maximum der
Hauptstrahlung wie in Abb. 157
in Richtung zum nacheilenden
Dipol hin verdreht ist; positives
$\Delta\psi = \psi_2 - \psi_1 = \psi_3 - \psi_2$ bedeutet in Abb. 172, daß der
Strom im Dipol 2 dem Strom im
Dipol 1 voreilt (und der Strom
im Dipol 3 dem Strom im Dipol
2 um den gleichen Winkel voreilt). Die Gefahr der Entstehung
von Nebenstrahlung großer Amplitude ist auch im Fall schräger
Hauptstrahlung bei drei Dipolen schon wesentlich geringer als
bei zwei Dipolen.

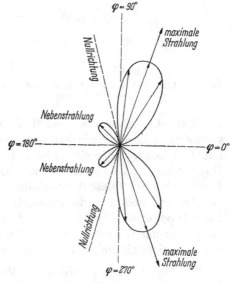

Abb. 176. Horizontaldiagramm von drei Dipolen
auf einer Geraden mit phasenverschobenen Strömen: $d = \lambda_0/2$ und $\Delta\psi = 60°$

Die Erweiterung der Abb. 158 auf drei Dipole bedeutet $d = \lambda_0/4$ und
$\Delta\psi = \pi/2$. Wie in (477) ist

$$\delta = \frac{\pi}{2} - \frac{\pi}{2} \cdot \cos\varphi.$$

Dieses δ ergibt in (490) die horizontale Richtwirkung

$$F_R = \left| \frac{1}{3} + \frac{2}{3} \cdot \sin \left(\frac{\pi}{2} \cos \varphi \right) \right|. \tag{492}$$

Ein solches Horizontaldiagramm zeigt Abb. 177. Man erkennt gegenüber Abb. 158 die kleinere Halbwertsbreite (Abb. 175). Die Hauptstrahlung liegt in Richtung der Verbindungsgeraden der drei Dipole.

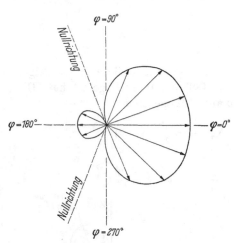

Abb. 177. Längsstrahler aus drei Dipolen auf einer Geraden: $d = \lambda_0/4$; $\Delta\psi = \pi/2$

Die Hauptstrahlung liegt in Abb. 174 quer zur Verbindungsgeraden der drei Dipole in Abb. 172. Eine Antenne mit drei gleichphasigen Dipolen nennt man daher auch einen „Querstrahler“. Dagegen nennt man eine Dipolreihe mit Hauptstrahlung in Richtung der Verbindungsgeraden der Dipole nach Abb. 177 einen „Längsstrahler“. Voraussetzung für eine Hauptstrahlung in der Verbindungsgeraden der Dipole ist allgemein (unabhängig von der Anzahl und dem Abstand der Dipole) ein bestimmter Zusammenhang zwischen den Abständen und den Phasendifferenzen der Dipole. Es gilt folgende Regel: Wenn man sich eine Freiraumwelle nach (37a und b) mit Lichtgeschwindigkeit entlang der Dipolreihe in der Richtung der Hauptstrahlung laufend denkt, so muß die Phase des Stromes in jedem Dipol gleich der Phase der Freiraumwelle am gleichen Ort sein. Ist d_n der Abstand und $\Delta\psi_n$ die Phasendifferenz zweier benachbarter Dipole einer Dipolreihe, so muß $\Delta\psi_n = 2\pi d_n/\lambda_0$ sein. Je mehr Dipole man verwendet und je größer die Gesamtlänge der Antenne wird, desto besser wird die Richtwirkung in Richtung der Verbindungsgeraden der Dipole.

Vier Dipole. Man erweitere Gl. (486) um ein 4. Glied. Um unnötige Komplikationen zu vermeiden, wird im folgenden nur das Horizontaldiagramm berechnet. Es ist also $\sin\vartheta = 1$. Ferner sollen die Ströme in allen Dipolen gleiche Scheitelwerte haben. Dann ist die Richtwirkung

$$F_R = \frac{1}{4} \left| 1 + \mathrm{e}^{\mathrm{j}(\psi_2 - \psi_1)} \cdot \mathrm{e}^{-\mathrm{j}2\pi\frac{r_2-r_1}{\lambda_0}} + \mathrm{e}^{\mathrm{j}(\psi_3 - \psi_1)} \cdot \mathrm{e}^{-\mathrm{j}2\pi\frac{r_3-r_1}{\lambda_0}} + \right.$$
$$\left. + \mathrm{e}^{\mathrm{j}(\psi_4 - \psi_1)} \cdot \mathrm{e}^{-\mathrm{j}2\pi\frac{r_4-r_1}{\lambda_0}} \right|. \tag{493}$$

Als Beispiel mit 4 Dipolen werden in Abb. 178a zwei Gruppen aus Abb. 158 im Abstand $\lambda_0/2$ nebeneinander gestellt. Der Abstand $\lambda_0/2$ ergibt wie in Abb. 156 eine besonders günstige Richtwirkung. Das Horizontaldiagramm wird in Erweiterung von Abb. 154 berechnet. Die

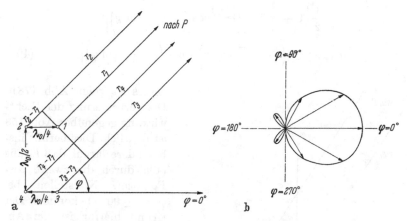

Abb. 178. Vier parallele Dipole als Richtantenne

Dipole 1 und 2 werden durch Dipole 3 und 4 ergänzt. Die Dipole 1 und 3 haben gleiche und gleichphasige Ströme, ebenso die Dipole 2 und 4. Zwischen den Strömen in 1 und 2 und zwischen den Strömen in 3 und 4 besteht je die Phasendifferenz $\pi/2$. Es ist also in (493)

$$\psi_2 - \psi_1 = \frac{\pi}{2}; \quad \psi_3 - \psi_1 = 0; \quad \psi_4 - \psi_1 = \frac{\pi}{2}.$$

Die Wegdifferenzen gewinnt man für einen fernen Punkt P mit parallelen Radien r_1 bis r_4 aus rechtwinkligen Dreiecken wie in Abb. 154.

$$r_2 - r_1 = \frac{\lambda_0}{4} \cdot \cos \varphi; \quad r_3 - r_1 = \frac{\lambda_0}{2} \cdot \sin \varphi$$

$$r_4 - r_1 = \frac{\lambda_0}{4} \cdot \cos \varphi + \frac{\lambda_0}{2} \cdot \sin \varphi.$$

Aus (493) wird dann

$$F_R = \frac{1}{4} \left| 1 + e^{j\left(\frac{\pi}{2} - \frac{\pi}{2}\cos\varphi\right)} \right| \cdot \left| 1 + e^{-j\pi \cdot \sin\varphi} \right|. \tag{494}$$

Berechnet man F_R aus (494), so kann man Abb. 155 und (470) sinngemäß für jede der beiden Klammern verwenden und erhält

$$\frac{1}{2}\left|1 + e^{j\left(\frac{\pi}{2} - \frac{\pi}{2}\cos\varphi\right)}\right| = \left|\cos\left(\frac{\pi}{4} - \frac{\pi}{4}\cos\varphi\right)\right|;$$

$$\frac{1}{2}\left|1 + e^{-j\pi\sin\varphi}\right| = \left|\cos\left(-\frac{\pi}{2}\cdot\sin\varphi\right)\right|;$$

$$F_R = \left|\cos\left(\frac{\pi}{4} - \frac{\pi}{4}\cos\varphi\right)\cdot\cos\left(-\frac{\pi}{2}\cdot\sin\varphi\right)\right|. \tag{495}$$

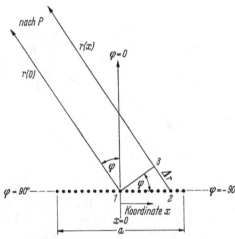

Abb. 179. Gerade mit stetig verteilten Dipolen

Dieses F_R zeigt Abb. 178b. Die Verbesserung der Richtwirkung gegenüber Abb. 158 ist deutlich. Dies beruht insbesondere darauf, daß F_R aus (495) durch die zweite cos-Funktion Nullstellen bei $\varphi = \pm 90$ bekommt. Der Grund hierfür ist der Abstand $\lambda_0/2$ zwischen den beiden Antennenteilen; vgl. hierzu auch Abb. 156b.

(495) ist ein Produkt von (477a) und der Gruppencharakteristik (470a) von 2 Antennen im Abstand $d = \lambda_0/2$ nebeneinander. Solche Multiplikationsregeln gestatten es, das Richtdiagramm einer komplizierteren Kombination vieler Dipole als Produkt einfacher Faktoren zu berechnen, wenn man die Antenne in unter sich gleiche, einfachere Untergruppen aufteilen kann. In Abb. 178a wäre die Kombination 1 und 2 eine Untergruppe mit der Richtwirkung (477a), die zweimal auftritt und dadurch zusätzlich die Richtwirkung (470a) erzeugt.

Stetig verteilte Dipole auf einer Geraden. Grundregeln für eine Antenne, bei der viele Dipole in einer Reihe auf einer Geraden angeordnet sind, gewinnt man mit einfachen mathematischen Methoden und trotzdem recht genau aus einer Anordnung nach Abb. 179, bei der infinitesimale Dipole parallel auf einer Geraden angebracht sind. Abb. 179 zeigt die Ansicht von oben zur Berechnung des Horizontaldiagramms. Die Antenne der Länge a besteht aus einer Reihe unendlich vieler infinitesimaler Dipole, die in Abb. 179 senkrecht zur Zeichenebene stehen. Längs der Antenne besteht die Koordinate x, und der Abstand benachbarter Dipole ist dx. Es ist zweckmäßig, den Nullpunkt des x in die Antennenmitte und die Richtung $\varphi = 0$ senkrecht zur Antenne zu legen, um die Formeln zu vereinfachen. Bezogen auf den Dipol 1 bei $x = 0$ ist x der Abstand eines beliebigen Dipols 2 vom Dipol 1. Der Weg zum fernen Punkt P ist $r(0)$ vom Dipol 1 aus und $r(x)$ vom Dipol 2 aus. Der für die Richtwirkung wichtige Wegunterschied

$$\Delta r(x) = r(x) - r(0) = x \cdot \sin \varphi \qquad (496)$$

berechnet sich aus dem rechtwinkligen Dreieck 1 2 3 ähnlich wie in Abb. 154.

Jeder Dipol führt den infinitesimalen Strom $d\underline{I} = \underline{S}^*(x) \cdot dx$, wobei $\underline{S}^*(x)$ die möglicherweise von x abhängige Flächenstromdichte in der Antenne ist. Nach (462) ist das von jedem Dipol erzeugte Wellenfeld dem Strom $d\underline{I}$ proportional. Jeder dieser infinitesimalen Dipole mit der Länge dy erzeugt also im Fernfeld nach (447) und (462) eine elektrische Feldstärke

$$\underline{E}_\vartheta = j \, \frac{Z_{F0} \cdot dy \cdot d\underline{I}}{2 r \lambda_0} \cdot \sin \vartheta \cdot e^{-j\beta_0 r} = K \cdot \underline{S}^*(x) \cdot dx \cdot dy \cdot \sin \vartheta \cdot e^{-j\beta_0 \cdot \Delta r} \, .$$
$$(497)$$

Hierin ist

$$K = j \, \frac{Z_{F0}}{2 r \lambda_0} \cdot e^{-j\beta_0 \cdot r(0)} \, . \qquad (497a)$$

Für das zu berechnende Horizontaldiagramm ist in (497) $\sin \vartheta = 0$. Man addiert alle Teilwellen (497) der ganzen Antenne der Abb. 179 von $x = -a/2$ bis $x = a/2$. Das Summenfeld $\underline{E}_{\vartheta s}$ lautet dann

$$\underline{E}_{\vartheta s} = \int\limits_{x=-\frac{a}{2}}^{\frac{a}{2}} K \underline{S}^*(x) \cdot e^{-j\beta_0 \cdot \Delta r(x)} \cdot dx \cdot dy \, . \qquad (498)$$

Im einfachsten Fall ist die Stromdichte $\underline{S}^*$ überall auf der Antenne konstant gleich S_0^* und kann dann vor das Integral (498) gezogen werden. Für den Fall gleichmäßiger Stromverteilung gilt also mit Δr aus (496)

$$\underline{E}_{\vartheta s} = K S_0^* \cdot dy \cdot \int\limits_{x=-\frac{a}{2}}^{\frac{a}{2}} e^{-j2\pi \frac{x}{\lambda_0} \cdot \sin \varphi} \cdot dx = \underbrace{K S_0^* a \cdot dy}_{K^*} \cdot \underbrace{\frac{\sin \left(\frac{\pi a}{\lambda_0} \cdot \sin \varphi \right)}{\frac{\pi a}{\lambda_0} \cdot \sin \varphi}}_{F_R} \, .$$
$$(498a)$$

14*

Die Konstante K^* interessiert hier nicht. K^* ist in dieser Form gewählt, damit der Maximalwert des F_R wieder gleich 1 wird. Die Richtwirkung zeigt der Faktor

$$F_R = \frac{\sin\left(\dfrac{\pi a}{\lambda_0} \cdot \sin\varphi\right)}{\dfrac{\pi a}{\lambda_0} \cdot \sin\varphi} = \frac{\sin z}{z}, \qquad (499)$$

der in Abb. 180 dargestellt ist. Es ist hier die neutrale Veränderliche

$$z = \frac{\pi a}{\lambda_0} \cdot \sin\varphi. \qquad (499\,\mathrm{a})$$

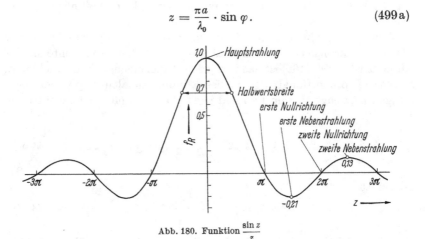

Abb. 180. Funktion $\dfrac{\sin z}{z}$

Abb. 181 zeigt horizontale Richtdiagramme nach (499) für verschiedene a/λ_0, wobei nur die obere Hälfte zwischen $\varphi = \pm 90°$ gezeichnet ist, während eine gleiche untere Hälfte wie in Abb. 156 zu ergänzen ist. Für $\varphi = 0$ ist $\sin\varphi = 0$ und F_R hat seinen Maximalwert 1. In der Umgebung von $\varphi = 0$ liegt also die Hauptstrahlung. Die nach Abb. 175 definierte Halbwertsbreite $2\gamma_H$ des Horizontaldiagramms (499) liegt in Abb. 180 dort, wo $F_R = 1/\sqrt{2} \approx 0{,}7$ ist. Dort ist $\varphi = \pm\gamma_H$ und

$$z = \frac{\pi a}{\lambda_0} \cdot \sin\gamma_H = 0{,}44\,\pi\,;$$

$$\sin\gamma_H = 0{,}44\,\frac{\lambda_0}{a}. \qquad (500)$$

Für die Beispiele der Abb. 181 gilt:

$$a = \quad\lambda_0: \quad 2\gamma_H = 53°,$$
$$a = 2\lambda_0: \quad 2\gamma_H = 26°,$$
$$a = 3\lambda_0: \quad 2\gamma_H = 13°.$$

Wenn γ_H nicht allzugroß ist, gilt die Näherung $\sin \gamma_H \approx \gamma_H$ und nach (500)

$$2\gamma_H = 51° \cdot \frac{\lambda_0}{a}.\tag{501}$$

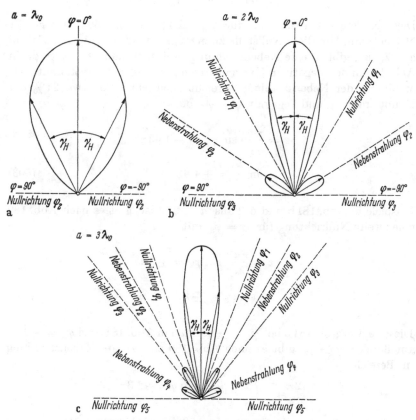

Abb. 181. Horizontale Richtdiagramme einer Dipolgeraden der Breite a mit konstanter Flächenstromdichte

Die Halbwertsbreite ist annähernd proportional zu λ_0/a, also umgekehrt proportional zur Frequenz und zur Antennenbreite. Die erste Nullstelle der Strahlung liegt nach Abb. 180 bei $\varphi = \varphi_1$ mit

$$z = \frac{\pi a}{\lambda_0} \cdot \sin \varphi_1 = \pm \pi$$

$$\sin \varphi_1 = \pm \frac{\lambda_0}{a}.\tag{502}$$

Dies ist in Abb. 181 für

$$a = \quad \lambda_0 \quad \text{bei} \quad \varphi_1 = \pm 90°,$$

$$a = 2\lambda_0 \quad \text{bei} \quad \varphi_1 = \pm 30°,$$

$$a = 3\lambda_0 \quad \text{bei} \quad \varphi_1 = \pm 20°.$$

Diese Nullstelle existiert nur für $\lambda_0/a \leqq 1$, weil in (502) $\sin \varphi_1 \leqq 1$ bleiben muß. Um diese Nullstelle zu erzeugen, muß $a \geqq \lambda_0$ sein. Wenn $a > \lambda_0$ ist, gibt es eine Nebenstrahlung, weil man dann für $\varphi > \varphi_1$ in Abb. 180 in den negativen Kurvenbereich für $\pi < z < 2\pi$ kommt. Das Maximum der Nebenstrahlung erreicht nach Abb. 180 etwa 21% der Hauptstrahlung und liegt mit $\varphi = \varphi_2$ bei

$$z = \frac{\pi a}{\lambda_0} \cdot \sin \varphi_2 = \pm 1{,}43 \pi$$

$$\sin \varphi_2 = \pm 1{,}43 \frac{\lambda_0}{a}. \tag{503}$$

Beispiele in Abb. 181 b und c. Falls $a \geqq 2\lambda_0$ ist, gibt es nach Abb. 180 eine zweite Nullrichtung für $\varphi = \varphi_3$ mit

$$z = \frac{\pi a}{\lambda_0} \cdot \sin \varphi_3 = \pm 2\pi;$$

$$\sin \varphi_3 = \pm 2 \frac{\lambda_0}{a}. \tag{504}$$

Diese liegt in Abb. 181 b bei $\varphi_3 = \pm 90°$ und in Abb. 181 c bei $\varphi_3 = \pm 42°$. Im Bereich $\varphi > \varphi_3$ gibt es nach Abb. 180 eine zweite Nebenstrahlung im Bereich

$$2\pi < \quad z = \frac{\pi a}{\lambda_0} \cdot \sin \varphi \quad < 3\pi$$

mit dem maximalen $F_R = 0{,}13$. Je größer a wird, desto größer wird die Zahl der Nullrichtungen und der Nebenstrahlungen. Die Nullrichtungen liegen in Abb. 180 allgemein bei

$$z = \frac{\pi a}{\lambda_0} \cdot \sin \varphi = \pm n\pi,$$

wobei n eine ganze Zahl ist. Zwischen je 2 Nullstellen liegt eine Nebenstrahlung. Das Maximum der Nebenstrahlung liegt allgemein etwa bei

$$z = \frac{\pi a}{\lambda_0} \cdot \sin \varphi = \pm \left(n + \frac{1}{2}\right)\pi,$$

wobei n eine ganze Zahl ist. Dort ist in (499) der Zähler gleich 1 und daher das zugehörige Maximum der Nebenstrahlung

$$F_R \approx \frac{1}{\left(n + \dfrac{1}{2}\right)\pi}.$$ (505)

Die Amplitude der Nebenstrahlung nimmt also mit wachsendem n ab.

Die Richtwirkung nach (499) und Abb. 180 ist auch noch mit guter Genauigkeit gültig, wenn die Antenne der Abb. 179 nicht aus unendlich vielen infinitesimalen Dipolen, sondern aus endlich vielen, auf einer Geraden nebeneinanderliegenden Einzeldipolen mit endlichem Abstand besteht, solange der Abstand benachbarter Dipole nicht größer als $\lambda_0/2$ ist. Maßgebend für die Richtwirkung ist auch dann die Gesamtlänge a der Dipolreihe.

Die Stromdichte $\underline{S}^*$ in (498) kann längs der Geraden in Abb. 179 von x abhängig sein. Sie kann auch eine komplexe Funktion von x sein, so daß sich in x-Richtung Amplitude und Phase der Flächenstromdichte $\underline{S}^*$ ändern können. Unter den zahllosen Möglichkeiten der Stromverteilung sollen hier zwei charakteristische Fälle betrachtet werden.

Verminderte Randstrahlung. Längs der Antenne sei die Phase der Ströme konstant und die Flächenstromdichte

$$\underline{S}^*(x) = S_1^* \cdot \cos \frac{\pi x}{a}.$$ (506)

In der Mitte der Antenne bei $x = 0$ in Abb. 179 hat die Stromdichte den Maximalwert S_1^*. Die Stromdichte in Abhängigkeit von x zeigt Abb. 182 in Kurve I. Sie sinkt von der Mitte aus in beiden Richtungen so ab, daß die Stromdichte in den Randdipolen bei $x = \pm a/2$ gleich Null ist. Aus (498) erhält man als Summe im Fernfeld

$$\underline{E}_{\vartheta_s} = \int\limits_{x=-\frac{a}{2}}^{\frac{a}{2}} K S_1^* \cdot \cos \frac{\pi x}{a} \cdot \mathrm{e}^{-\mathrm{j}\beta_0 \cdot \Delta r(x)} \cdot \mathrm{d}x \cdot \mathrm{d}y$$

$$= K S_1^* \int\limits_{x=-\frac{a}{2}}^{\frac{a}{2}} \cos \frac{\pi x}{a} \cdot \mathrm{e}^{-\mathrm{j}2\pi \frac{x}{\lambda_0} \cdot \sin\varphi} \cdot \mathrm{d}x \cdot \mathrm{d}y$$

$$= \underbrace{K S_1^* \frac{2a}{\pi}}_{K^*} \cdot \underbrace{\frac{\left(\dfrac{\pi}{2}\right)^2 \cdot \cos\left(\dfrac{\pi a}{\lambda_0} \cdot \sin\varphi\right)}{\left(\dfrac{\pi}{2}\right)^2 - \left(\dfrac{\pi a}{\lambda_0} \cdot \sin\varphi\right)^2}}_{F_R}.$$ (507)

Die Konstante K^* interessiert hier nicht. Sie ist wieder in solcher Form gewählt, daß der Maximalwert des F_R gleich 1 wird. Die Richtwirkung zeigt der Faktor

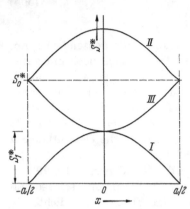

Abb. 182. Stromverteilungskurven

$$F_R = \frac{\left(\dfrac{\pi}{2}\right)^2 \cdot \cos\left(\dfrac{\pi a}{\lambda_0} \sin \varphi\right)}{\left(\dfrac{\pi}{2}\right)^2 - \left(\dfrac{\pi a}{\lambda_0} \cdot \sin \varphi\right)^2}, \qquad (508)$$

der in Abb. 183 dargestellt ist. Vergleichsweise zeigt Abb. 183 gestrichelt die Kurve der Abb. 180 für konstante Stromverteilung. Die horizontale Halbwertsbreite $2\gamma_H$ gewinnt man hier aus

$$\frac{\pi a}{\lambda_0} \cdot \sin \gamma_H = 0,6\,\pi,$$
$$\sin \gamma_H = 0,6\,\frac{\lambda_0}{a}. \qquad (509)$$

Der Vergleich mit (500) zeigt, daß die Halbwertsbreite größer ist als bei einer Antenne mit konstanter Stromdichte. Die Antenne mit einer Stromverteilung nach Abb. 182, Kurve I, entspricht hinsichtlich der Halbwertsbreite einer Antenne mit kleinerem a. Dies erklärt sich daraus, daß

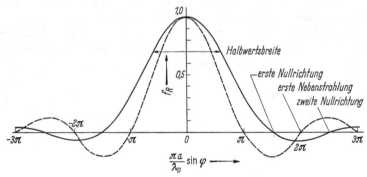

Abb. 183. Diagrammfunktionen: gestrichelt nach Gl. (499), ausgezogene Kurve nach Gl. (508)

die äußeren Ränder der Antenne wegen der kleinen Stromdichte hinsichtlich der Erzeugung einer Richtwirkung nicht voll wirksam sind. Dagegen hat diese Antenne mit verminderter Randstrahlung kleinere Nebenstrahlung (erstes Maximum der Nebenstrahlung hat 8% gegenüber 21% in Abb. 180). Durch eine passende Stromverteilung auf der Antenne kann man also die Nebenstrahlung weitgehend vermindern. Jedoch muß dann die Antenne größeres a haben, um gleiche Halbwertsbreite wie bei einer Antenne mit konstanter Stromdichte zu erhalten.

Man kann auch wie in Abb. 182, Kurve II, die konstante Stromverteilung S_0^* und die cos-förmige Stromverteilung aus (506) addieren, so daß eine Stromverteilung entsteht, die an den äußeren Rändern nicht auf Null, sondern auf den Wert S_0^* absinkt. Dann muß man (498) und (507) addieren, und die Richtwirkung ergibt eine Kurve, die eine Kombination der beiden in Abb. 183 gezeichneten Kurven ist. Kennzeichnend für eine Stromverteilung, die nach den äußeren Rändern hin absinkt, ist eine etwas größere Halbwertsbreite und eine Verminderung der ersten Nebenstrahlung unter 21% der Amplitude der Hauptstrahlung. Wenn man dagegen wie in Abb. 182, Kurve III, die cos-förmige Stromverteilung (506) von dem konstanten S_0^* subtrahiert, erhält man eine Antenne, bei der die Stromdichte an den äußeren Rändern größer ist als in der Mitte. Dann ist (498) und (507) zu subtrahieren. Man erhält eine etwas kleinere Halbwertsbreite und eine Nebenstrahlung, die etwas größer ist als 21% der Hauptstrahlung.

Mißt man das Horizontaldiagramm einer Antenne nach Abb. 179, so kann man aus der Amplitude der Nebenstrahlung im Vergleich zur Amplitude der Hauptstrahlung nach obigen Regeln Schlüsse ziehen auf die ungefähre Verteilung der Stromdichte in Abhängigkeit von x. Wenn längs der Antenne die Phasen der Ströme nicht überall gleich sind, sondern unregelmäßige Abweichungen vom Sollwert zeigen, so merkt man dies im gemessenen Horizontaldiagramm daran, daß in den theoretischen Nullstellen der Wert Null nicht erreicht, sondern daß dort eine restliche Amplitude gemessen wird.

Schrägstrahlung und Längsstrahlung. Bei der Antenne der Abb. 179 wird jetzt angenommen, daß die Flächenstromdichte überall den konstanten Wert S_0^* hat, daß sich jedoch die Phase der Ströme längs der Antenne proportional zu x ändert. Jeder infinitesimale Dipol führt dann einen Strom mit der infinitesimalen komplexen Amplitude

$$\mathrm{d}\underline{I} = S_0^* \cdot \mathrm{e}^{\mathrm{j}2\pi\frac{x}{x_0}} \cdot \mathrm{d}x. \tag{510}$$

In Bereichen positiver x eilen die Ströme dem Strom in der Antennenmitte voraus, und zwar um so mehr, je weiter der betreffende Dipol von der Antennenmitte entfernt ist. In Bereichen negativer x eilen die Ströme dementsprechend den Strömen in der Antennenmitte nach. Die Konstante x_0 bestimmt das Ausmaß der Phasendrehung. Je größer x_0, desto weniger ändert sich die Phase längs der Antenne. x_0 ist derjenige Abstand x von der Antennenmitte, bei dem sich der Phasenwinkel des Stromes um 2π gegenüber der Antennenmitte geändert hat. Im Fernfeld

(497) der einzelnen Dipole tritt zusätzlich der Faktor $e^{j2\pi x/x_0}$ aus (510) auf und dementsprechend auch unter den Integralen in (498). Im Exponenten der e-Funktion ersetzt man ähnlich wie in (474)

$$- j 2\pi \frac{x}{\lambda_0} \cdot \sin \varphi \quad \text{durch} \quad j 2\pi \left(\frac{x}{x_0} - \frac{x}{\lambda_0} \cdot \sin \varphi \right).$$

Dementsprechend ändert sich (499) in

$$F_R = \frac{\sin \left(\dfrac{\pi a}{x_0} - \dfrac{\pi a}{\lambda_0} \cdot \sin \varphi \right)}{\dfrac{\pi a}{x_0} - \dfrac{\pi a}{\lambda_0} \cdot \sin \varphi} = \frac{\sin z}{z}. \tag{511}$$

Man kann hierfür die Kurve der Abb. 180 verwenden, wobei man die Veränderliche

$$z = \frac{\pi a}{x_0} - \frac{\pi a}{\lambda_0} \cdot \sin \varphi \tag{512}$$

setzt. Das Maximum der Hauptstrahlung liegt bei einem Winkel φ_0, für den

$$z = \frac{\pi a}{x_0} - \frac{\pi a}{\lambda_0} \cdot \sin \varphi_0 = 0$$

$$\sin \varphi_0 = \frac{\lambda_0}{x_0}. \tag{513}$$

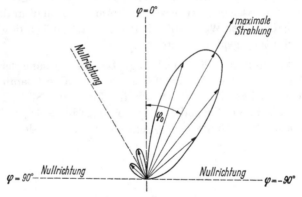

Abb. 184. Horizontales Richtdiagramm einer Dipolgeraden mit linearen Phasendifferenzen nach (511)

Durch die Phasenverschiebungen wird wie in Abb. 157 und Abb. 176 die Hauptstrahlung in eine schräge Richtung gedreht, und zwar auf diejenige Seite, auf der die Phasen nacheilen. Abb. 184 zeigt die Abwandlung des Diagramms der Abb. 181b mit $a = 2\lambda_0$ durch eine Phasendrehung mit $x_0 = -a$ (Nacheilen mit wachsendem x). Die maximale Strahlung liegt nach (513) bei $\varphi_0 = -30°$ (zu den nacheilenden Antennenströmen hin gedreht). Die Halbwertsbreite ist nahezu die gleiche wie bei der Antenne gleicher Breite a in Abb. 181b. Das Diagramm der Abb. 184 ist nach unten symmetrisch zu ergänzen wie in Abb. 181.

Von besonderem Interesse ist der Fall, bei dem die Hauptstrahlungsrichtung in Richtung der Antenne liegt (Längsstrahler). Nach Abb. 179 ist dann in (513) $\varphi_0 = 90°$ oder $\varphi_0 = -90°$. Verwendet man das Beispiel $\varphi_0 = 90°$ wie in Abb. 185, so ist $\sin \varphi_0 = 1$ und nach (513) $x_0 = \lambda_0$. Es bedeutet $x_0 = \lambda_0$, daß längs einer Strecke der Länge λ_0 der

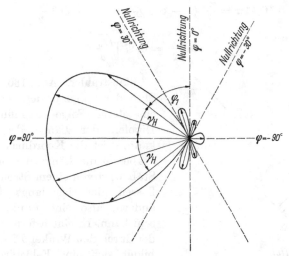

Abb. 185. Dipolgerade als Längsstrahler

Strom der Antenne die Phasendifferenz 2π aufweist. Wie beim Längsstrahler auf S. 208 sind dann die Phasen der Ströme längs der Antenne so verteilt wie bei den Feldern einer ebenen Welle nach (34a und b), die mit Lichtgeschwindigkeit in Abb. 179 längs der Antenne in Richtung abnehmender x läuft. Nach (511) ist dann die Richtwirkung

$$F_R = \frac{\sin \left[\dfrac{\pi a}{\lambda_0} (1 - \sin \varphi)\right]}{\dfrac{\pi a}{\lambda_0} (1 - \sin \varphi)} = \frac{\sin z}{z}. \tag{514}$$

Diese Funktion findet man in Abb. 180, wenn man

$$z = \frac{\pi a}{\lambda_0} (1 - \sin \varphi) \tag{515}$$

setzt. Ein Richtdiagramm nach (514) für $a = 2\lambda_0$ zeigt Abb. 185. Die Halbwertsbreite hängt von der Antennenausdehnung a ab und kann zu gegebenem a/λ_0 aus Abb. 180 für $z = \pm 0{,}44\pi$ entnommen werden. Nach (515) ist dann mit dem Winkel φ_1 aus Abb. 185

$$z = 0{,}44\pi = \frac{\pi a}{\lambda_0}(1 - \sin \varphi_1). \tag{516}$$

Definiert man die horizontale Halbwertsbreite wie in Abb. 175 als $2\gamma_H$ mit dem in Abb. 185 gezeichneten γ_H, so ist $\gamma_H = \pi/2 - \varphi_1$ und nach (516) die Gleichung für γ_H

$$0{,}44\pi = \frac{\pi a}{\lambda_0}(1 - \cos \gamma_H) = \frac{2\pi a}{\lambda_0} \cdot \sin^2 \frac{\gamma_H}{2},$$

$$\sin \frac{\gamma_H}{2} = 0{,}47 \sqrt{\frac{\lambda_0}{a}}. \tag{517}$$

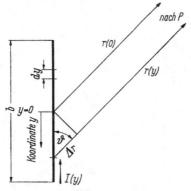

Abb. 186. Stabstrahler

Stabstrahler. Abb. 186 zeigt einen Stab der Länge b, den man sich als eine stetige Folge von infinitesimalen Dipolen der Länge $\mathrm{d}y$ vorstellen kann. y ist die Koordinate längs des Stabes, b die Länge des Stabes. Der Stab wird von einem Strom I durchflossen, der sich längs des Stabes ändern, also eine Funktion von y sein kann. In einem fernen Punkt P, der durch den Winkel ϑ festgelegt ist, bildet sich eine Feldstärke $\underline{E}_{\vartheta s}$ als Summe aller Feldstärken (497) der infinitesimalen Teildipole der Länge $\mathrm{d}y$. Nach (497) ist die Feldstärke $\underline{E}_\vartheta$ des infinitesimalen Dipols proportional zu $\underline{I} \cdot \mathrm{d}y$:

$$\underline{E}_\vartheta = \mathrm{j}\, \frac{Z_{F0}\underline{I} \cdot \mathrm{d}y}{2r\lambda_0} \cdot \sin \vartheta \cdot \mathrm{e}^{-\mathrm{j}\beta_0 r(y)}. \tag{518}$$

Die Wegdifferenz nach P für einen Ort y gegenüber dem Ort $y = 0$ auf dem Stab

$$\Delta r(y) = r(y) - r(0) = y \cdot \cos \vartheta \tag{519}$$

nach Abb. 186 ergibt ähnlich (496) eine Phasendifferenz der Wellen, die in P ankommen. Ähnlich wie in Gl. (497a) und (498), ist die Summenfeldstärke

$$\underline{E}_{\vartheta s} = \mathrm{j}\, \underbrace{\frac{Z_{F0}}{2r\lambda_0} \cdot \mathrm{e}^{-\mathrm{j}\beta_0 r(0)}}_{K} \int\limits_{y=-\frac{b}{2}}^{\frac{b}{2}} \underline{I}(y) \cdot \sin \vartheta \cdot \mathrm{e}^{-\mathrm{j}\beta_0 \cdot \Delta r(y)} \cdot \mathrm{d}y. \tag{520}$$

Das Ergebnis wird wie vorher bei den Horizontaldiagrammen wesentlich vom Aussehen der Funktion $\underline{I}(y)$ beeinflußt. Im einfachsten Fall ist $\underline{I}(y)$ längs des Stabes konstant gleich einem Wert I_0. Dann wird aus (520) ähnlich wie in (498a)

$$\underline{E}_{\theta s} = \underbrace{K I_0 b}_{K^*} \cdot \sin \vartheta \underbrace{\frac{\sin \left(\dfrac{\pi b}{\lambda_0} \cdot \cos \vartheta\right)}{\dfrac{\pi b}{\lambda_0} \cdot \cos \vartheta}}_{F_R}. \tag{521}$$

Der Faktor K^* ist wieder so gewählt, daß das Maximum des F_R gleich 1 wird. Es besteht eine Richtwirkung in Erweiterung von (499)

$$F_R = \sin \vartheta \, \frac{\sin \left(\dfrac{\pi b}{\lambda_0} \cos \vartheta\right)}{\dfrac{\pi b}{\lambda_0} \cos \vartheta} = \sin \vartheta \cdot \frac{\sin z}{z} \tag{522}$$

mit

$$z = \frac{\pi b}{\lambda_0} \cos \vartheta. \tag{522a}$$

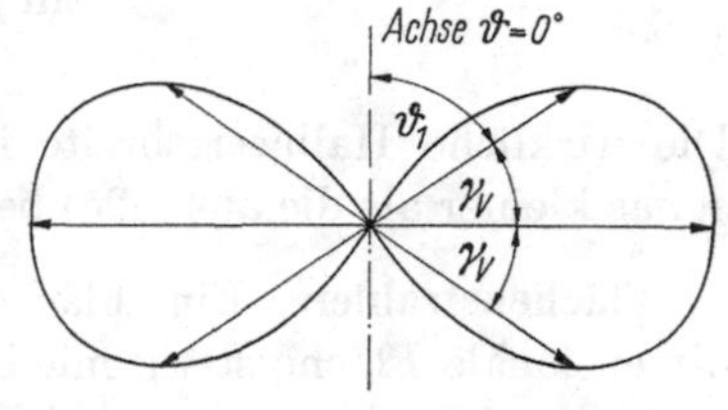

Abb. 187. Vertikale Halbwertsbreite eines Stabstrahlers

Die Richtwirkung ist das Produkt der Kurve aus Abb. 180 mit z aus (522a) multipliziert mit $\sin \vartheta$. Die Vertikaldiagramme des Stabes der Abb. 186 sind also den Horizontaldiagrammen der Abb. 181 sehr ähnlich, wobei jedoch der Faktor $\sin \vartheta$ hinzukommt, der die Halbwertsbreite etwas verkleinert und die Amplituden der Nebenzipfel vermindert, weil $\sin \vartheta \leq 1$ ist; die Größe des $\sin \vartheta$ in den verschiedenen Richtungen zeigen die Pfeillängen der Abb. 162. Bei Stabstrahlern, deren Länge b wesentlich kleiner als die Wellenlänge λ_0 ist, ist z aus (522a) so klein, daß $\dfrac{\sin z}{z}$ nach Abb. 180 nahezu gleich 1 ist, so daß auch Stabstrahler endlicher Länge noch fast das Vertikaldiagramm der Abb. 162 zeigen, wenn ihre Länge b kleiner als $\lambda_0/8$ ist. Größere Stablängen ergeben eine vertikale Richtwirkung über diejenige des infinitesimalen Dipols hinaus.

Die vertikale Halbwertsbreite $2\gamma_V$ ist in Anlehnung an Abb. 175 und die Erläuterungen auf S. 206 durch Abb. 187 definiert. Es ist $\gamma_V = \pi/2 - \vartheta_1$, wobei dieser Winkel ϑ_1 in Abb. 187 gezeichnet ist. Setzt man dieses ϑ_1 in (522) ein, so ist $F_R = 1/\sqrt{2}$, und die Gleichung für γ_V lautet

$$\frac{1}{\sqrt{2}} = \cos \gamma_V \cdot \frac{\sin \left(\dfrac{\pi b}{\lambda_0} \sin \gamma_V\right)}{\dfrac{\pi b}{\lambda_0} \sin \gamma_V}. \tag{523}$$

Für längere Stäbe, bei denen b/λ_0 groß ist, ist γ_V so klein, daß man angenähert $\cos \gamma_V = 1$ setzen kann. Es bleibt dann in (523)

$$\frac{1}{\sqrt{2}} = \frac{\sin \left(\dfrac{\pi b}{\lambda_0} \sin \gamma_V\right)}{\dfrac{\pi b}{\lambda_0} \sin \gamma_V} = \frac{\sin z}{z}. \tag{524}$$

Nach Abb. 180 tritt dieser Zustand für $z = 0{,}44\,\pi$ ein. In Analogie zu (500) wird dann

$$z = \frac{\pi b}{\lambda_0} \sin \gamma_V = 0{,}44\,\pi$$

$$\sin \gamma_V = 0{,}44\,\frac{\lambda_0}{b}. \tag{525}$$

Die wirkliche Halbwertsbreite ist wegen des Faktors $\cos \gamma_V$ in (523) etwas kleiner als die aus (525) berechnete.

Flächenstrahler. Ein Flächenstrahler entsteht, wenn eine zweidimensionale Fläche stetig mit infinitesimalen Dipolen belegt ist, wenn z. B. die Anordnung der Abb. 179 auch senkrecht zur Zeichenebene endliche Ausdehnung hat, also nicht nur eine Reihe von infinitesimalen Dipolen nebeneinander besteht, sondern jeder dieser Dipole eine endliche Länge wie in Abb. 186 hat. Man muß dann die Wellen aller dieser Dipole addieren, wobei die Form der Fläche, die Richtung der Dipolströme und die Verteilung der Amplituden und Phasen der Dipolströme auf der Fläche die Richtwirkung bestimmen. Nur einige sehr einfache Fälle kann man mit erträglichem Aufwand berechnen.

Im einfachsten Fall wird angenommen, daß die strahlende Fläche ein Rechteck mit den Kanten a und b wie in Abb. 188a ist, daß alle Ströme parallel zur Kante b verlaufen und daß die Koordinate x wie in Abb. 179 quer zu den Strömen und die Koordinate y wie in Abb. 186 in Richtung der Ströme läuft. Man betrachtet dann ein Flächenelement $dF = dx \cdot dy$ mit der Stromdichte $\underline{S}^*(x, y)$ am Ort (x, y). Dieses Element erzeugt eine Welle, die vom Punkt (x, y) ausgeht und im Fernfeld die Form (518) hat. Die Komponenten $\underline{E}_\vartheta$ der Teilwellen aller Elemente der Fläche addieren sich im fernen Punkt P; Koordinatensystem des umgebenden Raumes in Abb. 134. Koordinatenanfang ist der Mittelpunkt 1 der Fläche. Die y-Achse der Fläche ist die Achse $\vartheta = 0$. Die Flächennormale legt die Richtung $\varphi = 0$ fest. Mit Hilfe der Abb. 188b soll das Horizontaldiagramm ($\vartheta = 90°$) in Abhängigkeit von φ berechnet werden. Es ist eine horizontale Ebene gezeichnet, in der der ferne Punkt P liegt. Die Wege von allen Punkten des strahlenden Rechtecks zum Punkt P sind parallel und haben gleiches φ. $r(0)$ ist der Abstand der Flächenmitte 1 zum Punkt P. Der Abstand eines beliebigen Flächenelements dF zum Punkt P ist $r(x)$. Dieser Abstand r ist unabhängig von y, weil der Weg von dF nach P im konstanten Abstand y parallel zu der in Abb. 188b gezeichneten Horizontalebene läuft. Der Wegunterschied

$$\Delta r = r(x) - r(0) = x \cdot \sin \varphi \qquad (526)$$

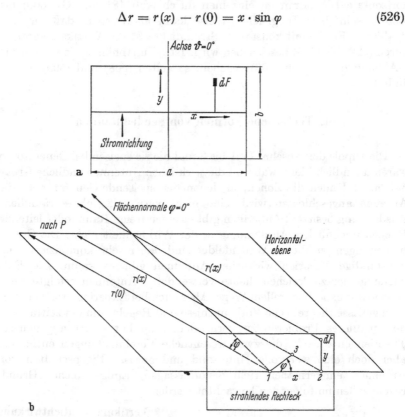

Abb. 188. Strahlende Rechteckfläche mit den Kanten a und b; Horizontalebene mit fernem Punkt P

entspricht (496) und wird aus dem Dreieck 123 berechnet. Es gilt (497), wobei hier $\underline{S}^*$ von x und von y abhängen kann. Da die Fläche auch in der y-Richtung ausgedehnt ist, muß man (498) durch Integration in der y-Richtung ergänzen, um alle Flächenelemente dF der Fläche der Abb. 188 zu erfassen. Aus (498) wird dann die Summenfeldstärke

$$\underline{E}_{\vartheta s} = \int\limits_{x=-\frac{a}{2}}^{\frac{a}{2}} \int\limits_{y=-\frac{b}{2}}^{\frac{b}{2}} K \underline{S}^*(x,y) \cdot e^{-j\beta_0 \cdot \Delta r(x)} \cdot dx \cdot dy \qquad (527)$$

mit Δr aus (526).

Verwendet man im einfachsten Fall eine gleichmäßige Verteilung des Stromes über die ganze Fläche, so ist $\underline{S}^*$ in (527) eine Konstante, und die Integration über y gibt den Faktor b. Es gilt (498a), wobei dy durch b zu ersetzen ist. Die Richtwirkung ist weiterhin durch (499) und das horizontale Diagramm im einzelnen durch Abb. 181 und Gl. (500) bis (505) beschrieben. In gleicher Weise kann man zeigen, daß für eine strahlende Fläche mit konstanter Stromdichte $\underline{S}^*$ das Vertikaldiagramm durch (522) bis (525) beschrieben wird. Ist $\underline{S}^*$ unabhängig von y und die x-Abhängigkeit durch (506) gegeben, so gelten (508) und (509) unverändert.

4. Technische Formen von Sendeantennen

Die Dipole der Abschn. IV.1 bis 3 und die sie speisenden Generatoren waren unendlich klein, während die wirklichen Antennen endliche Größe haben, und auch die Zonen, in denen der speisende Generator an die Antenne angeschlossen wird, eine nicht vernachlässigbare räumliche Ausdehnung besitzen. Außerdem gibt es einen freien Raum oder leitende Ebenen unendlicher Ausdehnung in der Wirklichkeit nicht. Die Grenzbedingungen wirklicher Wellenfelder sind daher sehr kompliziert, und vollständige Theorien wirklicher Antennen gibt es kaum. Die Entwicklung der zahlreichen, heute verwendeten Antennen erfolgte weitgehend auf experimentellem Wege. Aber auch bei Experimenten benötigt man gewisse theoretische Vorkenntnisse und Regeln, um ein zeitraubendes, planloses Probieren zu vermeiden. Man hat daher angenäherte Theorien entwickelt, die zwar wesentliche Vereinfachungen enthalten, aber doch eine wertvolle Hilfe sind und gewisse Eigenschaften von Antennen einigermaßen richtig voraussagen. Einige solcher Grundregeln sollen im folgenden betrachtet werden.

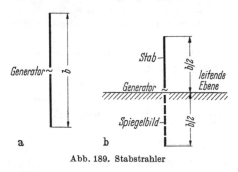

a   b

Abb. 189. Stabstrahler

Vertikale Richtwirkung eines Stabstrahlers. Ein wichtiges Element der Antennentechnik ist der Stabstrahler, den man in den beiden, in Abb. 189 gezeichneten Formen kennt. Abb. 189a zeigt den symmetrischen Strahler der Länge b, der in der Mitte von einem Generator gespeist wird und sich in einem weitgehend freien Raum befindet. Abb. 189b zeigt den unsymmetrischen Stabstrahler der Länge $b/2$ über einer sehr großen leitenden Ebene,

wobei der Generator zwischen der Ebene und dem Stab liegt. Die beiden
Fälle der Abb. 189 sind weitgehend identisch, wenn man den Stab der
Abb. 189a wie in Abb. 169 durch sein Spiegelbild ergänzt denkt. Die
Dicke des Stabes sei klein gegen seine Länge b und gegen die Wellen-
länge λ_0.

Sobald man die Stromverteilung $\underline{I}(y)$ auf dem Stab kennt, ist das
Vertikaldiagramm durch (520) bekannt. Es ist üblich und erfolgreich,
dünne Stäbe mit Hilfe der Leitungstheorie zu behandeln. Abb. 190a
zeigt, wie ein Stab aus Induktivitäten und Kapazitäten aufgebaut ist.

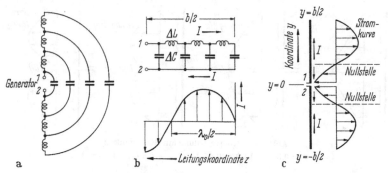

Abb. 190. Leitungsersatzbild eines Stabstrahlers

Der Generator speist die Schaltung zwischen den Klemmen 1 und 2. In
Abb. 190b ist diese Ersatzschaltung als Leitungsersatzbild wie in Bd. I
[Abb. 157] gezeichnet. Das Verhältnis $\Delta L/\Delta C$ nimmt von den Speise-
klemmen zu den Stabenden hin zu, so daß der Wellenwiderstand der
Ersatzleitung nach Bd. I [Gl. (361)] zu den Stabenden hin wächst. Diese
Leitung ist verlustbehaftet, weil die Antenne Leistung an den umgebenden Raum in Form einer fortschreitenden Welle abgibt (Strahlungsdämpfung). Da es sich hier jedoch nur um Näherungsbetrachtungen
handelt, macht man keinen ernsthaften Fehler, wenn man bei der
Berechnung des Stromes auf den Antennenstäben die Strahlungsdämpfung vernachlässigt und einen längs der Leitung gleichbleibenden,
mittleren Wellenwiderstand annimmt. Die Phasengeschwindigkeit auf
Stabantennen ist nahezu gleich der Lichtgeschwindigkeit wie allgemein
bei Leitungen in Luft nach S. 52. Der Stab wirkt wie eine am Ende
offene Leitung. Für den Strom gilt dann Bd. I [Gl. (471) und Abb. 178].
Den Strom längs der Ersatzleitung zeigt Abb. 190b unten. Er ist am
Leitungsende gleich Null, hat einen sin-förmigen Verlauf und Nullstellen
im Abstand $\lambda_0/2$. Nach jeder Nullstelle ändert die sin-Funktion in Bd. I
[Gl. (471)] ihr Vorzeichen (Richtungswechsel des Stromes). Die Stromkurve der Abb. 190b ist in Abb. 190c auf den Stab übertragen. Durch

Pfeile längs des Stabes kann man erkennen, in welcher Richtung dieser Strom I auf den Antennenstäben läuft. In der Nullstelle wechselt die Stromrichtung. Im Ersatzbild der Abb. 190b ist die Leitungskoordinate z wie in Bd. I [Abb. 158a] verwendet, längs des Stabes in Abb. 190c die Koordinate y wie in Abb. 186. Die Stabenden $y = \pm b/2$ entsprechen dem Leitungsende $z = 0$ und der Anschluß des Generators bei $y = 0$ entspricht dem Leitungseingang $z = b/2$. Die Länge $b/2$ entspricht also der Leitungslänge l in Bd. I [Abb. 158a]. Abb. 191 zeigt für einige charakteristische Fälle die Verteilung des Stromes längs des Stabes.

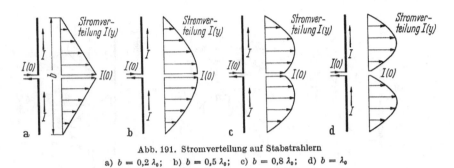

Abb. 191. Stromverteilung auf Stabstrahlern
a) $b = 0,2\,\lambda_0$;   b) $b = 0,5\,\lambda_0$;   c) $b = 0,8\,\lambda_0$;   d) $b = \lambda_0$

Wenn die Betriebsfrequenz niedrig, λ_0 groß und $b < 0,2\,\lambda_0$ ist, zeigt die Stromkurve nach Abb. 191a nur ein kurzes Stück der sin-Kurve des Stromes, der annähernd linear vor dem Stabende bis zum Generatoranschluß ansteigt, weil für kleine α $\sin\alpha \approx \alpha$ ist. Für diese kurzen Stäbe ist nach S. 221 das Vertikaldiagramm noch nahezu identisch mit dem Diagramm des kurzen Dipols nach Abb. 162. Der Strom $I(0)$ in der Strahlermitte ist der Speisestrom, der bei $y = 0$ aus dem Generator in den Stab fließt. Wenn $b > 0,2\,\lambda_0$ wird, wird die Stromkurve gekrümmt, wie dies in Abb. 191b für den Fall $b = \lambda_0/2$ gezeichnet ist; längs jeder Strahlerhälfte liegt ein Viertel einer sin-Periode. In diesem Fall ist die vertikale Richtwirkung schon etwas besser als beim kurzen Dipol und etwa durch das Vertikaldiagramm der Abb. 187 gegeben. Die Formel (522) für die Richtwirkung eines Stabes der Länge b gilt hier nicht, weil bei der Berechnung von (522) konstante Stromstärke längs des Stabes vorausgesetzt wurde, während in Abb. 191b die äußeren Stabteile geringeren Strom führen und daher bei der Erzeugung der Welle nicht voll wirksam sind. Abb. 191c zeigt ein Beispiel mit $0,5\,\lambda_0 < b < \lambda_0$, bei dem die gesamte Umgebung des Maximums der sin-Stromkurve auf dem Stab liegt und große Teile des Stabes einen nahezu konstanten Strom führen. Abb. 191d zeigt den Sonderfall $b = \lambda_0$, bei dem auf jeder Strahlerhälfte eine Halbperiode der sin-Funktion liegt. Im verlustfreien Fall einer stehenden Welle auf dem Stab wäre in Abb. 191 d der Strom $I(0) = 0$ im Anschlußpunkt des Generators gleich Null. Die Strahlungsdämpfung macht aus dem Strahler eine Leitung mit kleinen Verlusten, solange die Stabdicke klein ist. Wegen dieser Verluste fließt auch im Fall $b = \lambda_0$ ein Speisestrom $I(0)$, allerdings ein sehr kleiner. Abb. 190c zeigte bereits den Fall $b > \lambda_0$, bei dem auf dem Stab Ströme entgegengesetzter Richtung existieren. Da nach S. 197 gegenläufige Ströme die von ihnen erzeugten Wellen weitgehend gegenseitig kompensieren, sind Stablängen b, die nennenswert größer als λ_0 sind, für Antennen nicht sehr geeignet.

Eingangsimpedanz eines Stabstrahlers. Die Eingangsimpedanz, die die Antenne dem speisenden Generator zwischen den beiden Anschlußklemmen am Ort $y = 0$ anbietet, hat eine Wirkkomponente R und eine Blindkomponente jX. Ihr typischer Verlauf in der komplexen Widerstandsebene ist in Abb. 192 dargestellt. Die Blindkomponente dünner

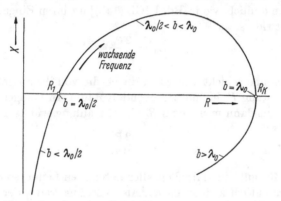

Abb. 192. Eingangsimpedanz eines Stabstrahlers in Abhängigkeit von der Frequenz und der Stablänge

Stabstrahler ist im wesentlichen identisch mit dem Eingangsblindwiderstand einer am Ende offenen Leitung (Abb. 190b) nach Bd. I [Gl. (472) und Abb. 180]. Der mittlere Wellenwiderstand einer dünnen Stabantenne beträgt 200 bis 500 Ω und wird mit wachsender Stabdicke kleiner. Je größer der Wellenwiderstand, desto größer sind die Blindkomponenten bei gegebenem b/λ_0. Für kleine Werte b/λ_0 wie in Abb. 191 a wirkt der Stab als reine Kapazität wie bei der Näherungsformel nach Bd. I [Gl. (473)]. Der (negative) Blindwiderstand ist dann proportional zu $1/\omega$, nimmt also mit wachsender Frequenz ab. Für größere b/λ_0 wirkt dann auch die Induktivität des Stabes mit und für Stablängen $b = \lambda_0/2$ (Leitungslängen $l = \lambda_0/4$) wie in Abb. 191 b tritt Serienresonanz mit $X = 0$ ein. Der Eingangswiderstand ist dann ein reiner Wirkwiderstand

R_1. Für Stablängen $\lambda_0/2 < b < \lambda_0$ wie in Abb. 191 c ist der Eingangswiderstand induktiv und wächst mit wachsendem b. Für $b = \lambda_0$ wie in Abb. 191 d wird der Eingangswiderstand wegen des sehr kleinen Speisestromes $I(0)$ sehr groß. In diesem Fall wirkt die Antenne wie ein Parallelresonanzkreis, der für $b = \lambda_0$ (Parallelresonanz) einen großen Wirkwiderstand R_K darstellt. In der Umgebung von R_K ist die Impedanzkurve der Abb. 192 der Kurve des Parallelresonanzkreises in Bd. I [Abb. 100] sehr ähnlich. Für $b > \lambda_0$ wie in Abb. 190 c wird die Blindkomponente des Eingangswiderstandes wieder kapazitiv. Zu dieser Blindkomponente kommt eine Wirkkomponente, die aus einem Verlustwiderstand und einem Strahlungswiderstand besteht. Der Verlustwiderstand wird verursacht durch die Verlustleistung P_v, die durch die Ströme auf dem Stab (und bei unsymmetrischen Antennen nach Abb. 189 b auch durch die Ströme auf der leitenden Ebene) in den Oberflächenwiderständen der leitenden Teile entsteht. Ist $I(0)$ der Scheitelwert des vom Generator kommenden Speisestroms an der Stelle $y = 0$, so bietet die Antenne ähnlich wie in Bd. I [Gl. (143)] an ihren Eingangsklemmen den Verlustwiderstand

$$R_v = \frac{2P_v}{I^2(0)} \tag{528}$$

an. Die Antenne schickt außerdem durch die von ihr ausgehende Welle eine Wirkleistung P_s in den umgebenden Raum. In völliger Analogie zu (528) erscheint dann in Serie zu R_v ein „Strahlungswiderstand"

$$R_s = \frac{2P_s}{I^2(0)}. \tag{529}$$

Sorgt man für gute Leitfähigkeit aller beteiligten Leiter, so ist normalerweise R_v wesentlich kleiner als R_s. Als Wirkungsgrad η der Antenne

$$\eta = \frac{P_s}{P_s + P_v} = \frac{R_s}{R_s + R_v} \tag{530}$$

bezeichnet man den Quotienten der in der Welle fortlaufenden Leistung P_s zu der vom Generator zu liefernden Leistung $P_s + P_v$.

Für $b \leqq \lambda_0/2$ kann der Strahlungswiderstand näherungsweise berechnet werden. Man berechnet die Leistung P_s und dann R_s aus (529). P_s erhält man aus (453), solange die Voraussetzung der Gl. (453) einigermaßen gut erfüllt ist, daß das Vertikaldiagramm die Abhängigkeit $\sin \vartheta$ wie in Abb. 162 besitzt. Dies ist für $b < \lambda_0/4$ recht genau und für $\lambda_0/4 < b < \lambda_0/2$ noch annähernd richtig. Entnimmt man P_s aus (453), so wird nach (529) für kurze Stäbe

$$R_s = \frac{8\pi}{3} Z_{F0} \left(\frac{H}{I(0)} \right)^2. \tag{531}$$

H ist der Absolutwert der Konstanten $\underline{H}$, die nach (448) die magnetische Feldstärke $\underline{H}_\varphi$ bestimmt. Teilt man den Stab wie in Abb. 186 in infinitesimale Stücke $\mathrm{d}y$ und ist jedes $\mathrm{d}y$ vom Strom $\underline{I}(y)$ durchflossen, so ist $\underline{H}$ die Summe aller Beiträge der einzelnen Teilstücke $\mathrm{d}y$, wobei der Beitrag jedes Teilstücks durch (462) gegeben ist. Daher ist für gleichphasige Ströme $\underline{I}$ der Absolutwert

$$H = \int\limits_{y=-\frac{b}{2}}^{\frac{b}{2}} \frac{I(y) \cdot \mathrm{d}y}{2\lambda_0}. \tag{532}$$

Mit (531) wird dann der Strahlungswiderstand

$$R_s = \frac{2\pi Z_{F0}}{3\lambda_0^2} \left(\frac{\int\limits_{y=-\frac{b}{2}}^{\frac{b}{2}} I(y) \cdot \mathrm{d}y}{I(0)} \right)^2 = 80\pi^2 \left(\frac{b_{\mathrm{eff}}}{\lambda_0} \right)^2 \; \Omega \tag{533}$$

mit Z_{F0} aus (33). Die Größe

$$\frac{\int\limits_{y=-\frac{b}{2}}^{\frac{b}{2}} I(y) \cdot \mathrm{d}y}{I(0)} = b_{\mathrm{eff}} \tag{534}$$

hat die Dimension einer Länge und wird als die effektive Länge b_{eff} des Stabes bezeichnet. Die von einem Stab der Länge b mit ortsabhängigem Strom $I(y)$ ausgehende Welle hat die gleiche Amplitude wie eine Welle, die von einem Stab der Länge b_{eff} mit konstantem Strom $I(y) = I(0)$ ausgeht. Denn ein solcher, von konstantem Strom durchflossener Draht hätte nach (532) die Konstante

$$H = \int\limits_{y=-\frac{b_{\mathrm{eff}}}{2}}^{\frac{b_{\mathrm{eff}}}{2}} \frac{I(0) \cdot \mathrm{d}y}{2\lambda_0} = \frac{I(0) \cdot b_{\mathrm{eff}}}{2\lambda_0}.$$

Setzt man für den Stab mit ortsabhängigem $I(y)$ das durch (534) definierte b_{eff} in (532) ein, so erhält man das gleiche H.

Nach (534) ist

$$\int\limits_{y=-\frac{b}{2}}^{\frac{b}{2}} I(y) \cdot \mathrm{d}y = I(0) \cdot b_{\mathrm{eff}}. \tag{535}$$

Dieses Integral ist die Fläche zwischen den in Abb. 190 c und Abb. 191 gezeichneten I-Kurven und den zugehörigen senkrechten Achsen. Wie in Abb. 193 für das Beispiel der Abb. 191 a gezeichnet ist, ist nach (535) die Fläche unter der I-Kurve gleich der Fläche eines Rechtecks mit den Kanten $I(0)$ und b_{eff}. Für die Fälle der Abb. 191 a und b, auf die die hier abgeleiteten Gleichungen beschränkt sind, ist $b_{eff} < b$. Solange die Stromverteilung $I(y)$ längs des Stabes annähernd linear ist wie in Abb. 193, ist

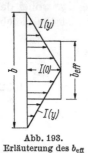

Abb. 193.
Erläuterung des b_{eff}

$$b_{eff} \approx \frac{b}{2}. \qquad (536)$$

Wenn die Stromkurve gekrümmt ist wie in Abb. 191 b, ist $b_{eff} > b/2$. Im Sonderfall der Abb. 191 b mit $b = \lambda_0/2$ ist $I(y)$ längs des ganzen Stabes eine cos-Halbperiode

$$I(y) = I(0) \cdot \cos \frac{2\pi y}{\lambda_0}$$

und nach (534)

$$b_{eff} = \int\limits_{y=-\frac{\lambda_0}{4}}^{\frac{\lambda_0}{4}} \cos \frac{2\pi y}{\lambda_0} \cdot dy = \frac{\lambda_0}{\pi}.$$

Für einen Stab der Länge $b = \lambda_0/2$ ist also nach (533) der Strahlungswiderstand angenähert $R_s = 80\ \Omega$ (Punkt R_1 in Abb. 192). Mit abnehmender Strahlerlänge b sinkt nach (533) der Strahlungswiderstand etwa proportional zum Quadrat der Stablänge und ist für kurze Stäbe sehr klein; z. B. für $b/\lambda_0 = 0,1$ mit $b_{eff}/\lambda_0 = 0,05$ nach (534) nur noch etwa 2 Ω. Nach (528) ist

$$P_s = \frac{1}{2}\, I^2(0) \cdot R_s = 40\,\pi^2 I^2(0) \left(\frac{b_{eff}}{\lambda_0}\right)^2. \qquad (537)$$

Der zur Erzeugung einer vorgeschriebenen Leistung P_s der Welle erforderliche Speisestrom $I(0)$ ist umgekehrt proportional zum Quadrat der effektiven Stablänge.

Wenn es sich um einen unsymmetrisch gespeisten Stab wie in Abb. 189 b handelt, muß man die Stablänge als $b/2$ bezeichnen. Außerdem hat die Impedanz dann den halben Wert der Impedanz des vollen Stabes der Abb. 189 a. Die Wirkwiderstände sind beim unsymmetrischen Stab halb so groß, weil die Welle nur den halben Raum (oberhalb der leitenden Ebene) erfüllt und daher bei gleichem Strom $I(y)$ die Leistung

P_s der Welle in (529) nur halb so groß ist. Die Blindwiderstände sind nur halb so groß wie beim ganzen Stab, weil der Wellenwiderstand des Stabes in Abb. 189 b bei gleicher Stabdicke nur halb so groß ist wie in Abb. 189 a. Der grundsätzliche Verlauf der frequenzabhängigen Impedanzkurve der Abb. 192 bleibt also auch beim unsymmetrischen Stab der Abb. 189 b. Es ist dann etwa $R_1 = 40\ \Omega$.

Breitbanddipole. Nach Abb. 192 ist die Eingangsimpedanz eines Stabstrahlers frequenzabhängig. Er unterliegt den Regeln aus Bd. I [Abb. 108]. Abb. 194 zeigt Imdepanzkurven für verschiedene mittlere Wellenwiderstände Z_M der Antenne in schematischer Darstellung. Der Wert R_1 für

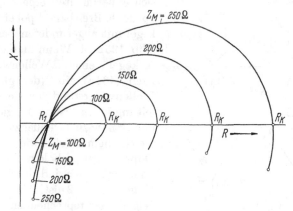

Abb. 194. Eingangsimpedanz eines Stabstrahlers für verschiedene mittlere Wellenwiderstände Z_M

$b = \lambda_0/2$ ist weitgehend unabhängig vom Wellenwiderstand etwa gleich 80 Ω für alle Kurven. Der Wert R_K für $b = \lambda_0$ wächst mit wachsendem. Wellenwiderstand und kann für dünne Stäbe noch wesentlich höhere Werte annehmen als in Abb. 194. Die in Abb. 194 gezeichneten Kurvenstücke für etwa $0{,}3\lambda_0 < b < 1{,}1\lambda_0$ mit verschiedenen Wellenwiderständen entsprechen gleichen Frequenzbereichen, woraus man erkennt, daß die Frequenzabhängigkeit der Impedanz eines Stabstrahlers mit wachsendem Wellenwiderstand schnell wächst. Wünscht man eine Breitbandantenne, d. h. eine Antenne mit kleiner Frequenzabhängigkeit, so muß sie einen kleinen Wellenwiderstand haben. Daneben kann man durch Zusatzschaltungen an den Eingangsklemmen wie in Bd. I [Abb. 110] die Frequenzabhängigkeit in begrenzten Frequenzbereichen noch weiter verringern.

Für Breitbanddipole verwendet man daher dicke Stäbe. Beispiel in Abb. 194 für $Z_M = 100\ \Omega$. Da man den Stab wie in Abb. 195a in der Mitte teilen muß, um die Generatoranschlüsse 1 und 2 zu erzeugen, entsteht bei dicken Stäben an der Unterbrechungsstelle die in Abb. 195a gezeichnete Kapazität C, die parallel zu den Generatorklemmen liegt und für die Eingangsimpedanz des Stabes eine unerwünschte Parallelkapazität darstellt. Vielfach verwendet man daher eine kegelförmige Unterbrechung wie in Abb. 195b, wobei es meist zweckmäßig ist, den Wellenwiderstand dieser Doppelkegelleitung (Abb. 140b) nach (434a) gleich dem Wellenwiderstand der Generatorzuleitung zu machen. Mittlerweile hat sich experimentell ergeben, daß der optimale Breitbanddipol ein Doppelkegel mit abgerundeten Ecken nach Abb. 195c ist. Wenn man dem Doppelkegel einen Wellenwiderstand nach (434a) gibt (der gleich dem Wellenwiderstand der Generatorzuleitung ist), so ist die Eingangsimpedanz nahezu frequenzunabhängig gleich dem Wellenwiderstand des Doppelkegels, sobald die Betriebsfrequenzen so hoch sind, daß die Gesamtlänge $b > \lambda_0/2$ ist. Abb. 195d bis f zeigen die entsprechenden unsymmetrischen Strahler, die mit Hilfe einer koaxialen Leitung durch die leitende Ebene hindurch gespeist werden.

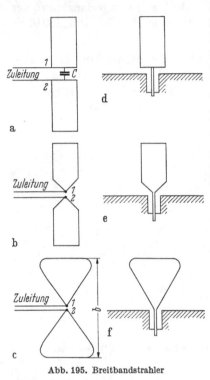

Abb. 195. Breitbandstrahler

Kapazitiv belastete Stäbe. Man kann in Abwandlung von Abb. 191 den Stab an seinen Enden mit zusätzlichen leitenden Teilen versehen, wie dies in Abb. 196 durch breite Querstäbe schematisch angedeutet ist. Diese leitenden Teile können ausgespannte Querdrähte, Ringe, Kugeln u. dgl. sein. Diese Zusätze wirken so, als ob der Stab an den Enden eine zusätzliche Kapazität besitzt. Dann ist das Leitungsersatzbild der Abb. 190b durch eine Endkapazität C_0 zu ergänzen (Abb. 196b). Die Stromverteilung auf dem Stab entspricht derjenigen auf einer mit einer Kapazität abgeschlossenen Leitung nach Bd. I [Gl. (478) und Abb. 178]. Demnach ist die Stromverteilung auf einer mit C_0 abgeschlossenen Leitung identisch mit der Stromverteilung einer um b' längeren Leitung, die am Ende offen ist. Also ist die Stromverteilung auf einem kapazitiv belasteten Stab nach Abb. 196a identisch mit der Stromverteilung auf einem nach beiden Seiten um b' verlängerten Stab. Die Kapazität C_0 ersetzt sozusagen diese Stabenden der Länge b'. Man vergleiche Abb. 191a

und Abb. 196a. Belastet man die Antenne der Abb. 191c mit einer geeigneten Kapazität C_0, so zeigt Abb. 196c, daß dadurch ein Stab mit
ziemlich konstantem Strom $I(y)$ längs des Stabes entsteht. Insgesamt
ergibt sich für $b < 0{,}7\lambda_0$ eine gleichmäßigere Stromverteilung längs
des Stabes im Vergleich zum einfachen Stab gleicher Länge b. Die
Ströme $I(y)$ nähern sich für Stablängen $b < 0{,}7\lambda_0$ im Mittel mehr dem
Speisestrom $I(0)$. Dies bedeutet, daß sich in (534) die effektive Länge
b_{eff} mehr der geometrischen Länge b nähert. Der kapazitiv belastete

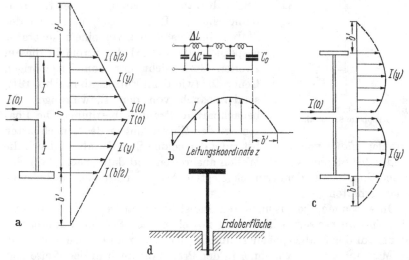

Abb. 196. Kapazitiv belasteter Stabstrahler

Stab nutzt wegen dieser gleichmäßigeren Stromverteilung die verfügbare
Länge besser zur Erzeugung einer Welle aus als der einfache Stab. Dies
ist besonders bei niedrigen Frequenzen wichtig, weil die Erzeugung
einer Welle nach (537) vom Quotienten b/λ_0 abhängt, also bei großen λ_0
große b erforderlich werden. Hohe Antennen kosten viel Geld. Die
Möglichkeit, durch kapazitive Belastung mit kleinerem b eine Welle
gleicher Amplitude zu erzeugen, erleichtert bei niedrigen Frequenzen die
Konstruktion der Antennen. Bei niedrigen Frequenzen verwendet man
die unsymmetrische Form nach Abb. 189b mit der Erdoberfläche als
leitender Ebene. Die Kapazität C_0 wird dann durch waagerecht ausgespannte Drähte erzeugt.

Kopplung zwischen zwei benachbarten Stäben. In Abb. 197 sind zwei
Stabstrahler gezeichnet. Die Anschlußpunkte 1 und 2 in der Stabmitte
einschließlich der Schaltung, die an diese Anschlüsse geschaltet ist, sind
in Abb. 197 symbolisch durch die beiden mit A und B bezeichneten,

quadratischen Kästchen dargestellt. Der Stab A wird von einem Generator gespeist und sendet eine Welle (ähnlich Abb. 149) aus. Elektrische Feldlinien E des Stabes A erreichen den Stab B und influenzieren auf

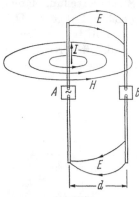

ihm Wechselladungen, die Wechselströme im Stab B zur Folge haben. Magnetische Feldlinien H des Stabes A umschlingen teilweise den Stab B und induzieren in ihm Wechselspannungen, die ebenfalls Wechselströme im Stab B erzeugen. Wenn die beiden Stabstrahler Bestandteile einer Richtantenne sind (z. B. Abb. 153) und auch der Stab B im Kästchen 2 von einem Generator gespeist wird, so wird der Strom in diesem zweiten Stab nicht nur vom zugehörigen Generator (wie beim Einzelstab in Abb. 191), sondern auch von den Einwirkungen des benachbarten Strahlers bestimmt. Die Phasenlage der Einwirkungen des benachbarten

Abb. 197.
Gekoppelte Stabstrahler

Strahlers hängt von dem Abstand d der beiden Strahler ab, weil sich die Felder des Strahlers A als Wellen ausbreiten und dabei nach (447) eine proportional mit dem zurückgelegten Weg wachsende, nacheilende Phase erhalten.

In Antennen, die aus mehreren Stabstrahlern aufgebaut sind, besteht also eine wechselseitige Kopplung zwischen allen Stäben, wodurch der Strom auf den Stäben geändert und das Richtdiagramm beeinflußt wird.

Man nutzt diese Kopplung in der Praxis oft auch in der Weise aus, daß man den Strahler B nicht mit einem Generator anregt, sondern in ihm lediglich diejenigen Ströme fließen läßt, die in ihm durch den ersten Stab nach Abb. 197 angeregt werden. Der Stab B wird dann als ,,strahlungsgekoppelter" Strahler bezeichnet. Der technische Vorteil solcher Anordnungen besteht darin, daß man die Zuleitungen vom Generator zum Strahler B spart. Die Phasenlage der Ströme im strahlungsgekoppelten Stab, bezogen auf die Ströme im Stab A, hängt ab vom Abstand d beider Stäbe (wie bereits erläutert), von der Länge des Stabes B und von der Impedanz, die zwischen den Anschlußklemmen des zweiten Stabes im Kästchen B liegt. Diese Wirkungen werden mit Hilfe der vereinfachten Schaltung der Abb. 198 erläutert. Solange die beiden Stablängen kleiner als $\lambda_0/2$ sind, kann man das Ersatzbild der Abb. 190a so vereinfachen, daß der Stab A in Abb. 198 durch die beiden ΔL_1 und das ΔC_1 dargestellt ist, der Stab B durch die beiden ΔL_2 und das ΔC_2. An den Anschlußklemmen 1 und 2 des Stabes A liegt der Generator, an den Anschlußklemmen 1 und 2 des Stabes B eine komplexe Impedanz Z_2. Die Kopplung zwischen den Stäben ist symbolisch durch die beiden Z_K

dargestellt. Im Stab A fließt der Strom I_1, im Stab B der Strom I_2, durch die Kopplung der Strom I_K. Die Phasenlage des I_2 im Vergleich zur Phasenlage des I_1 hängt nicht nur von der Kopplung durch Z_K, sondern auch von der Impedanz ab, die der Stab B dem Strom I_K anbietet. Nach Bd. I [Abb. 100] ist die Impedanz des durch den Stab (einschließlich Z_2) erzeugten Resonanzkreises kapazitiv, wenn die Betriebsfrequenz oberhalb der Resonanzfrequenz liegt, und induktiv, wenn die Betriebsfrequenz unterhalb der Resonanzfrequenz liegt. Diese unter-schiedlichen Vorzeichen der Impedanz des Strahlers B führen dazu, daß die Phasenlage des Stromes I_2 wesentlich davon abhängt, ob die Betriebsfrequenz oberhalb oder unterhalb der Resonanz-frequenz des Strahlers B liegt. Bei ge-gebener Betriebsfrequenz kann man diese Resonanzfrequenz durch Ändern

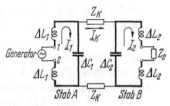

Abb. 198. Ersatzschaltung für gekoppelte Stabstrahler

der Stablänge oder durch Ändern des Z_2 verändern und dadurch die Phasenlage des I_2 in großem Umfang variieren und dem gewünschten Zweck anpassen.

In einer Richtantenne aus 2 Dipolen nach Abb. 154 mit dem Dia-gramm der Abb. 158 benötigt man nach S. 196 einen Abstand $d = \lambda_0/4$ und eine Phasendifferenz $\pi/2$, wobei im Beispiel der Abb. 158 der Dipol 2 eine voreilende Phase des Stromes hat und das Maximum der Strahlung in der Richtung $\varphi = 0$ liegt. Man hat bei einer solchen Richtantenne zwei Möglichkeiten der Anwendung strahlungsgekoppelter Stäbe. Man kann den Dipol 1 mit dem Generator speisen und Dipol 2 als nicht gespeisten strahlungsgekoppelten Dipol verwenden, wobei zu fordern ist, daß durch geeignete Wahl der Resonanzfrequenz des zweiten Dipols der Strom I_2 voreilt gegenüber dem Strom I_1. In diesem Fall bezeichnet man den nicht gespeisten Dipol 2 als „Reflektor". Man kann aber auch den Dipol 2 mit dem Generator speisen und Dipol 1 als nicht gespeisten, strahlungsgekoppelten Dipol verwenden. Hierbei ist zu fordern, daß durch geeignete Wahl der Resonanzfrequenz des ersten Dipols sein Strom I_1 nacheilt gegenüber dem Strom I_2 des gespeisten Dipols. In diesem Fall bezeichnet man den nicht gespeisten Dipol 1 als „Direktor". Man kann dieses Prinzip auf 3 Dipole wie in Abb. 172 ausdehnen. Speist man den Dipol 2 mit einem Generator, betreibt den Dipol 3 als Reflektor und den Dipol 1 als Direktor mit Hilfe von Strahlungskopplung geeigneter Phasenlage, so erhält man einen Längsstrahler mit dem Diagramm der Abb. 177. Dieses Prinzip kann man auf Antennen mit vielen Einzelstäben ausdehnen. Zu den strahlungsgekoppelten Stab-strahlern gehören auch die Spiegelbilder in Abb. 160 und Abb. 169, die in Kombination mit leitenden Ebenen entstehen. Die Spiegelbilder sind nur gedachte Elemente. Die wirklichen Ströme fließen dann auf den leitenden Ebenen.

Bei allen Antennen mit strahlungsgekoppelten Bestandteilen (einschließlich reflektierender Wände) wird die Eingangsimpedanz des Stabes (zwischen den Klemmen 1 und 2 der Abb. 198) durch die Kopplung gegenüber der Eingangsimpedanz des Einzelstabes (Abb. 192) verändert. Es ist aus Abb. 198 ohne weiteres klar, daß solche Impedanzrückwirkungen der angekoppelten Strahler möglich sind und mit wachsender Kopplung (abnehmendem Z_K) immer deutlicher werden. Es entstehen durch die Kopplung zusätzliche Schleifen der Impedanzkurve in der Widerstandsebene, die nach den Regeln von Bd. I [Abb. 108] mit wachsender Frequenz im Uhrzeigersinn durchlaufen werden. Bei nicht zu großem Abstand d der Stäbe ergibt dies zweikreisige Bandfilter nach Bd. I [Abb. 129 und Abb. 130]. Bei größerem Abstand d sind die Rückwirkungen auf die Impedanz mit nacheilender Phase behaftet, da die vom Stab A ausgehende Welle zum Stab B laufen muß, dort reflektiert wird und dann zum Stab A zurückläuft, bevor sie zusätzliche Ströme im Stab A erzeugen kann. Dieser Laufweg der Wellen erzeugt im Nacheilen des Phasenwinkels proportional zu $2d/\lambda_0$.

Flächenstrahler. Wenn man eine Richtantenne haben will, die die Wellen in einer bestimmten, vorgeschriebenen Raumrichtung stark bündelt, also in dieser Richtung eine Hauptstrahlung mit kleiner horizontaler und vertikaler Halbwertsbreite hat, so benötigt man eine strahlende Fläche nach Abb. 188 mit hinreichend großen Kanten a und b.

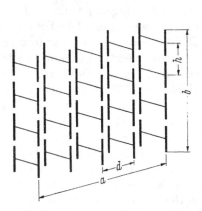

Da diese Fläche bei gleichphasiger Strombelegung im Prinzip sowohl in die Richtung $\varphi = 0$, als auch in die Gegenrichtung $\varphi = 180°$ mit gleicher Richtwirkung strahlt, muß diese strahlende Fläche in geeigneter Form durch Reflektoren ergänzt werden, damit die Welle in Richtung $\varphi = 180°$ unterdrückt wird und eine Hauptstrahlung nur in der Richtung $\varphi = 0$ besteht.

Die naheliegendste Lösung ist, die strahlende Fläche näherungsweise darzustellen durch eine Serie von Stabstrahlern endlicher Länge und mit

Abb. 199. Dipolwand als Flächenstrahler

endlichem Abstand voneinander, wie dies in Abb. 199 schematisch gezeichnet ist. Der günstigste Abstand d benachbarter Strahler ist etwa $\lambda_0/2$ entsprechend den Ergebnissen der Abb. 156. Bei diesem Abstand ist einerseits gute Richtwirkung senkrecht zur Ebene der Stabstrahler, andererseits eine Nullstelle in der Ebene der Stabstrahler bereits für eine Kombination von 2 Stabstrahlern vorhanden. Wesentlich größere Abstände ergeben nach Abb. 156d seitliche Nebenstrahlung. Abstände $d < \lambda_0/2$ erhöhen die Anzahl der Einzelstrahler, die zur Bedeckung der Gesamtbreite a erforderlich sind, und erhöhen dadurch den technischen Aufwand. Auch für den vertikalen Abstand h der Mittelpunkte der Einzelstrahler ist $\lambda_0/2$ ein günstiger Abstand, weil in (485) der gleiche Faktor $\cos \delta/2$ wie in (470) auftritt. Man kann jedoch h auch etwas größer als $\lambda_0/2$ machen, weil in (485) zusätzlich der Faktor $\sin \vartheta$ auftritt und dieser nach Abb. 168 die vertikale Richtwirkung verbessert, insbesondere Nebenstrahlung im Bereich kleiner ϑ weitgehend unterdrückt. Man muß dann diese von Dipolen erfüllte Fläche noch mit einem Reflektor versehen, damit die unerwünschte Strahlung in der Richtung $\varphi = 180°$ verschwindet. Dieser Reflektor kann wie in Abb. 160 eine hinreichend große leitende Ebene sein, die nach Abb. 161 zweckmäßig im Abstand $d/2 = \lambda_0/4$ liegt, oder man kann zu jedem Einzelstrahler einen Reflektorstab hinzufügen in solchem Abstand und mit solcher Phasenverschiebung $\Delta \psi$, daß dadurch jede Einzelgruppe (Stab und Reflektor) ein Diagramm wie in Abb. 166 besitzt. Es entsteht dann eine Kombination wie in Abb. 199, in der jeder Strahler mit seinem Reflektor durch eine waagerechte Linie verbunden ist, um die Zeichnung übersichtlicher zu gestalten.

Trichterstrahler. Einen weiteren bekannten Flächenstrahler zeigt Abb. 107c. Dieser Flächenstrahler hat die Form eines Trichters, der in den freien Raum übergeht. Erzeugt man in diesem Trichter eine geeignete Welle, z. B. wie in Abb. 107c durch Anschluß an einen Rechteck-Hohlleiter mit H_{10}-Welle, so tritt aus dem Trichter eine Welle in den freien Raum, die der Welle einer strahlenden Fläche sehr ähnlich ist. Man kommt dem wirklichen Verhalten eines solchen Trichters sehr nahe, wenn man annimmt, daß Verschiebungsströme in gleicher Weise eine Welle erzeugen (Abb. 3) wie Ströme, die in Leitern fließen. Die H_{10}-Welle des Hohlleiters erzeugt im Trichter der Abb. 107c ebenfalls eine H_{10}-Welle. Zeichnet man in Abb. 200 die Öffnung des Trichters, so

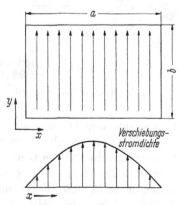

Abb. 200. Verschiebungsströme in der Öffnung eines Trichters nach Abb. 107c

laufen nach (292) und Abb. 64 die Verschiebungsströme in y-Richtung parallel in der ganzen Öffnungsfläche. Sie sind in x-Richtung nach der Funktion $\sin \pi x/a$ verteilt, wie dies in Abb. 200 unten gezeichnet ist. a ist dabei die Breite der Trichteröffnung. Man erhält eine strahlende Fläche wie in Abb. 188 mit einer Stromverteilung nach (506) und einer horizontalen Richtwirkung nach (508) und Abb. 183, also kleine Nebenstrahlung durch verminderte Randfelder. Der Trichter hat als Flächenstrahler gewisse Mängel dadurch, daß in ihm nach Abb. 201 wie bei der Kegelleitung in Abb. 136 gekrümmte Wellenfronten bestehen, die annähernd Kugel-

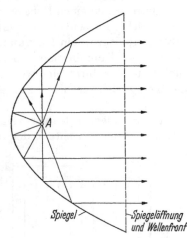

Abb. 201. Kugelwelle im Trichter

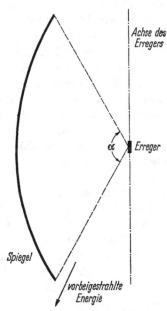

Abb. 202. Parabolischer Spiegel   Abb. 203. Parabolischer Spiegel

flächen sind und von einem Zentrum O in der Trichterspitze auszugehen scheinen. Diese Kugelwelle entsteht dadurch, daß die elektrischen Feldlinien senkrecht auf den Leiteroberflächen landen müssen. Die Öffnungsebene des Trichters ist keine Wellenfront, und die Verschiebungsströme haben daher in dieser Ebene nicht überall gleiche Phase. Bei der Stromverteilung (506) ist daher $\underline{S}^*$ auch mit einer von x abhängigen und nach den Trichterrändern hin wachsend nacheilenden Phase zu versehen. Dies vergrößert die Halbwertsbreite etwas, und zwar um so mehr, je mehr sich Wellenfront und Öffnungsebene voneinander unterscheiden. Man macht daher den Kegelwinkel 2ϑ (Abb. 201) so klein wie möglich.

Große Trichter ergänzt man durch Linsen oder ähnliche Gebilde, die vor dem Trichter stehen und die Kugelwelle des Trichters in eine Welle mit ebenen Fronten verwandeln.

Parabolspiegel. Spiegel nach Abb. 202 verwendet man zur Erzeugung großer strahlender Flächen, weil man dann nur einen einzigen Erreger A benötigt, während eine strahlende Fläche nach Abb. 199 sehr viele Erreger benötigt, deren phasenrichtige Speisung ein ernstes Problem ist und großen Aufwand bedeutet. Theoretisch müßte sich der Spiegel der Abb. 202 ins Unendliche erstrecken, um eine exakt ebene Welle zu erzeugen. Es entsteht daher die Frage nach der optimalen Gestaltung eines Spiegels endlicher Größe und seines Verhaltens. Hierbei ist es natürlich besonders wichtig, eine geforderte Richtwirkung mit einem möglichst kleinen Spiegel zu erreichen. Zu dieser umfangreichen und schwierigen Frage können hier nur einige Hinweise gegeben werden. Ein Spiegel endlicher Größe, der in Abb. 202 bis zur gestrichelten Kante reicht, erzeugt in dieser Spiegelöffnung ebene Wellenfronten, und die Verschiebungsströme in der Spiegelöffnung machen die Spiegelöffnung zu einer strahlenden Fläche mit gleichphasigen Strömen. Die Richtwirkung dieser Fläche hängt von der Verteilung der Stromdichte in dieser Fläche ab, wobei eine Spiegelöffnung gegebener Größe die beste Richtwirkung hat, wenn die Stromdichte in der Fläche überall möglichst gleich groß ist und die Ströme in ihr gleiche Richtung haben. Alle Erreger definierter Wellen haben den Charakter der Dipolstrahlung aus Abschn. IV.1 mit dem Merkmal, daß das Vertikaldiagramm stets den Faktor $\sin \vartheta$ enthält. Es gibt also Richtungen, in denen der Erreger nicht strahlt (Achsenrichtung des Erregers in Abb. 203) und in denen dementsprechend auch das Vorhandensein einer spiegelnden Fläche nutzlos wäre. Spiegel haben daher üblicherweise die in Abb. 203 gezeichnete Gestalt, und der im Brennpunkt des Spiegels befindliche Erreger steht vor dem Spiegel. Der Erreger muß dann Richtwirkung besitzen und so aufgebaut sein, daß er nur in dem Winkel α strahlt, unter dem der Spiegel, vom Erreger aus gesehen, vorhanden ist. Wie die in Abschn. IV.2 und 3 dargestellten Richtdiagramme zeigen, gibt es kein Richtdiagramm, dessen Hauptstrahlung genau einen Winkel α ausfüllt und außerhalb dieses Winkels keine Strahlung aussendet. Vielmehr sinkt die Strahlung eines Diagramms stetig von der Hauptrichtung aus nach den Seiten hin ab, und es schließt sich Nebenstrahlung an. Daher geht in der Anordnung der Abb. 203 stets etwas Energie verloren, die am Spiegel vorbeigestrahlt wird. Ferner wird die Strahlungsdichte innerhalb des Winkels α von der Mitte zu den Rändern hin abnehmen, so daß die Randpartien des Spiegels nicht voll zur Richtwirkung beitragen. Ferner treten bei der Reflexion der vom Erreger kommenden Kugelwelle am Spiegel Veränderungen an der Polarisationsrichtung der reflektierten Welle auf, so

daß die Verschiebungsströme in den Wellenfronten nicht überall gleiche
Richtung haben. Dies vermindert die Richtwirkung ebenfalls etwas. Als
Erfahrungsregel gilt, daß bei einem guten Parabolspiegel die horizontalen
und vertikalen Halbwertsbreiten so groß sind, als ob die Öffnungsfläche
des Spiegels etwa nur die halbe Fläche hätte.

Gewinn: Der Gewinn G_S einer Richtantenne ist definiert als

$$G_S = \frac{P^*}{P_0^*}. \tag{538}$$

P_0^* ist die Leistungsdichte (41), die von einem kurzen Dipol nach (451)
bei gegebener Senderleistung P aus (453) im Abstand r in der Horizontalebene $\vartheta = 90°$ erzeugt wird. Mit E und H aus (454) ist für den kurzen
Dipol

$$P_0^* = \frac{1}{2}\frac{EH}{r^2} = \frac{3}{8\pi}\frac{P}{r^2}. \tag{539}$$

P^* ist die Leistungsdichte (41), die von der betreffenden Richtantenne
am gleichen fernen Empfangsort bei gleicher Senderleistung P erzeugt
wird. Der Gewinn gibt also an, um welchen Faktor die Empfangsleistung in einer fernen Empfangsantenne wächst, wenn man bei gleicher
Senderleistung P als Sendeantenne den kurzen Dipol durch die betreffende Richtantenne ersetzt. Das in (538) definierte G_S ist bezogen auf
einen kurzen Dipol als Vergleichsantenne. In einer erweiterten Definition
kann man statt des kurzen Dipols auch jede andere Vergleichsantenne
verwenden und als P_0^* in (538) die Leistungsdichte der Vergleichsantenne in einer definierten Raumrichtung einsetzen. Beispielsweise wird
manchmal als Vergleichsantenne ein „isotroper Strahler" verwendet.
Ein isotroper Strahler ist so definiert, daß er in alle Richtungen des
Raumes mit gleicher Leistungsdichte strahlt. Durch die Kugel mit dem
Radius r in Abb. 148 tritt dann die Gesamtleistung P überall mit
gleicher Leistungsdichte P_0^* durch. Da die Kugel mit dem Radius r die
Oberfläche $4\pi r^2$ hat, wäre beim isotropen Strahler

$$P_0^* = \frac{P}{4\pi r^2} \tag{540}$$

in die Gl. (538) einzusetzen, wenn man den Gewinn G_S einer Antenne auf
einen isotropen Strahler bezieht. Ein Vergleich von (539) und (540)
zeigt, daß ein G_S, bezogen auf einen isotropen Strahler, um den Faktor
1,5 größer ist als ein G_S, das auf einen kurzen Dipol bezogen ist. Einen
exakt isotropen Strahler für elektromagnetische Wellen gibt es nicht; er
ist nur eine formale Rechengröße.

5. Empfangsantennen

Die Empfangsantennen sind in ihrem Aufbau nach grundsätzlich identisch mit den Sendeantennen. Bringt man sie in das Feld einer elektromagnetischen Welle, so erzeugen die elektrischen Wechselfelder durch Influenz und die magnetischen Wechselfelder durch Induktion Ströme und Spannungen in der Empfangsantenne, wie dies in Abb. 197 schon schematisch dargestellt ist. An die Anschlußklemmen im Kästchen B der Abb. 197 kann der Empfänger angeschlossen werden. Der Empfänger erscheint zwischen den Anschlußklemmen als komplexer Widerstand mit anschließendem elektronischen Verstärker. Über das Verhalten der Empfangsantennen gibt es noch weniger exakte Theorien als über Sendeantennen. Man muß sich daher auch hier auf einige wenige Näherungsbetrachtungen beschränken.

Leerlaufspannung eines Dipols. Bringt man den kurzen Dipol der Abb. 141 wie in Abb. 204 in ein homogenes elektrisches Feld in Richtung der elektrischen Feldlinien und läßt die Anschlußklemmen offen, so ziehen die Enden des Dipols elektrische Feldlinien an sich. Längs der leitenden Dipolstäbe kann wegen (49) kein Feld bestehen. Zwischen den offenen Anschlußpunkten 1 und 2 entsteht dann ein elektrisches Feld und eine Leerlaufspannung mit dem Momentanwert $u_0 = e_\vartheta \cdot dy$, wobei dy die Länge des Dipols und e_ϑ der Momentanwert der elektrischen Feldstärke ist. $e_\vartheta \cdot dy$ ist die Spannung, die nach Bd. I [Gl. (28)] am Ort des Dipols zwischen den Punkten 3 und 4 bestehen würde, wenn der Dipol nicht vorhanden wäre.

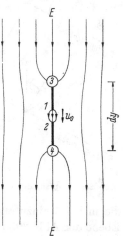

Abb. 204. Kurzer Empfangsdipol im Leerlauf

Diese Spannung wird dann durch die Leiter des Dipols zu den Klemmen 1 und 2 hin verschoben. Ist das elektrische Feld ein Wellenfeld, so entsteht am Dipol eine Leerlaufwechselspannung mit der komplexen Amplitude $\underline{U}_0 = \underline{E}_\vartheta \cdot dy$. Diese Formel kann man auf Dipole endlicher Länge wie in Abb. 191 und Abb. 196 ausdehnen, wenn man das durch (534) definierte b_{eff} als Länge des Dipols nimmt.

$$\underline{U}_0 = \underline{E}_\vartheta \cdot b_{\text{eff}}. \tag{541}$$

Diese Formel gilt (ebenso wie die Definition des b_{eff}) nur für Dipollängen $b < \lambda_0/2$. Wenn man unsymmetrische Strahler wie in Abb. 189b und Abb. 196d verwendet, darf man bei der Berechnung des $\underline{U}_0$ nach

(541) nur die effektive Höhe des Strahlerteils oberhalb der Ebene einsetzen, nicht dagegen die effektive Höhe des Spiegelbildes hinzufügen, weil unterhalb der leitenden Ebene keine elektrischen Felder bestehen. Die effektive Höhe des Spiegelbildes spielt nur bei der Berechnung des vertikalen Strahlungsdiagramms der Sendeantenne eine Rolle.

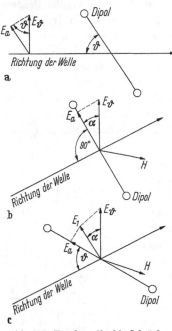

Abb. 205. Empfangsdipol in Schräglage

Die Gl. (541) gilt nur, wenn der Dipol wie in Abb. 204 in Richtung der elektrischen Feldlinien liegt. Diese Lage ergibt bei gegebener Dipollänge die größtmögliche Leerlaufspannung. Wenn dagegen der Dipol schräg zu den elektrischen Feldlinien liegt wie in Abb. 205, ist $\underline{U}_0$ kleiner. Es ist dann nach Bd. I [Gl. (31) und Abb. 3] in (541) statt $\underline{E}_\vartheta$ die Komponente $\underline{E}_a$ der elektrischen Feldstärke in Richtung der Dipolachse einzusetzen. Es gibt die beiden in Abb. 205 dargestellten Schrägstellungen. Der allgemeinste Fall ist eine Kombination dieser beiden Möglichkeiten. In Abb. 205a liegt der schräggestellte Dipol in der Ebene, die durch die Fortpflanzungsrichtung der Welle und die Richtung des elektrischen Feldes festgelegt ist. Ist die Schrägstellung durch den Winkel ϑ beschrieben, so ist

$$\underline{E}_a = \underline{E}_\vartheta \cdot \sin \vartheta \qquad (542)$$

die in (541) einzusetzende Feldstärke. Beim Drehen des Dipols in der Ebene der Abb. 205a, d. h. bei Variation des ϑ ändert sich die Leerlaufspannung U_0 wie $\sin \vartheta$, d. h. wie die Pfeile in Abb. 162. Für $\vartheta = 0$, wenn also Dipol und Feldstärke senkrecht aufeinanderstehen, ist $E_a = 0$ und $U_0 = 0$. Abb. 162 zeigt also auch das vertikale Richtdiagramm der Empfangsantenne bei Drehung des Dipols nach Abb. 205a. Abb. 205b zeigt einen Dipol, der in der durch E_ϑ und H_φ gebildeten, senkrecht zur Fortpflanzungsrichtung stehenden Ebene liegt und in dieser Ebene um den Winkel α gegen die E-Richtung gedreht ist. Nach Bd. I [Gl. (30) und Abb. 3] ist dann die elektrische Komponente $\underline{E}_a = \underline{E}_\vartheta \cdot \cos \alpha$. Wenn der Dipol eine allgemeine Lage wie in Abb. 205c einnimmt, so projiziert man E_ϑ zunächst mit dem Winkel α in der durch E_ϑ und H_φ gebildeten Ebene wie in Abb. 205b. Die Komponente $E_1 = E_\vartheta \cdot \cos \alpha$ liegt in einer Ebene, die durch den Dipol und die Wellenrichtung gegeben ist. In dieser Ebene hat der Dipol den Winkel ϑ mit der Fortpflanzungsrichtung der Wellen. Man projiziert E_1 wie in Abb. 205a auf die Dipolrichtung und erhält ähnlich (542) als Komponente der elektrischen Feldstärke in Dipolrichtung zur Verwendung in (541)

$$\underline{E}_a = \underline{E}_\vartheta \cdot \cos\alpha \cdot \sin\vartheta; \qquad \underline{U}_0 = \underline{E}_\vartheta \cdot \cos\alpha \cdot \sin\vartheta \cdot b_{\text{eff}}. \qquad (543)$$

Ersatzspannungsquelle. Die Empfangsantenne wirkt allgemein als eine Spannungsquelle nach Abb. 206a mit der Leerlaufspannung $U_0 = K \cdot \underline{E}_\vartheta$ und dem Innenwiderstand Z_i. U_0 ist stets der elektrischen Feldstärke am Empfangsort proportional. K ist eine Konstante, die für den Fall des Stabstrahlers bereits in (541) und (543) berechnet wurde. Die Quelle ist mit dem Widerstand Z_E des Empfängers belastet. Wenn keine Welle eintrifft, besteht das Ersatzbild der Quelle nur aus dem Widerstand Z_i, den man dann nach Abb. 206b mit einem der gebräuchlichen Impedanzmesser messen kann. Der Impedanzmesser enthält in irgendeiner Form immer einen Generator, der die Antenne speist. Im Falle dieser Messung wird die Antenne daher als Sendeantenne betrieben. Der Innenwiderstand Z_i der Empfangsantenne ist daher stets identisch mit dem Eingangswiderstand Z, den diese Antenne als Sendeantenne dem speisenden Generator zwischen den Klemmen 1 und 2 anbietet. In Abb. 206c sind Innenwiderstand $Z_i = R_i + \mathrm{j}X_i$ und Verbraucher $Z_E = R_E + \mathrm{j}X_E$ in Realteil und Imaginärteil aufgeteilt. Man kann der Empfangsantenne maximale Wirkleistung entziehen, wenn man $R_E = R_i$ und $X_E = -X_i$ macht. Es fließt dann der Strom

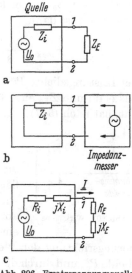

Abb. 206. Ersatzspannungsquelle einer Empfangsantenne

$$\underline{I} = \frac{U_0}{Z_i + Z_E} = \frac{U_0}{2R_i}, \qquad (544)$$

und im R_E entsteht die maximale Wirkleistung

$$P_{\max} = \frac{1}{2}I^2R_i = \frac{1}{8}\frac{U_0^2}{R_i}. \qquad (545)$$

Für Stabstrahler ist also der Innenwiderstand Z_i durch Abb. 194 gegeben. Für kurze Stäbe, die wie in Abb. 204 die optimale Lage in Richtung des E-Vektors haben, ist U_0 durch (541) und die Wirkkomponente R_i

durch (533) gegeben. Nach (545) ist daher die maximale, aus einer kurzen Stabantenne entnehmbare Leistung unabhängig von der effektiven Höhe b_{eff} und gleich

$$P_{max} = \frac{3}{16\pi Z_{F0}} E_\vartheta^2 \lambda_0^2. \qquad (546)$$

Wirkfläche. Der Scheitelwert U_0 ist für alle Empfangsantennen dem Scheitelwert E_ϑ der elektrischen Feldstärke proportional: $U_0 = K E_\vartheta$. Nach (545) ist dann

$$P_{max} = \frac{1}{8} \frac{K^2 E_\vartheta^2}{R_i} = \frac{Z_{F0} K^2 E_\vartheta H_\varphi}{8 R_i} = \frac{Z_{F0} K^2}{4 R_i} P^* \qquad (547)$$

der Leistungsdichte P^* aus (41) proportional. Hierbei wurde $E_\vartheta = H_\varphi Z_{F0}$ aus (449) und Z_{F0} aus (33) verwendet. Da K die Dimension einer Länge hat, hat nach (547)

$$\frac{Z_{F0} K^2}{4 R_i} = \frac{P_{max}}{P^*} = F_E \qquad (548)$$

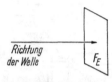

Richtung der Welle

Abb. 207. Wirkfläche

die Dimension einer Fläche. F_E wird als Wirkfläche der Empfangsantenne bezeichnet. Man entwickelt dabei die Vorstellung, daß die Empfangsantenne der ankommenden Welle nach Abb. 207 eine empfangende Fläche F_E senkrecht zur Wanderungsrichtung der Welle entgegenstellt. Die Welle hat die Leistungsdichte P^*, und durch die Fläche F_E tritt nach (547) und (548) die Leistung $P_{max} = P^* F_E$. Dieses P_{max} kann bei Anpassung des Empfängerwiderstandes Z_E an den Innenwiderstand Z_i der Antenne voll aus der Empfangsantenne herausgezogen und dem Empfänger zugeführt werden.

Dieses F_E hat eine sehr anschauliche Bedeutung bei Flächenantennen (Trichterantenne nach Abb. 107c; Dipolfläche nach Abb. 199; Parabolspiegel nach Abb. 203). Diese Antennen stellen der Welle eine Öffnungsfläche entgegen, die die ankommende Leistung ganz oder teilweise aufnimmt. Die geometrische Fläche F_{geom} von Flächenantennen ist etwa gleich der durch Messung des U_0 oder des P_{max} nach (548) zu gewinnenden Wirkfläche F_E. F_E ist im allgemeinen etwas kleiner als F_{geom} und

$$\eta_F = \frac{F_E}{F_{geom}} \qquad (549)$$

nennt man den Flächenwirkungsgrad von Flächenantennen. η_F liegt bei guten Antennen bei 50 bis 90%.

Man kann den Begriff der Wirkfläche bei allen Empfangsantennen für Empfang aus allen Raumrichtungen anwenden, wenn man F_E nach (548) aus P_{max} und P^* definiert. P_{max} ist die aus der betreffenden Raumrichtung bei Anpassung des Z_E maximal aus der Antenne entnehmbare Wirkleistung, wobei bei schrägem Einfall wie in Abb. 205 eine Richtungsabhängigkeit mit den Faktoren $\sin \vartheta$ und $\cos \alpha$ nach (543) auftreten kann. Die einfache Gleichung

$$P_{\max} = P^* F_E \tag{550}$$

ist sehr anschaulich und leicht zu handhaben.

Beispielsweise ist für einen kurzen Stabstrahler R_i aus (533) und U_0 aus (541) zu entnehmen. Es ist dann in (547) $K = b_{\text{eff}}$. Für kurze Stäbe ($b < \lambda_0/2$) parallel zum elektrischen Feld gilt nach (548)

$$F_E = F_0 = \frac{3}{8\pi} \lambda_0^2 = 0{,}12 \lambda_0^2, \tag{551}$$

unabhängig von b_{eff}, also auch für beliebig kurze Strahler. Die Wirkfläche ist etwa ein Achtel eines Quadrats mit den Kanten λ_0, bei kurzen Dipolen also ohne jede geometrische Relation zu den Abmessungen des Dipols. Man kann demnach mit beliebig kurzen Dipolen ohne Verminderung des $P_{\max}$ empfangen, solange es in Abb. 206c gelingt, den Empfängerwiderstand Z_E an den Innenwiderstand Z_i anzupassen ($R_E = R_i$; $X_E = -X_i$). Mit kürzer werdender Antenne wird aber R_i nach (533) schnell kleiner, und die nach Bd. I [Abschn. III] aufgebauten, zwischen dem Empfänger und der Antenne liegenden Transformationsschaltungen haben nach Bd. I [Abb. 94 und Tabelle auf S. 94] mit abnehmendem R_i wachsende Verluste und wachsende Frequenzabhängigkeit, d. h. kleinere Bandbreite. Verluste und Bandbreite beschränken normalerweise die Anwendung sehr kurzer Strahler.

Empfangsantennen mit Richtwirkung. Alle im Abschn. IV.2 bis 4 beschriebenen Richtantennen können als Empfangsantennen mit Richtwirkung verwendet werden. Die folgende Darstellung beschränkt sich darauf, einige Grundregeln am Beispiel zweier paralleler Dipole zu erläutern. Dies entspricht bei Sendeantennen der Abb. 153. In Abb. 208 kommt von einem fernen Punkt P (Sendeantenne) eine Welle. Der Punkt P soll so weit von der Empfangsantenne entfernt sein, daß die Richtung der ankommenden Welle für beide Empfangsdipole parallel ist und für die Welle die Fernfeldgleichungen (447) und (448) gelten. Beide Dipole sollen gleiche Richtung haben. Sie können wie in Abb. 205a den Winkel ϑ gegen die Wellenrichtung haben, sollen aber nicht wie in Abb. 205b gegen die E-Richtung gedreht sein ($\alpha = 0$). P soll so weit entfernt sein, daß die Amplitude E der elektrischen Feldstärke der ankommenden Welle bei beiden Dipolen praktisch gleich groß ist. Jedoch haben die Phasenwinkel der elektrischen Feldstärken bei beiden Dipolen eine Phasendifferenz

$$-2\pi \frac{r_2 - r_1}{\lambda_0} \tag{552}$$

entsprechend der Wegdifferenz $r_2 - r_1$; vgl. (467) und Abb. 153. Die
Leerlaufspannungen beider Dipole haben dann ebenfalls die Phasendifferenz (552). Bei Sendeantennen wurde ein zusätzlicher Richteffekt

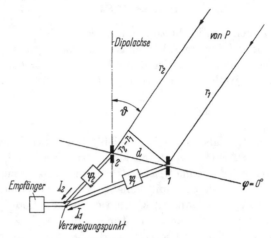

Abb. 208. Richtempfang mit zwei Dipolen

dadurch erzeugt, daß die Ströme I_1 und I_2 in beiden Dipolen verschiedene
Phasenwinkel hatten und die Phasendifferenz

$$\Delta \psi = \psi_2 - \psi_1 \qquad (553)$$

beim Entstehen der Richtwirkung in (466) mitwirkte. Den gleichen
Effekt erreicht man beim Empfang in Abb. 208 dadurch, daß in die
Zuleitungen der Dipole Vierpole eingeschaltet werden, die Drehungen
des Phasenwinkels des Stromes um ψ_1 bzw. ψ_2 erzeugen. Diese Vierpole
können nach Bd. I [Abschn. III.5] Vierpole aus Blindwiderständen sein
oder homogene Leitungen verschiedener Länge, die bei Anpassung eine
Phasendrehung nach Bd. I [Gl. (366)] oder bei Fehlanpassung nach Bd. I
[Gl. (434) und Abb. 167] erzeugen. Nach Durchlaufen der Vierpole werden
in Abb. 208 die Zuleitungen der Dipole am Empfängereingang zusammen-
geführt. An dieser Stelle addieren sich die komplexen Amplituden der
beiden ankommenden Ströme I_1 und I_2 mit der Phasendifferenz $\Delta \psi$
aus (466), und es entsteht die Richtwirkung (465). Die Größe F_R gibt in
diesem Fall an, wie sich die Spannung am Empfängereingang ändert,
wenn man die Empfangsantenne gegenüber der Richtung der ankommenden Welle hinsichtlich der Raumwinkel φ und ϑ verdreht. Es
entsteht das gleiche Richtdiagramm wie bei der entsprechenden Sendeantenne, wenn man in den Zuleitungen zum Empfänger die gleichen
Vierpole wie in Abb. 153 in den Zuleitungen des Generators besitzt.

Die so formulierte Gleichheit der Richtdiagramme des Senders und des Empfängers gilt für alle Richtantennen. Hinsichtlich der Richtwirkung von Empfangsantennen bedarf es also keiner weiteren Erörterungen, nachdem die Sendeantennen schon in Abschn. IV.2 und 3 erörtert sind. Wenn man allgemein von einer Richtwirkung F_R einer Antenne spricht, so sind die Zuleitungsvierpole ein Bestandteil der Antenne, und der in den Abb. 153 und Abb. 208 gezeichnete Verzweigungspunkt ist der Eingang bzw. Ausgang der Antenne.

Gewinn: Der Gewinn G_E einer Richtantenne als Empfangsantenne ist definiert als

$$G_E = \frac{P_{max}}{P_0} = \frac{F_E}{F_0}. \tag{554}$$

P_0 ist die aus dem gegebenen Wellenfeld mit Hilfe eines kurzen Dipols bei Anpassung entnehmbare maximale Leistung aus (546). P_{max} ist die aus dem gleichen Wellenfeld mit Hilfe der betreffenden Richtantenne bei Anpassung maximal entnehmbare Leistung aus (547). F_0 ist in (554) die Wirkfläche des kurzen Dipols aus (551), F_E die Wirkfläche der betreffenden Richtantenne aus (548). Nach (550) sind Wirkfläche und maximal entnehmbare Leistung proportional. Der Gewinn der Empfangsantenne ist der Faktor, um den die Empfangsleistung wächst, wenn man einen kurzen Dipol durch die betreffende Richtantenne ersetzt, wobei man in allen Fällen den Verbraucher an den jeweiligen Innenwiderstand der Antenne anpassen muß. Setzt man die Wirkfläche F_0 des kurzen Dipols in (554) ein, so erhält man eine Beziehung zwischen Gewinn und Wirkfläche einer Richtantenne

$$G_E = \frac{8\pi}{3} \frac{F_E}{\lambda_0^2} = 8{,}4 \frac{F_E}{\lambda_0^2}. \tag{555}$$

$$F_E = \frac{3}{8\pi} G_E \lambda_0^2 = 0{,}12 G_E \lambda_0^2. \tag{556}$$

Rein formal kann man bei Verwendung des G_S aus (538) auch für Sendeantennen eine Wirkfläche F_S definieren, wenn man in Analogie zu (556)

$$F_S = \frac{3}{8\pi} G_S \lambda_0^2 = 0{,}12 G_s \lambda_0^2 \tag{557}$$

setzt. Bei Flächenstrahlern ist F_S der geometrischen Fläche F_{geom} sehr ähnlich, und man kann in Analogie zu (549) auch für Flächenstrahler als Sendeantennen einen Flächenwirkungsgrad definieren.

Übertragungswirkungsgrad. Abb. 209 zeigt schematisch eine Übertragungsstrecke, bestehend aus Sender und Sendeantenne, Empfänger und Empfangsantenne und einem Übertragungsweg der Länge r im freien Raum. Sendeantenne und Empfangsantenne sind im einfachsten Fall Dipole, die wie in Abb. 204 in Richtung der elektrischen Feldstärke liegen. Liefert der Sender die Leistung P_S in die Dipolantenne, so ist nach (546), (447) und (454) mit $\sin\vartheta = 1$ die maximal aus der Empfangsantenne entnehmbare Leistung

Abb. 209. Übertragungsstrecke

$$P_{\max} = \frac{9}{64\pi^2}\left(\frac{\lambda_0}{r}\right)^2 P_S = \frac{F_0^2}{r^2\lambda_0^2}\,P_S. \tag{558}$$

Hierbei ist F_0 die Wirkfläche des kurzen Dipols aus (551). Ersetzt man die Dipole in Abb. 209 durch Richtantennen beliebiger Art und verwendet die Gewinndefinitionen aus (538) und (554), so ist im $P_{\max}$ in Abwandlung von (546) einerseits das E_ϑ^2 um den Faktor G_S größer, andererseits $P_{\max}$ um den Faktor G_E größer, und es wird in Erweiterung von (558) für allgemeine Richtantennen die bei Anpassung maximal entnehmbare Wirkleistung

$$P_{\max} = \frac{9}{64\pi^2}\left(\frac{\lambda_0}{r}\right)^2 G_S G_E P_s = \frac{F_S F_E}{r^2\lambda_0^2}\,P_S. \tag{559}$$

Hierbei ist F_S die Wirkfläche der Sendeantenne nach (557) und F_E die Wirkfläche der Empfangsantenne nach (556).

$$\frac{P_{\max}}{P_S} = \eta_{\text{ü}} = \frac{9}{64\pi^2}\left(\frac{\lambda_0}{r}\right)^2 G_S G_E = \frac{F_S F_E}{r^2\lambda_0^2} \tag{560}$$

ist der Übertragungswirkungsgrad der in Abb. 209 gezeichneten Übertragungsstrecke für allgemeine Richtantennen, solange der Raum, in dem sich die Wellen ausbreiten, völlig frei ist und die Wellen sich ohne Störung als Kugelwellen ausbreiten können. Die Definition der Wirkfläche hat neben der Anschaulichkeit also auch noch den Vorteil, daß die Übertragungsformel (560) bei Verwendung von Wirkflächen eine äußerst einfache Form erhält.

Reziprozitätstheorem, auch „Umkehrungssatz" genannt. Aus den bisherigen Betrachtungen ergaben sich bereits viele Zusammenhänge zwischen dem Verhalten einer Antenne als Sendeantenne mit dem Verhalten der gleichen Antenne als Empfangsantenne (z. B. Impedanz und Richtwirkung). Diese Gesetzmäßigkeiten beweist man mit Hilfe des

Reziprozitätstheorems der Vierpoltheorie[1]. Die Übertragungsstrecke der Abb. 209 stellt einen Vierpol dar, der an den Eingangsklemmen 1 und 2 der Sendeantenne von einem Generator gespeist wird und an den Ausgangsklemmen 3 und 4 der Empfangsantenne mit einem Verbraucher belastet ist. Wenn weder in den Antennen noch auf dem Weg der Welle nichtlineare Vorgänge wie in Bd. I [Abschn. V.2] vorkommen, ist der Vierpol linear. Wenn innerhalb des Vierpols keine Energiequellen bestehen, ist der Vierpol passiv und reziprok. Das Reziprozitätstheorem ergibt folgende Aussage: Erzeugt eine Quelle am Vierpoleingang eine Spannung U und sind die Klemmen 3 und 4 kurzgeschlossen, so fließt im Kurzschluß ein Strom I_k (Abb. 210a). Liegt eine Quelle gleicher Frequenz zwischen den Klemmen 3 und 4 und erzeugt dort die gleiche Spannung U, so fließt in einem zwischen den Klemmen 1 und 2 liegenden Kurzschluß der gleiche Strom I_k (Abb. 210b).

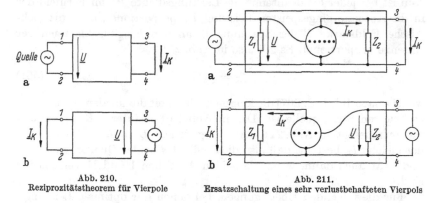

Abb. 210.
Reziprozitätstheorem für Vierpole

Abb. 211.
Ersatzschaltung eines sehr verlustbehafteten Vierpols

Wenn man eine Übertragungsstrecke nach Abb. 209 mit großer Entfernung r betrachtet, so ist die durch die Empfangsantenne an den Verbraucher gelieferte Wirkleistung P_E extrem klein im Vergleich zu der in den Vierpol eingespeisten Leistung P_s. Der Vierpol ist also extrem verlustbehaftet, und es gibt keine Rückwirkung zwischen Eingang und Ausgang. Der Eingangswiderstand Z des Vierpols ist unabhängig von Änderungen des Verbraucherwiderstandes und der Innenwiderstand Z_i der in Abb. 206a dargestellte Ersatzspannungsquelle unabhängig vom Innenwiderstand des speisenden Senders. Für extrem verlustbehaftete Vierpole kann man die Ersatzbilder der Abb. 211 verwenden. Abb. 211a entspricht Abb. 210a mit einer Quelle an den Klemmen 1 und 2. Abb. 211b entspricht der Abb. 210b mit einer Quelle an den Klemmen 3 und 4.

---

[1] Allgemeiner Beweis für Wellenfelder in FRÄNZ, K.: Ausstrahlung und Aufnahme elektromagnetischer Wellen. Lehrbuch der drahtlosen Nachrichtentechnik. Bd. II, S. 266. Berlin: Springer 1956.

Der Vierpol besteht aus einem Widerstand Z_1 zwischen den Klemmen 1 und 2, dem Eingangswiderstand der Antenne I und einem Widerstand Z_2 zwischen den Klemmen 3 und 4, dem Eingangswiderstand der Antenne II. Die innere Quelle der jeweiligen Empfangsantenne entsteht dadurch, daß eine ideale, spannungsgesteuerte Quelle nach Bd. I [Abb. 221 b und Gl. (613)] eingefügt wird. Vgl. die allgemeine Darstellung einer solchen Quelle mit Innenwiderstand in Bd. I [Abb. 245]. Hier wird die Empfangsantenne in bekannter Weise in Abwandlung von Abb. 206 a durch eine äquivalente Stromquelle mit dem Kurzschlußstrom I_K und dem parallel dazu liegenden inneren Widerstand beschrieben. Es wurde bereits gezeigt, daß die Leerlaufspannung U_0 der Empfangsantenne der elektrischen Feldstärke am Empfangsort proportional ist. Da wiederum Kurzschlußstrom und Leerlaufspannung einer Quelle einander proportional sind, ist auch der Kurzschlußstrom der elektrischen Feldstärke proportional. Nun ist bei jeder Sendeantenne die Leistungsdichte P^* im Fernfeld der in die Antenne eingespeisten Leistung P_S proportional, d. h. die elektrische Feldstärke E der Spannung U an den Eingangsklemmen der Antenne proportional. Es gilt also in Abb. 211

$$I_K = \underline{s}\, \underline{U}\,, \tag{561}$$

wobei $\underline{s}$ nach Bd. I [S. 267] die komplexe Steilheit der idealen, spannungsgesteuerten Stromquelle ist. Das in Abb. 210 erläuterte Reziprozitätstheorem besagt in Abb. 211, daß bei gleichem $\underline{U}$ in Abb. 211 a und b das gleiche I_K besteht, daß also die Steilheit $\underline{s}$ beider Quellen gleich ist, und zwar auch dann, wenn die beiden Antennen I und II verschieden sind.

Für die folgenden Überlegungen, bei denen nur optimale Leistungsübertragung betrachtet wird, ist es zweckmäßig, die Widerstände Z_1 und Z_2 beider Antennen durch vorgeschaltete, verlustfreie Vierpole nach Bd. I [Abschn. III.1] in gleiche reelle Werte zu transformieren ($Z_1 = Z_2 = R$), so daß bei optimaler Leistungsentnahme der Eingangswiderstand des Empfängers $Z_E = R$ zu wählen ist (Abb. 212). Durch eine solche verlustfreie Transformation werden die Wirkleistungsverhältnisse nicht geändert, wohl aber natürlich $\underline{U}$ und I_K. Die eingespeiste Leistung ist in Abb. 212 a und b

$$P_S = \frac{1}{2}\, \frac{U^2}{R}\,. \tag{562}$$

Durch den angepaßten Verbraucher R fließt der halbe Kurzschlußstrom, und die empfangene Leistung ist

$$P_{\max} = \frac{1}{8}\, I_k^2 R\,; \qquad \frac{P_{\max}}{P_S} = \frac{1}{4} \left(\frac{I_k}{U}\right)^2 R^2\,. \tag{563}$$

Da das Verhältnis U/I_k in beiden Fällen gleich ist, ist auch das Verhältnis P_{max}/P_S in Abb. 212a und b gleich groß. Der Übertragungswirkungsgrad (560) der Übertragungsstrecke der Abb. 209 ist also unabhängig davon, ob das P_S von links nach rechts oder von rechts nach links läuft, auch dann, wenn die beiden verwendeten Antennen verschieden sind.

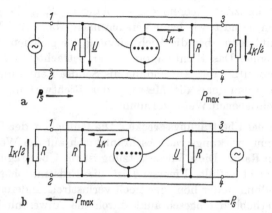

Abb. 212. Reziprozitätstheorem für Übertragungsstrecken mit beidseitiger Anpassung

Man baut die Übertragungsstrecke der Abb. 209 zunächst mit kurzen Dipolen auf. Ersetzt man dann in Abb. 212a den Dipol der Sendeantenne durch eine Richtantenne mit dem Gewinn G_S nach (538) und transformiert den Eingangswiderstand der Richtantenne durch einen geeigneten, verlustfreien Vierpol wieder in den Wert R, so wächst die Leistungsdichte am Empfangsort um den Faktor G_S und nach (550) auch die empfangene Leistung P_{max} um den Faktor G_S. Betreibt man die gleiche Übertragungsstrecke nach Abb. 212b, so wächst auch dort nach dem Reziprozitätstheorem die empfangene Leistung um den Faktor G_S. Im Fall der Abb. 212b ist aber die betrachtete Richtantenne eine Empfangsantenne mit dem Gewinn G_E nach (554), die die empfangene Leistung P_{max} gegenüber dem kurzen Dipol um den Faktor G_E erhöht. Demnach ist für eine gegebene Richtantenne der durch (538) definierte Gewinn G_S und der durch (554) definierte Gewinn G_E gleich groß. Vergleicht man (556) und (557), so ist auch die Wirkfläche einer gegebenen Richtantenne im Sendefall und im Empfangsfall gleich groß.

Wenn man in der Übertragungsstrecke der Abb. 209 in der Anordnung der Abb. 212a die Sendeantenne I am gleichbleibendem Ort verdreht und die Empfangsantenne unverändert bleibt, so schwenkt man die mit der Sendeantenne fest verbundenen Winkelkoordinaten φ und ϑ durch den Raum, und die Empfangsantenne wandert bei konstantem Abstand r relativ zur Sendeantenne und durchläuft die Winkelkoordinaten φ

und ϑ. Es ändert sich dabei die empfangene Leistung P_{max} entsprechend der Richtwirkung der Sendeantenne (Abschn. IV.2 und 3). $\sqrt{P_{max}}$ ergibt die Richtwirkung F_R und das Richtdiagramm. Wenn man anschließend die Schaltung der Abb. 212b verwendet, so ist die vorher betrachtete Antenne jetzt die Empfangsantenne. Verdreht man jetzt diese Empfangsantenne am gleichbleibenden Ort hinsichtlich φ und ϑ, so hat nach dem Reziprozitätstheorem das empfangene P_{max} die gleiche Abhängigkeit von φ und ϑ wie beim Versuch nach Abb. 212a. Im Fall der Abb. 212b mißt man aber die Richtwirkung der gleichen Antenne als Empfangsantenne. Das Richtdiagramm der betrachteten Antenne hat also gleiche Form bei der Anwendung als Sendeantenne und als Empfangsantenne, wenn man die Messung der Richtwirkung in der zur Abb. 212 beschriebenen Weise vornimmt.

Störungen der Übertragungsstrecke. Die Gültigkeit der Gl. (560) für den Übertragungswirkungsgrad beschränkt sich auf die Wellenausbreitung im freien Raum. Diese Voraussetzung ist für Übertragungsstrecken in Erdnähe nicht erfüllt. Einerseits ist die Erdatmosphäre als übertragendes Medium weder homogen noch verlustfrei. Andererseits ist der freie Raum erheblich eingeschränkt durch die Anwesenheit der Erde und der auf ihr oder in ihrer Nähe befindlichen Gegenstände. Die Luft hat eine relative Dielektrizitätskonstante von etwa $\varepsilon_r = 1,0006$, die etwas abhängig ist von Temperatur, Druck, Feuchtigkeit und in besonderem Maße vom Wassergehalt und Tröpfchendurchmesser bei Regen. Ferner werden die oberen Schichten der Atmosphäre durch die Sonnenstrahlung ionisiert. Die geladenen Teilchen in der Ionosphäre können Wellenenergie absorbieren, zerstreuen oder reflektieren. Die Erde ist ein stark verlustbehaftetes Dielektrikum. Sie kann Energie absorbieren und reflektieren. Durch die Krümmung der Erdoberfläche ist die Übertragung von Wellenenergie im Bereich unterhalb des Horizonts erschwert. Berge und Bauten auf der Erdoberfläche absorbieren, zerstreuen und reflektieren Wellen. Die Wellenausbreitung in Erdnähe ist dadurch sehr kompliziert, nur durch ausgedehnte Messungen erfaßbar und örtlich und zeitlich variabel[1].

---

[1] Eine Zusammenstellung der einfachsten Regeln der Wellenausbreitung in elementarer Darstellung findet man z. B. in MEINKE, H.: Elektromagnetische Wellen, eine unsichtbare Welt. Buchreihe: Verständliche Wissenschaft, Bd. 84. Berlin-Göttingen-Heidelberg: Springer 1963.

Wichtig ist bei der quantitativen Behandlung dieser Vorgänge die richtige Addition der verschiedenen Spannungen. Hierbei helfen die Pfeile für Ströme und Spannungen, die in die Schaltungen eingezeichnet sind. Beispiel in Abb. 221a. Hierfür gelten zunächst die Regeln für Stromkreise, die schon zur Abb. 199 angegeben wurden. Die Stromrichtungen des Steuerkreises und des Arbeitskreises werden so gewählt, daß sie innerhalb des gesteuerten Elements gleich sind. Die in Abb. 221a gezeichneten Filter entsprechen dem in Abb. 199b gezeichneten Beispiel. Die Existenz mehrerer Stromkreise und zahlreicher Quellen kompliziert den Umgang mit den elektronischen Elementen. Hinzu kommt, daß im allgemeinen der Steuerstrom i und der Arbeitsstrom i_a jeder von beiden Spannungen, u und u_a gesteuert werden. Es gibt also Rückwirkungen zwischen beiden Kreisen ähnlich wie bei Dioden nach dem Ersatzbild der Abb. 201.

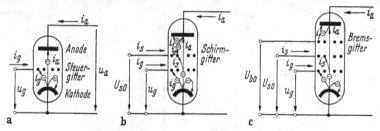

Abb. 222. Steuerbare Hochvakuumröhren (Elektronenströme in der Röhre zeigen einen Pfeil mit Kreis und Minuszeichen).
a) Triode; b) Tetrode; c) Pentode

Man kennt im wesentlichen 2 Vertreter steuerbarer Elemente, die Hochvakuumröhren und die steuerbaren Halbleiter, Transistoren genannt.

Hochvakuum-Röhren. Das steuernde Organ 2 in Hochvakuumröhren besteht normalerweise aus einem Gitter mit sehr dünnen Drähten zwischen der Kathode als Elektrode 1 und der Anode als Elektrode 3. Eine Röhre mit einem einzigen steuernden Gitter bezeichnet man als Triode. Das Schema in Abb. 222a läßt das gesteuerte Element der Abb. 221a unmittelbar erkennen. Die Strompfeile in Abb. 222 zeigen außerhalb der Röhre die technische Stromrichtung (Bewegung positiver Ladungen), während innerhalb der Röhre die Bewegung der Elektronen angedeutet ist. Das Gitter hat eine Spannung u_g gegenüber der Kathode. u_g ist oft negativ, damit die Elektronen nicht auf das Gitter auftreffen, sondern durch das Gitter hindurchfliegen. So erreicht man nahezu Stromlosigkeit des Gitters und die ideale Spannungssteuerung ohne Leistungsaufwand. Lediglich bei Aussteuerung mit großen Amplituden, wenn große Leistungen umgesetzt werden sollen, kann man meist nicht

vermeiden, daß die Gitterspannung zeitweise positiv wird und Gitter-
strom fließt. Der Strom verteilt sich nach Abb. 222a auf einen zum
Gitter fließenden Elektronenstrom i_g und einen zur Anode fließenden
Elektronenstrom i_a. Die Kennlinie der Triode ist diejenige einer Diode

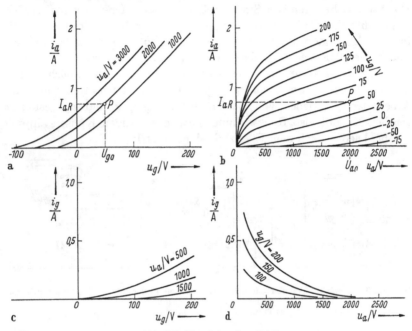

Abb. 223. Kennlinien einer Triode

nach (500) in Abb. 190, wobei man in (500) die Spannung u durch eine
„Steuerspannung‟

$$u_{st} = u_g + D u_a \tag{610}$$

ersetzt, weil hier der Strom durch Anode und Gitter gemeinsam gesteuert
wird. Dieses u_{st} enthält neben der Gitterspannung u_g noch einen additiven
Bestandteil $D u_a$ als Beitrag der Anodenspannung, wobei jedoch die
Anodenspannung nur mit einem Faktor $D < 1$ multipliziert auftritt,
weil die Anode weiter von der Kathode entfernt ist als das Gitter und
auf den Raum zwischen Kathode und Gitter nur durch das Gitter hindurch wirken kann. D nennt man den Durchgriff der Anode; er hat die
Größe 0,01 bis 0,1.

Die Kennlinie der Triode hat nach (500) für $u_{st} > 0$ die angenäherte
Form

$$i_a = A u_{st}^{1,5} = A (u_g + D u_a)^{1,5}. \tag{611}$$

Zeichnet man in Abb. 223 a den Strom i_a als Funktion von u_g mit u_a als Parameter, so erhält man eine Schar gleicher, parallelverschobener Kurven, deren waagerechter Abstand $\Delta u_g = D \cdot \Delta u_a$ ist, wenn Δu_a die Differenz der Anodenspannungen benachbarter Kurven ist. In Abb. 223 a ist $\Delta u_a = 1000$ V, $D = 0{,}035$ und der Abstand benachbarter Kurven $D \cdot \Delta u_a = \Delta u_g = 35$ V. Der Nullpunkt jeder Kurve liegt bei negativem u_g dort, wo $u_{st} = 0$, also $Du_a = -u_g$ ist. Abb. 223 b zeigt entsprechende Kurven für i_a in Abhängigkeit von u_a mit u_g als Parameter. Für kleine u_a sinkt i_a mit abnehmendem u_a schnell ab, weil für $u_a = 0$ keine Elektronen mehr die Anode erreichen können. Dementsprechend steigt in Abb. 223 c und d der Gitterstrom i_g für kleine u_a mit abnehmendem u_a schnell an. Für größere u_a ist jedoch auch bei positivem u_g der Strom i_g klein und nimmt mit wachsendem u_a ab, mit wachsendem u_g zu.

Röhren mit Schirmgitter. Den Einfluß der Spannung u_a auf den Strom i_a in (611) vermeidet man weitgehend in einer Tetrode nach Abb. 222 b mit Hilfe eines Schirmgitters zwischen Steuergitter und Anode. Das Schirmgitter erhält eine positive Gleichspannung U_{s0}, die unabhängig von allen Strömen sein soll. Hinsichtlich der Steuerung des Stromes tritt dieses U_{s0} an die Stelle des u_a, während die Anodenspannung bei der Tetrode fast keinen Einfluß mehr auf den gesteuerten Strom i_a hat. In der Kennlinie (611) tritt U_{s0} an die Stelle von u_a, und D_s ist der Durchgriff des Schirmgitters durch das Steuergitter.

$$i_a = A \, (u_g + D_s U_{s0})^{1,5}. \tag{611 a}$$

Die Kennlinien der Abb. 223 a sind gültig, wenn man dort u_a durch U_{s0} ersetzt.

Auf das positive Schirmgitter können Elektronen gelangen. Es fließt daher in Abb. 222 b ein Schirmgitterstrom i_s, der wesentlich kleiner als der Anodenstrom und diesem nahezu proportional ist. Der Schirmgitterstrom beeinflußt die Funktion der Röhre nur wenig, solange die Anodenspannung u_a größer als die Schirmgitterspannung U_{s0} ist. Wenn dagegen $u_a < U_{s0}$ wird, nimmt der Schirmgitterstrom mit abnehmendem u_a schnell zu und der Anodenstrom entsprechend ab. Die Hauptursache hierfür sind Sekundärelektronen, die beim Auftreffen der von der Kathode als i_a kommenden Elektronen auf der Anode entstehen. Die mit großer kinetischer Energie in das Anodenmaterial eindringenden Elektronen stören dort den Energiezustand und erzeugen Elektronen mit gewisser kinetischer Energie, die in der Lage sind, die Anode wieder zu verlassen. Diese fliegen in Abb. 222 b entweder als Strom i_1 wieder zur Anode zurück, wenn $u_a > U_{s0}$ ist, oder sie fliegen als i_2 zum Schirmgitter, wenn $u_a < U_{s0}$ ist. Für $u_a > U_{s0}$ tritt dieser Effekt also resultierend nicht in Erscheinung, weil letztlich alle Elektronen auf der

Anode landen. Für $u_a < U_{s0}$ vermindert sich i_a um i_2 und i_s wächst um i_2, so daß der nutzbare Strom $(i_a - i_2)$ mit abnehmendem u_a schnell kleiner wird. Außerdem geht dann der Vorteil der Tetrode, die Unabhängigkeit des gesteuerten Stromes i_a von der Anodenspannung, verloren.

Diese Grenze für die Anwendung eines Schirmgitters läßt sich beseitigen in der Pentode nach Abb. 222c, bei der zwischen Schirmgitter und Anode ein Bremsgitter liegt. Zwischen Bremsgitter und Kathode liegt die Bremsgitterspannung U_{b0}, wobei in normalen Verstärkerschaltungen $U_{b0} = 0$ ist. Das Bremsgitter verhindert dann den in Abb. 222b gezeichneten Übertritt der Sekundärelektronen i_2 zum Schirmgitter, so

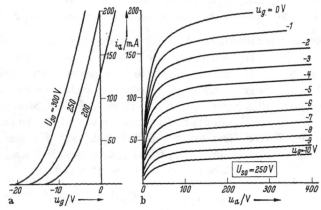

Abb. 224. Kennlinien einer Pentode

daß $u_a < U_{s0}$ zulässig wird. Jedoch muß stets $u_a > 0$ bleiben, um überhaupt Anodenstrom zu erhalten. Da die Bremsgitterspannung konstant gehalten wird und durch das Schirmgitter hindurch keinen Einfluß auf den Steuervorgang haben kann, ist die Kennlinie der Pentode ebenfalls durch (611a) gegeben, solange u_a nicht zu klein wird. Abb. 224 zeigt Kennlinien einer Pentode, und zwar in Abb. 224a die Kennlinien als Funktion der Spannung u_g mit U_{s0} als Parameter und in Abb. 224b den Anodenstrom als Funktion der Anodenspannung, woraus man das Absinken des i_a bei sehr kleinem u_a erkennt. Die für größere u_a waagerechten Kurven in Abb. 224b zeigen die weitgehende Unabhängigkeit des i_a vom u_a. Bei negativem Steuergitter fließt nahezu kein Steuerstrom i_g im Steuergitterkreis, und es ist keine Steuerleistung erforderlich.

Transistoren. Steuerbare Halbleiter-Elemente, auch Transistoren genannt, besitzen als Ersatz für steuerbare Hochvakuumröhren die gleichen Vorteile, wie sie bei Halbleiterdioden bereits erwähnt wurden: Einsparen der Kathodenheizung, kleines Volumen, größere Lebensdauer. Außerdem sind die Betriebsspannungen wesentlich niedriger als bei Röhren, was die Stromversorgung erleichtert. Im folgenden wird zunächst die heute in großem Umfang verwendete Ausführungsform des Transistors behandelt. Der Flächentransistor nach Abb. 225 besteht aus einer Aufeinanderfolge eines p-Leiters, eines n-Leiters und eines p-Leiters. Es heißt daher pnp-Transistor. Man kann auch eine Kombination von n-Leiter, p-Leiter und n-Leiter verwenden und erhält einen npn-Transistor. Der npn-Transistor ist seinem Verhalten nach dem pnp-Transistor durchaus ähnlich, jedoch arbeitet er mit umgekehrten Vorzeichen der Spannungen und umgekehrter Stromrichtung. Der Transistor besteht aus zwei Dioden nach Abb. 191 mit zwei Grenzschichten. Er wird mit äußeren Spannungen so versehen, daß in der einen Diode die p-Schicht positiv gegenüber der n-Schicht, in der anderen

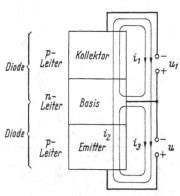

Abb. 225. pnp-Transistor. Die Pfeile der Stromkreise bezeichnen die technische Stromrichtung (Bewegung positiver Ladungen)

Diode die p-Schicht negativ gegenüber der n-Schicht ist. Beim pnp-Transistor wird die p-Schicht mit positiver Spannung als Emitter, die p-Schicht mit negativer Spannung als Kollektor, die n-Schicht als Basis bezeichnet. Es bestehen nach Abb. 225 drei Stromkreise. i_1 ist der Diodenstrom über die obere Grenzschicht zwischen n und p. Da bei dieser Diode die positive Spannung am n-Leiter liegt, arbeitet sie in Sperrichtung, und der Strom i_1 ist sehr klein. i_3 ist der Diodenstrom über die untere Grenzschicht zwischen p und n. Da hier die positive Spannung am p-Leiter liegt, arbeitet diese Diode in Durchlaßrichtung, und i_3 ist groß. Daneben fließt ein Strom i_2 über alle Schichten, und dieses i_2 ist der für die Transistorwirkung typische Zusatzstrom. Normalerweise ist i_2 sehr klein, weil die Sperrschicht im oberen Übergang zwischen p und n den Übertritt der Elektronen von p nach n erschwert. Wenn jedoch in Abb. 225 das u hinreichend groß ist, saugt es über die untere Grenzschicht zahlreiche Elektronen aus der Basis zum Emitter hin ab. Wenn die Basis nur wenig Störatome und daher nur wenig freie Elektronen enthält, können durch dieses Absaugen der Elektronen in der Basis Mangel an Elektronen und positive Löcher wie in Abb. 191 in größerem Umfang entstehen. In diese Löcher gelangen nicht nur Elektronen von außen über den direkten Anschluß als Strom i_3 in Abb. 225, sondern wegen der Wärmebewegung auch Elektronen aus der oberen Sperrschicht der Basis, wodurch diese Sperrschicht einen Teil ihrer Elektronen verliert. Dadurch wird die obere

Sperrschicht etwas leitend und ein größerer Übergang von Elektronen als Strom i_2 vom Kollektor über die Steuerschicht zum Emitter möglich. Die Größe des i_2 hängt wesentlich von u ab.

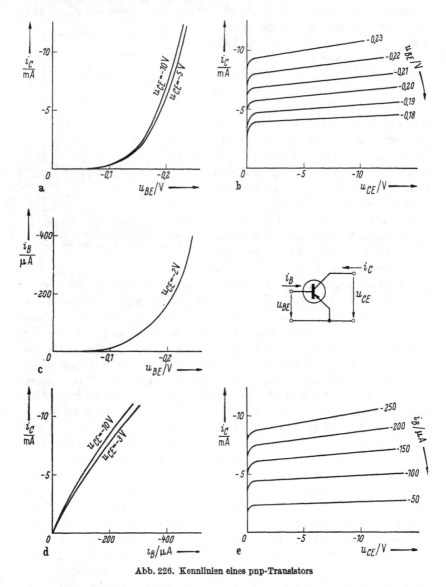

Abb. 226. Kennlinien eines pnp-Transistors

Der Arbeitsstrom i_a der Abb. 221a ist hier die Summe von i_1 und i_2 und wird als Kollektorstrom i_C bezeichnet. Die Arbeitsspannung u_a der Abb. 221a ist hier die Summe von u und u_1 und wird als Kollektor-

Emitterspannung u_{CE} bezeichnet; Symbol in Abb. 226. Der Steuerstrom $i = i_3 - i_1$ ist der Basisstrom i_B; die Steuerspannung u wird als Basis-Emitterspannung u_{BE} bezeichnet. Verwendet man die üblichen, in Abb. 221a gezeichneten Pfeilrichtungen, so werden beim pnp-Transistor alle Spannungen und Ströme negativ; vgl. die Kennlinien der Abb. 226. Hinsichtlich des Einflusses der Arbeitsspannung u_{CE} auf den Arbeitsstrom i_C liegt der Transistor zwischen der Triode und der Pentode. Der wesentliche Unterschied zwischen der Hochvakuumröhre und diesem Transistor ist die Tatsache, daß beim Transistor stets ein größerer Steuerstrom fließt, weil die Grenzschicht zwischen Emitter und Basis in Durchlaßrichtung betrieben wird, während eine Hochvakuumröhre oft ohne Steuerstrom betrieben werden kann. Abb. 226a und b zeigen Kennlinien für Spannungssteuerung, d. h. Steuerung durch u_{BE}. Abb. 226 d und e zeigen Kennlinien für Stromsteuerung, d. h. Steuerung durch i_B. Abb. 226 c zeigt den Zusammenhang zwischen Steuerstrom und Steuerspannung.

Es gibt neuerdings auch steuerbare Halbleiter, die eine fast stromlose Steuerung besitzen (Feldeffekt-Transistor). Abb. 227 zeigt das Prinzip eines der heute verfügbaren Feldeffekt-Transistoren[1] Durch einen Halbleiter vom n-Typ mit den Anschlüssen 1 (Quelle, im englischen „source" genannt) und 3 (Saugelektrode, im englischen „drain" genannt) fließt ein Strom i_a, der durch eine Arbeitsspannung u_a erzeugt wird. Seitlich auf dem n-Leiter sitzt ein Stück p-Leiter am Anschluß 2 (Steuerelektrode, im englischen „gate" genannt). An 2 liegt eine

Abb. 227.
Feldeffekt-Transistor

Spannung u so, daß die Grenzschicht zwischen p-Leiter und n-Leiter sperrt und der Strom i der Elektrode 2 sehr klein wird. Jedoch steuert u durch Beeinflussung der Feldstärken im n-Leiter das i_a fast wie beim Steuergitter in einer Triode. Es gibt auch Feldeffekt-Transistoren, bei denen die Steuerelektrode 2 durch eine dünne isolierende Schicht vom Leiter 1 bis 3 getrennt ist und durch den Isolator hindurch das i_a steuert.

Verlustleistung. Wie bei Dioden nach (504) entsteht auch in steuerbaren Elementen eine Verlustleistung, die das Element erwärmt. Die physikalischen Ursachen sind bei den Dioden bereits genannt worden. Hinsichtlich der erzeugbaren Nutzleistung bei gegebener zulässiger Erwärmung vgl. die Tabelle auf S. 212. Die Abführung der entstehenden Wärme ist ein wichtiges technisches Problem, um bei größeren Leistungen die Zerstörung des Elements zu verhindern. Bei Hochvakuumröhren entsteht Wärme auf den Elektroden dadurch, daß die Elektronen mit ge-

---

[1] WALLMARK, J. T.: Nachrichtentechn. Z. 17 (1964) 629—635.

wisser Geschwindigkeit auf die Elektroden aufprallen und dort ihre
kinetische Energie in Wärme verwandeln. Es entsteht Anodenverlust-
leistung P_{av} auf der Anode und Schirmgitterverlustleistung $P_{sv} = U_{s0} I_{s0}$
als Produkt der am Schirmgitter liegenden Gleichspannung U_{s0} und des
Schirmgittergleichstroms I_{s0}. Hinsichtlich größerer Erwärmung ist der
Aufbau des Schirmgitters sehr ungünstig. Einerseits enthält das aus
dünnen Drähten bestehende Gitter wenig Material, so daß es schon durch
kleine Wärmemengen auf hohe Temperaturen gebracht wird. Andererseits sind seine Abkühlungsbedingungen sehr schlecht, da es zwischen der
heißen Anode und der heißen Kathode liegt und die Wärmeabfuhr sowohl
durch Strahlung wie durch Wärmeleitung sehr schlecht ist. Daher liegt
die Grenze der Nutzleistung für Röhren mit Schirmgitter bei einigen kW.
Für größere Leistungen muß man ausschließlich Trioden verwenden.

Auch die Abführung der Wärme von der Anode ist ein technisches
Problem. Bei Elektronenröhren mit äußerem Glaskolben kann die
Anodenwärme nur durch Strahlung abgeführt werden. Röhren großer
Leistung haben daher große Anodenoberflächen, die oft geschwärzt sind,
und hohe Anodentemperaturen, weil die Abstrahlung mit größer werden-
der Oberfläche, mit dunklerer Außenfläche und mit höherer Temperatur
wächst. Röhren mit solcher Strahlungskühlung haben eine praktische
Grenze bei Nutzleistungen von einigen kW, weil größere Wärmemengen
kaum durch Strahlung abgeführt werden können. Röhren für sehr große
Leistungen haben daher Außenanoden. Hier ist die Anode von außen
zugänglich und direkt kühlbar. Man kennt Luftkühlung, bei der die
Anode mit Luft angeblasen wird, für Nutzleistungen bis zu 50 kW. Bei
Wasserkühlung wird die Anode durch fließendes Wasser gekühlt, bei
Siedekühlung taucht die Anode in stehendes Wasser, das zum Kochen
kommt und durch die große Verdampfungswärme erhebliche Kühl-
wirkung erzeugt. Die obere Grenze der Nutzleistung einer Triode liegt
etwa bei 300 kW.

Trennung der Stromkreise. Das in Abb. 199 und 200 für Dioden dargestellte Problem der Trennung der beteiligten Stromkreise ist bei
steuerbaren Elementen insofern etwas einfacher, als in Abb. 221a der
Nutzwiderstand vom Steuerkreis getrennt ist. Es bleibt auch hier die
Aufgabe, durch den Nutzwiderstand R_K nur die gewünschten Nutz-
ströme zu leiten und alle unerwünschten Stromanteile von ihm fern-
zuhalten. Ferner muß man die Wechselspannungsquellen von den Gleichspannungsquellen störungsfrei durch Filter trennen. Dies ist in Abb. 221a
schematisch dargestellt. Die steuerbaren Elemente benötigen also stets
eine nennenswerte Menge zusätzlicher Schaltelemente, die lediglich
Filteraufgaben haben. Abb. 228 zeigt als Beispiel die vielfachen An-
wendungsmöglichkeiten von Filtern zur Trennung der Stromkreise bei
der Steuergittermodulation einer Pentode. Das Bremsgitter ist wegen

$U_{b0} = 0$ mit der Kathode verbunden. Die Schirmgitterspannung U_{s0} entsteht in einem Spannungsteiler (R_1; R_2) aus der Anodengleichspannung U_{a0}, so daß die Schirmgitterspannung nie vor der Anodenspannung eingeschaltet werden kann. Dies ist wichtig, weil das Schirmgitter sofort zerstört wird, wenn die Schirmgitterspannung vor der Anodenspannung

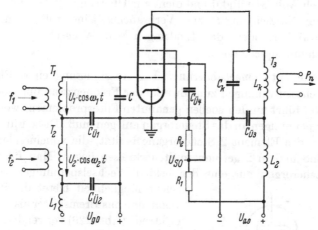

Abb. 228. Steuergittermodulation

eingeschaltet wird und dann bei stromfreier Anode der Gesamtstrom der Röhre auf das Schirmgitter geht. Da der Schirmgitterstrom nach Abb. 222c aus den zur Anode laufenden Elektronen abgezweigt ist, ist er ähnlich zusammengesetzt wie der Anodenstrom und enthält Wechselströme wie dieser, die man über einen großen Kondensator $C_{\ddot{u}4}$ am Spannungsteiler vorbeileiten muß, um eine konstante, wechselspannungsfreie Schirmgitterspannung zu erhalten. Das Steuergitter erhält eine hochfrequente Wechselspannung $U_1 \cdot \cos \omega_1 t$ über einen Transformator mit sekundärer Resonanz nach Abb. 81b und d, bestehend aus dem Transformator T_1 und dem Kondensator C. Die Sekundärspule des T_1 dient gleichzeitig zur Zuführung der Modulationsspannung ans Steuergitter. Der Kondensator $C_{\ddot{u}1}$ ist ein kleiner Blindwiderstand für die hohe Frequenz f_1 und verbindet die eine Seite der Spannung $U_1 \cdot \cos \omega_1 t$ mit der Kathode; er ist ein großer Blindwiderstand für die niedrige Frequenz f_2 und daher für die Modulationsspannung fast ohne Wirkung. Die Modulationsspannung $U_2 \cdot \cos \omega_2 t$ wird über den Transformator T_2 eingekoppelt. $C_{\ddot{u}2}$ ist ein sehr großer Kondensator, der die eine Seite der Modulationsspannung an die Kathode anschließt, ohne die Gleichspannung U_{g0} zu stören. Die Gittergleichspannung U_{g0} wird dem Steuergitter über die Sekundärspulen der Transformatoren T_2 und T_1 zugeführt. Das Eindringen der Wechselströme in die Gleichspannungsquelle U_{g0} wird durch die sehr große Induktivität L_1 (meist Drossel genannt) verhindert.

Die Anodengleichspannung U_{a0} wird der Röhre über die Primärspule des Transformators T_3 zugeführt. Der große Kondensator $C_{\ddot{u}3}$ soll die Blindströme des Parallelresonanzkreises aus L_k und C_k nach Abb. 99 ungestört fließen lassen, ohne daß über diese Verbindung die Gleichspannung U_{a0} kurzgeschlossen wird. Der Transformator T_3 hat eine primäre Resonanz mit C_k nach Abb. 81c und d und dient zur Übertragung der amplitudenmodulierten Nutzleistung P_n zum Verbraucher. Eine große Induktivität L_2 (Drossel) verhindert das Eindringen von Wechselströmen in die Gleichspannungsquelle des U_{a0}.

Elemente mit Doppelsteuerung. Die Aussteuerung eines Elements mit 2 Wechselspannungen zum Zwecke der Frequenzwandlung oder der Modulation führt zu den soeben genannten Filterproblemen, wenn man mehrere Spannungen an das Steuerorgan anlegen muß. Diese Filter fallen fort, wenn das Element 2 Steuerorgane besitzt, die voneinander unabhängig sind und in 2 getrennten Steuerkreisen liegen. Man führt dann jedem Steuerorgan nur eine der beiden Wechselspannungen zu. Eine solche Möglichkeit bietet die Pentode, wenn man das Bremsgitter als 2. Steuerelektrode (Abb. 229) verwendet. Ebenso wie vor der Kathode nach Abb. 222 der von der Kathode emittierte Strom durch das Steuergitter in einen zurücklaufenden und einen fortlaufenden Teil gespalten wird, so teilt das Bremsgitter bei negativer Vorspannung den durch das Schirmgitter kommenden Strom in einen zum Schirmgitter zurücklaufenden Teil und einen zur Anode weiterlaufenden Teil (Stromverteilungssteuerung). Abb. 229 demonstriert diese beiden Steuervorgänge einer Pentode. Dadurch ist es in bestimmten negativen Bereichen der Bremsgitterspannung möglich, den Anodenstrom auch mit dem Bremsgitter stromlos, d. h. leistungslos zu steuern und zu modulieren.

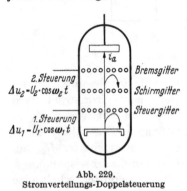

Abb. 229.
Stromverteilungs-Doppelsteuerung

Kapazitive Trägheitserscheinungen. Wie bei nichtlinearen Widerständen auf S. 203 bereits beschrieben, treten auch bei steuerbaren Elementen Trägheitserscheinungen durch Erwärmung auf, die jedoch nur bei sehr niedrigen Frequenzen wirksam werden. Weitere Trägheitserscheinungen treten bei höheren Frequenzen als kapazitive Wirkungen auf. Bei Hochvakuumröhren sind dies die Kapazitäten zwischen den Elektroden und bei Halbleiterelementen die Grenzschichtkapazitäten. Bei höheren Frequenzen muß man daher das steuerbare Element nach Abb. 230 durch 3 Kapazitäten ergänzt denken. Die Kapazität C_{12} ist bei Hochvakuumröhren die Gitter-Kathodenkapazität, bei Transistoren die Grenzschichtkapazität zwischen Basis und Emitter. C_{12} macht sich dadurch bemerkbar, daß im Steuerkreis neben dem elektronischen Strom i noch ein kapazitiver Strom i_C über C_{12} fließt, der mit wachsender Frequenz immer größer wird und bei sehr hohen Frequenzen größer als i ist. Der Strom im Steuerkreis ist dann hauptsächlich damit beschäftigt, die in der Kapazität C_{12} jeweils benötigten Ladungen aufzubauen oder abzubauen. Man spricht dann auch von „Ladungssteuerung"[1]. Steuert man mit einer einzigen Frequenz, so kann man C_{12} wie in Abb. 97 durch ein parallelgeschaltetes L unwirksam machen. Die Kapazität C_{23} ist bei Röhren die Gitter-Anoden-Kapazität und

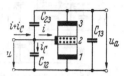

Abb. 230. Kapazitäten eines steuerbaren Elements

bei Transistoren die Grenzschichtkapazität zwischen Basis und Kollektor. Sie macht sich dadurch bemerkbar, daß sie den Arbeitskreis und den Steuerkreis verbindet und dadurch eine frequenzabhängige Rückwirkung zwischen diesen beiden Kreisen erzeugt. Dadurch kann der Steuervorgang wesentlich verändert werden und sogar Selbsterregung auftreten. (Abb. 254b). Die Kapazität C_{13} ist im allgemeinen klein. Sie entsteht meist nur zum geringen Teil innerhalb des Elements selbst, da die Elektroden 1 und 3 durch das dazwischenliegende Steuerorgan 2 getrennt sind. C_{13} ist zum größeren Teil eine Schaltungskapazität, die in der Schaltung außerhalb des Elements als Kapazität zwischen den Anschlußleitungen des Arbeitskreises entsteht.

Wesentliches Interesse besteht daran, die Wirkung des C_{23} unschädlich zu machen. Bei Transistoren ist man bemüht, die Grenzschichtkapazität kleiner zu machen. Bei Hochvakuumröhren ergibt das Einbringen eines Schirmgitters eine brauchbare Verbesserung. Da das Schirmgitter zwischen Steuergitter und Anode liegt, wird dann C_{23} bei richtigem Aufbau der Röhre sehr klein. Statt dessen entsteht aber nach Abb. 231 eine Kapazität C_{gs} zwischen Steuergitter und Schirmgitter. Da das Schirmgitter über eine große Kapazität $C_{ü4}$ mit der Kathode verbunden ist, liegt zwischen Steuergitter und Kathode die Serienschaltung des C_{gs} und des $C_{ü4}$ parallel zur Kapazität C_{12}. Dadurch wird C_{12} vergrößert und

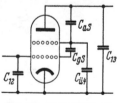

Abb. 231. Kapazitäten des Schirmgitters

die störende Wirkung der Eingangskapazität erhöht. Ferner entsteht eine Kapazität C_{as} zwischen Schirmgitter und Anode, die über das in Serie liegende $C_{ü4}$ parallel zu C_{13} liegt und dieses erhöht.

---

[1] KLEINKNECHT, H. P.: Nachrichtentechn. Z. 15 (1962) 394—401.

Man kann die rückkoppelnde Wirkung des C_{23} in vielen Fällen durch eine Brückenschaltung neutralisieren. Die einfachste Anordnung einer Neutralisation zeigt Abb. 232. Der Resonanzkreis des Arbeitskreises besitzt 2 Kapazitäten C_1 und C_2 in Serie.

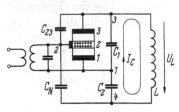

Abb. 232. Neutralisation

Das gesteuerte Element liegt mit den Punkten 1 und 3 lediglich an der Kapazität C_1, die Induktivität L des Kreises zwischen 3 und 4 an beiden Kapazitäten. Der Blindstrom I_c des Parallelresonanzkreises aus Abb. 99 fließt in Abb. 232 über die Spule und beide Kapazitäten. An der Spule liegt die Spannung U_L $= j \omega L I_c$. Der Punkt 4 ist über eine Neutralisationskapazität C_N mit der Steuerelektrode 2 verbunden. Die Kapazitäten C_1, C_2, C_{23} und C_N bilden eine Brücke, die an den Punkten 3 und 4 durch die Spannung U_L gespeist wird. Zwischen den Punkten 1 und 2 der Brücke erzeugt dieses U_L keine Spannung, wenn die Brücke abgeglichen, also

$$\frac{C_1}{C_2} = \frac{C_{23}}{C_N} \tag{612}$$

ist. Die Vorgänge im · Arbeitskreis erzeugen dann keine Spannung zwischen den Punkten 1 und 2, d. h. im Steuerkreis. Meist ist $C_1 = C_2$ und dementsprechend $C_N = C_{23}$.

Zuleitungsinduktivitäten bei sehr hohen Frequenzen. Bei sehr hohen Frequenzen muß man beachten, daß es unvermeidbare Zuteilungsinduktivitäten gibt und das Verhalten des Elements durch Abb. 233a be-

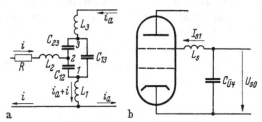

Abb. 233. Zuleitungsinduktivitäten

schrieben wird. Eine solche Schaltung hat sehr komplizierte Eigenschaften, und auch die Neutralisation nach Abb. 232 wird schwierig, da die Punkte 1, 2 und 3 nicht mehr direkt zugänglich sind. Besonders unangenehm ist die Tatsache, daß Steuerstrom i und Arbeitsstrom i_a gemeinsam über die Zuleitung L_1 der Elektrode 1 fließen. An L_1 entsteht eine Spannung, an der beide Ströme beteiligt sind. Diese L_1 ist Bestandteil sowohl des Steuerkreises wie des Arbeitskreises und bringt in den

Steuerkreis eine Teilspannung, die von i_a abhängt (Rückkopplung) und in den Arbeitskreis eine Teilspannung, die von i abhängt. Diese frequenzabhängige Kopplung zwischen Arbeitskreis und Steuerkreis macht das Verhalten des Elements sehr unübersichtlich. Dies gilt insbesondere für Hochvakuumröhren, bei denen die Zuleitungen länger als bei Halbleiterelementen und daher die L_n in Abb. 233a größer sind.

Auch die Wirkung des Schirmgitters einer Tetrode wird bei sehr hohen Frequenzen durch die Induktivität L_s der Zuleitung zwischen dem Schirmgitter und dem Kondensator $C_{\ddot{u}4}$ der Abb. 228 gestört. Das Schirmgitter führt bei ausgesteuerten Röhren auch einen Wechselstrom der Amplitude I_{s1}, der an der Zuleitungsinduktivität L_s nach Abb. 233b eine Wechselspannung der Amplitude $U_{L1} = j\omega L_s I_{s1}$ entstehen läßt. Die wirkliche Spannung am Schirmgitter ist also die Summe der außen an $C_{\ddot{u}4}$ liegenden Gleichspannung U_{s0} und der Spannung U_{L1}. Da die Schirmgitterspannung nach (611a) an der Aussteuerung des Stromes beteiligt ist, wird durch U_{L1} eine wegen des Faktors j um 90° in der Phase gedrehte, zusätzliche Aussteuerung des Stromes i_a verursacht, die einer komplizierten Rückkopplung nach Abschn. VI.2 entspricht. Durch Einbau des $C_{\ddot{u}4}$ in das Innere der Röhre kann man L_s so verkleinern, daß eine Tetrode noch bei etwa 500 MHz arbeiten kann.

Elektronenträgheit. Da die Elektronen eine träge Masse besitzen, erhalten sie durch die beschleunigenden elektrischen Felder nur eine begrenzte Geschwindigkeit. Sie benötigen daher eine gewisse Zeit, um in Hochvakuumröhren die Strecke von der Kathode zur Anode zu durchlaufen. Der ausgesteuerte Strom wird dadurch erst mit einer gewissen Verzögerung wirksam. Wenn man mit sehr hohen Frequenzen steuert, ergibt eine solche Verzögerung eine nacheilende Phase des ausgesteuerten Wechselstroms, die etwa proportional zur Frequenz wächst. Ferner kann man nachweisen, daß durch die Trägheit der Elektronensteuerung auch die Amplitude des ausgesteuerten Wechselstroms bei sehr hohen Frequenzen kleiner ist als bei niedrigeren Frequenzen. Eine Abhilfe gegen die Wirkungen der Elektronenträgheit ist die Verkleinerung der Elektronenwege. In Hochvakuumröhren verkleinert man die Abstände zwischen den Elektroden, insbesondere zwischen Steuergitter und Kathode. Jedoch ist dieser Verkleinerung eine praktische Grenze durch die Rauhigkeit der Elektrodenoberflächen, durch die endliche Dicke der Gitterdrähte und durch die Wärmeausdehnung aller Teile gesetzt. Die Anwendbarkeit der Trioden endet daher bei etwa 4000 MHz. Bei noch höheren Frequenzen verwendet man das völlig andersartige Prinzip der Laufzeitröhre[1].

---

[1] KLEEN, W.: Mikrowellen-Elektronik, Bd. 1, Stuttgart 1952.

Die Elektronenträgheit besteht auch bei Flächentransistoren nach Abb. 225, weil innerhalb der Basisschicht keine wesentlich beschleunigenden Feldstärken bestehen und die Elektronen beim Wandern durch die Basisschicht auf ihre geringe Wärmebewegung angewiesen sind. Sie brauchen daher eine relativ lange und für die einzelnen Elektronen sehr verschiedene Zeit zum Durchlaufen der Steuerschicht. Dadurch nimmt mit wachsender Frequenz die Möglichkeit zur Erzeugung definierter Wechselströme ab. Man verwendet sehr dünne Basisschichten, um die Laufzeit zu vermindern. Man benutzt normalerweise Schichtdicken von 0,1 bis 0,01 mm. Als Grenzfrequenz bezeichnet man diejenige Frequenz, bei der die Verstärkung auf das $1/\sqrt{2}$-fache der Verstärkung bei niedrigen Frequenzen abgesunken ist. Man erreicht bei den genannten Schichtdicken Grenzfrequenzen von 1 bis 10 MHz. Zur Erhöhung dieser Frequenzgrenze gibt es eine Reihe von Herstellungsverfahren für Basisschichten von weniger als $1/_{100}$ mm Dicke, so daß Frequenzen von über 100 MHz mit steuerbaren Halbleitern verarbeitet werden können, jedoch ist die Nutzleistung klein.

2. Ideale Steuerung mit kleinen Amplituden

Das Verhalten von u und i im Steuerkreis der Abb. 221a entspricht weitgehend dem einer Diode nach Abschn. III.2 und III.3. Technisch sinnvoll ist eine Unterscheidung der Begriffe „Spannungssteuerung" und „Stromsteuerung", wie sie für die Diode auf S. 213 und S. 214 definiert ist.

Ideale lineare Steuerung. Das Verhalten der gesteuerten Elemente ist wegen der nichtlinearen Kennlinien und wegen der Rückwirkungen zwischen Arbeitskreis und Steuerkreis meist schwer quantitativ exakt zu beschreiben. Es ist daher zweckmäßig, die grundlegenden Erscheinungen an einfacheren, idealisierten Modellen zu studieren. Man kann 4 ideale Modelle gedanklich konstruieren. Hinsichtlich der Steuerung dieser Modelle unterscheidet man die Fälle $i = 0$ (ideale Spannungssteuerung) und $u = 0$ (ideale Stromsteuerung). Hinsichtlich des Arbeitskreises gibt es die beiden idealen Möglichkeiten, daß der ausgesteuerte Strom i_a völlig unabhängig von u_a ist (ideale Stromquelle, Innenwiderstand unendlich groß), und den Fall, daß die im Arbeitskreis ausgesteuerte Spannung u_a unabhängig vom Strom i_a des Arbeitskreises ist (ideale Spannungsquelle, Innenwiderstand Null). Ferner wird im Idealfall angenommen, daß die Aussteuerung linear ist, daß also die Änderungen Δi_a des Stromes, bzw. Δu_a der Spannung im Arbeitskreis den Änderungen Δi des Stromes, bzw. Δu der Spannung im Steuerkreis direkt proportional sind. Die 4 idealen, steuerbaren Modelle sind also[1]:

---

[1] MARTE, G.: Arch. elektr. Übertragung 16 (1962) 227.

1. Ideale spannungsgesteuerte Stromquelle: Es ist $i = 0$. Die Steuerung erfolgt durch eine Spannungsänderung Δu im Steuerkreis. Bei Wechselaussteuerung nach (507) ist $\Delta u = U_1 \cdot \cos \omega t$. Im Arbeitskreis entsteht eine Stromänderung Δi_a, die unabhängig von u_a ist. Im linearen Fall ist Δi_a dem steuernden Δu proportional und bei Wechselaussteuerung nach (507) $\Delta i_a = I_{a1} \cdot \cos \omega t$ ein Wechselstrom der Frequenz ω. Es gilt

$$\Delta i_a = s \cdot \Delta u; \qquad I_{a1} = s\,U_1. \tag{613}$$

Das Verhalten dieser Quelle ist durch ihre „Steilheit" s beschrieben, die die Dimension eines Leitwerts hat. Eine spannungsgesteuerte Stromquelle wird hier durch das in Abb. 221 b dargestellte Symbol bezeichnet. Das Symbol ist ein Kreis mit 3 Anschlüssen. Zwischen 1 und 2 liegt die steuernde Spannungsänderung Δu, bzw. $U_1 \cdot \cos \omega t$. Zwischen 1 und 3 fließt der Strom. Nach den Regeln über Richtungspfeile zur Abb. 221 a ist die Richtung des Strompfeils I_{a1} im Element gleich der Richtung des Spannungspfeils U_1 und die Richtung des Spannungspfeils U_{a1} die gleiche wie die Richtung des Strompfeils I_{a1} im Verbraucher R_K. Der Zusammenhang (613) gilt auch für komplexe Amplituden $\underline{U}_1$ und $\underline{I}_{a1}$. Eine solche Stromquelle, deren Wechselstromamplitude proportional zur Amplitude einer steuernden Spannung ist, hat für Ersatzbilder eine sehr allgemeine Bedeutung (Abb. 201, Abb. 245, Abb. 248), wobei man sogar komplexe Steilheiten einführen kann (Abb. 218 mit rein imaginärer Steilheit $j \omega k_{c2} U_1$; z. B. $\underline{I}_{1R} = j \omega k_{c2} U_1 U_K$).

2. Ideale stromgesteuerte Stromquelle: Es ist $u = 0$. Die Steuerung erfolgt durch eine Stromänderung Δi im Steuerkreis. Bei Wechselaussteuerung nach (507a) ist $\Delta i = I_1 \cdot \cos \omega t$. Im Arbeitskreis entsteht eine Stromänderung Δi_a, die unabhängig von u_a ist. Im linearen Fall ist in Analogie zu (613)

$$\Delta i_a = \beta \cdot \Delta i; \qquad I_{a1} = \beta I_1. \tag{614}$$

Das Verhalten dieser Quelle ist durch ihre „Stromverstärkung" β beschrieben, die eine dimensionslose Zahl ist.

3. Ideale spannungsgesteuerte Spannungsquelle: Es ist $i = 0$. Die Steuerung erfolgt durch eine Spannungsänderung Δu im Steuerkreis. Diese erzeugt eine Spannungsänderung Δu_a im Arbeitskreis, die unabhängig vom Strom i_a ist. Im linearen Fall wird

$$\Delta u_a = V \cdot \Delta u; \qquad U_{a1} = V\,U_1. \tag{615}$$

Das Verhalten der Quelle wird beschrieben durch ihre „Spannungsverstärkung" V, die eine dimensionslose Zahl ist.

4. **Ideale stromgesteuerte Spannungsquelle:** Es ist $u = 0$. Die Steuerung erfolgt durch eine Stromänderung Δi im Steuerkreis. Diese erzeugt eine Spannungsänderung Δu_a im Arbeitskreis, die unabhängig vom Strom i_a ist. Im linearen Fall ist

$$\Delta u_a = r \cdot \Delta i; \qquad U_{a1} = r I_1. \tag{616}$$

Das Verhalten der Quelle wird beschrieben durch die Größe r, die die Dimension eines Widerstandes hat.

Im Folgenden wird lediglich die spannungsgesteuerte Stromquelle behandelt. Die formale Analogie zwischen den Gl. (613) bis (616) gestattet es, die Formeln dieses Falles auf die anderen Fälle umzurechnen. Diese linearen Quellen sind in wirklichen Schaltungen nur für Aussteuerung mit kleinen Amplituden brauchbar. Man kann jedoch diese Formeln auf nichtlineare Vorgänge erweitern.

Ideale nichtlineare Spannungssteuerung. Das gesteuerte Element, das entsprechend den wirklichen Elementen als nichtlinear angenommen werden soll, wird durch eine Kennlinie nach Abb. 234 beschrieben. Der Arbeitsstrom i_a ist eine nichtlineare Funktion der Steuerspannung u und im Idealfall nicht von der Spannung u_a im Arbeitskreis abhängig. Die Ähnlichkeit dieser Kennlinie mit der Kennlinie einer nichtlinearen Diode macht es möglich, viele der in Abschn. V.2 abgeleiteten Gesetzmäßigkeiten auf ideale steuerbare Elemente zu übertragen. Wie in Abb. 196 wird die Steuerspannung im allgemeinen einen Gleichspannungsanteil U_0 (Vorspannung) besitzen, so daß ein Arbeitspunkt P mit einem Ruhestrom I_{aR} entsteht. Durch zweckmäßige Wahl des U_0 kann man unter den möglichen Arbeitspunkten P denjenigen auswählen, der für die jeweilige Aufgabe am besten geeignet ist.

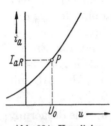

Abb. 234. Kennlinien idealer steuerbarer Elemente

Legt man zusätzlich eine steuernde Wechselspannung an, so ist in Analogie zu (508) die gesamte steuernde Spannung

$$u = U_0 + \Delta u. \tag{617}$$

Man kann die Kennlinie in eine Reihe (509) entwickeln und eine Kennlinienssteilheit s im Arbeitspunkt wie in (510) und Krümmungsgrößen wie in (511) und (512) definieren:

$$s = \frac{\mathrm{d} i_a}{\mathrm{d} u}; \qquad k_2 = \frac{1}{2}\frac{\mathrm{d}^2 i_a}{\mathrm{d} u^2}; \qquad k_3 = \frac{1}{6}\frac{\mathrm{d}^3 i_a}{\mathrm{d} u^3} \tag{618}$$

usw. Für die Kennlinie der Pentode nach (611a) als Beispiel wäre im Arbeitspunkt $u = U_0$

$$s = 1{,}5 A (U_0 + D_s U_{s0})^{0,5}; \qquad k_2 = 0{,}375 A (U_0 + D_s U_{s0})^{-0,5}. \tag{619}$$

Beim Aussteuern der Kennlinie durch u nach (617) entsteht wie in (509) ein Strom

$$i_a(t) = I_{aR} + \Delta i_a = I_{aR} + \Delta u \cdot s + (\Delta u)^2 \cdot k_2 + (\Delta u)^3 \cdot k_3 + \cdots. \quad (620)$$

Bei Aussteuerung mit einer Wechselspannung nach (507) entsteht ein Stromverlauf wie in Abb. 196a und (513), darunter ein Zusatzgleichstrom ΔI_{a0} wie in (516), ein Wechselstrom $I_{a1} \cdot \cos \omega t$ wie in (517) und Wechselströme der Frequenzen $n\omega$ im gesteuerten Kreis wie in (515). Man kann also das gesteuerte Element wegen seiner gekrümmten Kennlinie auch als Gleichrichter und Frequenzvervielfacher verwenden.

Aussteuerung mit einer Wechselspannung. Schaltung in Abb. 221a. Durch Filter wird erreicht, daß im Nutzwiderstand R_K nur derjenige Stromanteil fließt, der die gewünschten Frequenzen enthält. Bei Aussteuerung eines idealen Elements mit einer Wechselspannung $\Delta u = u_1 = U_1 \cdot \cos \omega t$ entsteht wie in (517) ein Wechselstrom der steuernden Frequenz ω mit der Amplitude

$$I_{a1} = s U_1 + \frac{3}{4} k_3 U_1^3 + \cdots \quad (621)$$

und wegen der Nichtlinearität auch Wechselströme I_{an} höherer Frequenzen wie in (515). Interessiert man sich lediglich für eine Verstärkung auf der Steuerfrequenz ω, so verwendet man im Arbeitskreis einen Nutzwiderstand mit Resonanzkreis für die Frequenz ω. Schickt man den Wechselstrom I_{a1} über einen solchen Verbraucher R_K, so entsteht an diesem nur eine Wechselspannung u_K der Frequenz ω mit der Amplitude

$$U_{a1} = I_{a1} R_K = s R_K U_1 + \frac{3}{4} k_3 R_K U_1^3 + \cdots. \quad (622)$$

Als Spannungsverstärkungsfaktor bezeichnet man dann den Quotienten

$$V = \frac{U_{a1}}{U_1} = s R_K + \frac{3}{4} k_3 R_K U_1^2 + \cdots. \quad (623)$$

Man kann auch den Strom der Frequenz $n\omega$ nutzbar machen und den Resonanzkreis der Abb. 221a auf die Frequenz $n\omega$ abstimmen. An R_K entsteht dann eine Spannung $U_n \cdot \cos n\omega t = I_{an} R_K \cdot \cos n\omega t$.

Man kann auch durch Verwendung von zwei steuerbaren Elementen in Gegentaktschaltung ähnlich wie in Abb. 200a verschiedene Frequenzen des ausgesteuerten Stromes trennen. Dies führt zu den Schaltungen der Abb. 235. Wünscht man den Nutzstrom auf der Frequenz ω, so verwendet man Abb. 235a und entnimmt die Nutzspannung zwischen den Punkten 4 und 5. Dieser Ausgang ist unbeeinflußt vom Strom I_{a2} der doppelten Frequenz. Wenn man dagegen die Gegentaktschaltung als Frequenzverdoppler verwenden will, muß man den Nutzwiderstand R_{K2} nach Abb. 235 b legen und die Nutzspannung zwischen den Punkten 6 und 7 abnehmen. Filter benötigt man meist trotzdem, da zwischen 4 und 5 alle

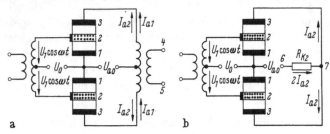

a   b

Abb. 235. Gegentaktschaltungen

Frequenzen $n\omega$ mit ungeradzahligen n auftreten, zwischen 6 und 7 alle Frequenzen $n\omega$ mit geradzahligen n. Jedoch wird die Gegentaktschaltung wegen des Fehlens mancher Frequenzen die Anforderungen an die Filter verringern.

Rückkopplung mit reellen Widerständen. Eine bedeutsame Anwendung steuerbarer Elemente erreicht man durch Rückkopplung. Der Vorgang der Rückkopplung wird hier für die ideale spannungsgesteuerte Stromquelle in der Schaltung der Abb. 236 als Beispiel betrachtet, um die Prinzipien aufzuzeigen. Das gesteuerte Element schickt seinen Strom i_a zwischen den Punkten B und C durch eine Schaltung. Ein be-

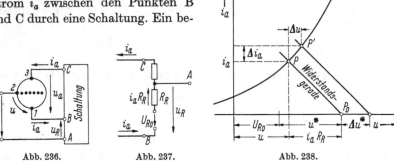

Abb. 236.
Rückkopplung

Abb. 237.
Rückkopplung mit
reellen Widerständen

Abb. 238.
Rückkopplung mit reellen Widerständen

stimmter Punkt A dieser Schaltung besitzt dann die Spannung u_R gegenüber dem Punkt B. Eine zusätzliche Spannung u^* liegt zwischen Steuerorgan 2 und Punkt A als eine von außen zugeführte Steuerspannung. Dann liegt am Element zwischen 1 und 2 die steuernde Spannung

$$u = u^* + u_R, \tag{625}$$

und diese Summe steuert das Element auf Grund der Kennlinie. u_R kann einen Bestandteil U_{R0} haben, der unabhängig von i_a ist, und einen Bestandteil, der abhängig von i_a und proportional zu i_a ist, wenn die Schaltung nur aus reellen Widerständen und Gleichspannungsquellen aufgebaut ist. Alle derartigen Schaltungen lassen sich zurückführen auf die einfache Schaltung der Abb. 237. Der von i_a abhängige Teil des u_R ist dann stets negativ. Es ist also

$$u_R = U_{R0} - i_a R_R, \tag{626}$$

wobei R_R ein positiver Faktor ist, der die Dimension eines Widerstandes hat und aus der gegebenen Schaltung berechnet werden kann. R_R nennt man den Rückkopplungswiderstand, der in Abb. 237 ein wirklicher Widerstand ist. Die Steuerspannung lautet dann nach (625)

$$u = u^* + U_{R0} - i_a R_R. \tag{627}$$

Man findet in Abb. 238 den Arbeitspunkt P der Kennlinie auf folgende Weise: Für $i_a = 0$ ist nach (627) $u = U_{R0} + u^*$. Dies ergibt den Punkt P_0 auf der waagerechten Nullgeraden. Gl. (627) ist die Gleichung einer Geraden, die (ähnlich wie in Abb. 205) vom Punkt P_0 schräg nach links läuft (Widerstandsgerade). Der Arbeitspunkt P ist der Schnitt der Widerstandsgeraden mit der Kennlinie und hat den Abstand u von der senkrechten Koordinatenachse. Es fließt dann der Strom i_a. Ändert man u^*, so ändert sich i_a, jedoch weniger, als wenn man das Element direkt mit u^* ohne u_R nach Abb. 221b aussteuern würde. Dies erkennt man in Abb. 238, wenn man eine kleine Änderung des u^* vornimmt. Es wachse u^* um Δu^*. Dann wächst i_a um Δi_a, und es wächst nach (627) die Steuerspannung u um

$$\Delta u = \Delta u^* - \Delta i_a \cdot R_R. \tag{628}$$

Auf der Kennlinie wandert man zum Punkt P'. Δu ist kleiner als Δu^*, und daher auch das Δi_a kleiner als dann, wenn die Änderung Δu^* das Element direkt ohne u_R aussteuern würde. Eine solche Verminderung der Wirkung der Änderung Δu^* nennt man Gegenkopplung. Nach (613) ist $\Delta i_a = \Delta u \cdot s$. Setzt man dies in (628) ein, so wird

$$\Delta u = \frac{\Delta u^*}{1 + s R_R}; \quad \Delta i_a = \Delta u^* \frac{s}{1 + s R_R}; \tag{629}$$

$$s^* = \frac{\Delta i_a}{\Delta u^*} = \frac{s}{1 + s R_R} \tag{630}$$

nennt man die wirksame Steilheit. Bezüglich der Aussteuerung durch u^* in der Schaltung der Abb. 236 ist also die wirksame Steilheit s^* kleiner als die Steilheit s.

Linearisierung durch Gegenkopplung. Oft verwendet man diese Gegenkopplung, um in (620) den Einfluß des mit $(\Delta u)^2$ behafteten Gliedes zu
verringern und dadurch die Abhängigkeit des Δi_a vom Δu mehr auf das
in Δu lineare Glied zu verlegen. Anschaulich zeigt dies Abb. 239. Die

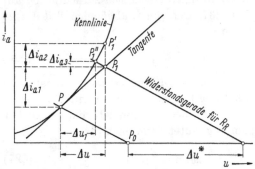

ideale lineare Kennlinie
wäre die Tangente im Ar-
beitspunkt P. Steuert man
die Kennlinie ohne Rück-
kopplung mit der Ände-
rung Δu aus, so erhält
man aus (620) den line-
aren Teil des durch Δu
ausgesteuerten Stromes
$\Delta i_{a1} = \Delta u \cdot s$.

Abb. 239. Linearisierung durch Gegenkopplung

Auf der linearen Kenn-
linie (Tangente) würde
man bei dieser Aussteue-
rung von P nach P_1 wandern. In Wirklichkeit steuert das Δu die
Kennlinie bis zum Punkt P_1' aus. Der dabei entstehende Zusatzstrom
Δi_{a2} entsteht durch die Glieder höheren Grades in (620)

$$\Delta i_{a2} = (\Delta u)^2 \cdot k_2 + (\Delta u)^3 \cdot k_3 + \cdots. \tag{631}$$

Dieser Stromanteil ist unerwünscht. Steuert man dagegen den gleichen
linearen Anteil Δi_{a1} mit Gegenkopplung aus, so verwendet man die
Konstruktion der Abb. 238 und muß nach (629) ein entsprechend
größeres Δu^* verwenden:

$$\Delta u^* = \Delta u(1 + sR_R). \tag{632}$$

Man steuert dann aber die Kennlinie nur bis zum Punkt P_1'' aus, und der
unerwünschte, nichtlineare Zusatzstrom ist nur das Δi_{a3} aus Abb. 239,
das deutlich kleiner als Δi_{a2} ist. Bei der Aussteuerung mit Gegenkopplung von P nach P_1'' wird die Kennlinie durch die Spannung

$$\Delta u_1 = \Delta u - \Delta i_{a3} \cdot R_R \tag{633}$$

ausgesteuert (Abb. 239). Δu_1 enthält neben Δu nichtlineare Anteile Δi_{a3}
mit negativem Vorzeichen, also eine Gegenkopplung für die uner-
wünschten Nichtlinearitäten. Setzt man Δu_1 aus (633) in den Aussteue-
rungsvorgang (620) ein, so erhält man in Abb. 239

$$\Delta i_a = \underbrace{\Delta u \cdot s}_{\Delta i_{a1}} \underbrace{- \Delta i_{a3} \cdot sR_R + (\Delta u_1)^2 \, k_2 + (\Delta u_1)^3 \, k_3 + \cdots}_{\Delta i_{a3}}. \tag{634}$$

Hieraus folgt

$$\Delta i_{a3} = \frac{1}{1 + sR_R}\left[(\Delta u_1)^2 k_2 + (\Delta u_1)^3 k_3 + \cdots\right] \approx \frac{\Delta i_{a2}}{1 + sR_R}. \qquad (635)$$

Die letztere Näherung gilt, wenn man annimmt, daß bei ausgeprägter Gegenkopplung das Δu_1 nicht mehr sehr verschieden von Δu ist (Abb. 239) und dann die eckige Klammer in (635) annähernd gleich Δi_{a2} aus (631) ist.

Selektive Rückkopplung. Eine weitere wichtige Anwendung der Rückkopplung bezieht sich auf die Aussteuerung mit einer Wechselspannung:

$$\Delta u^* = U_1^* \cdot \cos \omega t, \qquad (636)$$

wobei die Rückkopplungsschaltung in Abb. 236 auch Blindwiderstände enthalten wird. Wenn man übersichtliches Verhalten erreichen will, muß man entweder mit kleinen Amplituden arbeiten oder die Schaltung so mit Resonanzfiltern versehen, daß u_R nur eine Wechselspannung $U_{R1} \cdot \cos(\omega t + \chi)$ der Frequenz ω ohne Oberschwingungen ist. Eine Wechselstromschaltung ist aber im Gegensatz zu einer Gleichstromschaltung in der Lage, Spannungen u_R beliebiger Phasenlage zu erzeugen, so daß die weitere Rechnung mit komplexen Amplituden erfolgen soll. In den Formeln (628) bis (630) tritt an die Stelle von Δu^* die komplexe Amplitude $\underline{U}_1^*$, an die Stelle von Δu sinngemäß die Amplitude $\underline{U}_1$ der steuernden Summenwechselspannung, an die Stelle von Δi_a die Amplitude $\underline{I}_{a1}$ des in i_a enthaltenen Wechselstroms der Frequenz ω; an die Stelle von u_R die Amplitude $\underline{U}_{R1}$ der rückgekoppelten Spannung; vgl. Abb. 240. An die Stelle von R_R tritt der komplexe Kopplungswiderstand

$$Z_R = \frac{U_{R1}}{I_{a1}}. \qquad (637)$$

Es interessiert hier vorzugsweise das Verhalten bei kleinen Amplituden, also die wirksame Steilheit aus (630), die nun auch komplex sein kann:

$$\underline{s}^* = \frac{\underline{I}_{a1}}{\underline{U}_1^*} = \frac{s}{1 + sZ_R}. \qquad (638)$$

Komplexe Steilheit bedeutet, daß zwischen der außen angelegten Wechselspannung $\underline{U}_1^*$ und dem entstehenden Wechselstrom $\underline{I}_{a1}$ eine Phasendifferenz besteht. Da Z_R frequenzabhängig sein wird, wird auch $\underline{s}^*$ frequenzabhängig sein. Man kann durch Wahl der Schaltung eine spezielle Frequenzabhängigkeit herbeiführen. Von besonderer technischer Bedeutung sind die Fälle, in denen Z_R negativ reell ist: $Z_R = -R_R$.

Dann ist

$$\underline{s}^* = s^* = \frac{s}{1 - s R_R} \qquad (639)$$

reell und größer als s. Einen solchen Zustand bezeichnet man als Mitkopplung.

Ein Beispiel einer Schaltung mit komplexem Z_R, insbesondere auch negativem R_R, zeigt Abb. 240 unter Verwendung einer idealen spannungsgesteuerten Stromquelle. Der Resonanzkreis stellt einen Widerstand Z nach (244) dar. Der ausgesteuerte Wechselstrom $\underline{I}_{a1}$ erzeugt an Z die Spannung $\underline{U}_{a1} = \underline{I}_{a1} Z$. Diese Spannung liegt an der Spule L_1 des Kreises und erzeugt in ihr einen Strom

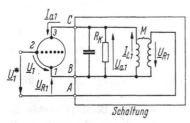

Abb. 240.
Transformatorische Rückkopplung

$$\underline{I}_{L1} = \frac{\underline{U}_{a1}}{\mathrm{j}\,\omega\,L_1} = \underline{I}_{a1} \frac{Z}{\mathrm{j}\,\omega\,L_1}. \qquad (640)$$

Dieses $\underline{I}_{L1}$ erzeugt über die Gegeninduktivität M in der Sekundärspule nach (159) die Leerlaufspannung

$$\underline{U}_{R1} = \pm \mathrm{j}\,\omega\,M \underline{I}_{L1} = \pm \underline{I}_{a1} Z \frac{M}{L_1}. \qquad (641)$$

Je nach dem Wicklungssinn der Sekundärspule kann das Vorzeichen positiv oder negativ sein. Weil der Steuerkreis als stromlos angenommen wurde, ist das gesuchte $\underline{U}_{R1}$ die Leerlaufspannung des Transformators. Der Kopplungswiderstand aus (637) ist nach (641)

$$Z_R = \frac{\underline{U}_{R1}}{\underline{I}_{a1}} = \pm Z \frac{M}{L_1}. \qquad (642)$$

Macht man die Resonanzfrequenz des Kreises gleich der Betriebsfrequenz, so ist Z und Z_R reell, und Z_R kann beide Vorzeichen haben, wobei insbesondere das negative Vorzeichen zur Anwendung in (639) technische Bedeutung hat. Durch Ändern der Gegeninduktivität M kann man die Größe des Z_R einstellen.

Basis einer Verstärkerschaltung. Es ist nicht erforderlich, die Verstärkerschaltung in der bisher ausschließlich betrachteten Form (schematisch dargestellt in Abb. 241a) zu verwenden. Man kann das gesteuerte Element zwischen Steuerkreis und Arbeitskreis in die drei in Abb. 241a bis c gezeichneten Stellungen bringen, wenn das Steuerorgan 2 stets Bestandteil des Steuerkreises sein soll. Gesteuert wird dadurch, daß man zwischen die Punkte A und B eine steuernde Spannung legt. Die folgenden Rechnungen werden zur Vereinfachung so durchgeführt, daß das gesteuerte Element eine ideale spannungsgesteuerte Stromquelle ist und der Resonanzkreis des R_K sich in Resonanz befindet, der Widerstand des Arbeitskreises also reell gleich R_k ist. U_1 ist die Amplitude der Wechselspannung zwischen den Elektroden 1 und 2, die im Arbeitskreis nach (613) den Wechselstrom I_{a1} aussteuert. I_{a1} fließt durch den Nutzwiderstand R_K, an dem eine Spannung U_{K1} entsteht. Der Pfeil des U_{K1} hat gleiche Richtung wie der Pfeil des I_{a1} im Widerstand R_K. In R_K entsteht die Nutzleistung P_K. Am gesteuerten Element entsteht zwischen den Punkten 1 und 3 die Wechselspannung U_{a1}, deren Pfeilrichtung in gleicher Richtung wie der Pfeil U_{K1} und wie in Abb. 221b entgegengesetzt zur Pfeilrichtung des U_1 ist. Das Element liefert die Nutzleistung P_n.

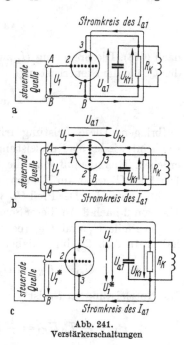

$$P_K = \frac{1}{2}\, I_{a1} U_{k1}; \quad P_n = \frac{1}{2}\, I_{a1} U_{a1}.$$
(643)

Die Spannung U_{K1} am Verbraucher R_K ist in Abb. 241a mit U_{a1} identisch, jedoch in Abb. 241b und c von U_{a1} verschieden. Den Punkt B, in dem sich Steuerkreis und Arbeitskreis treffen, nennt man die Basis der Verstärkerschaltung. Im Fall steuerbarer Hochvakuumröhren ist Abb. 241a die Kathodenbasisschaltung, Abb. 241b die Gitterbasisschaltung, Abb. 241c die Anodenbasisschaltung. Es gibt Bestrebungen, diese Bezeichnungen auch auf Transistorschaltungen anzuwenden; jedoch hat ein historisch bedingter, zwei-

Abb. 241.
Verstärkerschaltungen

fellos unglücklicher Zufall dazu geführt, daß das Steuerorgan des heute üblichen Transistors als Basis bezeichnet wird und dadurch das Wort „Basis" zwei verschiedene Bedeutungen hat. Bei Transistorverstärkern nennt man daher die Emitterbasisschaltung der Abb. 241a meist einfach „Emitterschaltung", Abb. 241b die „Basisschaltung" und Abb. 241c die „Kollektorschaltung". Abb. 241 zeigt, daß sich der Stromkreis des I_{a1} in sehr verschiedener Weise in der Schaltung ausbildet, so daß diese Schaltungen verschieden wirken. Insbesondere verursacht die Schaltung unter Umständen auch eine Phasendrehung der Spannung, die an den Pfeilrichtungen des U_{K1} erkannt werden kann.

Abb. 241a ist die Schaltung der Abb. 221b, bei der die in Abb. 221 erläuterten Pfeilrichtung übernommen wurden. Am Verbraucher R_K

entsteht eine Wechselspannung $U_{K1} = U_{a1} = I_{a1} R_K$. Die Pfeilrichtungen des U_1 und des U_{K1} sind (bezogen auf den Punkt B) entgegengesetzt, und das Element erzeugt in dieser Schaltung eine Gegenphasigkeit zwischen U_1 und U_{K1}. Am Nutzwiderstand entsteht die Leistung $P_K = P_n$ nach (643).

Die Schaltung der Abb. 241b ist dadurch andersartig, daß zwischen den Steuerklemmen A und B auch der Strom I_{a1} fließt, der die Steuerspannung U_1 belastet. Zwischen den Klemmen A und B findet die Steuerspannung daher den Wirkleitwert

$$G_{AB} = \frac{I_{a1}}{U_1} = s \tag{644}$$

nach (613). Die Spannung U_1 zwischen den Klemmen A und B muß aus der Quelle die Steuerleistung

$$P_{AB} = \frac{1}{2} I_{a1} U_1 \tag{645}$$

aufbringen. Diese Leistung tritt nicht in das Element ein, sondern erscheint wieder als Nutzleistung in R_K, wie die folgenden Überlegungen ergeben. Hierzu muß man die Pfeilrichtungen in Abb. 241b beachten. Der Pfeil U_1 weist am Element von 2 nach 1 (von B nach A) in gleicher Richtung wie I_{a1}. Der Pfeil U_{a1} weist am Element von 1 nach 3, der Pfeil U_{K1} von 2 nach 3. In dieser Schaltung findet keine Phasendrehung statt, da die Pfeile U_1 und U_{K1} (bezogen auf den Punkt B) gleiche Richtung haben. In Abb. 241b gilt daher für die Scheitelwerte

$$U_{a1} = U_{K1} - U_1; \qquad U_{K1} = U_{a1} + U_1. \tag{646}$$

Die Nutzleistung an R_K ist

$$P_K = \frac{1}{2} I_{a1} U_{K1} = \frac{1}{2} I_{a1} U_{a1} + \frac{1}{2} I_{a1} U_1 = P_n + P_{AB} \tag{647}$$

gleich der Summe der vom gesteuerten Element nach (643) gelieferten Leistung P_n und der an den Klemmen A und B eingespeisten Steuerleistung P_{AB} aus (645). Der Leistungsverstärkungsfaktor ist nach (613) beim idealen, spannungsgesteuerten Element in Abb. 241b

$$V_p = \frac{P_K}{P_{AB}} = \frac{\frac{1}{2} I_{a1}^2 R_K}{\frac{1}{2} I_{a1} U_1} = s R_K, \tag{648}$$

während er beim idealen Element in der Schaltung der Abb. 241a wegen der verschwindend kleinen Steuerleistung theoretisch beliebig hoch sein kann. Die Schaltung der Abb. 241b hat wegen des hohen Bedarfs an

Steuerleistung zwar ungünstigere Verstärkungseigenschaften als die Schaltung der Abb. 241a. Sie wird jedoch bei höheren Frequenzen oft verwendet, weil sie keine Neutralisation nach Abb. 232 benötigt.

Die Schaltung der Abb. 241c ist durch folgendes Verhalten charakterisiert: Die Pfeilrichtungen für U_1 und U_{a1} sind am Element wie in Abb. 241a. Die in Abb. 241c steuernde Spannung U^*_1 liegt zwischen den Klemmen 2 und 3 des Elements und ist ähnlich wie in (646) die Summe von U_{a1} und U_1.

$$U_{a1} = U_1^* - U_1; \quad U_1^* = U_{a1} + U_1; \quad U_1 = U_1^* - U_{a1}; \quad U_{a1} = U_{K1}; \quad (649)$$

$$I_{a1} = s\,U_1 = s\,U_1^* - s\,U_{a1} = s\,U_1^* - s\,R_K I_{a1} = I_{a1}^* - I_i. \quad (650)$$

Dies ist eine Gleichung für I_{a1} mit dem Ergebnis

$$I_{a1} = \frac{s\,U_1^*}{1 + s\,R_K} = \frac{s\,U_1^*}{1 + V}. \quad (651)$$

$$U_{K1} = I_{a1} R_K = \frac{U_1^*}{1 + \dfrac{1}{s\,R_K}} = \frac{U_1^*}{1 + \dfrac{1}{V}}. \quad (652)$$

V ist nach (623) der Spannungsverstärkungsfaktor des Elements für kleine Amplituden U_1 in der Schaltung der Abb. 241a. Wenn das Element großes V hat, ist $U_{K1} \approx U_1^*$. Diese Schaltung gibt also keine Spannungsverstärkung, wohl aber erzeugt sie die Leistung P_K nach (643) in R_K. Die Schaltung verursacht keine Phasendrehung zwischen U_1 und U_{K1} (gleiche Pfeilrichtungen bezogen auf den Punkt B). Man verwendet die Schaltung der Abb. 241c, wenn eine Quelle mit sehr hohem Innenwiderstand (Lieferant des U_1^*) einen Verbraucher R_K speisen soll, der wesentlich kleiner als der Innenwiderstand ist. Dann kann die Quelle den Verbraucher wegen der hohen Fehlanpassung nach Abb. 123 nur schlecht direkt speisen, und die Spannung am Verbraucher wäre stark abhängig von der Größe des Verbrauchers (Quelle liefert nahezu konstanten Strom unabhängig vom Verbraucher). Schaltet man dann die Quelle als Lieferant des U_1^* vor das steuerbare Element nach Abb. 241c, so liefert das Element an das R_K Leistung, und die Spannung U_{K1} am Nutzwiderstand ist nach (652) nahezu unabhängig von der Größe des Nutzwiderstandes annähernd gleich U_1^*. Die Quelle mit dem vorgeschalteten Element nach Abb. 241c wirkt dann wie eine neue Quelle nach Abb. 242a mit der Leerlaufspannung U_1^* und dem kleinen Innenwiderstand $R_i = 1/s$. Diese Ersatzquelle gibt an R_K den gleichen Strom I_{a1} nach (651) und die gleiche Spannung U_{K1} nach (652) wie die Schaltung der Abb. 241c. Der Innenwiderstand der ursprünglichen Quelle wird also durch das Vorschalten des gesteuerten Elements bei gleichbleibender

Leerlaufspannung verkleinert. Man kann die Gl. (650) auch durch das
Ersatzbild der Abb. 242b erläutern, d. h. durch eine ideale, durch die
Spannung U_1^* gesteuerte Stromquelle mit der Steilheit s, die den Strom
$I_{a1}^* = s U_1^*$ liefert und der ein Leitwert s parallelgeschaltet ist. Durch
den Leitwert s fließt der Strom $I_i = s U_{a1}$, durch den Verbraucher R_K
die Differenz $I_{a1} = I_{a1}^* - I_i$.

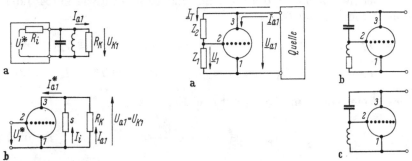

Abb. 242.
Ersatzquellen zur Abb. 241c

Abb. 243. Steuerbare komplexe Widerstände

Steuerbare komplexe Widerstände. Eine weitere Anwendung ge-
steuerter Elemente ist der steuerbare komplexe Widerstand. In der Schaltung der Abb. 243a ist zur Vereinfachung nur das Verhalten einer
idealen spannungsgesteuerten Stromquelle mit Wechselstrom I_{a1} nach
(613) betrachtet. Zwischen 1 und 2 liegt ein komplexer Widerstand Z_1,
zwischen 2 und 3 ein komplexer Widerstand Z_2. Die steuernde Wechselspannung U_1 entsteht durch Spannungsteilung aus der zwischen den
Punkten 1 und 3 bestehenden Spannung U_{a1}, die durch eine äußere
Quelle erzeugt wird.

$$U_1 = U_{a1} \frac{Z_1}{Z_1 + Z_2}. \tag{653}$$

$$I_{a1} = s U_1 = s U_{a1} \frac{Z_1}{Z_1 + Z_2}. \tag{654}$$

Das steuernde Element stellt zwischen den Anschlüssen 1 und 3 einen
komplexen Leitwert

$$Y_{13} = \frac{I_{a1}}{U_{a1}} = s \frac{Z_1}{Z_1 + Z_2} \tag{655}$$

dar, dessen Größe durch Ändern der Steilheit s, also durch Verschieben
des Arbeitspunktes P auf der Kennlinie des gesteuerten Elements, d. h.
durch Verändern der Gleichspannung U_0 in Abb. 234 geändert werden
kann. Die Phase des Leitwerts Y_{13} wird durch die Phase δ_U seines Spannungsteilers aus (322) festgelegt. Wählt man den Spannungsteiler aus

Z_1 und Z_2 nach Abb. 140 so, daß er eine Phasendifferenz von 90° zwischen $\underline{U}_{a1}$ und $\underline{U}_1$ erzeugt, so ist Y_{13} nach Abb. 243b ein steuerbarer Blindleitwert. Bei der Realisierung des Spannungsteilers ist zu beachten, daß an dem Element auch Gleichspannungen liegen. Gleichstromfreie Teilerwiderstände, z. B. die Kapazität in Abb. 243b, sind also sehr zweckmäßig. Wählt man den Spannungsteiler nach Abb. 141 so, daß er eine Phasendifferenz von 180° erzeugt, so wird Y_{13} ein negativ reeller Leitwert; vgl. Abb. 243c. Die steuernde Quelle wird in Abb. 243a durch den Strom $\underline{I}_{a1}$ und den durch den Spannungsteiler fließenden Strom $\underline{I}_T$ belastet.

3. Doppelsteuerung mit kleinen Amplituden

Es sollen die zusätzlichen Erscheinungen erläutert werden, die dadurch auftreten, daß bei den steuerbaren Elementen nach Abb. 221a die Ströme i und i_a von beiden Spannungen u und u_a abhängig sind; vgl. die Kennlinien der Abb. 223, 224 und 226.

Zunächst wird die Abhängigkeit des i_a von u und u_a betrachtet. Der Zusammenhang zwischen i_a und den Spannungen wird z. B. in Abb. 223 durch Kennlinienscharen dargestellt. Jede Einzelkurve zeigt den Strom i_a in Abhängigkeit von einer der beiden Spannungen, wobei die jeweils andere Spannung längs jeder Kurve konstant ist. Jede dieser Spannungen besteht beim Steuervorgang aus einer Gleichspannung und aus einer Spannungsänderung

$$u = U_0 + \Delta u, \qquad u_a = U_{a0} + \Delta u_a. \tag{656}$$

Zum gegebenen U_0 und U_{a0} stellt sich ein Arbeitspunkt P ein, in dem das Element den Ruhestrom I_{aR} liefert (Abb. 244). Die beiden Änderungen Δu und Δu_a erzeugen eine Änderung Δi_a des Arbeitsstroms, die bei kleinen Aussteuerungen durch eine Reihenentwicklung dargestellt werden kann. Für eine Funktion i_a, die von 2 Veränderlichen abhängt, lautet die Reihenentwicklung

$$
\begin{aligned}
i_a &= I_{aR} + \Delta i_a \\
&= I_{aR} + s_1 \cdot \Delta u + s_2 \cdot \Delta u_a \\
&\quad + k_{21} \cdot (\Delta u)^2 + k_{12} \cdot (\Delta u) \cdot (\Delta u_a) + k_{22} \cdot (\Delta u_a)^2 + \cdots.
\end{aligned}
\tag{657}
$$

$$s_1 = \left(\frac{\partial i_a}{\partial u}\right)_{u_a = \text{const}}; \qquad s_2 = \left(\frac{\partial i_a}{\partial u_a}\right)_{u = \text{const}}. \tag{658}$$

s_1 ist die Steilheit der Kennlinie $u_a = \text{const}$ im Punkt P, s_2 die Steilheit der Kennlinie $u = \text{const}$ im Punkt P (Abb. 244)

$$k_{21} = \frac{1}{2}\left(\frac{\partial^2 i_a}{\partial u^2}\right)_{u_a = \text{const}}; \qquad k_{22} = \frac{1}{2}\left(\frac{\partial^2 i_a}{\partial u_a^2}\right)_{u = \text{const}}, \tag{659}$$

k_{21} ist der Krümmung der Kennlinie $u_a = \text{const}$ im Punkt P proportional. k_{22} ist der Krümmung der Kennlinie $u = \text{const}$ im Punkt P proportional.

$$k_{12} = \frac{\partial^2 i_a}{\partial u\,\partial u_a} = \frac{\partial s_1}{\partial u_a} = \frac{\partial s_2}{\partial u} \qquad (660)$$

ist ein Mischglied, das die Abhängigkeit der Steilheit s_1 von der Spannung u_a und die Abhängigkeit der Steilheit s_2 von der Spannung u beschreibt.

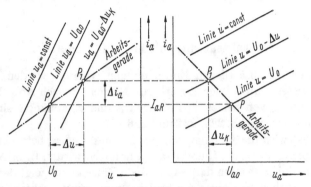

Abb. 244. Rückwirkung des Arbeitswiderstandes

Rückwirkungen des Arbeitskreises. Das Element wird in Abb. 221a durch ein Δu zwischen den Klemmen 1 und 2 gesteuert. Sobald jedoch ein Nutzwiderstand R_K im Arbeitskreis vorhanden ist, erzeugt die Stromänderung Δi_a eine Spannungsänderung $\Delta u_K = R_K \cdot \Delta i_a$ im Arbeitskreis und dieses Δu_K ist Bestandteil der Arbeitsspannung u_a am Element. Es interessiert im Folgenden nur der Fall sehr kleiner Aussteuerung, also die Wirkung der linearen Glieder in (657)

$$\Delta i_a = s_1 \cdot \Delta u + s_2 \cdot \Delta u_a = s_1 \cdot \Delta u - s_2 \cdot \Delta u_K$$
$$= s_1 \cdot \Delta u - s_2 R_K \cdot \Delta i_a. \qquad (665)$$

Das Δu_K ist mit negativem Vorzeichen einzusetzen, was sich aus den entgegengesetzten Pfeilrichtungen des u_a und des u_K der Abb. 221a in Analogie zu (532) ergibt. Beschränkt man sich auf kleine Aussteuerung und die linearen Glieder der Reihe (657), so ersetzt man die wirklichen Kennlinien in der Umgebung des Arbeitspunktes P näherungsweise durch parallele Geraden wie in Abb. 244. In Abb. 244 links ist i_a als Funktion der Steuerspannung u gezeichnet mit u_a als Parameter wie in Abb. 223a. s_1 ist die Steilheit dieser Geraden. In Abb. 244 rechts ist i_a als Funktion der Arbeitsspannung u_a gezeichnet mit u als Parameter. s_2 ist die Steilheit dieser Geraden. Der Arbeitspunkt P ist nach Abb. 221a durch die Gleichspannungen U_0 und U_{a0} festgelegt. Aus (665) berechnet man die Stromänderung Δi_a als

$$\Delta i_a = \Delta u \, \frac{s_1}{1 + s_2 R_K} \tag{666}$$

und die Spannungsänderung

$$\Delta u_K = R_K \cdot \Delta i_a = \Delta u \, \frac{s_1 R_K}{1 + s_2 R_K}. \tag{667}$$

Wenn R_K gegeben ist, bewegt man sich bei der Aussteuerung des Elements infolge gleichzeitiger Änderung des u um Δu und des u_a um Δu_K in den Diagrammen der Abb. 244 auf den gezeichneten Arbeitsgeraden. Die Steilheit der Arbeitsgeraden in Abb. 244 links ist die „wirksame" Steilheit

$$s^* = \frac{\Delta i_a}{\Delta u} = \frac{s_1}{1 + s_2 R_K}. \tag{668}$$

Die Steilheit der Arbeitsgeraden in Abb. 244 rechts ist durch R_K bestimmt (ähnlich den Widerstandsgeraden in Abb. 205 und Abb. 207b). $\Delta u_K = R_K \cdot \Delta i_a$. Bei Aussteuerung mit einem bestimmten Δu wandert man in Abb. 244 vom Arbeitspunkt P nach P_1, und zwar in Abb. 244 links nicht nur um Δu nach rechts, sondern auch von der Kennlinie mit dem Parameter U_{a0} zur Kennlinie mit dem Parameter $U_{a0} - \Delta u_K$ mit Δu_K aus (667). In Abb. 244 rechts wandert man nicht nur um Δu_K nach links, sondern auch von der Kennlinie mit dem Parameter U_0 zur Kennlinie mit dem Parameter $U_0 + \Delta u$.

Steuert man das Element mit einer kleinen Wechselspannung $\Delta u = U_1 \cdot \cos \omega t$ aus, so entsteht ein Wechselstrom $\Delta i_a = I_{K1} \cdot \cos \omega t$ und eine Wechselspannung $\Delta u_K = U_{K1} \cdot \cos \omega t$ im Arbeitskreis. Aus (665) wird

$$I_{K1} = s_1 U_1 - s_2 U_{K1} = I_{a1} - I_i. \tag{669}$$

Hinsichtlich des Verhaltens bei dieser Wechselaussteuerung mit kleinen Amplituden ist es ähnlich wie bei den Diodenersatzbildern möglich, ein steuerbares Element mit Rückwirkung des u_a formal nach Abb. 245 durch ein ideales Element mit parallelem Wirkleitwert zu ersetzen. Nach diesem Bild ist der Arbeitsstrom I_{K1} wie in (669) die Differenz eines Stromes $I_{a1} = s_1 U_1$, der durch U_1 in einer idealen spannungsgesteuerten Stromquelle nach (613) ausgesteuert wird, und eines Stromes $I_i = s_2 U_{k1}$, der bei der bestehenden Spannung U_{K1} durch den Leitwert s_2 fließt. Bei Rückwirkung des Arbeitskreises muß man also die ideale Stromquelle durch

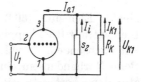

Abb. 245. Wechselstromersatzbild für ein Element mit Rückwirkung des u_a

einen inneren Leitwert $G_i = s_2$ ergänzen. I_{a1} ist dann der Kurzschlußstrom dieser Quelle. G_i ist nur dann definiert, wenn die Aussteuerung mit kleinen Amplituden erfolgt, weil bei größeren Amplituden im Δi_a die nichtlinearen Glieder hinzukommen und dann I_i dem U_{K1} nicht mehr proportional ist. Der „wirksame" Verstärkungsfaktor beträgt nach (668)

$$V^* = \frac{U_{K1}}{U_1} = \frac{I_{K1} R_K}{U_1} = s^* R_K = \frac{V}{1 + s_2 R_K} = \frac{s_1}{s_2} \cdot \frac{1}{1 + \dfrac{1}{s_2 R_K}}, \qquad (670)$$

wobei $V = s_1 R_K$ nach (623) der Verstärkungsfaktor für das ideale Element mit $s_1 = s$ ist. V^* ist kleiner als der Verstärkungsfaktor V des

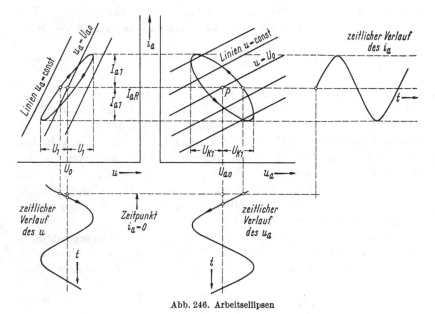

Abb. 246. Arbeitsellipsen

idealen Elements. (668) ergibt ein ähnliches Verhalten wie das ideale Element mit Rückkopplung nach (629) und (630) mit $R_R = R_K \cdot s_2/s_1$. Mit wachsendem R_K nähert sich V^* dem Grenzwert s_1/s_2 für $R_K = \infty$. Beim Vorhandensein einer Rückwirkung des u_a kann die Verstärkung also den Wert s_1/s_2 nicht überschreiten. Man ist daher bemüht, bei steuerbaren Elementen das s_2 möglichst klein zu machen.

Das Ersatzbild der Abb. 245 ist auch für beliebig komplexen Verbraucher Z_K gültig. Zwischen $\underline{U}_{K1}$ und $\underline{I}_{K1}$ besteht dann eine Phasendifferenz: $\underline{U}_{K1}/\underline{I}_{K1} = Z_K$. Die Gl. (669) muß man dann komplex schreiben

$$\underline{I}_{K1} = s_1 \underline{U}_1 - s_2 \underline{U}_{K1} = \underline{I}_{a1} - \underline{I}_i. \qquad (671)$$

Im Kennliniendiagramm werden dann Ellipsen nach Abb. 246 ausgesteuert. Wegen der Phasenverschiebungen haben die Maxima und Minima des Arbeitsstromes i_a, der Steuerspannung u und der Arbeitsspannung u_a eine zeitliche Verschiebung gegeneinander (Abb. 246 unten und rechts).

Auch in den Verstärkerschaltungen der Abb. 241b und c wird die Rückwirkung des u_a auf den Aussteuervorgang richtig beschrieben, wenn man wie in Abb. 245 parallel zur idealen Stromquelle zwischen ihre Klemmen 1 und 3 den zusätzlichen Leitwert s_2 schaltet. Wenn in der Verstärkerschaltung der Abb. 241b kein ideales Element vorliegt, sondern auch die Arbeitsspannung U_{a1} an der Steuerung des Stromes mitwirkt, erhält man in Abwandlung von (669) mit U_{a1} aus (646) statt U_{K1} den Strom durch R_K als

$$I_{K1} = s_1 U_1 - s_2 U_{a1} = s_1 U_1 - s_2(U_{K1} - U_1)$$
$$= (s_1 + s_2) U_1 - s_2 I_{K1} R_K. \tag{672}$$

Es ist dann der ausgesteuerte Strom

$$I_{K1} = U_1 \frac{s_1 + s_2}{1 + s_2 R_K} \tag{673}$$

und zwischen den Klemmen A und B der Abb. 241b besteht der Leitwert

$$G_{AB} = \frac{I_{K1}}{U_1} = \frac{s_1 + s_2}{1 + s_2 R_K}, \tag{674}$$

der kleiner als in (644) und im Gegensatz zu (644) von R_K abhängig ist. Wenn man den Einfluß des R_K mit Hilfe eines Ersatzbildes erkennen will, schaltet man in Abb. 241b parallel zur idealen Stromquelle den Leitwert s_2 aus Abb. 245 und erhält Abb. 247. Nach (672) ist der Strom I_{K1} durch R_K die Differenz des Stromes $I_{a1} = s_1 U_1$ durch das ideale Element und eines Zusatzstromes $I_i = s_2 U_{a1}$ durch s_2. An den Klemmen A und B fließt nur der Teilstrom I_{K1}.

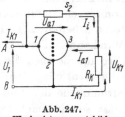

Abb. 247.
Wechselstromersatzbild

Doppelsteuerung des Steuerstroms. Auch der Steuerstrom i (Abb. 221a) ist von den beiden Spannungen u und u_a abhängig; vgl. Abb. 223. Daher gelten auch für i ähnliche Gleichungen wie für i_a. Ein Strom, der von 2 Spannungen abhängig ist, ergibt für kleine Amplituden ein Wechselstromverhalten, das formelmäßig durch eine Gleichung ähnlich (669) und durch ein Ersatzbild ähnlich Abb. 245 beschrieben ist. Der Wechselstrom besitzt wie in (669) zwei Teile, die den beiden Wechselspannungen U_1 und U_{K1} proportional sind, und das Ersatzbild verwendet ebenfalls einen

Leitwert und eine gesteuerte, ideale Stromquelle, Abb. 248 zeigt das Ersatzbild eines gesteuerten Elements mit Eingangsstrom und Arbeitsstrom, wobei beide Ströme von u und u_a abhängig sind. Verwendet man hierbei die in der Vierpoltheorie üblichen Bezeichnungen, so ist

$$I_1 = I_{11} - I_{12} = y_{11} U_1 - y_{12} U_{K1}, \qquad (675)$$

$$I_{K1} = I_{21} - I_{22} = y_{21} U_1 - y_{22} U_{K1}. \qquad (676)$$

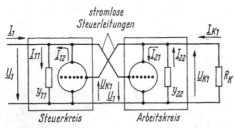

Abb. 248. Ersatzbild eines doppelt gesteuerten Elements

Der Wechselstrom I_1 im Steuerkreis ist nach (675) die Differenz eines Stromes $I_{11} = y_{11} U_1$ durch einen Leitwert y_{11} und eines Stromes $I_{12} = y_{12} U_{K1}$, der aus einem idealen Element mit der Steilheit y_{12} und der Steuerspannung U_{K1} stammt. y_{11} ist die Steilheit der i-Kennlinien in Abhängigkeit von u, y_{12} die Steilheit der i-Kennlinien in Abhängigkeit von u_a; vgl. (658). Die Gl. (676) ist identisch mit (669), wenn man $y_{21} = s_1$ und $y_{22} = s_2$ setzt. Der Arbeitskreis der Abb. 248 gleicht der Abb. 245 mit neuen Bezeichnungen entsprechend (676).

Ein Ersatzbild mit 2 spannungsgesteuerten Stromquellen wie in Abb. 248 ist allgemein brauchbar, sobald Vierpolgleichungen wie (675) und (676) auftreten; z. B. (541) und (542) mit dem Ersatzbild der Abb. 201. Im allgemeinsten Fall kann man in diesem Ersatzbild auch mit komplexen Amplituden, komplexem Verbraucher und komplexen y-Faktoren arbeiten; z. B. (595) und (597) mit dem Ersatzbild der Abb. 218. Man kann in diesen Ersatzbildern statt der idealen spannungsgesteuerten Stromquelle auch die anderen idealen Quellen mit Verhalten nach (614) oder (615) oder (616) mit gleichem Erfolg verwenden[1]. Wenn man eine Stromquelle der Abb. 248 durch eine äquivalente Spannungsquelle ersetzt, so wird nach den bekannten Regeln der reziproke innere Leitwert zum Innenwiderstand der Quelle, und die Leerlaufspannung ist das Produkt von Kurzschlußstrom und Innenwiderstand.

4. Aussteuerung mit großen Amplituden

In vielen Fällen benötigt man die steuerbaren Elemente zur Erzeugung großer Nutzleistung. Es treten dann so große Amplituden der Ströme und der Spannungen auf, daß die bisher verwendeten Reihenentwick-

[1] MARTE, G.: Arch. elektr. Übertragung 16 (1962) 227 u. 343.

lungen oft versagen. Wenn man die gewünschte Nutzleistung mit
kleinstem Aufwand, d. h. mit einem möglichst kleinen Element erzeugen
will, muß man die höchstzulässige Aussteuerung herausfinden, d. h. die
größtmöglichen Amplituden der Ströme und Spannungen, die optimale
Größe des Arbeitswiderstandes und den besten Wirkungsgrad (vgl. die
Tabelle auf S. 212). Diese Aufgabe ist bei wirklichen Elementen wegen
der komplizierten Kennlinien, der stets vorhandenen Doppelsteuerung
und der zahlreichen Filter so schwierig, daß man diese Aufgabe in der
Praxis weitgehend experimentell löst. Es werden hier lediglich einige
stark vereinfachte Fälle betrachtet, um die Grundregeln zu zeigen. Bei
Aussteuerung mit großen Amplituden treten 2 wesentliche Erscheinungen
auf, die die Möglichkeiten der Aussteuerung begrenzen: 1. die mit
wachsender Aussteuerung wachsende Erwärmung des Elements durch die
Verlustleistung; 2. die Wirkung von Kennlinienknicken, die beim Überschreiten gewisser Spannungsgrenzen eine einschneidende Änderung des
Stromverhaltens herbeiführen. Ein wichtiges Beispiel eines Kennlinien-
knicks ist der bereits in Abb. 202 schematisch dargestellte Knick, den
alle Kennlinien in Abhängigkeit von der Steuerspannung dort aufweisen,
wo der Strom aus dem Wert Null heraus beginnt (vgl. Abb. 223a, 224a,
226a). Das zweite wichtige Beispiel eines Knickes aller bekannten Kennlinien zeigen Abb. 224b und 226b, wo der Arbeitsstrom (i_a bzw. i_C)
schnell absinkt, wenn sich die Arbeitsspannung (u_a bzw. u_{CE}) dem Wert
Null nähert.

Geknickte Steuerkennlinie. Es wird ein ideales Element nach Abbildung 221b betrachtet, bei dem der ausgesteuerte Strom i_a unabhängig von
der Spannung u_a des Arbeitskreises ist. Die Kennlinie der Abb. 234 gibt
den Zusammenhang zwischen der Steuerspannung u und dem Arbeitsstrom i_a. Bei Aussteuerung mit größeren Amplituden kann man die
wichtigsten Ergebnisse sehr einfach und trotzdem recht genau erhalten,
wenn man die Kennlinie als geradlinig geknickt ähnlich wie in Abb. 202
ansetzt. Man kann hier jedoch im allgemeinen den Knick nicht bei
$u = 0$ annehmen, sondern bildet die Kennlinien der Abb. 223, 224
und 226 besser durch einen Knick bei einer bestimmten Spannung U_0^*
wie in Abb. 249 nach. Die Kennlinie lautet dann

$$i_a = 0 \quad \text{für} \quad u < U_0^*;$$
$$i_a = s(u - U_0^*) \quad \text{für} \quad u > U_0^*. \tag{677}$$

Die in Abb. 249 gezeichnete Aussteuerung entspricht derjenigen in
Abb. 202, wobei in den Gln. (547) bis (553) das u durch ($u - U_0^*$) und
das i durch i_a zu ersetzen ist. Bei der Aussteuerung mit einer Wechselspannung $U_1 \cdot \cos \omega t$ entstehen stromlose Zeiten wie in Abb. 202 und 203.

Stromzuflußzeit T_0 und Stromflußwinkel Θ sind in Analogie zu (548) definiert durch

$$\cos \frac{\omega T_0}{2} = \cos \Theta = -\frac{U_0 - U_0^*}{U_1}. \tag{678}$$

Der ausgesteuerte Gleichstrom ist wie in (551)

$$I_{a0} = \frac{1}{T} \int_{-\frac{T}{2}}^{\frac{T}{2}} i_a \cdot \mathrm{d}t = s\,U_1 \cdot F_0(\Theta) \tag{679}$$

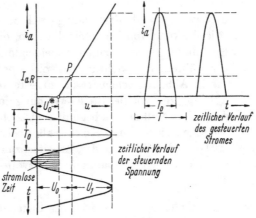

Abb. 249. Aussteuerung einer geknickten Kennlinie

mit F_0 aus Abb. 204. Der ausgesteuerte Wechselstrom der Grundfrequenz ist wie in (552)

$$I_{a1} = \frac{2}{T} \int_{-\frac{T}{2}}^{\frac{T}{2}} i_a \cdot \cos \omega t \cdot \mathrm{d}t = s\,U_1 \cdot F_1(\Theta) \tag{680}$$

mit F_1 aus Abb. 204. Fließt I_{a1} in Abb. 241a durch einen Nutzwiderstand R_K mit Resonanzkreis und entsteht an diesem die Spannung $U_{K1} = I_{a1} R_K$, so wird die Spannungsverstärkung

$$V = \frac{U_{K1}}{U_1} = \frac{I_{a1} R_K}{U_1} = s R_K \cdot F_1(\Theta). \tag{681}$$

Der ausgesteuerte Wechselstrom der doppelten Frequenz 2ω ist ähnlich (553)

$$I_{a2} = s\,U_1 \cdot F_2(\Theta) \tag{682}$$

mit F_2 aus Abb. 204.

Energiebilanz bei Verstärkung großer Amplituden. Die Energiebilanz im Arbeitskreis ist durch folgende Größen gegeben: Es wird in der Schaltung der Abb. 221a im Arbeitskreis aus der Gleichspannungsquelle des U_{a0} die Gleichstromleistung

$$P_{a0} = I_{a0} U_{a0} \qquad (683)$$

entnommen, wobei I_{a0} der in diesem Kreis fließende Gleichstrom (679) ist. Diese Leistung wird durch das Element bei Wechselaussteuerung verwandelt in eine Nutzleistung

$$P_{a1} = \frac{1}{2} I_{a1} U_{K1}, \qquad (684)$$

die dem Nutzwiderstand R_K zugeführt wird. Hierbei ist I_{a1} die Amplitude des Wechselstroms der Frequenz ω nach (680) und $U_{K1} = I_{a1} R_K$ die Wechselspannung im Arbeitskreis. Im Element verbleibt die Verlustleistung

$$P_{av} = P_{a0} - P_{a1} \qquad (685)$$

als Wärme. Als Wirkungsgrad im Arbeitskreis bezeichnet man den Quotienten

$$\eta = \frac{P_{a1}}{P_{a0}} = \frac{\frac{1}{2} I_{a1}}{I_{a0}} \cdot \frac{U_{K1}}{U_{a0}} = \frac{F_1(\Theta)}{2 F_0(\Theta)} \cdot \frac{U_{K1}}{U_{a0}}. \qquad (686)$$

Der Wirkungsgrad besteht aus dem Produkt zweier Quotienten, dem Quotienten $F_1(\Theta)/2 F_0(\Theta)$ der Ströme (in Abb. 204 zu finden) und dem Quotienten U_{K1}/U_{a0} der Spannungen. Die Bedeutung eines guten Wirkungsgrades für die Gewinnung hoher Nutzleistungen mit kleinstem Aufwand ist bereits durch die Tabelle auf S. 212 erläutert. Nach Abb. 204 nähert sich der Stromfaktor $F_1/2 F_0$ mit abnehmendem Θ dem Wert 1. Man muß also zur Erzielung eines guten Wirkungsgrades geknickte Kennlinien aussteuern und kleine Stromflußwinkel anstreben. Die Aussteuerung mit kleinem Θ ergibt bei ihrer Realisierung gewisse Schwierigkeiten. Da nämlich nach Abb. 204 das $F_1(\Theta)$ mit abnehmendem Θ schnell sinkt, kann nach (680) der für die geforderte Nutzleistung notwendige Strom I_{a1} nur mit wachsendem U_1 erzeugt werden, wobei auch der maximal auftretende Strom i_{max} (Abb. 250) größer wird. Wirkliche steuerbare Bauelemente gestatten aber keine beliebig hohen Ströme i_{max}. Sie sind auch nicht frei von Strömen i im Steuerkreis, so daß im Steuerkreis nach Abb. 248 mit wachsendem U_1 eine wachsende Steuerleistung verbraucht und die Verlustleistung im Steuerorgan des Elements zu groß wird. Man erreicht erfahrungsgemäß Werte $F_1/2 F_0 = 0{,}9$.

Ein guter Wirkungsgrad entsteht nach (686) nur dann, wenn auch der Faktor U_{K1}/U_{a0} in der Nähe von 1 liegt. Da $U_{K1} = R_K \cdot I_{a1}$ ist, muß man durch passende Wahl des R_K das U_{K1} auf einen geeigneten Wert bringen, der möglichst nahe bei U_{a0} liegen soll. Den angestrebten Wert $U_{K1} = U_{a0}$ kann man nicht erreichen, wie folgende Überlegung ergibt. Die Arbeitsspannung lautet in der Schaltung der Abb. 221a

$$u_a = U_{a0} - u_K = U_{a0} - U_{K1} \cdot \cos \omega t. \tag{687}$$

Abb. 250 zeigt in den ausgezogenen Kurven den zeitlichen Verlauf des i_a nach Abb. 249 und u_a nach (687) bei Aussteuerung mit großen Amplituden. Wegen des negativen Vorzeichens des U_{K1} in (687) hat u_a ihr

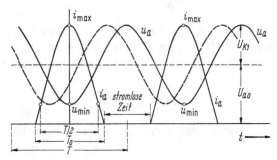

Abb. 250. Strom und Spannung bei Aussteuerung geknickter Kennlinien

Minimum, wenn i_a sein Maximum durchläuft. Die Arbeitsspannung u_a darf den Wert Null nicht erreichen, weil bei allen heute bekannten Elementen zwischen den Anschlüssen 1 und 3 im Arbeitskreis eine Mindestspannung u_{min} verbleiben muß, um den Strom i_{max} durch das Element zu ziehen (Abb. 252); es muß daher stets $U_{K1} < U_{a0}$ sein. Erfahrungsgemäß erreicht man in guten Schaltungen Quotienten $U_{K1}/U_{a0} = 0,9$ und daher insgesamt Wirkungsgrade η aus (686) von 0,8. Nach der Tabelle auf S. 212 ist also die mit einem elektronischen Element erreichbare Nutzleistung $P_{n\,max}$ höchstens etwa das Vierfache der zulässigen Verlustleistung $P_{v\,max}$. Wenn parallel zum Nutzwiderstand ein Resonanzkreis (oder eine Filterschaltung) wie in Abb. 221a liegt, wird der Wirkungsgrad nach (270) noch dadurch verkleinert, daß der Resonanzkreis eigene Verluste nach Abb. 105 hat.

Das Entstehen der Verlustleistung im Falle zeitlich veränderlicher Ströme und Spannungen ist zur Gl. (504) bereits erläutert worden. Für den Arbeitskreis gilt nach (504) sinngemäß

$$P_{av} = \frac{1}{T} \int_0^T u_a(t) \cdot i_a(t) \cdot dt. \tag{688}$$

Ersetzt man in (688) das u_a nach (687), so wird

$$\underbrace{\frac{1}{T}\int u_a i_a \cdot \mathrm{d}t}_{P_{av}} = \underbrace{\frac{1}{T}\int U_{a0} i_a \cdot \mathrm{d}t}_{U_{a0} I_{a0}} - \underbrace{\frac{1}{T}\int U_{K1} i_a \cdot \cos \omega t \cdot \mathrm{d}t}_{\frac{1}{2} U_{K1} I_{a1}} \qquad (689)$$

$$= P_{a0} - P_{a1},$$

wobei I_{a0} aus (679) und I_{a1} aus (680) entnommen würde. Diese Zusammenhänge erläutert Abb. 251. P_{a0} ist nach (689) in Abb. 251 jeweils die Fläche unter der Kurve $U_{a0} i_a$. P_{av} ist die Fläche unter der Kurve $u_a i_a$

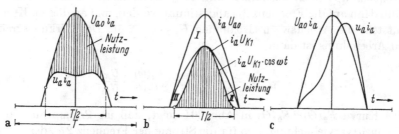

Abb. 251. Erläuterungen zum Entstehen von P_{a1} und P_{av}

in Abb. 251a, so daß nach (689) die Nutzleistung P_{a1} die senkrecht gestrichelte Fläche zwischen beiden Kurven der Abb. 251a ist. Kleine Verlustleistung bedeutet, daß das Produkt $u_a i_a$ dauernd möglichst klein sein soll. Da bei großen Nutzleistungen aber weder i_a noch u_a insgesamt klein sein dürfen, läßt sich ein kleines Produkt $u_a i_a$ dadurch erreichen, daß u_a nur dann groß ist, wenn i_a klein ist und umgekehrt. Wenn der Verbraucher R_K ein reiner Wirkwiderstand ist, d. h. sein Resonanzkreis genau auf die Frequenz f abgestimmt ist, hat die Wechselspannung nach (687) eine solche zeitliche Lage gegen den ausgesteuerten Wechselstrom I_{a1}, daß das Minimum u_{min} der Spannung u_a zeitlich mit dem Maximum i_{max} des Stromes i_a zusammenfällt. Bei kleinen Stromflußwinkeln Θ ist $i_a = 0$, wenn die Spannung u_a größere Werte annimmt, und u_a ist klein, wenn der Strom große Werte annimmt. Wenn also Θ klein und U_{a0} und U_{K1} nicht sehr verschieden sind, bleibt das Produkt $u_a i_a$ stets klein, obwohl u_a und i_a im Mittel groß sind. Diese optimale Aussteuerung mit kleinem Θ ergibt relativ hohe Stromamplituden I_{an} der Oberschwingungen, so daß stets mit Resonanzkreisen gefiltert werden muß. Für Verstärkung breiter Frequenzbänder ist also diese Aussteuerung mit kleinem Θ wenig geeignet.

Das Entstehen des Wirkungsgrades η aus (686) wird anschaulich durch Abb. 251b erläutert. Die gesamte Fläche unter der Kurve $i_a U_{a0}$ ist die von außen zugeführte Leistung P_{a0}, die Fläche unter der Kurve

$i_a U_{K1} \cdot \cos \omega t$ nach (689) die nutzbare Leistung P_{a1}. Der Quotient der senkrecht gestrichelten Fläche zur Gesamtfläche ist der Wirkungsgrad. Die Fläche I zwischen der Kurve $i_a U_{a0}$ und der Kurve $i_a U_{K1}$ ist der in (686) durch den Faktor U_{K1}/U_{a0} beschriebene Verlust an Wirkungsgrad. Die Fläche II zwischen der Kurve $i_a U_{K1}$ und der Kurve $i_a U_{K1} \cdot \cos \omega t$ ist der in (686) durch den Faktor $\frac{1}{2} I_{a1}/I_{a0}$ beschriebene Verlust an Wirkungsgrad, weil das Integral der Funktion $i_a \cdot \cos \omega t$ nach (680) die Amplitude $\frac{1}{2} I_{a1}$ festlegt.

Gleiche Überlegungen gelten für den Fall der Frequenzvervielfachung mit steuerbaren Elementen, wenn man z. B. den Strom I_{a2} der doppelten Frequenz aus (682) ausnutzen will. Der Resonanzkreis der Abb. 221 a muß dann auf die Frequenz 2ω abgestimmt werden, und an diesem Kreis entsteht die Arbeitswechselspannung $U_{K2} \cdot \cos 2\omega t$. Der Wirkungsgrad im Arbeitskreis ist dann

$$\eta = \frac{P_{a2}}{P_{a0}} = \frac{\frac{1}{2} I_{a2}}{I_{a0}} \cdot \frac{U_{K2}}{U_{a0}} = \frac{F_2(\Theta)}{2 F_0(\Theta)} \cdot \frac{U_{K2}}{U_{a0}}. \tag{690}$$

Die Kurve $F_2(\Theta)/2F_0(\Theta)$ in Abb. 204 zeigt, daß im Prinzip auch bei Frequenzvervielfachung, also für die Ströme der Frequenz 2ω, der Wert $F_2/2F_0 = 1$ erreichbar ist, jedoch muß das Θ kleiner werden als bei Verwendung der Frequenz ω in (686).

Energiebilanz bei phasenverschobener Arbeitsspannung. Wenn der Nutzwiderstand komplex ist (Arbeitskreis in Abb. 221 a nicht in Resonanz) oder wenn das Element durch Rückkopplung nach Abb. 243 in einen komplexen Widerstand verwandelt ist, besitzt die Arbeitsspannung U_{K1} eine Phasenverschiebung gegenüber dem Arbeitsstrom (Abb. 246). In Abb. 250 ist das Minimum der Spannung u_a zeitlich verschoben gegen das Strommaximum (gestrichelte Kurve). Dann ist der Wirkungsgrad schlecht, weil in der Verlustleistung (688) die Spannung u_a im Zeitbereich großer Ströme i_a nicht mehr klein ist. Abb. 251 c zeigt das Produkt $i_a u_a$ für den Fall des phasenverschobenen u_a nach Abb. 250. Die Verlustleistung ist nach (688) die Fläche unter dieser Kurve, und man erkennt durch Vergleich mit Abb. 251 a das Anwachsen der Fläche durch die Phasenverschiebung. Ist das Element ein steuerbarer Blindwiderstand nach Abb. 243 b, so entsteht keine Nutzleistung P_{a1}, weil I_{a1} und U_{a1} eine Phasendifferenz $\pi/2$ besitzen. Die Energiebilanz im Arbeitskreis ergibt, daß dann die zugeführte Gleichstromleistung P_{a0} vollständig als Verlustleistung P_{av} im Element als Wärme verbleibt. Die Blindleistung $|Q| = \frac{1}{2} I_{a1} U_{K1}$, die ein steuerbarer Blindwiderstand nach Abb. 243 b erzeugt, ist kleiner als die zugeführte Gleichstromleistung $P_{a0} = I_{a0} U_{a0}$, weil $\frac{1}{2} I_{a1} < I_{a0}$ und nach Abb. 250 stets $U_{K1} < U_{a0}$

ist. Da in diesem Fall wegen $P_{a1} = 0$ stets $P_{a0} = P_{av}$ ist, gilt die Regel, daß die von einem rückgekoppelten Element maximal erzeugbare Blindleistung $|Q|$ kleiner als die höchstzulässige Verlustleistung des Elements ist. Man beachte dazu vergleichsweise die Tatsache, daß nach der Tabelle auf S. 212 die von elektronischen Elementen erzeugbare Wirkleistung P_n normalerweise ein Vielfaches der höchstzulässigen Verlustleistung ist. Die Erzeugung größerer Blindleistung mit Hilfe elektronischer Elemente ist also nicht besonders wirtschaftlich.

Aussteuerungsgrenzen der Arbeitsspannung. Abb. 252 zeigt ein vereinfachtes, aber charakteristisches Kennliniendiagramm für die Abhängigkeit des i_a vom u_a mit der Steuerspannung u als Parameter. Die Kennlinien enden auf einer Grenzgeraden, die dadurch entsteht, daß zum Fließen eines Stromes i_a eine gewisse Mindestspannung u_a erforderlich ist. Man vergleiche die wirklichen Kennlinien in den Abb. 223, 224 und 226. Die Konstruktionen, die in Abb. 252 vorgenommen werden, sind eine Erweiterung der Abb. 244 rechts auf große Amplituden. Durch Wahl von U_0 und U_{a0} legt man den Arbeitspunkt P fest, durch Wahl von R_K die Steigung der Widerstandsgeraden. Je größer R_K, desto flacher ist die Gerade. Es können nur solche Kombinationen von i_a und u_a auftreten, die auf der Widerstandsgeraden liegen. Steuert man mit einem negativen Δu, so kommt man zum Punkt P_1.

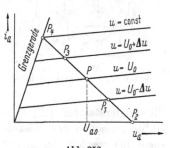

Abb. 252.
Übersteuerungsgrenzen im Arbeitskreis

Vermindert man u immer mehr, so kommt man nicht über den Punkt P_2 hinaus, weil i_a nicht kleiner als Null sein kann. Steuert man mit positivem Δu, so kommt man zum Punkt P_3. Erhöht man u immer mehr, so kann man den Punkt P_4 nicht überschreiten. Auch wenn man die Aussteuerung durch u noch so sehr steigert, beschränkt das Element die Aussteuerung des Stromes i_a auf die Strecke zwischen P_2 und P_4. Eine Übersteuerung durch ein zu großes Δu verursacht nicht nur erhebliche Signalverzerrungen, sondern hat auch noch weitere unerwünschte Folgen. Eine Erhöhung der Steuerspannung führt in Abb. 221a in jedem Fall zu einer Erhöhung desjenigen Stromes, den die Elektrode 1 in das Element schickt. Während normalerweise der wesentliche Teil dieses Stromes als Nutzstrom i_a zur Elektrode 3 fließt und dort nützliche Arbeit leistet, nimmt die Elektrode 3 den Strom nicht mehr auf, wenn u über den Punkt P_4 hinaussteuert. Der Strom sucht sich dann andere Wege. Bei der Triode nach Abb. 222a landet er als zusätzliches i_g auf dem Steuergitter (erhöht die Steuerleistung und erwärmt das Steuergitter durch Verlustleistung); bei Schirmgitterröhren nach Abb. 222b landet er als zusätzliches i_s auf dem Schirmgitter (erwärmt dieses durch Verlustleistung); bei Transistoren nach Abb. 225 wird der Steuerstrom i_B sehr groß. Diese Fehlleitung des Stromes im Falle der Übersteuerung führt nach kürzerer oder längerer Zeit zur Zerstörung des Elements durch zu hohe Erwärmung.

Selbsterregung. Die in Abb. 243 c angegebene Möglichkeit zur Erzeugung negativer Widerstände durch Rückkopplung läßt alle Anwendungen zu, die in Abschn. V.4 für Dioden mit fallenden Kennlinien beschrieben wurde. Insbesondere die Selbsterregung in den Schaltungen der Abb. 240 und 253 hat große Bedeutung gewonnen. Die Schaltung der Abb. 253 entsteht aus der Abb. 243 c mit dem in (655) für negative Widerstände geforderten 180°-Phasenschieber (bestehend aus den Blindwiderständen jX_1 und jX_2) durch Zufügen des Verbrauchers R_K und eines

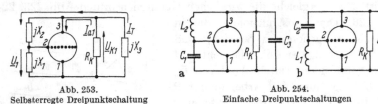

Abb. 253.
Selbsterregte Dreipunktschaltung

Abb. 254.
Einfache Dreipunktschaltungen

Blindwiderstandes $jX_3 = -j(X_1 + X_2)$. Der Schaltung der Abb. 243 mußte zwischen den Klemmen 1 und 3 von außen ein Wechselstrom zugeführt werden, der den Strom I_{a1} durch das gesteuerte Element und den Strom I_T durch den Spannungsteiler liefert. Bei Selbsterregung nach Abb. 213 a wird gefordert, daß zur Speisung dieser Schaltung kein Wechselstrom einer äußeren Quelle erforderlich ist. Dies läßt sich in Abb. 253 so erreichen: Den Strom I_T liefert der Blindwiderstand jX_3, der entgegengesetzt gleich dem Widerstand $j(X_1 + X_2)$ des Spannungsteilers ist und daher bei gegebenem U_{K1} das richtige I_T als Blindstrom in diesem Kreis (ähnlich wie I_C in Abb. 99) liefert. Die 3 Blindwiderstände bestimmen durch ihre Resonanz nach Abb. 103 die Frequenz, die sich in der Schaltung erregt.

Abb. 254 zeigt die beiden einfachsten Beispiele einer selbsterregten Schaltung. X_1 und X_2 müssen verschiedene Vorzeichen besitzen, und $|X_2|$ muß größer als $|X_1|$ sein, damit die Phasenverschiebung π entsteht. Die Resonanzbedingung lautet für Abb. 254 a

$$jX_3 = -j \frac{1}{\omega C_3} = -j \left(\omega L_2 - \frac{1}{\omega C_1} \right), \tag{691}$$

und für Abb. 254 b

$$jX_3 = j \omega L_3 = -j \left(\omega L_1 - \frac{1}{\omega C_2} \right). \tag{692}$$

Der Einschaltvorgang und die Amplitudenstabilisierung muß auch hier so erfolgen, wie es zur Abb. 215 beschrieben wurde. Das Spannungs-verhältnis lautet in Abb. 253

$$\frac{U_1}{U_{K1}} = \left| \frac{X_1}{X_1 + X_2} \right|. \tag{693}$$

Für sehr kleine Amplituden muß der durch (655) dargestellte negative Leitwert

$$G_{13} = -G_D = s \frac{X_1}{X_1 + X_2} \tag{694}$$

größer als der Wirkleitwert $G = 1/R_K$ sein, damit die Selbsterregung beginnen kann. Dieser Forderung wird man durch passende Wahl des Spannungsteilers nachkommen. Bei den heute verfügbaren Kennlinien wird mit wachsendem U_1 das G_D wie in Abb. 255 wachsen, während es nach Abb. 215 abnehmen sollte, um einen amplitudenstabilen Schnittpunkt D möglich zu machen. Die selbst-erregte Schaltung entwickelt daher eine schnell anwachsende Amplitude U_{K1}, die schließlich so groß wird, daß Übersteuerungseffekte ähn-lich wie in Abb. 252 auftreten, weil i_a eine ge-wisse Grenze nicht überschreiten kann. Da-durch entsteht eine wieder abfallende Schwing-

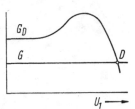

Abb. 255. Amplitudenstabili-sierung bei Selbsterregung

linie und ein Schnittpunkt D. Jedoch muß stets geprüft werden, ob dieser Schnittpunkt noch eine tragbare Verlustleistung ergibt, d. h. ob das Element die mit einer solchen Übersteuerung verbundene Erwärmung auf die Dauer vertragen kann. Man muß also in diesem Endzustand der Selbsterregung alle Ströme und Spannungen kon-trollieren und die Energiebilanz sorgfältig betrachten. Meist ist es bei solchen Rückkopplungsschaltungen notwendig, noch durch zusätz-liche nichtlineare Maßnahmen im Steuerkreis oder im Arbeitskreis die Schwinglinie weiter nach unten zu krümmen, um Schnittpunkte D mit erträglicher Verlustleistung und gutem Wirkungsgrad zu erhalten. Die Vorgänge in einem stabil begrenzten, selbsterregten Element sind wegen der hohen Amplituden und wegen der zur Begrenzung notwendigen Über-steuerungen sehr kompliziert und bei wirklichen Elementen im all-gemeinen nur experimentell genauer zu erfassen.